应用高等数学

主　编　康军凤　武惠丽
副主编　魏邦有　孙忠信
参　编　锁启凤　成光华

中国经济出版社
CHINA ECONOMIC PUBLISHING HOUSE

图书在版编目（CIP）数据

应用高等数学 / 康军凤，武惠丽主编.--北京：
中国经济出版社，2022.9
　中经金课公共基础类精品课程
　ISBN 978-7-5136-7073-9

Ⅰ.①应… Ⅱ.①康… ②武… Ⅲ.①高等数学-高
等学校-教材　Ⅳ.①O13

中国版本图书馆CIP数据核字（2022）第154731号

选题策划　雷　生
责任编辑　叶亲忠
责任印制　马小宾
封面设计　牧野春晖

出版发行　中国经济出版社
印　刷　者　北京富泰印刷有限责任公司
经　销　者　各地新华书店
开　　　本　787 mm×1 092 mm　　1/16
印　　　张　22.5
字　　　数　550 千字
版　　　次　2022 年 9 月第 1 版
印　　　次　2022 年 9 月第 1 次
定　　　价　49.90 元
广告经营许可证　京西工商广字第 8179 号

中国经济出版社 网址 www.economyph.con　社址 北京市东城区安定门外大街 58 号　邮编　100011
本版图书如存在印装质量问题，请与本社销售中心联系调换（联系电话：010-57512564）

前言

PREFACE

随着教育体制的发展，我国职业院校相继出台了一系列重大教学改革措施，职业教育的教学理念、人才培养模式和目标、课程体系、教学手段、教学环境及教材建设依次发生了重大变革。数学作为基础性学科，应用越来越广泛，不仅应用于自然科学的各个领域，而且渗透到经济、军事、管理及社会活动的各个领域。

本教材依托《国家职业教育改革实施方案》和《职业院校教材管理办法》以及落实课程思政的有关要求，融入"课程思政"元素，充分发挥数学课程协同育人的功能；结合高职院校学生学情，将学习数学知识、培养数学能力、提升数学素养有机结合，融入数学在专业和现实生活中的案例，真正做到数学为专业服务，培养学生用数学理论及方法解决实际问题的能力，落实"立德树人"根本任务。

为了更好地适应高等职业院校数学教学的需要，本教材在保持数学内容系统性和完整性的前提下，适当降低了某些内容的理论深度，增强了应用性。在编写中运用了先进的教学理念。突出"学生中心，能力本位"，发挥教师的主导作用和学生的主体作用，注重对学生的启发、引导、指点，从而使学生感悟、思考和自主学习。突破传统教材模式，紧扣"三教"改革，力求特色创新。具体而论，本教材具有以下特色：

1. 模块任务，环环相扣。根据教学大纲的要求和有关规定，本教材内容分为微积分、线性代数基础及应用拓展三篇。由9个模块构成，分别为初等函数与极限、微分学及其应用、积分学及其应用、行列式与矩阵及其应用、解线性方程组、线性规划及其应用、MATLAB软件简介、数学建模简介和数学人物传记，共46个任务。每个任务设置6个环节，分别是学习目标、任务提出、知识准备、任务解决、随堂练习、任务单。各模块任务之间相互联系、环环相扣、循序渐进；内容由易到难、逐步深入；叙述通俗易懂，能够直观解释数学概念、简单明了表述定理、公式，渗透数学思想方法。

2．案例导入，赋能专业。本书选择大量与职业岗位相关的素材，案例的选择突出财经商贸类专业特色，真正体现了数学为专业赋能的特点，激发学生的学习兴趣。

3．融入建模，应用创新。为帮助学生提升数学基本素质和运用数学知识去解决实际问题的能力，特编写了应用拓展篇。其中包括 MATLAB 软件简介、数学建模简介及数学人物传记等内容，精心设计建模应用案例，渗透数学建模思想方法，体现数学知识在各领域的广泛应用，培养学生探索、创新、应用和自主学习的能力，促进学生的全面发展。

4．课程思政，贯穿始终。本教材任务单中设置"思政天地"内容，在教好数学的同时培育好人，发挥数学教学"立德树人"的功能。

5．分类分层，学练结合。本书正文中不仅穿插的典型例题可分层选取，而且为不同学生设计了不同类型的任务单：任务单 A 组（达标层）、B 组（提高层）和 C 组（培优层）。学生按照任务单可以有计划地进行自主完成，推行分层分类培养，促使人人达成学习目标，助力人人成才。

本教材主要参与编写的人员均具有丰富的教学经验，均为学科骨干教师。康军凤、武惠丽担任主编，魏邦有、孙忠信担任副主编，锁启凤、成光华参与了部分编写、校对工作。主编康军凤完成全书统稿，成光华修改校对最终定稿。甘肃财贸职业学院院长周雅顺、副院长何科鹏指导编写工作。

本教材在编写过程中，参考了近几年出版的高等数学及经济数学等教材，系甘肃财贸职业学院项目提质培优行动计划"课堂革命"典型案例和专业群建设的试行版本，在编写过程中得到了学院领导、教务处及公共课教学部主任张辽圣的大力支持，在此特别致以诚挚的谢意！

由于编写水平有限，书中难免有不足和错误之处，恳请有关专家与广大同仁提出宝贵的意见和建议。

编　者

2022 年 9 月

目 录
CONTENTS

第三篇 应用拓展

02 模块二　数学建模简介 // 314

03 模块三　数学人物传记 // 328

附录 // 339

参考文献 // 352

绪　论

数学是研究现实世界中的数量关系和空间关系形式的科学。数学家克莱因说："音乐能激发或抚慰情怀，绘画使人赏心悦目，诗歌能动人心弦，哲学使人获得智慧，科学可改善物质生活，但数学能给予以上的一切。"华罗庚说："宇宙之大，粒子之微，火箭之速，化工之巧，地球之变，生物之谜，日用之繁，无处不用数学。"

数学不仅是一种重要的"工具"，也是一种思维模式，即"数学方式的理性思维"；数学不仅是一门科学，也是一种文化，即"数学文化"；数学不仅是一些知识，也是一种素质，即"数学素质"。数学对于受教育者，不仅仅是学会一门课程、一门知识，更重要的是学习数学思想、方法及精神。它对提高一个人的推理能力、抽象能力、分析能力和创造能力等，发挥着巨大作用。

初等数学研究常量，而高等数学研究变量，初等数学是高等数学的基础。

初等数学研究有限，而高等数学研究无限，高等数学研究范围和手段都是有限发展到无限。外尔说："数学是关于无限的科学"，这句话足以说明高等数学的重要性。

学数学，更要灵活用数学。如果你想走遍全中国各个省市的名胜景点，怎样设计一条旅行路线才能让行程最短、所需费用最少呢？或许你会打开百度地图，一遍遍地计算，寻找最短行程。但是走进数学建模的世界，你会发现只需要在电脑上敲出几行代码，编制一个小程序，就可以轻松计算出最短距离。而这就是数学建模里著名的"TSP"问题。当然，我们也可以说数学建模能够帮助我们解决生活的问题。

一位建模爱好者的毕业生描述："目前我在一家大型电子商务公司做平台运营，负责七个店铺在四个平台中的日常销售。电子商务中无数的数据之间相互影响、相互依托，让我更乐于用建模的思维去思考因子之间的相关性，进行客户的行为分析、地域分析，分析访客量、浏览量、转化率对成交金额的影响，提升店铺 DSR 评分，提高转化率，促进成交金额，使我在平凡的工作中表现得更加自信，在复杂的数据之间更加从容"。数学建模，不仅可以丰富大学生的课余生活，开阔他们的视野，更为他们以后顺利走入工作岗位奠基铺路。

郑州大学石东洋教授解释道："数学建模就是以各学科知识为基础，利用计算机和网络等工具，来解决实际问题的一种智力活动；它既不是传统的解题，也不同于其他赛事。而是更重视应用与创新，以及动手能力的考查；它不像考试，更像是一个课题小组在规定的时间内完成一项任务。当然，复杂的实际问题中有许多因素，在建立模型中不可能毫无遗漏地将其全部考虑在内，只考虑其中最主要的因素就可以了，这样就可以用数学工具和数学方法去解答工作生活中的实际问题。"

因此，从错综复杂的实际问题中，经过合理的分析、假设，抓住主要矛盾，忽略次要矛盾，得到一个用数学的符号和语言描述的表达式，这就是数学模型。综合运用所学知识，选择适当的方法加以解决就是数学模型的求解。这种从实际中提出问题、建立数学模型到模型求解的完整过程就是数学建模。

通过本课程的学习，你将能体会到高等数学知识与数学建模思想方法的相互渗透，从而领会到数学的奥秘和神奇之所在。那么，如何学好《应用高等数学》这门课呢？每个人的知识背景不同，学好数学课程的方法也会有所区别。下面提供几条建议，供同学们参考。

1. 明确学习目的，课前认真预习，课后及时复习，要知难而进。

2. 专心听讲，勤学多记，小组合作，积极主动地参与。

3. 写字规范，独立思考，按质按量按时完成学习任务。

4. 尊重他人，尊重自我，学会分享，懂得感恩。

5. 善于运用计算机、信息化网络平台及数学软件。

6. 敢于大胆地提出问题，解决问题，学数学要用数学。

《中庸》中记录："吾听吾忘，吾见吾记，吾做吾学"；华罗庚说："宽、专、漫"，即基础要宽，专业要专，要使自己的专业知识漫到其他领域；学而优则用，学而优则创；天才在于积累，聪明在于勤奋；学好数学并不是一件难事，只要你付出努力，数学就不应当是枯燥乏味的，掌握了它的真谛，就会给你增添智慧与力量。

第一篇

微 积 分

数学中的转折点是笛卡尔的变数．有了变数，运动进入了数学，有了变数，辩证法进入了数学，有了变数，微分和积分也就立刻成为必要的了……

初等数学，即常数的数学，至少就总的说来，是在形式逻辑的范围内活动的，而变数的数学——其中最重要的部分是微积分——按其本质来说也不是别的，而是辩证法在数学方面的运用．

——恩格斯

模块一　初等函数与极限

　　函数是高等数学中最基础的内容，它是微积分的研究对象，初等函数是最重要的一类函数，极限是研究函数关系最基本的工具，它是贯穿高等数学始终的基本推理工具．本模块主要掌握函数与极限的基本知识及其应用，为以后各模块的学习奠定必要的基础．

⬚ 问题分析

　　(1)要解决上述问题，首先需要建立函数模型；
　　(2)模型求解，需要掌握极限理论．

任务 1.1　函数知识准备

[学习目标]

1. 解释集合与邻域的相关概念；分析函数概念的关键点和特性．
2. 能正确求出函数的定义域，能正确判断同一函数．
3. 能够用数学的眼光观察生活中事物间的对应关系．
4. 在课堂互动中形成独立思考、团队合作的良好品质．

[任务提出]

　　某品牌电扇每台售价90元，成本为60元．厂家为鼓励销售商大量采购，决定凡是订购量超过100台以上的，每多订购1台，售价就降低0.01元(例如，某大卖场订购了300台，订购量比100台多200台，于是每台就降0.01可以按88元/台的价格购进300台)，但最低价为75元/台．求

　　(1) 每台的实际售价 P 与订购量 之间的函数．关系式是什么？
　　(2) 利润 L 与订购量 之间的函数关系式是什么？
　　(3) 若某大卖场订购了1000台该品牌电扇，厂家能获得多少利润？

[知识准备]

1.1.1　基本概念

课堂活动　中学阶段已经学习了实数、绝对值与集合，认真回忆并交流下面的问题：

(1)说一说实数是由哪些数组成的？具有什么性质？

(2)绝对值$|x|$的几何意义是什么？有什么性质？你能写出哪些绝对值不等式？

(3)说一说集合与元素的概念及特点并列举集合的生活实例．

(4)谈谈元素与集合之间、集合与集合之间的关系．

(5)常用数集有哪些？用什么字母表示？

(6)我们常常怎样表示集合？集合有哪些运算？

1. 实数

有理数与无理数统称为实数，全体实数构成实数集 **R**. 我们有实数关系图如图 1-1 所示．

实数具有如下基本性质：

(1)有序性．任意两个实数 a，b 都可以比较大小．

(2)稠密性．在任意两个不同实数之间一定存在无穷多个不同的实数．

(3)连续性．实数无空隙地充满了整个数轴，即实数与数轴上的点一一对应．从左向右观察数轴，数轴上的点表示的数依次增大(如图 1-2 所示)．

在以后的叙述中，常常将实数与数轴上的点不加区别，用相同的符号表示，如"实数 a"与"点 a"是相同的意思．

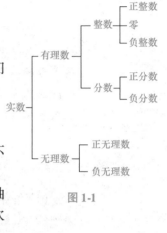

图 1-1

图 1-2

2. 绝对值

实数 x 的绝对值记为 $|x|$，且 $|x| = \begin{cases} x, & x \geq 0, \\ -x, & x < 0. \end{cases}$ $|x|$ 表示正数或零．

其几何意义：在数轴上表示点 x 与原点之间的距离．

运算性质：(1) $|x| = \sqrt{x^2}$；(2) $\left| \dfrac{a}{b} \right| = \dfrac{|a|}{|b|}$；(3) $|a| - |b| \leq |a+b| \leq |a| + |b|$.

绝对值不等式：

(1) $|x| \geq a(a > 0) \Leftrightarrow x \geq a$ 或 $x \leq -a$；(2) $|x| \leq a(a > 0) \Leftrightarrow -a \leq x \leq a$.

3. 集合

集合是具有某种特定性质的对象组成的整体．组成某一集合的各个对象叫作这个集合的元素．例如，我院一年级的全体新生构成一个集合，每一位新生是集合的元素；某个书柜的全部藏书构成一个集合，每本藏书是元素．

【注】(1)集合用大写英文字母 A，B，C…表示，元素用小写英文字母 a，b，c…表示．构成集合的元素具有确定性、互异性和无序性．

(2)若 a 是集合 A 的元素，则记作 $a \in A$，读作"a 属于 A"；若 a 不是集合 A 的元素，则记作 $a \notin A$，读作"a 不属于 A"．

(3)集合常用的表示方法主要有列举法、描述法和图示法．

例如，$A = \{-2, 2\}$ 是列举法表示的集合，$B = \{x \mid x^2 - 3x + 2 = 0\}$ 是描述法表示的集合．列举法一般用 $A = \{a_1, a_2, \cdots, a_n\}$ 书写，描述法一般用 $B = \{x \mid x$ 具有的特性$\}$ 书写．

图示法就是用一个简单的平面区域表示集合,用区域内的点表示集合中的元素.如图 1-3、图 1-4 所示,A 和 B 表示不同的两个集合.

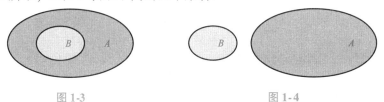

图 1-3　　　　　　　　　　　图 1-4

(4)若 $x \in B$,则必有 $x \in A$,就称集合 B 为集合 A 的一个子集,记作 $B \subseteq A$;若 $B \subseteq A$,且集合 A 中至少有一个元素不属于 B,则称集合 B 是集合 A 的真子集,记作 $B \subsetneqq A$;若 $A \not\supseteq B$ 且 $B \subseteq A$,则称 A 与 B 相等,记作 $A = B$.

例如,$A = \{-2, 2\}$,$C = \{x \mid x^2 - 4 = 0\}$,$A = C$.

(5)常见数集有:自然数集 $\mathbf{N}$,整数集 $\mathbf{Z}$,有理数集 $\mathbf{Q}$,实数集 $\mathbf{R}$.

数集之间的关系:$\mathbf{N} \subsetneqq \mathbf{Z}$,$\mathbf{Z} \subsetneqq \mathbf{Q}$,$\mathbf{Q} \subsetneqq \mathbf{R}$.

(6)含有限个元素的集合称为有限集;含无限多个元素的集合称为无限集.例如,$A = \{-2, 2\}$,$C = \{x \mid x^2 - 4 = 0\}$ 是有限集,$\mathbf{R}$ 是无限集.

(7)不含任何元素的集合称为空集,记作 $\varnothing$.比如,$C = \{x \mid x \in \mathbf{R}, x^2 + 1 = 0\}$.

规定:空集为任何集合的子集.

(8)集合之间的运算主要有交集、并集和补集(如图 1-5 所示).

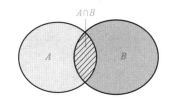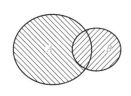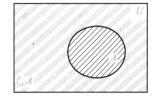

图 1-5

交集:既属于集合 A 又属于集合 B 的所有元素构成的集合.记作 $A \cap B = \{x \mid x \in A$ 且 $x \in B\}$.

并集:属于集合 A 或属于集合 B 的所有元素构成的集合,记作 $A \cup B = \{x \mid x \in A$ 或 $x \in B\}$.

补集:设 A 是全集 U 的子集,由 U 中不属于 A 的所有元素构成的集合称为 A 在全集 U 中的补集.记作 $\complement_U A$,读作"A 在 U 中的补集".即 $\complement_U A = \{x \mid x \in U$ 且 $x \notin A\}$.

集合的交、并、补运算满足如下运算律:

交换律　$A \cap B = B \cap A$,$A \cup B = B \cup A$.

结合律　$(A \cap B) \cap C = A \cap (B \cap C)$,$(A \cup B) \cup C = A \cup (B \cup C)$.

分配律　$A \cap (B \cup C) = (A \cap B) \cup (A \cap C)$,$A \cup (B \cap C) = (A \cup B) \cap (A \cup C)$.

对偶律　$\complement_U (A \cup B) = \complement_U A \cap \complement_U B$,$\complement_U (A \cap B) = \complement_U A \cup \complement_U B$.

4. 区间

区间是指介于两个实数之间的全体实数构成的集合,在数轴上表示一段线段或射线.

两端点间的距离(线段的长度)称为区间的长度.

课堂活动 独立思考并填空.

(1)集合 $C=\{x\mid-2<x<2\}$ 用区间表示为_____，集合 $C=\{x\mid-2\leqslant x\leqslant2\}$ 用区间表示为_____;

(2)集合 $C=\{x\mid-2<x\leqslant4\}$ 用区间表示为_____，集合 $C=\{x\mid-2\leqslant x<4\}$ 用区间表示为_____;

(3)集合 $C=\{x\mid x>5\}$ 用区间表示为_____，集合 $C=\{x\mid x\geqslant5\}$ 用区间表示为_____;

(4)集合 $C=\{x\mid x<5\}$ 用区间表示为_____，集合 $C=\{x\mid x\leqslant5\}$ 用区间表示为_____;

(5)实数集 **R** 用区间表示为_____.

扫码查看参考答案

定义1 设 a 和 b 都是实数，且 $a<b$，定义有限区间：

开区间 $(a,b)=\{x\mid a<x<b\}$，闭区间 $[a,b]=\{x\mid a\leqslant x\leqslant b\}$，

半开区间 $(a,b]=\{x\mid a<x\leqslant b\}$，$[a,b)=\{x\mid a\leqslant x<b\}$.

定义无限区间：$(-\infty,b)=\{x\mid x<b\}$，$(-\infty,b]=\{x\mid x\leqslant b\}$，

$\quad\quad\quad\quad\quad(a,+\infty)=\{x\mid x>a\}$，$[a,+\infty)=\{x\mid x\geqslant a\}$，

$\quad\quad\quad\quad\quad \mathbf{R}=(-\infty,+\infty)$.

5. 邻域

当讨论函数在一点附近的局部性质时，还需引入邻域的概念.

定义2 设 $x_0,\delta\in\mathbf{R}$，$\delta>0$，称开区间 $(x_0-\delta,x_0+\delta)$ 为点 x_0 的 δ 邻域，记作 $U(x_0,\delta)$. 点 x_0 叫作该邻域的中心，δ 叫作邻域的半径(如图1-6所示).

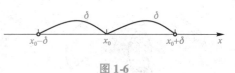

图1-6

在点 x_0 的邻域 $(x_0-\delta)$，$(x_0+\delta)$ 内去掉中心 x_0 后所组成的集合称为点 x_0 的空心邻域，记作 $\mathring{U}(x_0,\delta)$. 并称开区间 $(x_0-\delta,x_0)$ 为点 x_0 的左邻域，开区间 $(x_0,x_0+\delta)$ 为点 x_0 的右邻域.

6. 常量与变量

课堂活动 你能区别常量与变量吗？请举例说明.

在某过程中数值保持不变的量称为常量，而数值变化的量称为变量.

【注】(1)常量与变量是相对"过程"而言的.

(2)常量与变量的表示方法：通常用字母 a，b，c 等表示常量，用字母 x，y，t 等表示变量.

1.1.2 函数及其特性

1. 函数的定义域

课堂活动 按题意填空并思考下面引例的共同特点是什么.

引例1 商店销售某种饮料，售价每瓶3.5元，应付款是购买饮料瓶数的函数，应付款 y 与饮料瓶数 x 之间的关系为_____.

引例2 已知银行存款年利率为1.75%，若把100万元存入银行，每年结算一次，按复

利计算，则一年后的本金与利息之和(简称本利和)为 $S_1 = 100 + 100 \times 1.75\%$ $= 100(1 + 1.75\%)$；两年后的本利和为 $S_2 = 100(1 + 1.75\%) + 100(1 + 1.75\%) \times 1.75\% = 100(1 + 1.75\%)^2$；以此类推，经过 n 年后的本利和为 _____．这个公式表示了本利和 S_n(单位：万元)与时间 n(单位：年)之间的关系．

扫码查看参考答案

共同特点：当一个变量在某数集内任意取值时，按照一定的规则，另一个变量有唯一确定的值与之对应．

定义 3 设 x 和 y 是两个变量，D 是一个给定的非空数集．若对 D 中的任一实数 x，按照某一确定的对应法则 f，变量 y 都有唯一确定的数值与之对应，则称 y 是 x 的函数，记作 $y = f(x)$，$x \in D$．数集 D 称为这个函数的定义域，x 是自变量，y 是因变量．

课堂讨论：定义 1 中蕴含的关键点有哪些？

【注】(1)当 $x = x_0 \in D$ 时，$f(x_0)$ 称为函数 $f(x)$ 在 x_0 处的函数值，还可记为 y_0．

(2)全体函数值构成的集合 $M = \{y \mid y = f(x), x \in D\}$ 称为函数的值域．

(3)f 是反映自变量与因变量之间关系的对应法则，也可用 φ、g、h、F、L 等符号表示．

(4)函数常用列表法、图象法、解析法三种方法表示．

列表法：列成表格表示函数．如三角函数表、对数表及许多的财务报表等，其优点是所求函数值可直接查表获得．

图象法：用图象表示函数．其优点是比较直观形象，可看到函数的变化趋势．

解析法：用数学式子表示函数．如 $y = \sin x$，$y = 2x + 1$ 等，其优点是便于推理与演算．

例 1 (1)设函数 $f(x) = \dfrac{1 + x^2}{x - 2}$，求 $f(0)$，$f(a)$，$f(x_0 + h)$，$f(x - 1)$；

(2)设 $f(x + 1) = x^2 - x + 1$，求 $f(x - 1)$．

解：(1)$f(0)$ 表示 $f(x)$ 在 $x = 0$ 处的函数值．用 0 代换 $f(x) = \dfrac{1 + x^2}{x - 2}$ 中的 x，得

$$f(0) = \left. \frac{1 + x^2}{x - 2} \right|_{x = 0} = \frac{1 + 0^2}{0 - 2} = -\frac{1}{2}.$$

同理可得 $f(a) = \dfrac{1 + a^2}{a - 2}$，$f(x_0 + h) = \dfrac{1 + (x_0 + h)^2}{(x_0 + h) - 2}$，$f(x - 1) = \dfrac{1 + (x - 1)^2}{(x - 1) - 2} = \dfrac{x^2 - 2x + 2}{x - 3}$．

(2)令 $x + 1 = t$，则 $x = t - 1$，代入得 $f(t) = (t - 1)^2 - (t - 1) + 1 = t^2 - 3t + 3$．

故可得 $f(x - 1) = (x - 1)^2 - 3(x - 1) + 3 = x^2 - 5x + 7$．

例 2 求函数 $y = x + \dfrac{\lg(x^2 - 1)}{\sqrt{2 - x}}$ 的定义域．

解：要使 $\lg(x^2 - 1)$ 有意义，需满足 $x^2 - 1 > 0$，解得 $x < -1$ 或 $x > 1$；要使分式 $\dfrac{1}{\sqrt{2 - x}}$ 有意义，需满足 $2 - x \neq 0$ 且 $2 - x \geq 0$，解得 $x < 2$，故原函数的定义域为 $(-\infty, -1) \cup (1, 2)$．

【约定】以解析式表示的函数，其定义域是使函数表达式有意义的一切实数值构成的集合．一般原则是分式的分母不能为零；偶次根式的被开方式大于等于零；对数的真数大于零；三角函数与反三角函数要符合其定义，若表达式中同时出现多种情况组成，需要同时

考虑并求出它们的交集；而由实际问题中得到的函数，其定义域由实际意义确定．

课堂互动：想一想函数 $f(x) = \dfrac{x^2 - x}{x - 1}$ 与 $g(x) = x$ 相同吗？为什么？

扫码查看参考答案

【注】 函数的两个关键要素是函数的定义域和对应法则．若两个函数的定义域和对应法则都相同，则这两个函数就是同一函数．

随堂练习 独立思考并完成下列单选题．

1. 下列函数对中，（ ）中的两个函数相等．

A. $f(x) = (\sqrt{x})^2$，$g(x) = x$ 　　　　B. $f(x) = \dfrac{x^2 - 1}{x - 1}$，$g(x) = x + 1$

C. $f(x) = \sin^2 x + \cos^2 x$，$g(x) = 1$ 　　D. $y = \ln x^2$，$g(x) = 2\ln x$

2. 函数 $f(x) = \lg(x - 1) + \sqrt{4 - x}$ 的定义域为（ ）．

A. $(1, 4]$ 　　　　　　　　　　B. $(1, 4)$

C. $[1, 4]$ 　　　　　　　　　　D. $[1, 4)$

3. 若 $f(x - 1) = x(x - 1)$，则 $f(x) = ($ ）．

A. $x(x + 1)$ 　　　　　　　　　B. $(x - 1)(x - 2)$

C. $x(x - 1)$ 　　　　　　　　　D. 不存在

扫码查看参考答案

2. 函数的特性

课堂活动 以"函数的特性"为中心主题制作思维导图．

（1）奇偶性

定义 4 设 D 关于原点对称，对于任意的 $x \in D$，若恒有 $f(-x) = f(x)$，则称 $f(x)$ 为偶函数，其图象关于 y 轴对称（如图 1-7 所示）；若恒有 $f(-x) = -f(x)$，则称 $f(x)$ 为奇函数，其图象关于原点对称（如图 1-8 所示）．具有奇函数或偶函数的性质称为函数的奇偶性．例如，函数 $y = x^2$，$y = x^4 - 2x^2$，$f(x) = \sqrt{1 - x^2}$，$g(x) = \dfrac{\sin x}{x}$ 都是偶函数；函数 $y = \dfrac{1}{x}$，$y = x^3$，$f(x) = x^2 \sin x$ 都是奇函数；函数 $f(x) = \sin x + \cos x$ 既不是奇函数也不是偶函数．

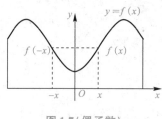

图 1-7（偶函数）

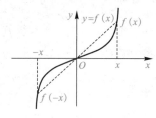

图 1-8（奇函数）

【注】 既不是奇函数也不是偶函数的函数，称为非奇非偶函数．$f(x) = \sqrt{x}$ 是非奇非偶函数．

（2）单调性

定义 5 已知函数 $y = f(x)$ 在开区间 I 上有定义，对于开区间 I 内的任意两点 x_1，x_2，当

$x_1 < x_2$ 时，如果恒有 $f(x_1) < f(x_2)$，则称函数 $f(x)$ 在开区间 I 内单调增加，开区间 I 称为函数 $f(x)$ 的单调增加区间；如果恒有 $f(x_1) > f(x_2)$，则称函数 $f(x)$ 在开区间 I 内单调减少，开区间 I 称为函数 $f(x)$ 的单调减少区间．单调递增或单调递减的函数统称为单调函数，单调递增或单调递减的区间统称为单调区间．

例如，函数 $f(x) = x^2$ 在 $(-\infty, 0)$ 上单调递减，在 $(0, +\infty)$ 上单调递增．

一般地，函数在定义域上不是单调的，而将定义域划分为若干区间后，在这些部分区间上函数要么单调递增，要么单调递减即是单调的．

【注】单调性是函数的局部性质，沿 x 轴的正方向看，单调增加函数的图形是一条上升的曲线；单调减少函数的图形是一条下降的曲线．如图 1-9 和图 1-10 所示．

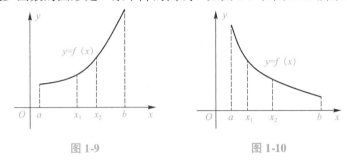

图 1-9　　　　　　　　　　图 1-10

如图 1-11 所示，在区间 $(-\infty, +\infty)$ 内，函数 $f(x) = \sin x$ 在 $\left(0, \dfrac{\pi}{2}\right)$ 内是单调增加的，在 $\left(\dfrac{\pi}{2}, \pi\right)$ 内则单调减少，但在 $(0, \pi)$ 内不具备单调性．

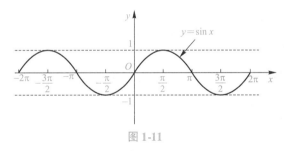

图 1-11

（3）函数的周期性

定义 6　设函数 $f(x)$ 的定义域为 D，如果存在一个不为零的常数 T，使得对于任意的 $x \in D(x \pm T \in D)$，恒有 $f(x+T) = f(x)$ 成立，则称 $f(x)$ 为周期函数．T 称为 $f(x)$ 的周期（如图 1-12 所示）．

【注】通常说的函数周期 T 一般指函数的最小正周期，简称周期．

例如，函数 $f(x) = \sin x$ 和 $f(x) = \cos x$ 是以 2π 为周期的函数；函数 $y = \tan x$、$y = \cot x$ 和 $y = |\cos x|$ 是以 π 为周期的函数．

（4）函数的有界性

在区间 $(-\infty, +\infty)$ 内，正弦函数 $y = \sin x$ 的图形如图 1-11 所示．其图形介于两条平行于 x 轴的直线 $y = -1$ 和 $y = 1$ 之间，即有

$$|\sin x| \leqslant 1,$$

这时称 $y = \sin x$ 在区间 $(-\infty, +\infty)$ 内是有界函数. 在区间 $(-\infty, +\infty)$ 内, 函数 $y = x^3$ 的图形(如图 1-13 所示)向上向下都可以无限延伸, 不可能找到这个图形介于这两条直线之间, 这时称 $y = x^3$ 在区间 $(-\infty, +\infty)$ 内是无界函数.

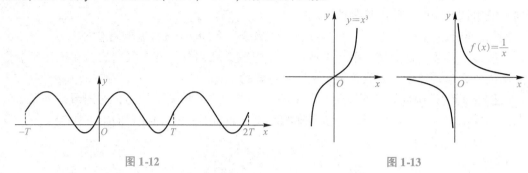

图 1-12　　　　　　　　　　　图 1-13

定义 7　设函数 $f(x)$ 在某一区间 I 上有定义, 若存在正数 M, 使得对任意的 $x \in I$, 有 $|f(x)| \leq M$, 则称 $f(x)$ 在区间 I 上是有界的, 否则便称 $f(x)$ 是无界的. 如图 1-14 所示.

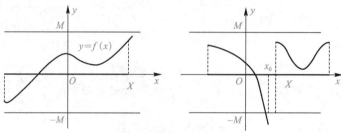

图 1-14

【注】 (1)有界函数的图形必介于两条平行于 x 轴的直线 $y = -M$ 和 $y = M$ 之间.

(2)对一个函数, 必须就自变量的某个取值范围内讨论其有界性, 例如, 函数 $y = \dfrac{1}{x}$ 在区间 $[2, +\infty)$ 内有界, 而在区间 $(0, 1)$ 内无界.

随堂练习　独立思考并完成下列单选题.

1. 设函数 $y = \log_a (x + \sqrt{1 + x^2})$ $(a > 0, a \neq 1)$, 则该函数是(　　).

A. 奇函数　　　　　　　　　　　B. 偶函数

C. 非奇非偶函数　　　　　　　　D. 既奇又偶函数

2. 下列函数是无界函数的是(　　).

A. $y = \sin x$　　　　　　　　　B. $y = \arctan x$

C. $y = \sin \dfrac{1}{x}$　　　　　　　　D. $y = \sqrt[3]{x}$

3. 函数 $y = 2 + \sin x$ 是(　　).

A. 无界函数　　　　　　　　　　B. 单调减少函数

C. 单调增加函数　　　　　　　　D. 有界函数

扫码查看参考答案

3. 反函数

由函数 $y = x^3$ 可解出 x，得到 $x = \sqrt[3]{y}$，则由 $x = \sqrt[3]{y}$ 所确定的函数称为已知函数 $y = x^3$ 的反函数，习惯上，用 x 表示自变量，y 表示因变量，通常把 $x = \sqrt[3]{y}$ 改写成 $y = \sqrt[3]{x}$.

函数 $y = x^3$ 与其反函数 $y = \sqrt[3]{x}$ 的图形关于直线 $y = x$ 对称（如图 1-15 所示）.

定义 8 设函数 $y = f(x)$，$x \in D$，值域为 B. 若对 B 中的每一个值 $y(x \in B)$ 都有唯一确定的 x 值 $(x \in D)$ 与之对应，则得到一个定义在 B 上以 y 为自变量的函数 $x = f^{-1}(y)$，称为 $y = f(x)$ 的反函数，习惯上，自变量用 x 表示，因变量用 y 表示，将反函数改写成 $y = f^{-1}(x)$，其定义域为 B，值域为 D.

【注】 (1) 在同一平面直角坐标系内，函数与其反函数的图象关于直线 $y = x$ 对称（如图 1-16 所示）.

(2) 要确定 $y = f(x)$ 的反函数，只需先从 $y = f(x)$ 中解出 x 的表达式，再将其中的字母 x，y 交换即可.

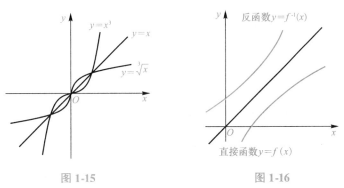

图 1-15　　　　　　　　　图 1-16

例 3 求函数 $y = 1 + \log_3(x + 2)$ 的反函数.

解： 由 $y = 1 + \log_3(x + 2)$ 得 $\log_3(x + 2) = y - 1$，解得 $x = 3^{y-1} - 2$.

故所求的反函数为 $y = 3^{x-1} - 2$.

4. 分段函数

课堂讨论： 如何求分段函数的定义域、某一点处的函数值？如何画出分段函数的图象？

(1) 绝对值函数 $y = |x| = \begin{cases} x, & x \geq 0, \\ -x, & x < 0; \end{cases}$

(2) 符号函数 $f(x) = \operatorname{sgn} x = \begin{cases} 1, & x > 0, \\ 0, & x = 0, \\ -1, & x < 0. \end{cases}$

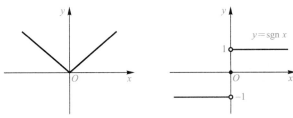

图 1-17

如图 1-17 所示，这类函数在定义域的不同范围用不同解析式表示，这样的函数称为分段函数．

【注】(1)求分段函数在一点处的函数值时，必须要清楚这一点属于定义域的哪一部分，才能确定用哪一个表达式来计算它的函数值．

(2)分段函数的定义域是各段函数定义域的并集．上述分段函数的定义域均为实数集 **R**．

(3)分段函数表示一个函数，而不是几个函数，在实际应用中经常会遇到．

【任务解决】

解：(1)当 $x \leqslant 100$ 时，售价为 90 元/台；又 $(90-75) \div 0.01 = 1\,500$(台)，所以当订购量 x 超过 $1\,500 + 100 = 1\,600$(台)时，每台售价为 75 元；而当订购量 x 在 100 到 $1\,600$(台)之间时，售价为 $90 - 0.01(x-100)$(元)．因而实际售价 P 与订购量 x 之间的函数关系为：

$$P = \begin{cases} 90 & (x \leqslant 100), \\ 90 - 0.01(x-100) & (100 < x < 1\,600), \\ 75 & (x \geqslant 1\,600), \end{cases}$$

即 $P = \begin{cases} 90 & (x \leqslant 100), \\ 91 - 0.01x & (100 < x < 1\,600), \\ 75 & (x \geqslant 1\,600). \end{cases}$

(2)每台利润 L 是实际售价 P 与成本之差，所以利润 L 与订购量 x 之间的函数关系为：

$$L = (P-60)x = \begin{cases} 30x & (x \leqslant 100), \\ (31 - 0.01x)x & (100 < x < 1\,600), \\ 15x & (x \geqslant 1\,600). \end{cases}$$

(3)由(2)可知，当 $x = 1\,000$ 时，

$$L = (31 - 0.01 \times 1\,000) \times 1\,000 = 21\,000(元).$$

随堂练习 独立思考并完成下列单选题．

1. 设函数 $f(x) = \begin{cases} x, & x > 0, \\ -x, & x < 0, \end{cases}$ 则 $f(0) = ($ $)$．

A. -1 B. 0   C. 1   D. 无定义

2. 函数 $f(x) = \begin{cases} \sqrt{9-x^2}, & |x| \leqslant 3, \\ x^2 - 9, & 3 < x < 4 \end{cases}$ 的定义域是(   )．

A. $[-3, 4)$ B. $(-3, 4)$ C. $(-3, 4]$ D. $[-3, 4]$

扫码查看参考答案

任务单 1.1

模块名称	模块一　初等函数与极限		
任务名称	任务 1.1　函数知识准备		
班级		姓名	得分

任务单 1.1　A 组(达标层)

1. 两个函数相等的充要条件是什么？

2. 下列函数是否为同一函数？为什么？

　　$(1)f(x)=\lg x^{3}$ 与 $g(x)=3\lg x$；　　　　$(2)f(x)=\sqrt{x^{2}}$ 与 $h(x)=x$.

3. 求定义域的方法与一般原则是什么？

4. 求下列函数的定义域.

　　$(1)y=\sqrt{25-x^{2}}+\dfrac{1}{x-1}$；　　　　$(2)y=\sqrt{16-x^{2}}+\ln(x+1)$；

　　$(3)y=\begin{cases}1, & x>0, \\ 0, & x=0, \\ -1, & x<0.\end{cases}$

5. 设 $f(x)=x^{2}+1$，求 $f(x+h)-f(x)$.

6. 求函数 $y=e^{2x-1}$ 的反函数.

7. 某城市出租汽车收费标准为：当行程不超过 3 km 时，收费 7 元；行程超过 3 km，但不超过 10 km 时，在收费 7 元的基础上，超过 3 km 的部分每公里收费 1.0 元；超过 10 km 时，超过部分除每公里收费 1.0 元外，再加收 50% 的回程空驶费. 试求车费 y(元)与 x(公里)之间的函数模型.

模块名称	模块一　初等函数与极限

任务单 1.1　B 组(提高层)

1. 设 $\forall x > 0$, 函数值 $f\left(\dfrac{1}{x}\right) = x + \sqrt{x^2 + 1}$, 求函数 $f(x)$ $(x > 0)$ 的解析表达式.

2. 求 $y = \sqrt{3-x} + \arccos\dfrac{x-2}{3}$ 的定义域.

3. 画出分段函数 $f(x) = \begin{cases} x^2, & -2 \leqslant x < 0, \\ 2, & x = 0, \\ 1+x, & 0 < x \leqslant 3 \end{cases}$ 的图象.

4. 证明函数 $y = \dfrac{ax-b}{cx-d}$ 的反函数就是它本身.

模块名称	模块一 初等函数与极限

任务单 1.1 C 组(培优层)

实践调查：寻找函数的生活案例或专业案例并进行分析(另附 A4 纸小组合作完成).

思政天地

小组合作挖掘与函数相关的课程思政元素(要求：内容不限，可以是名人名言、故事等).

完成日期	

任务1.2 认识初等函数

【学习目标】

1. 画出部分基本初等函数的图形并说出其性质.
2. 能正确分解复合函数, 能正确辨别初等函数.
3. 能够按照增长率和折旧率计算物品价值, 数学源于生活又服务于生活.

【任务提出】

如果你刚入职, 遇到机器更新换代, 公司决定将旧机器处理给一家企业, 公司委派你做一套折旧方案. 机器原价为50万元, 已使用10年, 若每年折旧率为10%(即每年减少其价值的10%), 有企业准备出8万元购买, 你觉得价格合理吗? 说明理由.

【知识准备】

1.2.1 基本初等函数

小组活动: 画出基本初等函数的图形并说一说它们的性质.

常量函数、幂函数、指数函数、对数函数、三角函数与反三角函数统称为基本初等函数. 其函数表达式如下:

1. 常量函数 $y = c$(c 为常数).
2. 幂函数 $y = x^a$(a 是常数).
3. 指数函数 $y = a^x$(a 是常数, $a > 0$ 且 $a \neq 1$).
4. 对数函数 $y = \log_a x$(a 是常数, $a > 0$ 且 $a \neq 1$).
5. 三角函数 $y = \sin x$, $y = \cos x$, $y = \tan x$, $y = \cot x$, $y = \sec x$, $y = \csc x$.
6. 反三角函数 $y = \arcsin x$, $y = \arccos x$, $y = \arctan x$, $y = \text{arccot} x$.

为后面学习方便, 现将基本初等函数的定义域、值域、图象和特性列表表示出来(见表1-1).

表1-1 基本初等函数

	函数	定义域与值域	图象	特性
常量函数	$y = c$	$x \in (-\infty, +\infty)$ $y \in \{c\}$		恒过点$(0, c)$ 平行于(重合于)x轴的直线
幂函数	$y = x^2$	$x \in (-\infty, +\infty)$ $y \in [0, +\infty)$		偶函数 在$(-\infty, 0)$内单调递减, 在$(0, +\infty)$内单调递增

	函数	定义域与值域	图象	特性
幂函数	$y = x^3$	$x \in (-\infty, +\infty)$ $y \in (-\infty, +\infty)$		奇函数 在$(-\infty, +\infty)$上单调递增
	$y = x^{-1}$	$x \in (-\infty, 0) \cup (0, +\infty)$ $y \in (-\infty, 0) \cup (0, +\infty)$		奇函数 在$(-\infty, 0)$内单调递减，在$(0, +\infty)$内单调递减
	$y = x^{\frac{1}{2}}$	$x \in [0, +\infty)$ $y \in [0, +\infty)$		非奇非偶函数 在$[0, +\infty)$内单调递增
指数函数	$y = a^x$ $(a > 1)$	$x \in (-\infty, +\infty)$ $y \in (0, +\infty)$		非奇非偶函数 在$(-\infty, +\infty)$内单调递增
	$y = a^x$ $(0 < a < 1)$	$x \in (-\infty, +\infty)$ $y \in (0, +\infty)$		非奇非偶函数 在$(-\infty, +\infty)$内单调递减
对数函数	$y = \log_a x$ $(a > 1)$	$x \in (0, +\infty)$ $y \in (-\infty, +\infty)$		非奇非偶函数 在$(0, +\infty)$内单调递增
	$y = \log_a x$ $(0 < a < 1)$	$x \in (0, +\infty)$ $y \in (-\infty, +\infty)$		非奇非偶函数 在$(0, +\infty)$内单调递减

	函数	定义域与值域	图象	特性
三角函数	$y = \sin x$	$x \in (-\infty, +\infty)$ $y \in [-1, 1]$		奇函数，周期为 2π，有界，在 $\left(2k\pi - \dfrac{\pi}{2}, 2k\pi + \dfrac{\pi}{2}\right)$ 内单调递增，在 $\left(2k\pi + \dfrac{\pi}{2}, 2k\pi + \dfrac{3\pi}{2}\right)$ 内单调递减
	$y = \cos x$	$x \in (-\infty, +\infty)$ $y \in [-1, 1]$		偶函数，周期为 2π，有界，在 $(2k\pi, 2k\pi + \pi)$ 内单调递减，在 $(2k\pi - \pi, 2k\pi)$ 内单调递增
	$y = \tan x$	$x \neq k\pi + \dfrac{\pi}{2}(k \in \mathbf{Z})$ $y \in (-\infty, +\infty)$		奇函数，周期为 π，在 $\left(k\pi - \dfrac{\pi}{2}, k\pi + \dfrac{\pi}{2}\right)$ 内单调递增
	$y = \cot x$	$x \neq k\pi (k \in \mathbf{Z})$ $y \in (-\infty, +\infty)$		奇函数，周期为 π，在 $(k\pi, k\pi + \pi)$ 内单调递减
反三角函数	$y = \arcsin x$	$x \in [-1, 1]$ $y \in \left[-\dfrac{\pi}{2}, \dfrac{\pi}{2}\right]$		奇函数，有界，在 $[-1, 1]$ 内单调递增
	$y = \arccos x$	$x \in [-1, 1]$ $y \in [0, \pi]$		非奇非偶函数，有界，在 $[-1, 1]$ 内单调递减

	函数	定义域与值域	图象	特性
反三角函数	$y = \arctan x$	$x \in (-\infty, +\infty)$ $y \in \left(-\dfrac{\pi}{2}, \dfrac{\pi}{2}\right)$	$y = \arctan x$ 图象	奇函数，有界，在$(-\infty, +\infty)$内单调递增
	$y = \text{arccot}\, x$	$x \in (-\infty, +\infty)$ $y \in (0, \pi)$	$y = \text{arccot}\, x$ 图象	非奇非偶函数，有界，在$(-\infty, +\infty)$内单调递减

随堂练习 独立思考并完成下列单选题.

1. 下列函数中不是基本初等函数的是( ).

A. 反三角函数　　　　　　　　　　B. 符号函数

C. 对数函数　　　　　　　　　　　D. 幂函数

2. 下列函数表达式为基本初等函数的是( ).

A. $y = \begin{cases} 2x^2 & x \geqslant 0 \\ x+1 & x < 0 \end{cases}$ 　B. $y = 2x\sin x$ 　C. $y = \text{e}^x$ 　D. $y = \cos\sqrt{x}$

1.2.2 复合函数

引例1 某厂生产某产品，一条生产线生产单位产品的总成本为 $C(Q) = Q^2 + Q + 900$（元），而在每个正常的工作日内，一条生产线 t 小时可以生产 $Q(t) = 25t$ 单位产品.

在这个例子中，总成本 C 随着产量 Q 的增加而增加，即 C 是 Q 的函数；产量 Q 随着时间 t 的增加而增加，即 Q 是 t 的函数. 我们将 $Q = Q(t) = 25t$ 代入总成本 $C(Q)$ 的表达式中，得到 $C[Q(t)] = 25t^2 + 25t + 900$. 因此，总成本 C 也是时间 t 的函数. 这样的过程就是函数的复合.

引例2 函数 $y = \sqrt{u}$ 与 $u = 1 - x^2$，其中 y 是 u 的函数，u 是 x 的函数. 将函数 $u = 1 - x^2$ 代入函数 $y = \sqrt{u}$ 中，变为一个新的函数 $y = \sqrt{1 - x^2}$，称函数 $y = \sqrt{1 - x^2}$ 是由 $y = \sqrt{u}$ 与 $u = 1 - x^2$ 复合而成的.

定义1 已知两个函数 $y = f(u)$，$u \in D_1$，$u = g(x)$，$x \in D$，且 $g(D) \subseteq D_1$ 时，则称函数 $y = f[g(x)]$，$x \in D$ 是由函数 $y = f(u)$ 和 $u = g(x)$ 经过复合而成的复合函数. 通常称 $f(u)$ 是外层函数，称 $g(x)$ 是内层函数，称 u 为中间变量.

课堂讨论：定义1中蕴含的关键点有哪些？

【注】(1)并非任何两个函数都可以构成复合函数，例如：$y = \arcsin u$ 和 $u = 2 + x^2$ 不能复合，$y = \sqrt{u}$ 和 $u = -1 - x^2$ 也不能复合.

(2)定义1推广到多个函数复合的情形. 例如：函数 $y = \ln\sin(x^2 + 1)$ 是由 $y = \ln u$，$u = $

$\sin v$，$v = x^2 + 1$ 复合而成的，这里 u 和 v 都是中间变量.

（3）复合函数的分解：把一个比较复杂的复合函数分解成若干个简单函数（基本初等函数或基本初等函数的四则运算式），分解的原则通常是由外向内，逐层分解，一直分解到在引入中间变量后，使得每一个函数是基本初等函数或由基本初等函数经过四则运算构成的简单函数为止.

例 分解下列复合函数.

（1）$y = \sqrt{2x - 1}$；　　　　　　　　　　　　（2）$y = \mathrm{e}^{\sin x}$；

（3）$y = \dfrac{1}{x - 2} + (x - 2)^3$；　　　　　　　（4）$y = \ln\tan\dfrac{2}{x}$.

分析：由外层函数向内层函数分解，由最外层数起，层层向内进行，直到自变量是 x 的基本初等函数为止.

解：（1）$y = \sqrt{2x - 1}$ 是由 $y = \sqrt{u}$，$u = 2x - 1$ 复合而成的.

（2）$y = \mathrm{e}^{\sin x}$ 是由 $y = \mathrm{e}^u$，$u = \sin x$ 复合而成的.

（3）$y = \dfrac{1}{x - 2} + (x - 2)^3$ 是由 $y = \dfrac{1}{u} + u^3$，$u = x - 2$ 复合而成的.

（4）$y = \ln\tan\dfrac{2}{x}$ 是由 $y = \ln u$，$u = \tan v$ 及 $v = \dfrac{2}{x}$ 复合而成的.

随堂练习 独立思考并完成下列单选题.

1. 函数 $y = \left(\dfrac{x}{1 + x}\right)^2$ 是由哪些简单初等函数复合而成（　　）.

A. $y = u^2$，$u = \dfrac{x}{1 + x}$　　　　　　B. $y = u^2$，$u = \dfrac{x}{v}$，$v = 1 + x$

C. $y = u^2$，$u = \dfrac{w}{v}$，$v = 1 + x$，$w = x$　　　D. $y = u^2$，$u = \dfrac{w}{v}$，$v = 1 + w$，$w = x$

2. 函数 $y = (1 + \mathrm{e}^{\arcsin x})^4$ 是由哪些简单函数复合而成（　　）.

A. $y = u^4$，$u = 1 + \mathrm{e}^{\arcsin x}$　　　　　B. $y = u^4$，$u = 1 + w$，$w = \mathrm{e}^{\arcsin x}$

C. $y = u^4$，$u = 1 + w$，$w = \mathrm{e}^v$，$v = \arcsin x$　　D. $y = u^4$，$u = 1 + \mathrm{e}^v$，$v = \arcsin x$

3. 已知 $f(x) = \ln x + 1$，$g(x) = \sqrt{x} + 1$，则 $f[g(x)] = ($　　$)$.

A. $\ln\sqrt{x} + 1$　　　　　　　　　　B. $\ln\sqrt{x} + 2$

C. $\ln(\sqrt{x} + 1) + 1$　　　　　　　　D. $\sqrt{\ln(x + 1)} + 1$

4. 函数 $y = \cos^2(3x + 1)$ 的复合过程是（　　）.

A. $y = \cos u^2$，$u = 3x + 1$

B. $y = u^2$，$u = \cos v$，$v = 3x + 1$

C. $y = \cos^2 u$，$u = 3x + 1$

D. $y = u^2$，$u = \cos(3x + 1)$

扫码查看参考答案

1.2.3　初等函数

课堂讨论：何谓初等函数？

定义 2 基本初等函数（常量函数、幂函数、指数函数、对数函数、三角函数和反三角函数)经过有限次四则运算或有限次复合运算所构成的并可用一个式子表示的函数，称为初等函数。例如，$y = \sqrt{1+x}$，$y = \sqrt{1-2^x}$，$y = \sin^2 x$，$y = \tan(\ln x)^2$ 等都是初等函数.

【注】(1)初等函数是由基本初等函数通过两种运算方式生成的函数.

(2)分段函数一般不是初等函数，但也有个别函数例外，比如绝对值函数是分段函数，也是初等函数.

(3)最重要的初等函数是代数函数，有下面三种：

多项式(有理整函数)：$y = a_0 x^n + a_1 x^{n-1} + \cdots + a_{n-1}x + a_n$，$a_0 \neq 0$，其中 a_0，a_1，$\cdots$，a_n 均为常数系数，n 为非负整数，称为多项式的次数. 例如，$y = ax + b$ 为一次多项式，是线性函数.

有理函数：两个多项式之比为有理分式，称为有理函数. 其一般式为

$$y = \frac{a_0 x^n + a_1 x^{n-1} + \cdots + a_{n-1}x + a_n}{b_0 x^m + b_1 x^{m-1} + \cdots + b_{m-1}x + b_m}.$$

无理函数：若自变量在函数表达式中除了参加四则运算之外，还出现在根号下面，这一类函数称为无理函数，如 $y = \sqrt{1-x}$，$y = \dfrac{x^3 + \sqrt{x} + 1}{\sqrt[5]{1+x^2}}$ 等.

【任务解决】

解：设 x 年后的剩余价值为 y 万元，则 $y = 50(1-10\%)^x$，两种计算方法如下：

方法 1　直接计算机器 10 年后的剩余价值.

10 年后的剩余价值，即 $y = 50(1-10\%)^{10} \approx 17.44$(万元). 因此，该企业只出 8 万元购买价值 17.44 万元的机器，显然不合理.

方法 2　间接计算机器用多少年后，剩余价值是 8 万元.

$y = 8$，$8 = 50(1-10\%)^x$，$0.16 = 0.9^x$，解得 $x = \log_{0.9} 0.16 \approx 17.3$(年).

因此，大约使用 17.3 年后，机器的价值才变为 8 万元，但现在机器只使用了 10 年，说明该企业报价不合理

随堂练习：独立思考并完成下列各题.

1. 下列关于初等函数的描述正确的是(　　).

A. 基本初等函数不是初等函数

B. 复合函数不是初等函数

C. 基本初等函数经过四则运算和复合运算得到的函数是初等函数

D. 初等函数都能用一个解析式表示

2. 请举出一些初等函数的例子.

扫码查看参考答案

任务单 1.2

模块名称			模块一 初等函数与极限		
任务名称			任务 1.2 初等函数		
班级		姓名		得分	

任务单 1.2　A 组(达标层)

分解下列复合函数.

$(1)y=(1+2x+x^3)^5$；$(2)y=\sqrt{\ln x}$；$(3)y=e^{\sqrt{x^2+1}}$；$(4)y=\sin e^{\sqrt{x}}$.

任务单 1.2　B 组(提高层)

1. 分解下列复合函数.

$(1)y=(\arcsin\sqrt{x})^2$；$(2)y=\ln\sin(x^2+1)$；$(3)y=\cos^3(\sin x^3)$；$(4)y=2^{\sin^3\frac{1}{x}}$.

2. 一辆新轿车的价值为 40 万元，若每年的折旧率是 18%，问使用约多少年后价值变为原来的 1/5？

任务单 1.2　C 组(培优层)

实践调查：举出初等函数的生活实例(另附 A4 纸小组合作完成).

思政天地

小组合作挖掘与函数相关的课程思政元素(要求：内容不限，可以是名人名言、故事等).

完成日期	

任务 1.3 数学模型简介

[学习目标]

1. 说出数学模型的定义、方法、分类.

2. 说出成本、收益、利润函数模型,正确进行盈亏平衡分析.

3. 说出供给与需求函数模型,分析供给函数与需求函数的关系.

4. 建立简单数学模型,解决简单的经济问题,提高学生应用数学知识解决实际问题的能力.

[任务提出]

设某企业每年需某种配件 5 万件,每外出采购一次费用为 1 000 元,每 1 万件存一年的库存费为 6 400 元,如果进库配件均匀供应生产部门(此时库存数可看成每次采购量的一半),且用完一批再进一批,试求该企业每年采购费用之和 y 与每次采购件数 x 之间的函数关系.

[知识准备]

1.3.1 数学模型

课堂活动 说一说数学模型的定义、方法、分类.

1. 数学模型的定义

数学模型是针对现实世界的某一特定对象,为了一个特定的目的,根据特有的内在规律,做出必要的简化和假设,运用适当的数学工具得出来的一种数学结构. 比如,函数关系可以看成是一种变量相依关系的数学模型.

数学模型是对实际问题的一种抽象,数学关系式基于数学理论和方法,用数学符号、数学关系数学命题、图形图表数学命题等来刻画客观事物的本质属性与其内在联系.

【注】(1)数学模型能解释特定对象的现实状态.

(2)能预测特定对象的未来状态.

(3)能提供处理特定对象的最优决策或控制.

2. 数学模型方法

数学模型方法(Mathematical Modeling)简称为 MM 方法. 它是处理科学理论问题的一种经典方法,也是处理各类实际问题的一般方法. 建立一个实际问题的数学模型,需要一定的洞察力和想象力,筛选、抛弃次要因素,突出主要因素,做出适当的抽象和简化.

课堂讨论:建立数学模型一般分为哪些过程?

【注】建立数学模型一般分为表述、求解、解释、验证几个阶段,其流程如图 1-18

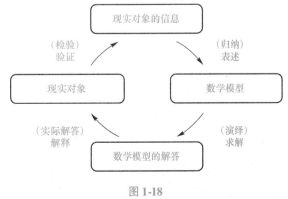

图 1-18

所示.

表述：根据建立数学模型的目的和掌握的信息，将实际问题翻译成数学问题，这是非常关键的过程，要对实际问题进行分析，甚至需要做调查研究，查找资料，对问题进行简化、假设和数学抽象，用有关的数学概念、数学符号和数学表达式去表达它们之间的关系. 若现有的数学工具不够用时，可根据实际情况，大胆创造新的数学概念和方法去表现模型.

求解：选择适当的方法，求得数学模型的解答.

解释：数学解答翻译回现实对象，给出实际问题的解答.

验证：检验解答的正确性.

3. 数学模型分类 (如图 1-19 所示)

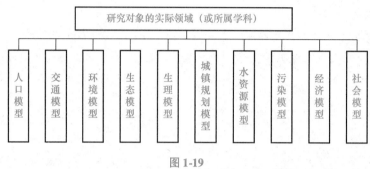

图 1-19

课堂讨论：请你谈谈数学模型的其他分类并举一些数学模型的案例.

1. 3. 2 常见的经济模型

课堂活动 在用数学方法分析经济变量的关系时，需要找到变量之间的函数关系，然后利用微积分等知识作为工具来分析经济函数的特征. 请你说一说常见的经济函数有哪些？用思维导图罗列出数学模型并解释它的经济意义.

1. 成本、收益与利润函数

总成本是指企业生产一种产品所需费用的总和，它通常分为固定成本和可变成本两部分，固定成本 C_0(厂房、设备折旧费、管理人员工资、保险费等)，它不随产量 Q 的变化而变化，是一个常量；可变成本(原材料费、能源消耗费、生产工人工资等)，它随着产量的变化而变化，即为 Q 的函数，记作 $C_1(Q)$，于是总成本函数为 $C(Q) = C_0 + C_1(Q)$. 另外，平均成本是生产一定数量的产品时，每个单位产品平均分摊到的成本. 即总成本 $C(Q)$ 与产量 Q 的商. 记作 $\overline{C}(Q) = \dfrac{C_0}{Q} + \dfrac{C_1(Q)}{Q}$.

例如，某企业生产某种产品的固定成本为 30 万元，每生产一件成本需增加 0.5 万元，则固定成本 $C_0 = 30$，可变成本 $C_1(Q) = 0.5Q$，因此总成本为 $C(Q) = 30 + 0.5Q$，平均成本为 $\overline{C} = \overline{C}(Q) = \dfrac{C_0}{Q} + \dfrac{C_1(Q)}{Q} = \dfrac{30}{Q} + 0.5$. 显然，平均成本是单调递减的. 也就是说，随着产量的增加，平均成本越来越小.

收益函数是指产品销售后所获得的总收益与产品销售的函数关系. 设商品价格为 P，销

售量为 Q，总收益为 R，则收益函数为 $R = R(Q) = PQ = P(Q) \cdot Q$，平均收益为 $\overline{R} = \overline{R}(Q) = \dfrac{P(Q) \cdot Q}{Q} = P(Q)$．如果产销平衡，即产量和销量一致时，利润是产量(销量)的函数，且利润函数等于收益函数与成本函数之差，即 $L = L(Q) = R(Q) - C(Q)$，平均利润为 $\overline{L} = \overline{L}(Q) = \dfrac{R(Q) - C(Q)}{Q} = \dfrac{R(Q)}{Q} - \dfrac{C(Q)}{Q}$．

例1 生产某种商品 Q 台时的总成本(单位：元)为 $C(Q) = 100 + 3Q + Q^2$，如果该商品的销售单价为 43 元，试求：

(1)该商品的利润函数；

(2)生产 20 台该商品的总利润和平均利润；

(3)生产 40 台该商品的总利润．

解： (1)总收益函数为 $R(Q) = 43Q$，

所以利润函数为 $L(Q) = R(Q) - C(Q) = 40Q - 100 - Q^2 = -Q^2 + 40Q - 100$；

(2)生产 20 台该商品的总利润为 $L(20) = -20^2 + 40 \times 20 - 100 = 300$(元)，

此时平均利润为 $\overline{L}(20) = \dfrac{L(20)}{20} = 15$(元/台)；

(3)生产 40 台该商品的总利润为 $L(40) = -40^2 + 40 \times 40 - 100 = -100$(元)．

一般情况下，收益随着销量的增加而增加，但上例说明，利润并不是随着销量的增加而增加．结果为负值说明随着销量的增加利润反而减少了，企业出现了亏损，这就需要企业进一步进行盈亏平衡分析．

【注】 (1)一般地，若 $L = L(Q) = R(Q) - C(Q) > 0$，则生产处于盈利状态；若 $L = L(Q) = R(Q) - C(Q) < 0$，则生产处于亏本状态；若 $L = L(Q) = R(Q) - C(Q) = 0$，则生产处于保本状态．

(2)当 $L = L(Q) = 0$，即 $R(Q) = C(Q)$ 时，企业盈亏相抵，此时的销量 Q_0 为盈亏平衡点，也称为保本点．

(3)当 $Q > Q_0$ 时，企业盈利；当 $Q < Q_0$ 时，企业亏损．

例2 生产某商品的成本为 $C(Q) = 18 + 5Q + Q^2$，若销售单价定为 14 元/件，试求：

(1)该商品经营活动的保本点；

(2)若每天销售 10 件商品，为了不亏本，销售价格定为多少才合适？

解： (1)利润函数 $L(Q) = R(Q) - C(Q) = 9Q - 18 - Q^2 = -Q^2 + 9Q - 18$，

令 $L(Q) = 0$，即 $-Q^2 + 9Q - 18 = 0$ 得两个保本点 $Q_1 = 3$ 和 $Q_2 = 6$．

当 $L(Q) = -Q^2 + 9Q - 18 = -(Q - 3)(Q - 6) < 0$，即当 $Q < 3$ 或 $Q > 6$ 时，生产经营亏损；

当 $L(Q) = -Q^2 + 9Q - 18 = -(Q - 3)(Q - 6) > 0$，即当 $3 < Q < 6$ 时，生产经营盈利．

(2)设单价为 P 元/件，则利润函数 $L(Q) = R(Q) - C(Q) = PQ - (18 + 5Q + Q^2)$，为使生产经营不亏本，需有 $L(10) \geqslant 0$，即 $10P - (18 + 5 \times 10 + 10^2) \geqslant 0$，得 $P \geqslant 16.8$．

所以，为了不亏本，销售价格应不低于 16.8 元/件．

2. 供给、需求与价格函数

课堂活动 市场规律下需求量和供给量与价格之间存在什么样的关系？

需求是指在一定价格条件下，消费者愿意购买并且有支付能力购买的商品量.

记为 $Q = f(P)$. 一般地，商品价格低，需求量大；商品价格高，需求量小. 因此，需求量随着价格的上升而减少.

【注】常用的需求函数有如下类型：

(1) 线性函数 $Q = b - aP(a, b > 0)$.

(2) 幂函数 $Q = kP^{-a}(a, k > 0)$.

(3) 幂函数 $Q = ae^{-bP}(a, b > 0)$.

供给是指在一定价格条件下，生产者愿意出售并且有可供出售的商品量.

记为 $Q = \varphi(P)$. 一般地，商品价格越低，生产者不愿生产，供给减少；商品价格越高，供给增加. 因此，供给函数是随着价格的提高而增大.

【注】常用的供给函数有如下类型：

(1) 线性函数 $Q = aP - b(a, b > 0)$.

(2) 幂函数 $Q = kP^a(a, k > 0)$.

(3) 幂函数 $Q = ae^{bP}(a, b > 0)$.

供给函数与需求函数可以帮助我们分析市场规律，二者密切相关. 设 P 表示价格，Q 表示需求量或供给量，则供给函数为 $Q_S = f(P)$，需求函数为 $Q_D = f(P)$. 若把供给曲线和需求曲线画在同一坐标系中（如图 1-20 所示），由于供给函数单调增加，需求函数单调减少，所以它们将交于一点 (P_0, Q_0). 这里 P_0 就是供需平衡的价格，称为均衡价格；供给量和需求量都为 Q_0，称为均衡数量. 即市场上需求量与供给量相等时的价格 P_e 称为均衡价格，此时的需求量与供给量 Q_e 称为均衡商品量.

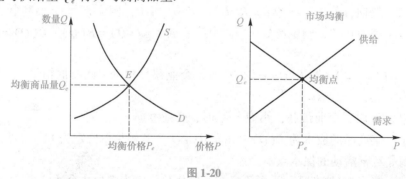

图 1-20

下面我们分析最简单的需求与供给模型. 设某商品的需求函数为 $Q = b - aP(a, b > 0)$，供给函数为 $Q = cP - d(c, d > 0)$，试求均衡价格.

由供给函数与需求函数的关系得 $b - aP_e = cP_e - d$，可得均衡价格 $P_e = \dfrac{b + d}{a + c}$.

例 3 设某书的价格为 15 元/本时，书商每天可提供 100 本，价格每增加 0.10 元，书商可多提供 8 本书，试求供给函数.

解：设供给量为 Q，该书的售价为 P 元/本，则供给函数为 $Q = aP - b$.

由题意，得 $\begin{cases} 100 = 15a - b, \\ 100 + 8 = (15 + 0.1)a - b, \end{cases}$ 解方程组得 $\begin{cases} a = 80, \\ b = 1\ 100. \end{cases}$

因此，供给函数为 $Q = 80P - 1\ 100$.

例 4　设某书的售价为 15 元/本时，每天销量为 100 本；售价每提高 0.10 元，销量则减少 8 本，试求需求函数.

解：设需求量为 Q，该书的售价为 P 元/本，则需求函数为 $Q = b - aP$.

由题意，得 $\begin{cases} 100 = b - 15a, \\ 100 - 8 = b - a(15 + 0.1), \end{cases}$ 解方程组得 $\begin{cases} a = 80, \\ b = 1\ 300. \end{cases}$

因此，需求函数为 $Q = 1\ 300 - 80P$.

例 5　由例 3、例 4 求该书的市场平衡价格 P_e.

解：由 $\begin{cases} Q = 80P - 1\ 100, \\ Q = 1\ 300 - 80P, \end{cases}$ 得 $P_e = 15$（元/本）.

3. 利息、贴现与库存函数

一笔款若存入银行，它会随着存放时间的增长而增长利息；若参与投资，会由于生产和经营活动而取得利润；但货币若闲置不用，却会因物价指数上升而贬值，这些情况都表现为币值与时间的各种函数关系. 因此，我们必须树立货币的时间价值观念.

【注】（1）单利计算公式：设初始本金为 A_0 元，年利率为 R，则第 n 年末的本利和 A_n 是时间 n 的函数，其函数关系为 $A_n = A_0 + nRA_0 = A_0(1 + nR)$.

（2）复利计算公式：设初始本金为 A_0 元，年利率为 R，则第一年末的本利和 $A_1 = A_0 + RA_0 = A_0(1 + R)$，将 A_1 存入银行，第二年的本利和 $A_2 = A_1 + RA_1 = A_0(1 + R)^2$，将 A_2 存入银行，如此反复，则第 m 年的本利和 A_m 是时间 m 的函数，其函数关系为 $A_m = A_0(1 + R)^m$.

例如，某人在 2018 年欲用 20 万元投资 5 年，年利率为 4%，分别按单利、复利计算到第 5 年末，该人应得的本利和分别为：按单利计算 $A_5 = 20(1 + 5 \times 0.04) = 24$（万元）；按复利计算 $A_5 = 20(1 + 0.04)^5 \approx 24.333$（万元）.

【注】按复利计算时，投资者赚钱多；按单利计算时，投资者赚钱少.

债券或其他票据持有人，为了在票据到期以前获得资金，从票面金额中扣除未到期间的利息后，得到所余金额的现金，就是贴现，其公式为 $P = \dfrac{R}{(1 + r)^n}$.

工厂为了生产必须存储一些原料，如果把全年所需材料一次性购入，则不仅占用资金、占用库存，还会增加保管成本，把这些费用统称为库存费. 如果分散购入，因每次购货都会有固定成本（与购货数量无关），而使费用（订货费）增大. 为了找到一个两全其美的订购原料方案，就需要建立库存费和订货费之和与批量之间的函数关系. 下面就"成批到货，一致需求，不许缺货"的库存模型加以讨论.

"成批到货"是指工厂生产的每批产品，先整批存入仓库；"一致需求"是指市场对这种商品的需求，在单位时间内数量相同；"不许缺货"是指当前一批产品由仓库提取完后，下一批产品立刻进入仓库. 在这种假设下，规定仓库的平均库存量为每批产量的一半. 例如，设某企业在计划期 T 内对某种物品的总需求量是 Q，考虑均匀地分次进货，每次进货批量为 $q = \dfrac{Q}{n}$，进货周期 $t = \dfrac{T}{n}$. 假定每件物品的贮存单位费用时间为 C_1，每次进货费用为 C_2，每次进货量相同，进货间隔时间不变，均匀消耗贮存物品，则平均库存为 $\dfrac{q}{2}$，在计划期 T 内的总费用为 $E = \dfrac{1}{2}C_1 Tq + C_2 \dfrac{Q}{q}$. 其中 $\dfrac{1}{2}C_1 Tq$ 是存贮费，$C_2 \dfrac{Q}{q}$ 是进货费.

【任务解决】

解：每年采购费用之和 = 库存费用 + 外出采购费用．由题意知，库存数为 $\dfrac{x}{2}$ 万件，所以一年的库存费为 $\dfrac{x}{2} \times 6\,400$（元）；因为每次采购件数为 x 万件，则每年外出采购次数为 $\dfrac{5}{x}$，又因为每采购一次费用为 $1\,000$ 元，因此，每年的外出采购费用为 $\dfrac{5}{x} \times 1\,000$（元）．

所以，该企业每年采购费用之和为：

$$y = \frac{x}{2} \times 6\,400 + \frac{5}{x} \times 1\,000 = 3\,200x + \frac{5\,000}{x}\,(0 < x \leqslant 5)\,(\text{元}).$$

任务单 1.3

扫码查看参考答案

模块名称			模块一　初等函数与极限		
任务名称			任务 1.3　数学模型简介		
班级		姓名		得分	

任务单 1.3　A 组（达标层）

1. 某工厂生产某产品，每日最多生产 200 单位. 它的日固定成本为 150 元，生产一个单位产品的可变成本为 16 元，求该厂日总成本函数及平均单位成本函数.

2. 已知产品价格和需求量有关系式 $3P + Q = 60$，试求：
   (1) 需求函数 $Q(P)$；　　　　　(2) 总收益函数 $R(Q)$；
   (3) $Q(3)$；　　　　　　　　　(4) $R(45)$.

任务单 1.3　B 组（提高层）

1. 若某商店以每件 a 元的价格销售某种商品，但如果顾客一次购买 50 件以上，则超出 50 件的部分以每件 $0.9a$ 元的价格优惠出售. 试将一次成交后的销售收入 R 表示成销售量 Q 的函数.

2. 设每月生产某种商品 Q 件时的总成本为 $C(Q) = 20 + 2Q + 0.5Q^2$（万元），若每售出一件该商品时的收入是 20 万元，试求：(1) 经济活动的盈亏平衡点（保本点）；(2) 若每月至少销售 40 件该产品，为了不亏本，单价应定多少？

续表

模块名称	模块一　初等函数与极限

任务单1.3　C组(培优层)

实践调查：寻找经济函数的应用案例并求解(另附 A4 纸小组合作完成).

思政天地

小组合作挖掘与函数相关的课程思政元素(要求：内容不限，可以是名人名言、故事等).

完成日期	

任务1.4　极限认知

【学习目标】

1. 能正确叙述极限的描述性定义、正确书写极限并计算一些简单极限.
2. 能求出曲线的水平渐近线和垂直渐近线.
3. 具有概括抽象问题、清晰表达数学问题的能力和自我表现力.
4. 体验团队协作的乐趣,感受数学思想的魅力.

【任务提出】

某厂家推出一种新产品后,使用它的人将会越来越多,但随着时间的推移,这一产品的新使用者的增长率逐渐减小,使用该产品的总人数 $N(t)$ 关于时间 t 的函数可用图形近似地描绘.请你想象一下,当时间 t 无限向后推移,使用该产品的总人数 $N(t)$ 如何变化?

【知识准备】

1.4.1　数列极限

1. 数列极限的定义

课堂活动　中学阶段已经学习了数列,认真回顾数列知识并交流.

(扫码)按照一定顺序排成的无穷多个数

$$a_1,\ a_2,\ a_3,\ \cdots,\ a_n,\ \cdots$$

扫码查看参考答案

称为无穷数列,记作 $\{a_n\}$. 数列中的每一个数叫作数列的项. 其中第 n 项 a_n 叫作数列的一般项或通项, n 称为项数.

若存在正数 M,使得对所有的 n,都满足 $|a_n| \leqslant M$,则称数列 $\{a_n\}$ 为有界数列,否则为无界数列.

若存在实数 M,对于一切 n 都满足 $a_n \leqslant M$,则称数列 $\{a_n\}$ 有上界, M 为 $\{a_n\}$ 的一个上界; 若存在实数 m,对于一切 n 都满足 $a_n \geqslant m$,则称数列 $\{a_n\}$ 有下界, m 为 $\{a_n\}$ 的一个下界. 显然,既有上界又有下界的数列必为有界数列.

课堂活动　极限是微积分的研究工具,在高等数学中起着重要的基础作用,请你思考下列引例,谈谈你对极限思想的理解.

引例1　截丈问题:"一尺之锤,日取其半,万世不竭."

分析:设一尺长的木棍,每天截去一半,这样的过程可以无限制地进行下去. 每天截后剩余部分的长度构成了一个无穷数列: $\dfrac{1}{2}$, $\dfrac{1}{4}$, $\dfrac{1}{8}$, $\cdots$, $\dfrac{1}{2^n}$, $\cdots$

问题1:当 n 无限增大时, $\dfrac{1}{2^n}$ 如何变化?

结论1:随着 n 的无限增大,剩余长度 $\dfrac{1}{2^n}$ 会无限地趋于0,却永远不等于0. 这就是极限的最朴素思想.

引例2 设有一圆(如图1-21),首先作内接正六边形,其面积记为A_1;再作内接正十二边形,其面积记为A_2;再作内接正二十四边形,其面积记为A_3;如此循环下去,每次边数加倍,其内接正$6 \times 2^{n-1}$多边形的面积记为$A_n (n \in \mathbf{N})$.这样就得到了一系列内接正多边形的面积:A_1,A_2,A_3,$\cdots$,A_n,$\cdots$.

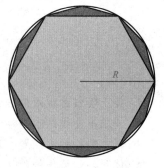

图1-21

问题2: 当n无限增大时,A_n如何变化?

结论2: 当$n \to \infty$,内接正多边形无限接近于圆面积.

刘徽用逼近思想计算到圆内接$6 \times 2^9 = 3\ 072$边正多边形时得到圆周率为小数点后四位的数值3.141 6.刘徽割圆术(利用圆的内接正多边形来推算圆面积的方法)就是利用极限思想来研究几何问题的.

定义1 设有无穷数列a_1,a_2,a_3,a_4,$\cdots$,a_n,$\cdots$,当$n \to \infty$时,若一般项a_n无限趋近于常数A,则称A为数列$\{a_n\}$在$n \to \infty$时的极限,记作

$$\lim_{x \to \infty} \quad \text{或} \quad a_n \to A(n \to \infty).$$

【注】(1)当$n \to \infty$时,若数列极限存在,则称数列$\{a_n\}$收敛;若数列极限不存在,则称数列$\{a_n\}$发散.

(2)当$n \to \infty$时,数列极限不存在的情况是数列无界或者数列尽管有界但取值在某固定范围内振荡.例如,$a_n = n^2$,$a_n = (-1)^n$,当$n \to \infty$时极限不存在.

例1 观察下列数列的变化趋势,写出它们的极限.

(1)$a_n = \dfrac{1}{n}$;   (2)$a_n = 3 - \dfrac{1}{n^2}$;

(3)$a_n = c(c$ 为常数$)$;   (4)$a_n = \dfrac{n-1}{n+1}$.

解: 通过列出数列的有限项,分析以后各项随n增大而变化的特点,进而考察当$n \to \infty$时各项的变化趋势.

n	1	2	3	4	5	$\cdots$	$\to \infty$
$a_n = \dfrac{1}{n}$	1	$\dfrac{1}{2}$	$\dfrac{1}{3}$	$\dfrac{1}{4}$	$\dfrac{1}{5}$	$\cdots$	$\to 0$
$a_n = 3 - \dfrac{1}{n^2}$	2	$\dfrac{11}{4}$	$\dfrac{26}{9}$	$\dfrac{47}{16}$	$\dfrac{74}{25}$	$\cdots$	$\to 3$
$a_n = c$	c	c	c	c	c	$\cdots$	$\to c$
$a_n = \dfrac{n-1}{n+1}$	0	$\dfrac{1}{3}$	$\dfrac{1}{2}$	$\dfrac{3}{5}$	$\dfrac{2}{3}$	$\cdots$	$\to 1$

由表可以看出:(1)$\lim\limits_{n \to \infty} \dfrac{1}{n} = 0$;(2)$\lim\limits_{n \to \infty} \left(3 - \dfrac{1}{n^2}\right) = 3$;

(3)$\lim\limits_{n \to \infty} c = c$;(4)$\lim\limits_{n \to \infty} \dfrac{n-1}{n+1} = 1$.

课堂活动 想一想是否所有数列的极限都存在?

2. 数列收敛的性质

定理1(唯一性) 若数列$\{a_n\}$收敛,则极限唯一.$\lim\limits_{n\to\infty}a_n=a$,$\lim\limits_{n\to\infty}a_n=b$,则必有$a=b$.

定理2(有界性) 收敛数列$\{a_n\}$必有界.

此定理也可以说成:无界数列一定是发散的.它为判断数列的敛散性提供了一个有效的方法.例如,数列n^2与$1-2n$都是无界的,因此都是发散的.而数列$\{(-1)^{n+1}\}$有界,但数列$\{(-1)^{n+1}\}$不收敛(即发散).这说明数列有界是数列收敛的必要条件,而不是充分条件.

随堂练习 独立思考并完成下列单选题.

1. $\lim\limits_{n\to\infty}(-1)^{n+1}=$( ).

A. 1   B. 不存在   C. -1 D. 0

2. $\lim\limits_{n\to\infty}(-1)^n\left(\dfrac{2}{3}\right)^n=$( ).

A. 0

C. -1

B. 1

D. 不存在

扫码查看参考答案

3. 下列说法正确的是( ).

A. 有界数列必定收敛   B. 单调数列必定收敛

C. 收敛数列必定有界   D. 收敛数列必定单调

1.4.2 函数的极限

1. $x\to\infty$ 时函数 $f(x)$ 的极限

课堂讨论: (1)如何理解 $x\to\infty$?

(2)观察图 1-22 并思考:当 $x\to\infty$ 时,函数 $f(x)$ 有怎样的变化趋势?

图 1-22

【注】(1)$x\to\infty$ 是指自变量 x 的绝对值 $|x|$ 无限增大.这意味着 $x\to\infty$ 包括两个方向:沿着 x 轴的负方向远离原点,记作 $x\to-\infty$;沿着 x 轴的正方向远离原点,记作 $x\to+\infty$(如图 1-22 所示).因此 $x\to\infty$ 意味着同时考虑 $x\to-\infty$ 和 $x\to+\infty$.

(2)如图 1-23 所示,当 $x\to-\infty$ 时,函数 $f(x)=\dfrac{1}{x}$的值无限趋于常数 0;当 $x\to+\infty$ 时函数值也无限趋于常数 0.这表明:当 $x\to\infty$ 时,函数 $f(x)=\dfrac{1}{x}$的值无限地趋于常数 0,就称 0 为函数 $f(x)$ 当 $x\to\infty$ 时的极限,记作$\lim\limits_{x\to\infty}\dfrac{1}{x}=0$.当 $x\to\infty$ 时,$f(x)=\sin x$ 的函数值在 -1 和 1 内摆动,函数有界但不趋于某个常数.这表明当 $x\to\infty$ 时,函数 $f(x)=\sin x$ 的极限不存在,记作$\lim\limits_{x\to\infty}\sin x$ 不存在.

定义2 设函数 $f(x)$ 在自变量 x 无限远离原点的情况下有定义,当 $x\to\infty$ 时,若相应的函数值 $f(x)$ 无限趋近于某常数 A,则称 A 为函数 $f(x)$ 当 $x\to\infty$ 时的极限,记作

$$\lim\limits_{x\to\infty}f(x)=A \qquad \text{或} \qquad f(x)\to A(x\to\infty).$$

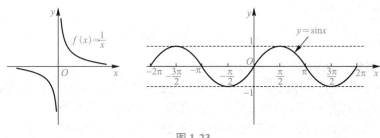

图 1-23

【注】当自变量 $x \to \infty$ 时，函数 $f(x)$ 不趋于某一常数，则称函数 $f(x)$ 当 $x \to \infty$ 时极限不存在.

由于 $x \to \infty$ 意味着同时考虑 $x \to -\infty$ 和 $x \to +\infty$. 于是有如下定义.

定义 3 若当 $x \to -\infty$ 时，函数 $f(x)$ 的值趋近于一个确定的常数 A，则称 A 为函数 $f(x)$ 当 $x \to -\infty$ 时的极限，记作

$$\lim_{x \to -\infty} f(x) = A \qquad \text{或} \qquad f(x) \to A(x \to -\infty).$$

若当 $x \to +\infty$ 时，函数 $f(x)$ 的值趋近于一个确定的常数 A，则称 A 为函数 $f(x)$ 当 $x \to +\infty$ 时的极限，记作

$$\lim_{x \to +\infty} f(x) = A \qquad \text{或} \qquad f(x) \to A(x \to +\infty).$$

上述图 1-23 左图中有，$\lim\limits_{x \to -\infty} \dfrac{1}{x} = 0$，$\lim\limits_{x \to +\infty} \dfrac{1}{x} = 0$.

课堂活动 自变量 $x \to \infty$、$x \to -\infty$ 和 $x \to +\infty$ 的函数极限之间有何关系呢?

观察到极限 $\lim\limits_{x \to \infty} \dfrac{1}{x} = \lim\limits_{x \to -\infty} \dfrac{1}{x} = \lim\limits_{x \to +\infty} \dfrac{1}{x} = 0$. 因此，不难得到如下结论.

定理 3 极限 $\lim\limits_{x \to \infty} f(x) = A$ 等价于 $\lim\limits_{x \to -\infty} f(x) = \lim\limits_{x \to +\infty} f(x) = A$.

$\lim\limits_{x \to -\infty} f(x)$ 和 $\lim\limits_{x \to +\infty} f(x)$ 中只要有一个不存在或都存在但不相等，则 $\lim\limits_{x \to \infty} f(x)$ 不存在.

例 2 讨论当 $x \to \infty$ 时，下列函数的极限.

(1) $\lim\limits_{x \to \infty} \dfrac{2x+3}{x}$; (2) $\lim\limits_{x \to \infty} \arctan x$.

解：(1) 因为函数 $y = \dfrac{2x+3}{x} = 2 + \dfrac{3}{x}$，当 $x \to -\infty$ 和 $x \to +\infty$ 时，$\dfrac{3}{x} \to 0$，有 $y = \dfrac{2x+3}{x} \to 2$，因此 $\lim\limits_{x \to \infty} \dfrac{2x+3}{x} = 2$.

(2) 由 $f(x) = \arctan x$ 的图象(如图 1-24 所示)可知

$\lim\limits_{x \to -\infty} \arctan x = -\dfrac{\pi}{2}$，$\lim\limits_{x \to +\infty} \arctan x = \dfrac{\pi}{2}$. 由定理 3 可知，

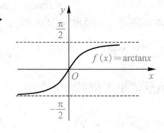

图 1-24

$\lim\limits_{x \to \infty} \arctan x$ 不存在.

课堂思考 水平渐近线是如何定义的?

继续观察图 1-24，有 $\lim\limits_{x \to -\infty} \arctan x = -\dfrac{\pi}{2}$，曲线 $y = \arctan x$ 沿着 x 轴的负方向无限延伸时，以直线 $y = -\dfrac{\pi}{2}$ 为水平渐近线；$\lim\limits_{x \to +\infty} \arctan x = \dfrac{\pi}{2}$，曲线 $y = \arctan x$ 沿着 x 轴的正方向无限延

伸时，以直线 $y = \dfrac{\pi}{2}$ 为水平渐近线．因此，有如下定义．

定义 4　设函数 $y = f(x)$，若 $\lim\limits_{x \to \infty} f(x) = A$（$\lim\limits_{x \to -\infty} f(x) = A$ 或 $\lim\limits_{x \to +\infty} f(x) = A$），则称直线 $y = A$ 是曲线 $y = f(x)$ 的水平渐近线．

水平渐近线是函数极限的一个几何应用．又例如，$\lim\limits_{x \to \infty} \dfrac{1}{x} = 0$，曲线 $y = \dfrac{1}{x}$ 有水平渐近线 $y = 0$．

随堂练习　1. 独立思考并填空（写相应的极限值或"不存在"）.

函　数	$x \to -\infty$	$x \to +\infty$	$x \to \infty$
$y = 2 + \dfrac{1}{x}$			
$y = \log_3 x$			
$y = \mathrm{e}^x$			
$y = \cos x$			
$y = \operatorname{arccot} x$			
$y = \left(\dfrac{1}{3}\right)^x$			

2. 独立思考并完成下列判断题.

（1）（　　）设 $f(x) > 0$，则 $\lim\limits_{x \to \infty} f(x) > 0$；

（2）（　　）若 $\lim\limits_{x \to \infty} f(x) = A > 0$，则 $f(x) > 0$.

扫码查看参考答案

2. $x \to x_0$ 时函数 $f(x)$ 的极限

课堂讨论：何谓" $x \to x_0$ "？

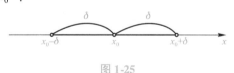

图 1-25

【注】（1）如图 1-25 所示，$x \to x_0$ 是指自变量 x 在 x_0 的两侧无限趋近于 x_0 但 $x \neq x_0$．即 x 在邻域 $\mathring{U}(x_0, \delta) = (x_0 - \delta, x_0) \cup (x_0, x_0 + \delta)$ 内变化．

（2）$x \to x_0$ 也包括两个变化方向：x 从点 x_0 的左侧无限接近于 x_0，记作 $x \to x_0^-$；x 从点 x_0 的右侧无限接近于 x_0，记作 $x \to x_0^+$．

（3）$x \to x_0$ 意味着同时考虑 $x \to x_0^-$ 和 $x \to x_0^+$ 两种情形．

课堂讨论：观察图 1-26，当自变量变化时，函数有怎样的变化趋势？

（1）$f(x) = x^2 + 1 \, (x \to 0)$；（2）$f(x) = \dfrac{x^2 - 4}{x - 2} \, (x \to 2)$．

【注】（1）当 $x \to 0$ 时，对应的函数值 $f(x) = x^2 + 1$ 无限趋近于常数 1，则称当 $x \to 0$ 时 $f(x) = x^2 + 1$ 的极限为 1 且函数 $f(x)$ 在 $x = 0$ 处有定义．

（2）当 $x \to 2$ 时，$f(x) = \dfrac{x^2 - 4}{x - 2} = \dfrac{(x + 2)(x - 2)}{x - 2} = x + 2$，对应的函数值无限趋近于常数

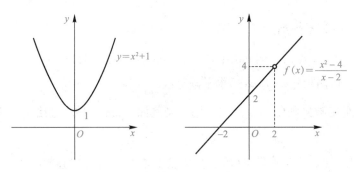

图 1-26

4. 则称当 $x \to 2$ 时，函数 $f(x) = \dfrac{x^2-4}{x-2}$ 的极限为 4. 且函数 $f(x)$ 在 $x=2$ 处无定义.

定义 5 设函数 $f(x)$ 在点 x_0 的左、右近旁有定义，若当 $x \to x_0$ 时，函数 $f(x)$ 对应的值趋近于某一个确定的常数 A，则称 A 为函数 $f(x)$ 当 $x \to x_0$ 时的极限，记作 $\lim\limits_{x \to x_0} f(x) = A$ 或 $f(x) \to A(x \to x_0)$.

【注】(1) 函数 $f(x)$ 在 $x \to x_0$ 时的极限是否存在与函数 $f(x)$ 在 x_0 处是否有定义无关.

(2) 若当 $x \to x_0$ 时函数 $f(x)$ 不趋于某一常数，则称函数 $f(x)$ 当 $x \to x_0$ 时极限不存在.

(3) $\lim\limits_{x \to 0} C = C(C$ 为常数$)$，$\lim\limits_{x \to x_0} x = x_0$（如图 1-27 所示）.

课堂讨论：讨论当 $x \to 0$ 时，函数 $f(x) = \begin{cases} 1, & x < 0, \\ x^2, & x \geqslant 0 \end{cases}$ 的变化趋势（如图 1-28 所示）.

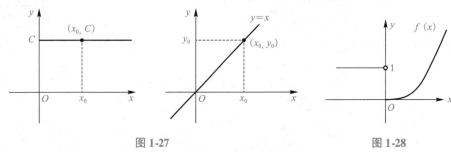

图 1-27   图 1-28

当 $x \to 0^+$ 时，应按表达式 x 的函数值考察变化趋势；当 $x \to 0^-$ 时，应按表达式 1 的函数值考察变化趋势. 因此，$\lim\limits_{x \to 0^-} f(x) = \lim\limits_{x \to 0^-} 1 = 1$，$\lim\limits_{x \to 0^+} f(x) = \lim\limits_{x \to 0^+} x^2 = 0$. 所以，函数在点 $x=0$ 处的极限只能单侧地加以讨论.

定义 6 设函数 $f(x)$ 在点 x_0 的左侧附近有定义，如果当 $x \to x_0^-$ 时，函数 $f(x)$ 无限趋近于一个确定的常数 A，则称 A 为函数 $f(x)$ 当 $x \to x_0^-$ 时的左极限，记作

$$\lim\limits_{x \to x_0^-} f(x) = A \qquad \text{或} \qquad f(x) \to A(x \to x_0^-).$$

若当 $x \to 0^+$ 时，函数 $f(x)$ 趋于某一确定的常数 A，则称函数 $f(x)$ 当 $x \to 0^+$ 时以 A 为右极限，记作

$$\lim\limits_{x \to x_0^+} f(x) = A \qquad \text{或} \qquad f(x) \to A(x \to x_0^+).$$

左极限与右极限统称为单侧极限.

课堂讨论：函数 $f(x)$ 在点 x_0 处极限存在的充分必要条件是什么？

定理 4 极限 $\lim\limits_{x \to x_0} f(x) = A$ 的充分必要条件是 $\lim\limits_{x \to x_0^-} f(x) = \lim\limits_{x \to x_0^+} f(x) = A$.

即：函数在有限点处极限存在的充分必要条件是左极限与右极限都存在且相等.

上述讨论 3 中，因为 $\lim\limits_{x \to 0^-} f(x)$ 与 $\lim\limits_{x \to 0^+} f(x)$ 不相等，所以当 $x \to 0$ 时，函数 $f(x) = \begin{cases} 1, & x < 0, \\ x, & x \geq 0 \end{cases}$ 的极限不存在.

例 3 设 $f(x) = \begin{cases} 3x - 1, & x < 1, \\ x^2 + 1, & x > 1, \end{cases}$ 求极限 $\lim\limits_{x \to 1} f(x)$.

解：$\lim\limits_{x \to 1^-} f(x) = \lim\limits_{x \to 1^-} (3x - 1) = 2$，$\lim\limits_{x \to 1^+} f(x) = \lim\limits_{x \to 1^+} (x^2 + 1) = 2$.

因 $\lim\limits_{x \to 1^-} f(x) = \lim\limits_{x \to 1^+} f(x) = 2$，故 $\lim\limits_{x \to 1} f(x) = 2$.

随堂练习 独立思考并完成下列单选题.

1. 函数 $y = f(x)$ 在点 x_0 处左、右极限都存在且相等是它在该点处有极限的( ).

A. 必要条件 B. 充分条件 C. 充要条件 D. 无关条件

2. $f(x)$ 在点 $x = x_0$ 处有定义，是当 $x \to x_0$ 时 $f(x)$ 有极限的( ).

A. 必要条件 B. 充分条件 C. 充要条件 D. 无关条件

3. 函数 $f(x)$ 在点 $x = x_0$ 处有极限时，要求( ).

A. 函数 $f(x)$ 在点 $x = x_0$ 处有定义

B. $\lim\limits_{x \to x_0^-} f(x)$ 存在，$\lim\limits_{x \to x_0^+} f(x)$ 可以不存在

C. $\lim\limits_{x \to x_0^-} f(x)$、$\lim\limits_{x \to x_0^+} f(x)$ 都存在，但可以不相等

D. $\lim\limits_{x \to x_0^-} f(x)$、$\lim\limits_{x \to x_0^+} f(x)$ 都存在并且相等

4. 设 $f(x) = \begin{cases} 2, & x \leq 0, \\ \sin x - 2, & x > 0, \end{cases}$ 则 $\lim\limits_{x \to 0^-} f(x) = ($).

A. -2 B. 2 C. -1 D. 0

5. 已知函数 $f(x) = \begin{cases} e^x - 1, & x \leq 0, \\ x^2 + 1, & x > 0, \end{cases}$ 则 $\lim\limits_{x \to 0} f(x) = ($).

A. 0 B. 1

C. -1 D. 不存在

扫码查看参考答案

[任务解决]

分析：根据极限知识，当时间 t 无限向后推移，使用该产品的总人数 $N(t)$ 也不会超过所考虑区域内的总人数 N，它只能越来越接近于不超过总人数 N 的某一确定的值（如图 1-29 所示），即当 $t \to +\infty$ 时，t 时刻使用该产品的总人数 $N(t)$ 趋于某一饱和值 $N_0(N_0 \leq N)$. 反映在图形上，即当时间 t 越来越大时，它的图形越来越接近直线 $N(t) = N_0$，实际上在考虑两个变量之间的某种关系，即当一个变量按一定的方式变得越来越大时，确定另一个变量随之而变的变化趋势. 即 $\lim\limits_{t \to +\infty} N(t) = N_0$.

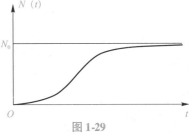

图 1-29

任务单 1.4

模块名称			模块一 初等函数与极限		
任务名称			任务 1.4 极限认知		
班级		姓名		得分	

任务单 1.4 A 组(达标层)

通过观察图象或表格的方法,考察下列函数的极限是否存在. 若极限存在,写出其极限.

$(1)\lim\limits_{x\to\infty}\cos x$; $(2)\lim\limits_{x\to-1}(2x-1)$; $(3)\lim\limits_{x\to0+}\ln x$; $(4)\lim\limits_{x\to+\infty}e^{-x}$; $(5)\lim\limits_{x\to-2}\dfrac{x^2+2x+1}{x+1}$; $(6)\lim\limits_{x\to1-}\dfrac{|x-1|}{x-1}$.

任务单 1.4 B 组(提高层)

1. 讨论函数 $f(x)=\begin{cases}x-1, & x<0,\\ 0, & x=0,\\ x+1, & x>0,\end{cases}$ 当 $x\to0$ 时,极限 $\lim\limits_{x\to0}f(x)$ 是否存在.

2. 已知分段函数 $f(x)=\begin{cases}2^x+1, & x<0,\\ 3x-1, & x>0,\end{cases}$ 求极限 $\lim\limits_{x\to2}f(x)$.

模块名称	模块一 初等函数与极限

任务单 1.4 C 组(培优层)
实践调查：寻找函数极限的生活实例或专业案例(另附 A4 纸小组合作完成).
课程思政元素挖掘
小组合作挖掘与函数相关的课程思政元素(要求：内容不限，可以是名人名言、故事等).

完成日期	

任务 1.5 极限运算

【学习目标】

1. 叙述极限的四则运算法则、等价无穷小定理；解释无穷小、无穷大及二者之间的关系；默写出两个重要极限.

2. 正确计算几类极限，并能计算一些较复杂的极限.

3. 应用第二个重要极限解决简单案例.

4. 体会灵活运用知识的思维方法，提高学生的学习兴趣，具有勇于探索的精神.

【任务提出】

建立一项奖励基金，每年年终发放一次，资金总额为 100 万元，若以年复利率 5% 计算. 试求：

(1) 奖金发放年限为 10 年时，基金 P 应为多少？

(2) 若奖金发放永远继续下去，基金 P 又应为多少？

【知识准备】

1.5.1 常见的几种极限运算

1. 极限的四则运算法则

课堂思考 利用极限的定义只能计算一些简单极限，而实际问题中遇到的函数极限却要复杂得多，用定义计算是很困难的. 比如遇到 $\lim\limits_{x\to 2}(2x^3-3x+1)$，$\lim\limits_{x\to 0}\dfrac{x^2+3x-1}{x+2}$ 这样的极限该如何计算呢？即如何求出两个函数和、差、积、商的极限？

定理 1 设在自变量的同一变化过程中，极限 $\lim f(x)=A$，$\lim g(x)=B$，则

法则(1) $\lim[f(x)\pm g(x)]=\lim f(x)\pm\lim g(x)=A\pm B$.

法则(2) $\lim[f(x)\cdot g(x)]=\lim f(x)\cdot\lim g(x)=A\cdot B$.

法则(3) $\lim\dfrac{f(x)}{g(x)}=\dfrac{\lim f(x)}{\lim g(x)}=\dfrac{A}{B}(\lim g(x)\neq 0)$.

【注】(1) 上述法则(1)、(2)可推广到有限个函数的情形.

(2) 法则(2)还有以下两个重要的推论：

推论 1 $\lim cg(x)=c\lim g(x)=cB(c$ 为常数$)$.

推论 2 $\lim[f(x)]^n=[\lim f(x)]^n=A^n(n$ 为正整数$)$.

用此定理就可以简单地解决前面提到的极限计算.

$\lim\limits_{x\to 2}(2x^3-3x+1)=\lim\limits_{x\to 2}2x^3-\lim\limits_{x\to 2}3x+\lim\limits_{x\to 2}1=2\times 2^3-3\times 2+1=11$；

$\lim\limits_{x\to 0}\dfrac{x^2+3x-1}{x+2}=\dfrac{\lim\limits_{x\to 0}(x^2+3x-1)}{\lim\limits_{x\to 0}(x+2)}=\dfrac{0^2+3\cdot 0-1}{0+2}=-\dfrac{1}{2}$.

课堂思考 若分式极限中的分母极限 $B=0$ 时，法则就不适用，那该如何计算呢？

若极限的四则运算法则不适用时，需要根据极限特点寻找新的解题思路，这是至关重

要的，下面总结几种常见类型.

2. $\dfrac{0}{0}$型极限

例1　求下列函数的极限.

$(1) \lim\limits_{x\to1}\dfrac{x^2+x-2}{2x^2+x-3}$;　　　　$(2) \lim\limits_{x\to1}\dfrac{\sqrt{3x+1}-2}{x-1}$.

解：(1)这是$\dfrac{0}{0}$型未定式，当$x\to1$时，分子、分母都有公因子$(x-1)$，故可先约去公因子，再求极限.

$$\lim\limits_{x\to1}\dfrac{x^2+x-2}{2x^2+x-3}=\lim\limits_{x\to1}\dfrac{(x-1)(x+2)}{(2x+3)(x-1)}=\lim\limits_{x\to1}\dfrac{x+2}{2x+3}=\dfrac{3}{5}.$$

(2)这是$\dfrac{0}{0}$型未定式.

$$\begin{aligned}\lim\limits_{x\to1}\dfrac{\sqrt{3x+1}-2}{x-1}&=\lim\limits_{x\to1}\dfrac{(\sqrt{3x+1}-2)(\sqrt{3x+1}+2)}{(x-1)(\sqrt{3x+1}+2)}=\lim\limits_{x\to1}\dfrac{3(x-1)}{(x-1)(\sqrt{3x+1}+2)}\\&=\lim\limits_{x\to1}\dfrac{3}{\sqrt{3x+1}+2}=\dfrac{3}{4}.\end{aligned}$$

【注】上述例子的特点是分子、分母的极限均为0，这种极限称为$\dfrac{0}{0}$型未定式.因此商的运算法则不适用.若分子、分母都是多项式，则其解法是先因式分解约去零因子再求极限；若分子或分母中至少有一个含二次根式，其解法是分子或分母同乘以它们的有理化因式，约去零因子再求极限.

例2　已知极限$\lim\limits_{x\to3}\dfrac{x^2-x+k}{x-3}$存在，则常数$k=$_____.

解：当$x\to3$时，分母$x-3$的极限为零.在这种情况下，若分子极限不为零，则分式的极限为∞，即分式极限不存在；而已知极限$\lim\limits_{x\to3}\dfrac{x^2-x+k}{x-3}$存在，则分子的极限必然为零，计算分子的极限有

$$\lim\limits_{x\to3}(x^2-x+k)=6+k,$$

它应该等于零，即$6+k=0$，所以常数$k=-6$.

3. $\dfrac{\infty}{\infty}$型极限

例3　求下列函数的极限.

$(1) \lim\limits_{x\to\infty}\dfrac{2x^2-x+3}{5x^2+2x+2}$;　　　$(2) \lim\limits_{x\to\infty}\dfrac{2x^2+3}{x^3+3x^2+1}$;　　　$(3) \lim\limits_{x\to\infty}\dfrac{5x^3+3x-4}{7x^2-6x+1}$.

分析：本例中分子、分母均为∞，由于极限的商的运算法则不适用，故采用分子、分母同除以它们的最高次幂的方法做适当变形再求极限.

解：$(1) \lim\limits_{x\to\infty}\dfrac{2x^2-x+3}{5x^2+2x+2}=\lim\limits_{x\to\infty}\dfrac{2-\dfrac{1}{x}+\dfrac{3}{x^2}}{5+\dfrac{2}{x}+\dfrac{2}{x^2}}=\dfrac{\lim\limits_{x\to\infty}2-\lim\limits_{x\to\infty}\dfrac{1}{x}+3\lim\limits_{x\to\infty}\dfrac{1}{x^2}}{\lim\limits_{x\to\infty}5+2\lim\limits_{x\to\infty}\dfrac{1}{x}+2\lim\limits_{x\to\infty}\dfrac{1}{x^2}}=\dfrac{2-0+0}{5+0+0}=\dfrac{2}{5}.$

$(2) \lim\limits_{x \to \infty} \dfrac{2x^2+3}{x^3+3x^2+1} = \lim\limits_{x \to \infty} \dfrac{\dfrac{2}{x}+\dfrac{3}{x^3}}{1+\dfrac{3}{x}+\dfrac{1}{x^3}} = \dfrac{2\lim\limits_{x \to \infty}\dfrac{1}{x}+3\lim\limits_{x \to \infty}\dfrac{1}{x^3}}{\lim\limits_{x \to \infty}1+3\lim\limits_{x \to \infty}\dfrac{1}{x}+\lim\limits_{x \to \infty}\dfrac{1}{x^3}} = \dfrac{0+0}{1+0+0} = 0.$

$(3) \lim\limits_{x \to \infty} \dfrac{5x^3+3x-4}{7x^2-6x+1} = \lim\limits_{x \to \infty} \dfrac{5+\dfrac{3}{x^2}-\dfrac{4}{x^3}}{\dfrac{7}{x}-\dfrac{6}{x^2}+\dfrac{1}{x^3}} = \infty.$

【注】(1)分子与分母都是多项式，都趋于∞时，这种极限称为$\dfrac{\infty}{\infty}$型未定式极限．所以商的运算法则不适用，其一般解法是分子、分母同除以它们的最高次幂再求极限．

(2)一般地，当$x \to \infty$时，有如下结论

$$\lim\limits_{x \to \infty} \dfrac{a_0 x^n + a_1 x^{n-1} + \cdots + a_n}{b_0 x^m + b_1 x^{m-1} + \cdots + b_m} = \begin{cases} \dfrac{a_0}{b_0}, & \text{当 } n=m \text{ 时} \\ 0, & \text{当 } n<m \text{ 时} \\ \infty, & \text{当 } n>m \text{ 时} \end{cases}$$

利用该结论将为计算$x \to \infty$时的有理函数的极限提供比较简捷的途径．

随堂练习　独立思考并完成下列单选题．

1. $\lim\limits_{x \to 3} \dfrac{x^2-9}{x-3} = ($　　$)$.

A. 0 　　　　　　B. ∞ 　　　　　　C. 3 　　　　　　D. 6

2. $\lim\limits_{x \to 0} \dfrac{\sqrt{x+1}-1}{x} = ($　　$)$.

A. 0 　　　　　　B. ∞ 　　　　　　C. $\dfrac{1}{2}$ 　　　　　　D. 2

3. $\lim\limits_{x \to 3} \dfrac{x^2+x-12}{x-3} = ($　　$)$.

A. 0 　　　　　　B. ∞ 　　　　　　C. 7 　　　　　　D. 3

4. $\lim\limits_{x \to 3} \dfrac{x^2+x-2}{x-3} = ($　　$)$.

A. 0 　　　　　　B. ∞ 　　　　　　C. 10 　　　　　　D. 3

5. $\lim\limits_{x \to \infty} \dfrac{x^2+x-2}{x-3} = ($　　$)$.

A. 0 　　　　　　B. ∞ 　　　　　　C. 10 　　　　　　D. 3

6. $\lim\limits_{x \to \infty} \dfrac{x-3}{x^2+x-2} = ($　　$)$.

A. 0 　　　　　　B. ∞ 　　　　　　C. 10 　　　　　　D. 3

7. $\lim\limits_{n \to \infty} \dfrac{2n^4+2x^3-1}{5n^4+n-1} = ($　　$)$.

A. 0 　　　　　　B. ∞ 　　　　　　C. $\dfrac{2}{5}$ 　　　　　　D. $-\dfrac{2}{5}$

8. $\lim\limits_{n\to\infty}\sqrt{x}\left(\sqrt{x+3}-\sqrt{x-2}\right)=(\qquad)$.

A. $\dfrac{5}{2}$ 　　　　B. $\dfrac{1}{2}$ 　　　　C. 5 　　　　D. 3

扫码查看参考答案

1.5.2　无穷小与无穷大

希尔伯特说："无穷是一个永恒的谜."赫尔曼·外尔说："数学是一个无穷的科学."
无穷小与无穷大这两个量都是由极限过程来确定的变量.

1. 无穷小

课堂讨论：观察下列函数的极限是什么？

$(1)\lim\limits_{x\to 0}\sin x$；　　　$(2)\lim\limits_{x\to\infty}\dfrac{1}{x}$；　　　$(3)\lim\limits_{x\to 2}(x-2)$；　　　$(4)\lim\limits_{x\to -\infty}e^{x}$.

以上函数极限均为0. 在各种类型的极限中，以零为极限的情形在理论上和应用上都特别重要，这种类型的变化就是无穷小. 具体定义如下.

定义1　当 $x\to x_0$（或 $x\to\infty$）时，函数 $f(x)$ 的极限为零，即 $\lim\limits_{x\to x_0}f(x)=0$［或 $\lim\limits_{x\to\infty}f(x)=0$］，则称函数 $f(x)$ 为该变化过程中的无穷小量，简称为无穷小. 通常用 $\alpha(x)$，$\beta(x)$ 等表示.

例如，由于 $\lim\limits_{x\to 0}\sin x=0$，故当 $x\to 0$ 时，函数 $y=\sin x$ 是无穷小. 又由于 $\lim\limits_{x\to\infty}\dfrac{1}{x}=0$，故当 $x\to\infty$ 时，函数 $y=\dfrac{1}{x}$ 是无穷小. 由 $\lim\limits_{x\to 2}(x-2)=0$，故当 $x\to 2$ 时，函数 $y=x-2$ 是无穷小.

课堂讨论：无穷小是否为很小的数？很小的数是否为无穷小？极限与无穷小量之间有什么关系？

【注】（1）无穷小是极限为0的变量，它表达的是变量变化的状态，不要把绝对值很小的数误认为是无穷小，唯有常数0是无穷小，这是因为 $\lim 0=0$ 符合无穷小的定义.

（2）无穷小必须结合自变量具体的变化过程才有意义. 例如，$x\to 1$ 时，函数 $y=\lg x$ 是无穷小；但 $x\to 10$ 时，函数 $y=\lg x$ 不是无穷小（如图 1-30 右图所示）.

另外，由无穷小的定义，容易理解无穷小的下述定理和性质.

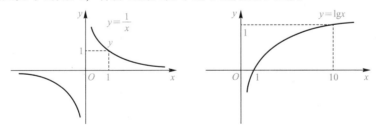

图 1-30

定理2　$\lim f(x)$ 存在且为 A 的充分必要条件是函数 $f(x)$ 可以表示为常数 A 与无穷小之和，即 $\lim f(x)=A\Leftrightarrow f(x)=A+\alpha(\alpha\to 0)$.

性质1　有限个无穷小的和仍为无穷小.

性质2　有限多个无穷小的乘积仍为无穷小.

性质3 无穷小与有界函数的乘积仍为无穷小.

【注】无穷小与无穷小的商不一定是无穷小.

利用无穷小的性质 2 可以计算一类极限.

例 4 求 $\lim\limits_{x\to\infty}\dfrac{\sin x}{x}$.

解：因为 $\dfrac{\sin x}{x}=\dfrac{1}{x}\sin x$，$\lim\limits_{x\to\infty}\dfrac{1}{x}=0$，当 $x\to\infty$ 时，$\dfrac{1}{x}$ 为无穷小；又 $|\sin x|\leqslant 1$，所以 $\sin x$ 是有界变量. 所以，当 $x\to\infty$ 时，$\dfrac{1}{x}\sin x$ 为无穷小量，故 $\lim\limits_{x\to\infty}\dfrac{1}{x}\sin x=0$. 即 $\lim\limits_{x\to\infty}\dfrac{\sin x}{x}=0$.

2. 无穷大

课堂讨论：观察当 $x\to 0$ 时，$y=\dfrac{1}{x}$ 的绝对值 $\left|\dfrac{1}{x}\right|$ 如何变化？

如图 1-27 所示，当 $x\to 0$ 时，$y=\dfrac{1}{x}$ 的绝对值 $\left|\dfrac{1}{x}\right|$ 将无限增大，即当 $x\to 0$ 时，称 $y=\dfrac{1}{x}$ 是无穷大量，简称无穷大，记作 $\lim\limits_{x\to 0}\dfrac{1}{x}=\infty$. 又如，$x\to 0^+$ 时，函数 $y=\lg x$ 的绝对值也无限增大，是无穷大，记作 $\lim\limits_{x\to 0^+}\lg x=\infty$. 具体定义如下.

定义 2 在某一变化过程中，函数 $f(x)$ 的绝对值无限增大，则称函数 $f(x)$ 为该变化过程中的无穷大量，简称为无穷大. 记作 $\lim f(x)=\infty$.

【注】(1) 无穷大是变量，不能与很大的数混淆，任何一个很大的数不是无穷大. 例如，$100^{10^{10}}+1$ 不是无穷大.

(2) 切勿将 $\lim f(x)=\infty$ 认为极限存在，这是为了叙述方便，在形式上称"函数的极限是无穷大".

(3) 无穷大与无穷大的代数和、无穷大与无穷大的商都不一定是无穷大.

(4) 当 $x\to\infty$ 时，关于 x 的多项式都是无穷大. 例如，当 $x\to\infty$ 时，x^2，x^3 都是无穷大.

3. 无穷小与无穷大的关系

无穷小与无穷大是函数变化趋势的两种特殊情况. 无穷小是极限存在的特殊情况，而无穷大是极限不存在的特殊情况.

课堂讨论：观察无穷小 $\lim\limits_{x\to 0}x=0$ 与无穷大 $\lim\limits_{x\to 0}\dfrac{1}{x}=\infty$ 并思考它们两者之间有何关系？

当 $x\to 0$ 时，x 为无穷小，但其倒数 $\dfrac{1}{x}$ 是无穷大. 不难得到如下关系.

定理 3 在自变量的统一变化过程中，若 $f(x)$ 为无穷大，则 $\dfrac{1}{f(x)}$ 为无穷小；反之，若 $f(x)$ 为无穷小且 $f(x)\neq 0$，则 $\dfrac{1}{f(x)}$ 为无穷大.

【注】利用无穷大与无穷小的关系可以解决一类极限问题.

例 5 讨论 $\lim\limits_{x\to 1}\dfrac{4x-1}{x^2+2x-3}$.

解：由于分子的极限 $\lim\limits_{x\to 1}(4x-1)=3\neq 0$，分母的极限 $\lim\limits_{x\to 1}(x^2+2x-3)=0$，

故不能用极限商的运算法则，但 $\lim\limits_{x\to 1}\dfrac{x^2+2x-3}{4x-1}=\dfrac{\lim\limits_{x\to 1}(x^2+2x-3)}{\lim\limits_{x\to 1}(4x-1)}=\dfrac{0}{3}=0$，

由无穷大与无穷小的关系，得 $\lim\limits_{x\to 1}\dfrac{4x-1}{x^2+2x-3}=\infty$．

课堂思考　垂直渐近线是如何定义的？

图 1-30 左图中，$\lim\limits_{x\to 0^+}\dfrac{1}{x}=\infty$，称曲线 $y=\dfrac{1}{x}$ 有垂直渐近线 $x=0$. 作为函数极限的一个几何应用，曲线的垂直渐近线有如下定义.

定义 3　设函数 $y=f(x)$，若 $\lim\limits_{x\to x_0}f(x)=\infty$，则称直线 $x=x_0$ 是曲线 $y=f(x)$ 的垂直渐近线.

【注】定义中 $\lim\limits_{x\to x_0}f(x)=\infty$ 的条件也可换成 $\lim\limits_{x\to x_0^-}f(x)=\infty$ 或 $\lim\limits_{x\to x_0^+}f(x)=\infty$．

4. 无穷小的比较

课堂讨论：变量 x，x^2，$\sqrt{x}$，$2x$ 及 x^2+x 都是 $x\to 0^+$ 的无穷小，观察表 1-2 中数据并思考，它们趋于零的速度相同吗？

表 1-2

x	0.1	0.01	0.001	0.000 1	…
x^2	0.01	0.000 1	0.000 001	0.000 000 01	…
$\sqrt{x}$	0.32	0.1	0.032	0.01	…
$2x$	0.2	0.02	0.002	0.000 2	…
x^2+x	0.11	0.010 1	0.001 001	0.000 100 01	…

从上表中容易看出：以无穷小 x 作为比较标准，无穷小 x^2 趋于零的速度比 x 要快，其比值的极限 $\lim\limits_{x\to 0^+}\dfrac{x^2}{x}=\lim\limits_{x\to 0^+}x=0$；无穷小 $\sqrt{x}$ 趋于零的速度比 x 要慢，其比值的极限 $\lim\limits_{x\to 0^+}\dfrac{\sqrt{x}}{x}=\lim\limits_{x\to 0^+}\dfrac{1}{\sqrt{x}}=\infty$；无穷小 $2x$ 趋于零的速度与 x 属于同一档次，其比值的极限 $\lim\limits_{x\to 0^+}\dfrac{2x}{x}=\lim\limits_{x\to 0^+}2=2\neq 0$；无穷小 x^2+x 趋于零的速度与 x 几乎一样，其比值的极限 $\lim\limits_{x\to 0^+}\dfrac{x^2+x}{x}=\lim\limits_{x\to 0^+}(x+1)=1$．

用无穷小的阶来刻画无穷小趋于零的速度，具体定义如下.

定义 4　已知 α，β 都是无穷小，以无穷小 β 作为比较标准，那么

(1) 若 $\lim\dfrac{\alpha}{\beta}=0$，则无穷小 α 是比 β 较高阶的无穷小.

(2) 若 $\lim\dfrac{\alpha}{\beta}=\infty$，则无穷小 α 是比 β 较低阶的无穷小.

(3) 若 $\lim\dfrac{\alpha}{\beta}=c\neq 0$，则无穷小 α 与 β 是同阶无穷小.

(4) 若 $\lim\dfrac{\alpha}{\beta}=1$，则无穷小 α 与 β 是等价无穷小，记作：$\alpha\sim\beta$.

例6 证明：当 $x \to 0$ 时，$1 - \cos x \sim \dfrac{1}{2}x^2$.

证明： 因为 $(1 - \cos x)(1 + \cos x) = 1 - \cos^2 x = \sin^2 x$，于是

$$\lim_{x \to 0} \frac{1 - \cos x}{\dfrac{1}{2}x^2} = 2 \lim_{x \to 0} \frac{1 - \cos^2 x}{x^2(1 + \cos x)} = 2 \lim_{x \to 0} \left(\frac{\sin x}{x}\right)^2 \frac{1}{1 + \cos x} = 2 \cdot 1^2 \cdot \frac{1}{2} = 1.$$

由等价无穷小的定义可知，$1 - \cos x \sim \dfrac{1}{2}x^2$.

【注】 几个常用的等价无穷小 $(x \to 0)$：$\sin x \sim x$；$\tan x \sim x$；$\arcsin x \sim x$；$\arctan x \sim x$；$\ln(1 + x) \sim x$；$(e^x - 1) \sim x$；$(1 - \cos x) \sim \dfrac{1}{2}x^2$.

5. 等价无穷小定理

定理4（等价无穷小定理） 在某个变化过程中，若 α，α_1，β，β_1 均为无穷小，并且 $\alpha \sim \alpha_1$，$\beta \sim \beta_1$，$\lim \dfrac{\alpha_1}{\beta_1}$ 存在，则 $\lim \dfrac{\alpha}{\beta} = \lim \dfrac{\alpha_1}{\beta_1}$.

此定理表明，求两个无穷小的比的极限时，分子、分母都可用其等价无穷小来代替.

例7 求 $\lim\limits_{x \to 0} \dfrac{\sin 7x}{\tan 5x}$.

解： 当 $x \to 0$ 时，则 $\sin x \sim x$，$\sin 7x \sim 7x$；$\tan x \sim x$，则 $\tan 5x \sim 5x$，故 $\lim\limits_{x \to 0} \dfrac{\sin 7x}{\tan 5x} = \lim\limits_{x \to 0} \dfrac{7x}{5x} = \dfrac{7}{5}$.

例8 求 $\lim\limits_{x \to 0} \dfrac{e^{2x} - 1}{\ln(1 + 5x)}$.

解： 当 $x \to 0$ 时，$\ln(1 + x) \sim x$，则 $\ln(1 + 5x) \sim 5x$；$(e^x - 1) \sim x$，则 $(e^{2x} - 1) \sim 2x$，故 $\lim\limits_{x \to 0} \dfrac{e^{2x} - 1}{\ln(1 + 5x)} = \lim\limits_{x \to 0} \dfrac{2x}{5x} = \dfrac{2}{5}$.

例9 求 $\lim\limits_{x \to 0} \dfrac{\tan x - \sin x}{\sin^3 2x}$.

解： 当 $x \to 0$ 时，$\sin 2x \sim 2x$，$\tan x - \sin x = \tan x(1 - \cos x) \sim \dfrac{1}{2}x^3$，

故 $\lim\limits_{x \to 0} \dfrac{\tan x - \sin x}{\sin^3 2x} = \lim\limits_{x \to 0} \dfrac{\dfrac{1}{2}x^3}{(2x)^3} = \dfrac{1}{16}$.

在此题中，这样做是错误的.

当 $x \to 0$ 时，$\tan x \sim x$，$\sin x \sim x$，$\therefore$ 原式 $= \lim\limits_{x \to 0} \dfrac{x - x}{(2x)^3} = 0$.

【注】 等价无穷小替换定理适用于乘积或商的替换，对加、减法是不能替换的，需要先恒等变形再替换.

随堂练习 独立思考并完成下列单选题.

1. 在给定的 x 趋向下为无穷小量的是（   ）.

A. $\ln x \, (x \to 1)$ B. $e^x \, (x \to 0)$ C. $\sin \dfrac{1}{x} \, (x \to 0)$ D. $\dfrac{x - 1}{x^2 - 1} \, (x \to 1)$

2. 下列函数是无穷大量的是( ).

A. $2^x (x \to 0)$ B. $\dfrac{3}{x} (x \to 0)$ C. $\dfrac{\sin x}{x} (x \to 1)$ D. $\dfrac{\sin x}{x} (x \to \infty)$

3. 函数 $y = 2^x$ 在下列自变量怎样的变化下是无穷大( ).

A. $x \to 0$ B. $x \to \infty$ C. $x \to +\infty$ D. $x \to -\infty$

4. 下列说法正确的是( ).

A. 无穷大的倒数是无穷小   B. 无穷小的倒数是无穷大

C. 绝对值很大的常数是无穷大   D. 无界量是无穷大

5. $\lim\limits_{x \to 1} \dfrac{\sin(x-1)}{x^2 + x - 2} = ($).

A. $\dfrac{1}{3}$ B. 3   C. $\dfrac{1}{2}$ D. 2

6. $x \to 0$ 时，$1 - \cos x$ 是 x^2 的( ).

A. 高阶无穷小   B. 同阶无穷小，但不等价

C. 等价无穷小   D. 低阶无穷小

7. 当 $x \to 0$ 时，与 $3x^2 + x^4$ 为同阶无穷小量的是( ).

A. x B. x^2 C. x^3 D. x^4

扫码查看参考答案

1.5.3 两个重要极限

两个重要极限的结果均是采用严格的数学论证过程得出的，在本书中证明省略．为了帮助读者理解，仅给出直观说明．

1. 第一个重要极限

课堂活动 当 $x \to 0$ 时，观察 $\dfrac{\sin x}{x}$ 的数值变化并交流(如表 1-3).

(1) $\lim\limits_{x \to 0} \dfrac{\sin x}{x} = ?$ (2) 有何特点?

表 1-3

x(弧度)	± 1.000	± 0.100	± 0.010	± 0.001	$\cdots \to 0$
$\dfrac{\sin x}{x}$	0.841 709 8	0.998 334 1	0.999 983 3	0.999 998 4	$\cdots \to 1$

由上表可知，有 $\lim\limits_{x \to 0} \dfrac{\sin x}{x} = 1$. 此极限称为第一个重要极限.

【注】(1) $\lim\limits_{x \to 0} \dfrac{\sin x}{x} = 1$ 是 $\dfrac{0}{0}$ 型未定式极限. 其特征为：角度一定趋于零；分子中正弦函数的变量与分母的变量完全相同.

(2) 一般式为 $\lim\limits_{x \to 0} \dfrac{\sin x}{x} = 1$，这里 x 可以是任何其他字母或代数式.

(3) 此定理适用于三角函数或反正弦函数、反正切函数，且为 $\dfrac{0}{0}$ 型未定式的极限运算.

例 10 求下列函数的极限.

$(1)\lim\limits_{x\to 0}\dfrac{\sin 3x}{x}$; $(2)\lim\limits_{x\to 0}\dfrac{\tan x}{x}$; $(3)\lim\limits_{x\to 0}\dfrac{\sin 2x}{\sin 3x}$; $(4)\lim\limits_{x\to 0}\dfrac{1-\cos x}{x^2}$.

解: $(1)\lim\limits_{x\to 0}\dfrac{\sin 3x}{x}=\lim\limits_{x\to 0}\dfrac{3\sin 3x}{3x}=3\lim\limits_{x\to 0}\dfrac{\sin 3x}{3x}=3\times 1=3.$

一般地, $\lim\limits_{x\to 0}\dfrac{\sin ax}{x}=a.$

$(2)\ \lim\limits_{x\to 0}\dfrac{\tan x}{x}=\lim\limits_{x\to 0}\dfrac{\sin x}{x}\cdot\dfrac{1}{\cos x}=\lim\limits_{x\to 0}\dfrac{\sin x}{x}\cdot\lim\limits_{x\to 0}\dfrac{1}{\cos x}=1.$

一般地, $\lim\limits_{x\to 0}\dfrac{\tan x}{x}=1.$

$(3)\ \lim\limits_{x\to 0}\dfrac{\sin 3x}{\sin 2x}=\lim\limits_{x\to 0}\dfrac{\dfrac{\sin 3x}{x}}{\dfrac{\sin 2x}{x}}=\dfrac{\lim\limits_{x\to 0}\dfrac{\sin 3x}{x}}{\lim\limits_{x\to 0}\dfrac{\sin 2x}{x}}=\dfrac{3}{2}.$

一般地, $\lim\limits_{x\to 0}\dfrac{\sin ax}{\sin bx}=\dfrac{a}{b}.$

$(4)\ \lim\limits_{x\to 0}\dfrac{1-\cos x}{x^2}=\lim\limits_{x\to 0}\dfrac{2\sin^2\left(\dfrac{x}{2}\right)}{x^2}=\dfrac{1}{2}\cdot\lim\limits_{x\to 0}\left(\dfrac{\sin\dfrac{x}{2}}{\dfrac{x}{2}}\right)^2=\dfrac{1}{2}.$

2. 第二个重要极限

课堂活动 考虑当 $x\to\infty$ 时函数 $\left(1+\dfrac{1}{x}\right)^x$ 的变化情况, 并交流(如表 1-4).

$(1)\lim\limits_{x\to\infty}\left(1+\dfrac{1}{x}\right)^x=?$ (2) 有何特点?

表 1-4

x	…	$-10\ 000$	$-1\ 000$	-100	100	$1\ 000$	$10\ 000$	…
$\left(1+\dfrac{1}{x}\right)^x$	…	2.718	2.720	2.732	2.705	2.717	2.718	…

从表中可知: 当 $x\to\infty$ 时, 函数 $\left(1+\dfrac{1}{x}\right)^x$ 的变化趋势是稳定的, 可以证明其极限是存在的, 极限为无理数, 大约等于 2.718, 用字母 e 表示. 即

$$\lim\limits_{x\to\infty}\left(1+\dfrac{1}{x}\right)x=\mathrm{e}.$$

此极限称为第二个重要极限.

【注】$(1)\lim\limits_{x\to\infty}\left(1+\dfrac{1}{x}\right)^x$ 是 1^∞ 型未定式极限. 其特点是底一定是数 1 加无穷小量; 指数一定是底中无穷小量的倒数.

(2) 令 $t=\dfrac{1}{x}$, 则 $t\to 0$, 于是得到该极限的另一种等价形式

$$\lim_{t\to 0}(1+t)^{\frac{1}{t}}=e.$$

（3）一般形式为 $\lim\limits_{u(x)\to\infty}\left(1+\dfrac{1}{u(x)}\right)^{u(x)}=e$ 或 $\lim\limits_{t(x)\to 0}(1+t(x))^{\frac{1}{t(x)}}=e.$

（4）第二个重要极限适用于求 1^{∞} 型未定式极限.

例 11 求下列函数的极限.

（1）$\lim\limits_{x\to\infty}\left(1+\dfrac{3}{x}\right)^{x}$；（2）$\lim\limits_{x\to\infty}\left(1-\dfrac{1}{x}\right)^{x+1}$；（3）$\lim\limits_{x\to 0}(1-3x)^{\frac{1}{x}}$.

解：（1）$\lim\limits_{x\to\infty}\left(1+\dfrac{3}{x}\right)^{x}=\lim\limits_{x\to\infty}\left[\left(1+\dfrac{1}{\frac{x}{3}}\right)^{\frac{x}{3}}\right]^{3}=\left[\lim\limits_{x\to\infty}\left(1+\dfrac{1}{\frac{x}{3}}\right)^{\frac{x}{3}}\right]^{3}=e^{3}$；

（2）$\lim\limits_{x\to\infty}\left(1-\dfrac{1}{x}\right)^{x+1}=\lim\limits_{x\to\infty}\left[\left(1+\dfrac{1}{-x}\right)^{-x}\right]^{-1}\left(1-\dfrac{1}{x}\right)=\left[\lim\limits_{x\to\infty}\left(1+\dfrac{1}{-x}\right)^{-x}\right]^{-1}\cdot\lim\limits_{x\to\infty}\left(1-\dfrac{1}{x}\right)=$

$e^{-1}\cdot 1=\dfrac{1}{e}$；

（3）$\lim\limits_{x\to 0}(1-3x)^{\frac{1}{x}}=\lim\limits_{x\to 0}\left[(1-3x)^{\frac{1}{-3x}}\right]^{-3}=\left[\lim\limits_{x\to 0}(1-3x)^{\frac{1}{-3x}}\right]^{-3}=e^{-3}.$

3. 第二个重要极限在经济中的应用

由第二个重要极限 $\lim\limits_{x\to\infty}\left(1+\dfrac{1}{x}\right)^{x}=e$，我们得到了一个重要极限 $\lim\limits_{n\to\infty}\left(1+\dfrac{1}{n}\right)^{n}=e$，下面我们从实际问题来看这种数学模型的现实意义. 例如，计算复利问题. 设本金为 A_0，利率为 r，期数为 t，如果每期结算一次，则本利和为 $A=A_0(1+r)^{t}$；如果每年结算 m 次，其本利和为 $A=A_0\left(1+\dfrac{r}{m}\right)^{mt}$. 在现实世界中有许多事物属于这种模型，而且是立即产生立即计算，即 $m\to\infty$. 如物体的冷却、镭的衰变、细胞的繁殖、植物的生长等，都需要应用下面的极限

$$\lim_{m\to\infty}A_0\left(1+\dfrac{r}{m}\right)^{mt}.$$

这个式子反映了现实世界中一些事物生长或消失的规律. 因此，它是一个不仅在数学理论上，而且在实际应用中都很有用的极限. 为使问题简化，上式中令 $n=\dfrac{m}{r}$，则

$$\lim_{m\to\infty}A_0\left(1+\dfrac{r}{m}\right)^{mt}=\lim_{n\to\infty}A_0\left(1+\dfrac{1}{n}\right)^{nrt}=A_0\left[\lim_{n\to\infty}\left(1+\dfrac{1}{n}\right)^{n}\right]^{rt}=A_0e^{rt}.$$

【任务解决】

解：（1）当奖金发放为 10 年时，所求为普通年现金值.

$A=100$，$R=0.05$，$n=10$，代入公式得：

$$P=\dfrac{A}{R}\left[1-\dfrac{1}{(1+R)^{n}}\right]=\dfrac{100}{0.05}\left[1-\dfrac{1}{(1+0.05)^{10}}\right]=772.17（万元）；$$

（2）当奖金发放永远继续下即 $n\to\infty$ 时，基金 $P=\dfrac{A}{R}=\dfrac{100}{0.05}=2\,000（万元）.$

例 12 当一种新的游戏光盘刚刚上市时，在短期内销售量会迅速增加，然后下降，其函数关系式为 $Q=\dfrac{100t}{200+t^{3}}$，请分析该游戏光盘的长久销售问题.

解：该游戏光盘的长久销售问题就是当时间 $t \to +\infty$ 时的销售量. 由于

$$\lim_{t \to +\infty} Q = \lim_{t \to +\infty} \frac{100t}{200 + t^3} = 0,$$

所以，购买该游戏光盘的人将越来越少.

随堂练习 独立思考并完成下列单选题.

1. $\lim\limits_{x \to 0} \dfrac{\sin 5x}{x} = ($).

A. 0   B. 5   C. $\dfrac{1}{5}$ D. 1

2. 下列各式中正确的是( ).

A. $\lim\limits_{x \to 0} \dfrac{x}{\sin x} = 0$ B. $\lim\limits_{x \to 0} \dfrac{x}{\sin x} = 1$ C. $\lim\limits_{x \to \infty} \dfrac{\sin x}{x} = 1$ D. $\lim\limits_{x \to \infty} \dfrac{x}{\sin x} = 1$

3. $\lim\limits_{x \to 0} \dfrac{\sin kx}{2x} = \dfrac{3}{2}$，则 $k = ($).

A. 1   B. 2   C. 3   D. 4

4. $\lim\limits_{x \to \infty} \left(x \sin \dfrac{1}{x} + \dfrac{1}{x} \sin x \right) = ($).

A. 0   B. 1   C. 2   D. ∞

5. $\lim\limits_{x \to 0} \dfrac{\tan 2x}{x} = ($).

A. 0   B. 1   C. $\dfrac{1}{2}$ D. 2

6. $\lim\limits_{\diamond \to \infty} \left(1 + \dfrac{1}{\diamond} \right)^{\diamond} = e$ 或 $\lim\limits_{\diamond \to 0} (1 + \diamond)^{\frac{1}{\diamond}} = e$，以上每式中"$\diamond$"代表的是( ).

A. 同一个常数   B. 不同的变量   C. 同一个表达式   D. 以上都不对

7. $\lim\limits_{x \to \infty} \left(1 + \dfrac{2}{x} \right)^{x} = ($).

A. e^2 B. e C. e^{-2} D. e^{-1}

8. $\lim\limits_{x \to \infty} \left(1 - \dfrac{1}{x} \right)^{kx} = ($).

A. e^k B. e^{-k} C. 0   D. 1

9. $\lim\limits_{x \to \infty} \left(1 + \dfrac{k}{x} \right)^{x} = e^2$，则 $k = ($).

A. 2   B. -2 C. $\dfrac{1}{2}$ D. $-\dfrac{1}{2}$

扫码查看参考答案

任务单 1.5

模块名称	模块一 初等函数与极限		
任务名称	任务 1.5 极限运算		
班级	姓名	得分	

任务单 1.5 A组（达标层）

1. 求下列极限.

(1) $\lim\limits_{x \to 1} \dfrac{x^2 - 3x + 3}{2x + 3}$; (2) $\lim\limits_{x \to 3} \dfrac{x^2 + 1}{x - 3}$; (3) $\lim\limits_{x \to 2} \dfrac{x^2 - 5x + 6}{x^2 - 4}$; (4) $\lim\limits_{x \to 0} \dfrac{\sqrt{4 + x} - 2}{x}$.

2. 填空.

(1) $\lim\limits_{x \to \infty} \dfrac{5x^3 + 3x - 4}{7x^2 - 6x + 1} = $ _____; (2) $\lim\limits_{x \to \infty} \dfrac{2x^2 - x + 3}{5x^2 + 2x + 2} = $ _____;

(3) $\lim\limits_{x \to \infty} \dfrac{2x^2 + 3}{x^3 + 3x^2 + 1} = $ _____.

3. 利用无穷小的性质求下列极限，并说明理由.

(1) $\lim\limits_{x \to 0} (x + \tan x)$; (2) $\lim\limits_{x \to 2} (x - 2) \cos x$; (3) $\lim\limits_{x \to \infty} \left(\dfrac{1}{x} + \dfrac{1}{x^2} \right) \sin x$; (4) $\lim\limits_{x \to 0} x \sin \dfrac{1}{x}$.

4. 比较 $x \to 2$ 时，无穷小 $x^2 - 4$ 与 $x - 2$ 的阶.

5. 计算下列极限.

(1) $\lim\limits_{x \to 0} \dfrac{\sin 5x}{x}$; (2) $\lim\limits_{x \to 0} \dfrac{\sin 5x}{\sin 2x}$; (3) $\lim\limits_{x \to \pi} \dfrac{\sin(x - \pi)}{(x^2 - \pi^2)}$; (4) $\lim\limits_{x \to 0} \left(1 + \dfrac{4 + }{x} \right)^{2x}$; (5) $\lim\limits_{x \to 0} (1 + 7x)^{\frac{7}{x}}$.

续表

模块名称	模块一　初等函数与极限

任务单 1.5　B 组(提高层)

1. 求下列极限.

   (1) $\lim\limits_{x \to 5} \dfrac{\sqrt{x+4}-3}{\sqrt{x-1}-2}$; (2) $\lim\limits_{x \to 1}\left(\dfrac{1}{x-1} - \dfrac{2}{x^2-1}\right)$; (3) $\lim\limits_{x \to \infty}\left(1 + \dfrac{1}{x}\right)^{6x+2}$; (4) $\lim\limits_{x \to \infty}\dfrac{x+2}{x^2+1}\sin x$;

   (5) $\lim\limits_{x \to \infty}\left(\dfrac{3x+2}{3x-1}\right)^{3x}$.

2. 若极限 $\lim\limits_{n \to \infty}\left(1 + \dfrac{k}{n}\right)^n = \sqrt{e}$, 求常数 k.

3. 假定某种疾病流行 t 天后感染的人数 N 由下式给出

$$N = \dfrac{100\ 000}{1 + 500\mathrm{e}^{-0.12t}},$$

   问：(1) 从长远考虑，将会有多少人感染上这种疾病？
   (2) 有可能某天会有 10 万人感染上这种疾病吗？5 万人呢？

任务单 1.5　C 组(培优层)

实践调查：寻找一个极限运算的生活案例或专业案例并求解(另附 A4 纸小组合作完成).

课程思政元素挖掘

小组合作挖掘与函数相关的课程思政元素(要求：内容不限，可以是名人名言、故事等).

完成日期	

任务 1.6　分析函数的连续性

[学习目标]

1. 解释函数连续性、间断的定义.
2. 正确判断函数在某一点是否连续.
3. 正确判断初等函数的连续性.

[任务提出]

自然界中许多变量都是连续变化的，如气温的变化、动物与植物的生长、物体热胀冷缩的变化等，其特点是当时间变化很微小时，这些量的变化也很微小，反映在数学上就是函数的连续性.

[知识准备]

1.6.1　函数的连续性与间断

1. 函数 $f(x)$ 在点 x_0 处的连续性

课堂活动　（1）列举生活中的连续现象.

（2）观察函数 $y = x^2$ 与 $y = \dfrac{1}{x}$ 的图形，并思考函数连续性的本质是什么？（如图 1-31 所示）

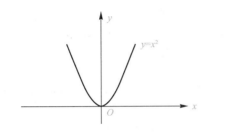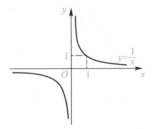

图 1-31

容易看出：在原点处函数曲线 $y = x^2$ 不断开，则称函数 $y = x^2$ 在 $x = 0$ 处连续；而函数曲线 $y = \dfrac{1}{x}$ 却断开了，则称函数 $y = \dfrac{1}{x}$ 在 $x = 0$ 处不连续或间断. 还可观察到函数 $y = x^2$ 在 $x = 0$ 处的极限为 $\lim\limits_{x \to 0} x^2 = 0 = f(0)$，这是函数在这一点处连续的本质.

定义 1　设函数 $y = f(x)$ 在点 x_0 的左右近旁有定义，若
$$\lim_{x \to x_0} f(x) = f(x_0),$$
则称函数 $y = f(x)$ 在点 x_0 处连续. 否则称函数 $y = f(x)$ 在点 x_0 间断.

该定义表明：函数 $f(x)$ 在点 x_0 处连续，应同时满足下列三个条件：

（1）函数 $f(x)$ 在 x_0 处有定义.

（2）极限 $\lim\limits_{x \to x_0} f(x)$ 存在.

（3）$\lim\limits_{x \to x_0} f(x) = f(x_0)$.

【注】常用函数连续性定义要满足的三个条件来判断函数 $f(x)$ 在某点处的连续性.

例1 用定义证明函数 $y = \sqrt{x}$ 在 $x = 2$ 处连续.

证明：由于函数 $y = \sqrt{x}$ 的定义域为 $[0, +\infty)$，所以函数在 $x = 2$ 的左右近旁有定义. 且 $f(2) = \sqrt{2}$，

又 $\lim\limits_{x \to 2} f(x) = \lim\limits_{x \to 2} \sqrt{x} = \sqrt{2} = f(2)$，

所以函数 $y = \sqrt{x}$ 在 $x = 2$ 处连续.

例2 用定义证明函数 $f(x) = \begin{cases} x\sin\dfrac{1}{x}, & x \neq 0, \\ 0, & x = 0 \end{cases}$ 在 $x = 0$ 处连续.

证明：因为函数 $f(x)$ 在 $x = 0$ 处有定义且 $f(0) = 0$，

又 $\lim\limits_{x \to 0} x\sin\dfrac{1}{x} = 0$，所以 $\lim\limits_{x \to 0} f(x) = f(0)$，由定义1知，函数 $f(x)$ 在 $x = 0$ 处连续.

例3 讨论 $f(x) = \begin{cases} 2x + 1, & x \leq 1, \\ x^3 + 2, & x > 1 \end{cases}$ 在 $x = 1$ 处的连续性.

解：$f(1) = 2 \times 1 + 2 = 3$，又 $\lim\limits_{x \to 1^-} f(x) = \lim\limits_{x \to 1^-} (2x + 1) = 3$，$\lim\limits_{x \to 1^+} f(x) = \lim\limits_{x \to 1^+} (x^3 + 2) = 3$，因 $\lim\limits_{x \to 1} f(x) = f(1) = 3$，故 $f(x)$ 在 $x = 1$ 处连续.

课堂活动 在例3中，分段函数 $f(x)$ 在点 $x = 1$ 的左、右极限与函数值 $f(1)$ 有什么关系? 在例3中，不难得到 $\lim\limits_{x \to 1^-} f(x) = f(1)$，就称函数 $f(x)$ 在点 $x = 1$ 处左连续；$\lim\limits_{x \to 1^+} f(x) = f(1)$，就称函数 $f(x)$ 在点 $x = 1$ 处右连续.

定义2 若 $\lim\limits_{x \to x_0^-} f(x) = f(x_0)$，则称函数 $y = f(x)$ 在 x_0 点处左连续；

若 $\lim\limits_{x \to x_0^+} f(x) = f(x_0)$，则称函数 $y = f(x)$ 在 x_0 点处右连续.

定理1 函数 $f(x)$ 在 x_0 处连续的充要条件是 $\lim\limits_{x \to x_0^-} f(x) = f(x_0)$，$\lim\limits_{x \to x_0^+} f(x) = f(x_0)$.

例4 已知分段函数 $f(x) = \begin{cases} x^3 - 2, & x < 2, \\ kx, & x \geq 2 \end{cases}$ 在分界点 $x = 2$ 处连续，求常数 k 的值.

解：函数 $f(x)$ 在 $x = 2$ 处有定义，且 $f(2) = 2k$，要使函数 $f(x)$ 在点 $x = 2$ 处连续，则有 $\lim\limits_{x \to 2} f(x) = f(2) = 2k$，

由于 $\lim\limits_{x \to 2^-} f(x) = \lim\limits_{x \to 2^-} (x^3 - 2) = 6$，$\lim\limits_{x \to 2^+} f(x) = \lim\limits_{x \to 2^+} kx = 2k$，所以有 $6 = 2k$，因此 $k = 3$.

课堂活动 观察图1-32，分析函数在点 x_0 处连续的另一种定义.

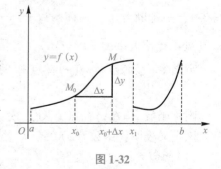

图1-32

设 $f(x)$ 在点 x_0 的某邻域内有定义，当自变量 x 从 x_0 变化到 $x_0 + \Delta x$ 时，相应的函数值由 $f(x_0)$ 变化到 $f(x_0 + \Delta x)$，此时，Δx 称为自变量的增量，$\Delta y = f(x_0 + \Delta x) - f(x_0)$ 称为函数的增量. 例如，前面函数 $y = x^2$ 的自变量 x 在点 $x = 0$ 处有增量 Δx，则相应的函数增量为 $\Delta y = (0 + \Delta x)^2 - 0^2 = \Delta x^2$，

因此，极限 $\lim\limits_{\Delta x \to 0} \Delta y = \lim\limits_{\Delta x \to 0} \Delta x^2 = 0$.

按照增量的记法，在 x_0 处当 Δx 很微小时，Δy 也很微小，并且当 $\Delta x \to 0$ 时，相应地有 $\Delta y \to 0$，由此可得到函数在一点连续的另一个等价定义.

定义 3　设函数 $y = f(x)$ 在点 x_0 处的某邻域内有定义，当自变量 x 在 x_0 处有增量 Δx 时，相应的函数 $y = f(x)$ 的增量 $\Delta y = f(x_0 + \Delta x) - f(x_0)$，若 $\lim\limits_{\Delta x \to 0} \Delta y = 0$，则称函数 $y = f(x)$ 在点 x_0 处连续；否则称 $y = f(x)$ 在 x_0 处不连续或间断，称点 x_0 为函数的间断点.

2. 函数的间断

如果函数 $f(x)$ 在点 x_0 处不满足连续性定义，称 x_0 是函数 $f(x)$ 的不连续点或间断点.

课堂活动　考察如图 1-33 的图形，理解函数在一点处的连续性与间断.

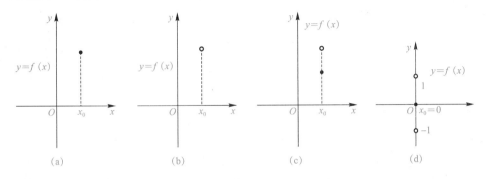

图 1-33

不难判断，只有（a）中函数 $f(x)$ 满足 $\lim\limits_{x \to x_0} f(x) = f(x_0)$，即极限值等于函数值，而（b）、（c）、（d）中函数均不满足如上关系. 故（a）中函数 $f(x)$ 在点 x_0 处连续，其余函数均在点 x_0 处"断开"，即不连续.

【注】函数 $f(x)$ 在点 x_0 处满足下列三个条件之一：（1）函数 $f(x)$ 在点 x_0 处无定义；（2）$\lim\limits_{x \to x_0} f(x)$ 不存在；（3）$\lim\limits_{x \to x_0} f(x)$ 存在但不等于 $f(x_0)$. 则点 x_0 就是函数的间断点.

例 5　判断函数 $f(x) = \dfrac{x^2 - 25}{x - 5}$ 在点 $x = 5$ 处的连续性.

解：由于函数 $f(x) = \dfrac{x^2 - 25}{x - 5}$ 在点 $x = 5$ 处没有定义，所以函数在点 $x = 5$ 处间断.

例 6　讨论 $f(x) = \begin{cases} x - 1, & x < 0, \\ 0, & x = 0, \\ x + 1, & x > 0 \end{cases}$ 在点 $x = 0$ 处的连续性.

解：由 $\lim\limits_{x \to 0^-} f(x) = \lim\limits_{x \to 0^-} (x - 1) = -1$，$\lim\limits_{x \to 0^+} f(x) = \lim\limits_{x \to 0^+} (x + 1) = 1$，可得函数在点 $x = 0$ 处的左极限不等于右极限，故 $\lim\limits_{x \to 0} f(x)$ 不存在，因此函数在点 $x = 0$ 处间断.

随堂练习　独立思考并完成下列单选题.

1. 函数 $f(x)$ 在 x_0 处有定义，是 $f(x)$ 在 x_0 处连续的（　　　　）.

A. 必要条件　　　　B. 充分条件　　　　C. 无关条件　　　　D. 充要条件

2. $x=1$ 是函数 $f(x)=\begin{cases} x, & x<1, \\ 0, & x=1, \text{的(} \qquad \text{)}. \\ x^3, & x>1 \end{cases}$

A. 连续点   B. 无定义点   C. 间断点   D. 极限不存在的点

3. 设函数 $f(x)=\begin{cases} \mathrm{e}^x, & x<0, \\ x+a, & x\geq0 \end{cases}$ 在点 $x=0$ 处连续,则 $a=(\qquad)$.

A. 1   B. e   C. 0   D. 2

4. 设函数 $f(x)=\begin{cases} \dfrac{\sin bx}{x}, & x\neq0, \\ a, & x=0 \end{cases}$ 在 $x=0$ 处连续,则 $a=(\qquad)$.

A. 0   B. 1   C. b D. $-b$

5. 函数 $f(x)=\dfrac{\sin x}{x}+\dfrac{\mathrm{e}^x}{1-x}$ 的间断点的个数为(   ).

A. 0   B. 1   C. 2   D. 3

扫码查看参考答案

1.6.2　初等函数的连续性

根据极限基本运算法则,连续函数与连续函数的和、差、积、商及复合仍为连续函数,其中作为除式的连续函数取值必须不为零. 可以证明:一切基本初等函数在其定义域内都是连续函数. 其图象是一条连续不断的曲线. 函数的连续性为我们提供了一种求极限的简便方法:若函数 $f(x)$ 在点 x_0 处连续,则 $\lim\limits_{x\to x_0}f(x)=f(x_0)=f(\lim\limits_{x\to x_0}x)$,若变量 x 为中间变量该式亦成立.

例7　求下列极限.

$(1)\lim\limits_{x\to2}\sqrt{9-x^2}$;　$(2)\lim\limits_{x\to\infty}10^{\frac{1}{x}}$;　$(3)\lim\limits_{x\to0}\sqrt{5-\dfrac{\sin x}{x}}$;　$(4)\lim\limits_{x\to0}\dfrac{\ln(1+x)}{x}$.

解:(1)因函数 $\sqrt{9-x^2}$ 为初等函数,它在 $x=2$ 处连续.

故 $\lim\limits_{x\to2}\sqrt{9-x^2}=f(2)=\sqrt{9-2^2}=\sqrt{5}$;

(2)因 10^u 为连续函数,故 $\lim\limits_{x\to\infty}10^{\frac{1}{x}}=10^{\lim\limits_{x\to\infty}\frac{1}{x}}=10^0=1$;

(3)因 $\sqrt{5-u}$ 为连续函数,故 $\lim\limits_{x\to0}\sqrt{5-\dfrac{\sin x}{x}}=\sqrt{5-\lim\limits_{x\to0}\dfrac{\sin x}{x}}=\sqrt{5-1}=2$;

(4)$\lim\limits_{x\to0}\dfrac{\ln(1+x)}{x}=\lim\limits_{x\to0}\left[\ln(1+x)^{\frac{1}{x}}\right]=\ln\left[\lim\limits_{x\to0}(1+x)^{\frac{1}{x}}\right]=\ln\mathrm{e}=1$.

1.6.3　闭区间上连续函数的性质

定义4　若函数 $y=f(x)$ 在区间 I 上任一点都连续,则称函数 $f(x)$ 在区间 I 上连续. 若函数 $y=f(x)$ 在区间 (a,b) 内连续,且 $\lim\limits_{x\to a^+}f(x)=f(a)$, $\lim\limits_{x\to b^-}f(x)=f(b)$,则称函数 $f(x)$ 在闭区间 $[a,b]$ 上连续.

课堂活动　讨论闭区间上的连续函数有哪些性质.

定理2(最大值最小值定理)　如果函数 $f(x)$ 在闭区间 $[a,b]$ 上连续,则函数 $f(x)$ 在闭区间$[a, b]$上有界，且存在最大值与最小值（如图 1-34 左图所示）.

定理 3（介值定理）　设函数 $y = f(x)$ 在闭区间 $[a, b]$ 上连续，且 $f(a) \neq f(b)$，则对介于 $f(a)$ 与 $f(b)$ 之间的任何数 c，在 (a, b) 内至少存在一点 ξ，使得 $f(\xi) = c [\xi \in (a, b)]$（如图 1-34 右图所示）.

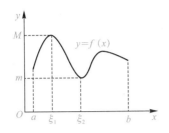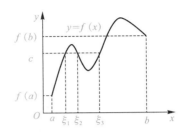

图 1-34

推论（根的存在定理）　若函数 $f(x)$ 在闭区间 $[a, b]$ 上连续，且 $f(a)$ 与 $f(b)$ 异号[即 $f(a)f(b) < 0$]，则在开区间 (a, b) 内至少存在一点 ξ，使得 $f(\xi) = 0$（如图 1-35 所示）.

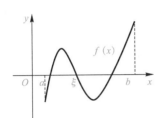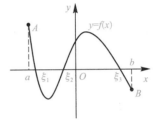

图 1-35

【注】根的存在定理可以用来判断方程 $f(x) = 0$ 的根的近似值或根的范围.

例 8　证明方程 $x^5 - 3x = 1$ 在区间 $(1, 2)$ 内至少有一个根.

证明：令 $f(x) = x^5 - 3x - 1$，则 $f(x)$ 在 $[1, 2]$ 上连续. 又 $f(1) = -3 < 0$，$f(2) = 25 > 0$，根据根的存在定理，至少存在一点 $\xi \in (1, 2)$，使 $f(\xi) = 0$，即 $\xi^5 - 3\xi - 1 = 0$，所以 $\xi^5 - 3\xi = 1$，所以方程 $x^5 - 3x = 1$ 在 $(1, 2)$ 内至少有一个实根 ξ.

随堂练习　独立思考并完成下列单选题.

1. 设 $f(x) = \begin{cases} x + 2, & x \leqslant 0, \\ x^2 + a, & 0 < x < 1, \\ bx, & x \geqslant 1 \end{cases}$ 在 $(-\infty, +\infty)$ 内连续，则 a，b 为（　　）.

A. $a = 0$，$b = 0$　　　B. $a = 2$，$b = 3$　　　C. $a = 3$，$b = 2$　　　D. $a = 1$，$b = 1$

2. 函数 $y = \sqrt{x - 2} \ln x$ 的连续区间是（　　）.

A. $(2, +\infty)$　　　B. $[2, +\infty)$　　　C. $(-2, +\infty)$　　　D. $[-2, +\infty)$

3. 函数 $y = \dfrac{\sqrt{x - 3}}{(x + 1)(x + 2)}$ 的连续区间是（　　）.

A. $(-\infty, -2) \cup (-2, -1) \cup (-1, +\infty)$

B. $[3, +\infty)$

C. $(-\infty, -2) \cup (-2, +\infty)$

D. $(-\infty, -1) \cup (-1, +\infty)$

4. 函数 $f(x) = \dfrac{\sin x}{x} + \dfrac{e^x}{1-x}$ 的间断点的个数为（   ）.

A. 0 B. 1 C. 2 D. 3

5. $f(x) = \begin{cases} \dfrac{\sin x}{x}, & x \neq 0, \\ k, & x = 0 \end{cases}$ 在 $x = 0$ 处连续，则 $k = ($ $)$.

A. -2 B. -1 C. 1 D. 2

扫码查看参考答案

任务单1.6

扫码查看参考答案

模块名称	模块一 初等函数与极限		
任务名称	任务1.6 函数的连续性		
班级		姓名	得分

任务单1.6 A组(达标层)

1. 判断函数 $f(x) = 2x - 5$ 在点 $x = 1$ 处的连续性.

2. 用定义证明函数 $f(x) = \begin{cases} x\sin\dfrac{1}{x}, & x \neq 0, \\ 0, & x = 0 \end{cases}$ 在 $x = 0$ 处连续.

3. 讨论函数 $f(x) = \begin{cases} e^x, & x < 0, \\ x^2 + 1, & x \geq 0 \end{cases}$ 在点 $x = 0$ 处的连续性.

4. 试证明方程 $4x - 2^x = 0$ 在区间 $\left(0, \dfrac{1}{2}\right)$ 内至少有一个根.

任务单1.6 B组(提高层)

1. 已知分段函数 $f(x) = \begin{cases} \dfrac{\sin x}{x^2 + 3x}, & x \neq 0, \\ a, & x = 0 \end{cases}$ 在分界点 $x = 0$ 处连续, 求常数 a 的值.

续表

模块名称	模块一 初等函数与极限

2. 求下列函数的间断点.

$(1)f(x) = \dfrac{x^2-1}{x^2-3x+2}$；$(2)f(x) = \cos^2\dfrac{1}{x}$.

3. 求函数 $f(x) = \dfrac{1}{1-\sqrt{1+x}}$ 的连续区间.

4. 设政府以边际税率 0.25 对每个人的收入中超过 20 000 元的部分征收税款(即挣得的第一个 20 000 元不收税). 现在政府希望获得额外的税收收入,但是又希望避免加重低收入或中等收入者的负担. 因此,政府决定对每个收入在 60 000 元及以上的人一次性征 1 000 元的附加税. 试画出税后收入曲线, y 是税前收入 x 的函数. 说明为什么在 $x = 60\,000$ 元处有一个不连续点? 讨论税收计划中可能由不连续性引起的对工作时间的内在激励机制.

任务单 1.6 C 组(培优层)

实践调查:寻找函数连续性的生活实例(另附 A4 纸小组合作完成).

思政天地

小组合作挖掘与函数相关的课程思政元素(要求:内容不限,可以是名人名言、故事等).

完成日期	

单元测试一　（满分 100 分）

专业：_____，姓名：_____，学号：_____，得分：_____.

一、单选题：下列各题的选项中，只有一项是最符合题意的．请把所选答案的字母填在相应的括号内．（每小题 2 分，共 20 分）

1. 函数 $y = \sqrt{5-x} + \ln(x-1)$ 的定义域是（　　）.

　　A. $(0,5]$　　　　　　B. $(1,5]$　　　　　　C. $(1,5)$　　　　　　D. $(1,\infty)$

2. 函数 $y = 3 + 2\sin x$ 是（　　）.

　　A. 无界函数　　　　B. 单调减少函数　　　C. 有界函数　　　　D. 单调增加函数

3. 设函数 $y = 5x^2 - 4$，则该函数是（　　）.

　　A. 偶函数　　　　　B. 奇函数　　　　　　C. 非奇非偶函数　　D. 既奇又偶函数

4. $\lim\limits_{x\to\infty}\left(1+\dfrac{1}{x}\right)^{2x} = $（　　）.

　　A. e　　　　　　　B. e^{-2}　　　　　　C. e^2　　　　　　　D. -2

5. 函数 $f(x)$ 在点 x_0 处的左右极限都存在，是函数 $f(x)$ 在点 x_0 处有极限的（　　）.

　　A. 必要条件　　　　B. 充分条件　　　　　C. 充分必要条件　　D. 无关条件

6. $\lim\limits_{x\to 0}\dfrac{\sqrt{x+1}-1}{x} = $（　　）.

　　A. 0　　　　　　　B. ∞　　　　　　C. $\dfrac{1}{2}$　　　　　　D. 2

7. 下列等式成立的是（　　）.

　　A. $\lim\limits_{x\to 0}\dfrac{\sin x^2}{x} = 1$　　B. $\lim\limits_{x\to\infty}\dfrac{\sin x}{x^2} = 1$　　C. $\lim\limits_{x\to 0}\dfrac{\tan x}{x} = 1$　　D. $\lim\limits_{x\to\infty}\dfrac{\sin x}{x} = 1$

8. 当 $x\to 0$ 时，下列变量（　　）不是无穷小量.

　　A. x^2　　　　　　B. $\dfrac{\sin x}{x}$　　　　　C. $\ln(x+1)$　　　D. $e^x - 1$

9. 若 $\lim\limits_{x\to 3}\dfrac{x^2 - 2x + k}{x-3} = 4$，则 $k = $（　　）.

　　A. -3　　　　　　B. 3　　　　　　　　C. 1　　　　　　　D. -1

10. 函数 $f(x) = \dfrac{x^2 - 1}{x^2 - 3x + 2}$ 的间断点为（　　）.

　　A. $x = 1$　　　　　B. $x = 2$　　　　　　C. $x = 1$ 或 $x = 2$　　D. 不存在

二、填空题：请将下列各题的答案填写在题中横线上．（每小题 2 分，共 10 分）

1. 设 $f(x) = \dfrac{x^2 - 2x}{x^2 + 1}$，则 $\lim\limits_{x\to 2}f(x) = $_____，$\lim\limits_{x\to\infty}f(x) = $_____.

2. $\lim\limits_{x\to 5}\dfrac{x^2 - 25}{x-5} = $_____.

3. 函数 $y = 3^{\sin x}$ 由_____和_____复合而成.

4. $\lim\limits_{x \to 2}(x^3 - x + 3) = $_____.

5. $\lim\limits_{x \to 0}\dfrac{\sin x}{x} = $_____.

三、判断题：（每小题 **2** 分，共 **20** 分，认为结论正确的打"√"，认为错误的打"×"）

1. 函数 $y = \lg x^2$ 与函数 $y = 2\lg x$ 是同一函数. （   ）

2. 函数 $f(x) = \sin x$ 在其定义域内是有界的. （   ）

3. 如果函数 $f(x)$ 的极限存在，则其极限是唯一的. （   ）

4. 分段函数是初等函数. （   ）

5. 极限等于 0 的变量为无穷小量. （   ）

6. $\lim\limits_{x \to x_0} f(x) = f(x_0)$ 对任意函数都成立. （   ）

7. 基本初等函数经过有限次四则运算得到的函数称为简单函数. （   ）

8. 若函数 $f(x)$ 在点 x_0 处没有定义，则函数 $f(x)$ 在点 x_0 处的极限不存在. （   ）

9. 当 $x \to 1$ 时，$\dfrac{1}{x-1}$ 是无穷大. （   ）

10. 若极限 $\lim\limits_{x \to x_0}[f(x)g(x)]$ 存在，则 $\lim\limits_{x \to x_0}f(x)$ 与 $\lim\limits_{x \to x_0}g(x)$ 也必存在. （   ）

四、解答题：（每小题 **6** 分，共 **30** 分）

1. 求函数 $y = \sqrt{25 - x^2} + \dfrac{1}{x-1}$ 的定义域.

2. 求极限 $\lim\limits_{x \to 0}\dfrac{\sin 4x}{5x}$.

3. 求极限 $\lim\limits_{x \to \infty}\left(1 + \dfrac{2}{x}\right)^x$.

4. 求极限 $\lim\limits_{x \to 1}\dfrac{x^2 - 1}{x^2 + 2x - 3}$.

5. 证明方程 $x^3 - 4x^2 + 1 = 0$ 在区间 $(0, 1)$ 内至少有一个根.

五、讨论题：（共 **10** 分）

讨论函数 $f(x) = \begin{cases} 1 - x^2, & x < 1 \\ x - 1, & x \geq 1 \end{cases}$，在点 $x = 1$ 处的连续性.

六、简答题：（共 **10** 分）

1. 列举函数连续性的专业案例.

2. 简述牛顿的逸闻趣事.

模块二　微分学及其应用

微分学主要由导数与微分两部分组成.导数描述函数变化的快慢,比如,物体运动的速度、加速度、化学反应速度、劳动生产率、社会学中的信息传播速度、时尚的推广度等.而微分描述函数变化的程度,可以解决近似计算和估计误差等问题.

任务 2.1　导数概述

[学习目标]

1. 叙述导数定义式并用导数定义简单求导;叙述导数的几何意义并默写出切线方程和法线方程;判断函数在一点处的连续性与可导性.

2. 学习科学家勇于探索、不断钻研的精神;体会具体到抽象、特殊到一般的思维方法,领悟极限思想;提高类比、归纳、抽象概括的思维能力.

[任务提出]

假设你经营一家已有 100 家店的连锁便利店,现在要决定是否增加一个新的连锁便利店,该如何决策?(注:这里我们假定决策纯粹是根据财务理由作出的:如果新便利店能给公司挣钱,则应该增加,否则不能.)

[知识准备]

2.1.1　导数的概念

1. $f(x)$ 在点 x_0 处的导数

导数概念的形成起源于物理学中的瞬时速度问题和几何学中曲线的切线斜率问题.数学的产生来源于实际应用,导数最早是法国数学家费马在研究作曲线的切线和求函数极值时提出的.

引例 1(变速直线运动的瞬时速度问题)　设物体做变速直线运动,其运动方程为 $s = s(t)$,求该物体在 t_0 时刻的瞬时速度.

分析:如图 2-1 所示,设物体 M 沿着直线 L 做变速直线运动,运动开始时($t=0$)物体 M 位于 O 点,经过一段时间 t_0 后,物体 M 到达 A 点.这时,物体所走过的路程 $s = OA$.显然路程 s 是时间 t 的函数,即 $s = s(t)$.

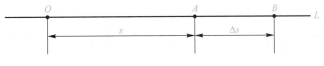

图 2-1

当时间由 t_0 变化到 $t_0 + \Delta t$ 时，物体 M 从点 A 运动到点 B，物体走过的路程为

$$\Delta s = s(t_0 + \Delta t) - s(t_0),$$

物体 M 从点 A 到点 B 所用时间为 Δt，所以物体 M 在 AB 间运动的平均速度为

$$\bar{v} = \frac{\Delta s}{\Delta t} = \frac{s(t_0 + \Delta t) - s(t_0)}{\Delta t}.$$

若此时把 $\bar{v}$ 当作质点 M 在点 A 处的瞬时速度 v，误差比较大. 但当 A，B 间的距离缩短，即当 Δt 无限地接近于 0 时，平均速度 $\bar{v}$ 就无限地接近于 M 在点 A 处的瞬时速度 v，即

$$v(t_0) = \lim_{\Delta t \to 0} \bar{v} = \lim_{\Delta t \to 0} \frac{\Delta s}{\Delta t} = \lim_{\Delta t \to 0} \frac{s(t_0 + \Delta t) - s(t_0)}{\Delta t},$$

即瞬时速度 $v(t_0)$ 是路程 $s(t)$ 在时刻 t_0 的瞬时变化率.

引例 2（曲线的切线问题） 求平面曲线 $y = f(x)$ 在点 $M_0(x_0, y_0)$ 处的切线斜率.

分析： 如图 2-2 所示，设曲线 $y = f(x)$ 上一点 $M_0(x_0,$ $y_0)$ 处切线的倾斜角为 α，在曲线上另取一点 $M(x_0 + \Delta x,$ $y_0 + \Delta y)$，作割线 MM_0，设割线 MM_0 的倾斜角为 β，则割线的斜率

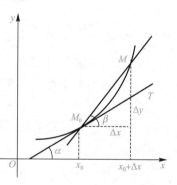

图 2-2

$$k_1 = \tan\beta = \frac{\Delta y}{\Delta x} = \frac{f(x_0 + \Delta x) - f(x_0)}{\Delta x}.$$

当 $\Delta x \to 0$ 时，点 M 沿曲线无限地趋近于 M_0，此时割线 MM_0 就无限地趋近于 M_0 处的切线 M_0T，因此，割线斜率的极限就是切线 M_0T 的斜率，即

$$k = \tan\alpha = \lim_{\Delta x \to 0} \tan\beta = \lim_{\Delta x \to 0} \frac{\Delta y}{\Delta x} = \lim_{\Delta x \to 0} \frac{f(x_0 + \Delta x) - f(x_0)}{\Delta x}.$$

引例 3（边际成本问题） 设某产品的总成本 $C = C(Q)$ 是产量 Q 的函数，求当产量为 Q_0 时，总成本 C 随产量 Q 变化的快慢程度.

分析： 当产量由 Q_0 变到 $Q_0 + \Delta Q$ 时，总成本的增量为 $\Delta C = C(Q_0 + \Delta Q) - C(Q_0)$，总成本的平均变化率为 $\dfrac{\Delta C}{\Delta Q} = \dfrac{C(Q_0 + \Delta Q) - C(Q_0)}{\Delta Q}$.

当 ΔQ 很小时，上式可近似地表示总成本 C 在 Q_0 时变化的快慢程度，ΔQ 越小，近似程度越高. 当 $\Delta Q \to 0$ 时，若极限 $\displaystyle\lim_{\Delta Q \to 0} \frac{\Delta C}{\Delta Q} = \lim_{\Delta Q \to 0} \frac{C(Q_0 + \Delta Q) - C(Q_0)}{\Delta Q}$ 存在，则此极限值就是产量为 Q_0 时总成本 C 随产量 Q 变化的快慢程度，在经济上称为边际成本，记为 MC.

即产量为 Q_0 时的边际成本 MC 可看作是总成本 $C(Q)$ 在产量 Q_0 处的瞬时变化率.

课堂活动 上述三个引例，有什么共同点？

上述三个引例，虽然实际背景不同，但其数学本质一样，都归结为极限

$$\lim_{\Delta x \to 0} \frac{\Delta y}{\Delta x} = \lim_{\Delta x \to 0} \frac{f(x_0 + \Delta x) - f(x_0)}{\Delta x}$$

的问题，其中 $\dfrac{\Delta y}{\Delta x}$ 是函数的增量与自变量的增量之比，它刻画的是函数 $f(x)$ 在 $(x_0, x_0 + \Delta x)$ 范围内的平均变化率；而极限 $\displaystyle\lim_{\Delta x \to 0} \frac{\Delta y}{\Delta x}$ 刻画的是函数 $f(x)$ 在点 x_0 处的瞬时变化率，这种变化

率称为函数的导数，它反映的是函数随自变量变化而变化的快慢程度.

2. $f(x)$ 在点 x_0 处的导数定义

定义 1　设函数 $y = f(x)$ 在点 x_0 及附近有定义，当自变量 x 在点 x_0 处有增量 Δx 时，相应地有函数增量 $\Delta y = f(x_0 + \Delta x) - f(x_0)$. 若极限 $\lim\limits_{\Delta x \to 0} \dfrac{\Delta y}{\Delta x} = \lim\limits_{\Delta x \to 0} \dfrac{f(x_0 + \Delta x) - f(x_0)}{\Delta x}$ 存在，则称函数 $y = f(x)$ 在点 x_0 处可导，并称此极限为函数 $y = f(x)$ 在点 x_0 处的导数或微商，记作 $f'(x_0)$ 或 $y'|_{x=x_0}$，或 $\dfrac{\mathrm{d}y}{\mathrm{d}x}|_{x=x_0}$，或 $\dfrac{\mathrm{d}}{\mathrm{d}x}f(x)|_{x=x_0}$.

在引例中，瞬时速度 $v(t_0) = \lim\limits_{\Delta t \to 0} \overline{v} = \lim\limits_{\Delta t \to 0} \dfrac{\Delta s}{\Delta t} = \lim\limits_{\Delta t \to 0} \dfrac{s(t_0 + \Delta t) - s(t_0)}{\Delta t}$ 为函数 $s(t)$ 在 t_0 处的导数 $s'(t_0)$；切线斜率 $k = \tan\alpha = \lim\limits_{\Delta x \to 0} \dfrac{\Delta y}{\Delta x} = \lim\limits_{\Delta x \to 0} \dfrac{f(x_0 + \Delta x) - f(x_0)}{\Delta x}$ 为函数 $f(x)$ 在 x_0 处的导数 $f'(x_0)$；边际成本 $MC = \lim\limits_{\Delta Q \to 0} \dfrac{\Delta C}{\Delta Q} = \lim\limits_{\Delta Q \to 0} \dfrac{C(Q_0 + \Delta Q) - C(Q_0)}{\Delta Q}$ 为函数 $C(Q)$ 在 Q_0 处的导数 $C'(Q_0)$.

【注】(1) 函数 $f(x)$ 在 x_0 处可导，则 $f'(x_0) = \lim\limits_{\Delta x \to 0} \dfrac{\Delta y}{\Delta x} = \lim\limits_{\Delta x \to 0} \dfrac{f(x_0 + \Delta x) - f(x_0)}{\Delta x}$.

(2) 若令 $x = x_0 + \Delta x$，则 $f'(x_0)$ 还可记为 $f'(x_0) = \lim\limits_{x \to x_0} \dfrac{f(x) - f(x_0)}{x - x_0}$.

(3) 若极限 $\lim\limits_{\Delta x \to 0} \dfrac{\Delta y}{\Delta x}$ 不存在，则称函数 $y = f(x)$ 在点 x_0 处不可导或没有导数.

函数的极限与函数表达式中变量的记号无关，所以定义 1 中的增量 Δx，也可以表示成任何字母或式子.

$$f'(x_0) = \lim_{\Delta x \to 0} \frac{f(x_0 + \Delta x) - f(x_0)}{\Delta x} = \lim_{\Delta x \to 0} \frac{f(x_0 + 3\Delta x) - f(x_0)}{3\Delta x}$$
$$= \lim_{\Delta x \to 0} \frac{f(x_0 - \Delta x) - f(x_0)}{-\Delta x} = \lim_{h \to 0} \frac{f(x_0 + h) - f(x_0)}{h}$$
$$= \lim_{x \to 0} \frac{f(x_0 + x) - f(x_0)}{x} = \cdots\cdots$$

例 1　若极限 $\lim\limits_{h \to 0} \dfrac{f(x_0 + 2h) - f(x_0)}{h} = 4$，求 $f'(x_0)$ 的值.

解：$\lim\limits_{h \to 0} \dfrac{f(x_0 + 2h) - f(x_0)}{h} = 2\lim\limits_{h \to 0} \dfrac{f(x_0 + 2h) - f(x_0)}{2h} = 2f'(x_0)$，

于是 $2f'(x_0) = 4$，故 $f'(x_0) = 2$.

3. 单侧导数 (左导数与右导数)

因为极限有左、右极限之分，而函数 $y = f(x)$ 在点 x_0 的导数是一个极限，所以导数就有左导数和右导数.

定义 2　设函数 $y = f(x)$ 在点 x_0 及附近有定义，若 $\lim\limits_{\Delta x \to 0^-} \dfrac{\Delta y}{\Delta x}$ 和 $\lim\limits_{\Delta x \to 0^+} \dfrac{\Delta y}{\Delta x}$ 存在，则称其为函数 $y = f(x)$ 在点 x_0 处的左导数和右导数，记作 $f'_-(x_0)$ 与 $f'_+(x_0)$，即

$$f'_-(x_0) = \lim_{\Delta x \to 0^-} \frac{\Delta y}{\Delta x} = \lim_{\Delta x \to 0^-} \frac{f(x_0 + \Delta x) - f(x_0)}{\Delta x} = \lim_{x \to x_0^-} \frac{f(x) - f(x_0)}{x - x_0},$$

$$f'_+(x_0) = \lim_{\Delta x \to 0^+} \frac{\Delta y}{\Delta x} = \lim_{\Delta x \to 0^+} \frac{f(x_0 + \Delta x) - f(x_0)}{\Delta x} = \lim_{x \to x_0^+} \frac{f(x) - f(x_0)}{x - x_0}.$$

【注】函数 $y = f(x)$ 在点 x_0 处可导的充要条件是左、右导数存在且相等, 即

$$f'(x) = A \Leftrightarrow f'_-(x) = f'_+(x) = A.$$

4. 导函数(简称导数)

定义 3 若函数 $y = f(x)$ 在区间 (a, b) 内每一点都可导, 则称函数 $y = f(x)$ 在区间 (a, b) 内可导. 这时, 对于区间 (a, b) 内每一点 x, 函数都有一个确定的导数值与之对应, 这样就构成了一个新的函数, 称为 $y = f(x)$ 的导函数, 简称为导数, 记作

$$f'(x) \text{ 或 } y' \text{ 或} \frac{dy}{dx} \text{ 或} \frac{d}{dx} f(x).$$

即 $f'(x) = \lim_{\Delta x \to 0} \frac{\Delta y}{\Delta x} = \lim_{\Delta x \to 0} \frac{f(x + \Delta x) - f(x)}{\Delta x}.$

【注】(1)导数定义式: $f'(x) = \lim_{\Delta x \to 0} \frac{\Delta y}{\Delta x} = \lim_{\Delta x \to 0} \frac{f(x + \Delta x) - f(x)}{\Delta x}.$

(2)函数 $f(x)$ 在 x_0 处的导数值等于导函数 $f'(x)$ 在 x_0 处的函数值, 即

$$f'(x_0) = f'(x) \big|_{x = x_0}.$$

(3)求导口诀: 求函数 $y = f(x)$ 的导数可分为以下三个步骤:

一差: 求增量 $\Delta y = f(x + \Delta x) - f(x)$;

二比: 算比值 $\dfrac{\Delta y}{\Delta x} = \dfrac{f(x + \Delta x) - f(x)}{\Delta x}$;

三极限: 取极限 $f'(x) = \lim_{\Delta x \to 0} \dfrac{\Delta y}{\Delta x} = \lim_{\Delta x \to 0} \dfrac{f(x + \Delta x) - f(x)}{\Delta x}.$

例 2 设 $f(x) = x^2$, 求 $f'(x)$, $f'(-1)$, $f'(2)$.

解: 由导数的定义有: 求增量: $\Delta y = (x + \Delta x)^2 - x^2 = 2x \cdot \Delta x + (\Delta x)^2$;

算比值: $\dfrac{\Delta y}{\Delta x} = \dfrac{2x \cdot \Delta x + (\Delta x)^2}{\Delta x} = 2x + \Delta x$;

取极限: $f'(x) = \lim_{\Delta x \to 0} \dfrac{\Delta y}{\Delta x} = \lim_{\Delta x \to 0} (2x + \Delta x) = 2x.$

即 $f'(x) = 2x.$

故 $f'(-1) = f'(x) \big|_{x=-1} = 2 \times (-1) = -2$, $f'(2) = f'(x) \big|_{x=2} = 2 \times 2 = 4.$

【注】求导数熟练之后, 三步可以并成一步:

$$f'(x) = \lim_{\Delta x \to 0} \frac{f(x + \Delta x) - f(x)}{\Delta x} = \lim_{\Delta x \to 0} \frac{(x + \Delta x)^2 - x^2}{\Delta x} = \lim_{\Delta x \to 0} \frac{\Delta x (2x + \Delta x)}{\Delta x} = 2x.$$

一般地, 对于幂函数 $y = x^\alpha (\alpha \in \mathbf{R})$, 有 $(x^\alpha)' = a x^{\alpha - 1}.$

例 3 求正弦函数 $y = \sin x [x \in (-\infty, +\infty)]$ 的导数.

解: $y' = \lim_{\Delta x \to 0} \dfrac{\Delta y}{\Delta x} = \lim_{\Delta x \to 0} \dfrac{\sin(x + \Delta x) - \sin x}{\Delta x} = \lim_{\Delta x \to 0} \dfrac{2 \sin \dfrac{\Delta x}{2} \cos \dfrac{2x + \Delta x}{2}}{\Delta x} = \lim_{\Delta x \to 0} \dfrac{\sin \dfrac{\Delta x}{2}}{\dfrac{\Delta x}{2}} \cos \dfrac{2x + \Delta x}{2} = \cos x.$

即 $(\sin x)' = \cos x$. 类似地，$(\cos x)' = -\sin x$.

例 4 求函数 $y = f(x) = \log_a x \,(a > 0,\ a \neq 1)$ 的导数.

解： $y' = \lim\limits_{\Delta x \to 0} \dfrac{\Delta y}{\Delta x} = \lim\limits_{\Delta x \to 0} \dfrac{\log_a(x + \Delta x) - \log_a x}{\Delta x} = \lim\limits_{\Delta x \to 0} \dfrac{\log_a\left(1 + \dfrac{\Delta x}{x}\right)}{\Delta x}$

$= \lim\limits_{\Delta x \to 0} \log_a \left(1 + \dfrac{\Delta x}{x}\right)^{\frac{1}{\Delta x}} = \lim\limits_{\Delta x \to 0} \log_a \left[\left(1 + \dfrac{\Delta x}{x}\right)^{\frac{x}{\Delta x}}\right]^{\frac{1}{x}}$

$= \dfrac{1}{x} \log_a \left[\lim\limits_{\Delta x \to 0}\left(1 + \dfrac{\Delta x}{x}\right)^{\frac{x}{\Delta x}}\right] = \dfrac{1}{x}\log_a \mathrm{e} = \dfrac{1}{x \ln a}.$

即 $(\log_a x)' = \dfrac{1}{x \ln a}$. 特别地，当 $a = \mathrm{e}$ 时，$(\ln x)' = \dfrac{1}{x}$.

例 5 求函数 $f(x) = a^x\,(a > 0,\ a \neq 1)$ 的导数.

解： $f'(x) = \lim\limits_{\Delta x \to 0} \dfrac{f(x + \Delta x) - f(x)}{\Delta x} = \lim\limits_{\Delta x \to 0} \dfrac{a^{x + \Delta x} - a^x}{\Delta x}$

$= \lim\limits_{\Delta x \to 0} \dfrac{a^x(a^{\Delta x} - 1)}{\Delta x} = a^x \lim\limits_{\Delta x \to 0} \dfrac{a^{\Delta x} - 1}{\Delta x}$

$\left[\,令\ u = a^{\Delta x} - 1\ 得\ \Delta x = \log_a(1 + u)；当\ \Delta x \to 0\ 时，u \to 0\,\right]$

$= a^x \lim\limits_{u \to 0} \dfrac{u}{\log_a(1 + u)} = a^x \lim\limits_{u \to 0} \dfrac{1}{\dfrac{1}{u}\log_a(1 + u)} = a^x \lim\limits_{u \to 0} \dfrac{1}{\log_a(1 + u)^{\frac{1}{u}}}$

$= a^x \dfrac{1}{\log_a \mathrm{e}} = a^x \ln a.$

即 $(a^x)' = a^x \ln a$. 特别地，当 $a = \mathrm{e}$ 时，得 $(\mathrm{e}^x)' = \mathrm{e}^x$.

课堂活动　导数的实质是什么？请你举出一些关于导数的案例.

随堂练习　独立思考并完成下列单选题.

1. 微积分的创始人是（　　）.

A. 牛顿　　　　　　　B. 莱布尼兹　　　　　C. 以上都是　　　　　D. 以上都不是

2. 下列（　　）选项表示的是 $f'(2)$.

A. $\lim\limits_{h \to 0} \dfrac{f(x + h) - f(x)}{h}$ 　　　　　　　　B. $\lim\limits_{h \to 0} \dfrac{f(2 + h) - f(2)}{h}$

C. $\lim\limits_{h \to 0} \dfrac{f(2 + 3h) - f(2)}{h}$ 　　　　　　　D. $\lim\limits_{h \to 0} \dfrac{f(x) - f(2)}{x - 2}$

3. 若 $f'(x_0) = 1$，则 $\lim\limits_{\Delta x \to 0} \dfrac{f(x_0 + \Delta x) - f(x_0)}{-2\Delta x} = （\quad）$.

A. $\dfrac{1}{2}$ 　　　　　　B. 1 　　　　　　C. -1 　　　　　　D. $-\dfrac{1}{2}$

4. 已知 $\lim\limits_{h \to 0} \dfrac{f(1 + h) - f(1)}{3h} = 2$，则 $f'(1) = （\quad）$.

A. 2 　　　　　　B. 3 　　　　　　C. 4 　　　　　　D. 6

扫码查看参考答案

2.1.2 导数的几何意义

由引例 2 可知，函数 $y = f(x)$ 在点 x_0 处的导数 $f'(x_0)$ 表示曲线 $y = f(x)$ 上点 $M[x_0,$ $f(x_0)]$ 的切线斜率，即 $k = \tan\alpha = f'(x_0)$，其中 $\alpha(\alpha \neq 90°)$ 是切线的倾斜角. 如图 2-3 所示，此时过点 $M[x_0, f(x_0)]$ 的切线方程为 $y - f(x_0) = f'(x_0)(x - x_0)$.

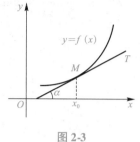

过点 $M(x_0, f(x_0))$ 且与切线垂直的直线称为曲线 $y = f(x)$ 在点 $M[x_0, f(x_0)]$ 处的法线. 若 $f'(x_0) \neq 0$，此时过点 $M(x_0, f(x_0))$ 的法线方程为 $y - f(x_0) = -\dfrac{1}{f'(x_0)}(x - x_0)$.

图 2-3

【注】（1）当 $f'(x_0) = 0$ 时，切线方程为 $y = y_0$，法线方程为 $x = x_0$.

（2）当 $f'(x_0) = \infty$ 时，切线方程为 $x = x_0$，法线方程为 $y = y_0$.

在实际问题中，只要涉及变化率就要想到导数；反之，一个有实际背景意义的导数必体现为某个变量的变化率，只是在不同的领域中，数学中的导数有着不同的实际意义而已.

例 6 求曲线 $f(x) = \sqrt{x}$ 在点 $P(4, 2)$ 处的切线方程与法线方程.

解： 因为 $f'(x) = \dfrac{1}{2\sqrt{x}}$，故函数在点 $P(4, 2)$ 处的切线斜率为 $k = f'(4) = \dfrac{1}{2\sqrt{4}} = \dfrac{1}{4}$.

因此，曲线 $f(x) = \sqrt{x}$ 在点 P 处的切线方程为 $y - 2 = \dfrac{1}{4}(x - 4)$，

即 $x - 4y + 4 = 0$；又法线的斜率为 -4，

故其法线方程为 $y - 2 = -4(x - 4)$，即 $4x + y - 18 = 0$.

随堂练习 独立思考并完成下列单选题.

1. 曲线 $y = x^3$ 在点 $(2, 8)$ 处的切线斜率为（ ）.

A. 2   B. $-\dfrac{1}{12}$ C. 12   D. $-\dfrac{1}{2}$

2. 曲线 $y = \ln x$ 在点 $(2, \ln 2)$ 处的法线斜率为（ ）.

A. -2 B. 2   C. $-\dfrac{1}{2}$ D. $2\ln 2$

3. 曲线 $y = \ln x$ 上某点的切线平行于直线 $y = 2x - 3$，则该点坐标是（ ）.

A. $\left(2, \ln \dfrac{1}{2}\right)$ B. $\left(2, -\ln \dfrac{1}{2}\right)$

C. $\left(\dfrac{1}{2}, \ln 2\right)$ D. $\left(\dfrac{1}{2}, -\ln 2\right)$

扫码查看参考答案

2.1.3 可导与连续的关系

课堂活动 对比导数与连续的概念，寻找可导与连续之间的关系.

定理 1 若函数 $y = f(x)$ 在点 x_0 处可导，则它在点 x_0 处一定连续.

证明：由 $y = f(x)$ 在点 x_0 处可导，得 $f'(x_0) = \lim\limits_{\Delta x \to 0} \dfrac{\Delta y}{\Delta x}$. 根据极限与无穷小的关系，得

$$\frac{\Delta y}{\Delta x} = f'(x_0) + \alpha \ (\text{当 } \Delta x \to 0 \text{ 时}, \ \alpha \text{ 为无穷小量}),$$

即 $\Delta y = f'(x_0)\Delta x + \alpha \Delta x$. 故 $\lim\limits_{\Delta x \to 0} \Delta y = \lim\limits_{\Delta x \to 0} [f'(x_0)\Delta x + \alpha \Delta x] = 0$.

可见，函数 $y = f(x)$ 在点 x_0 处连续.

【注】定理 1 的逆命题不一定成立. 即若 $f(x)$ 在点 x_0 处连续，但它在点 x_0 处不一定可导.

例 7 讨论函数 $f(x) = |x|$ 在点 $x = 0$ 处的可导性与连续性.

解：由于 $\dfrac{\Delta y}{\Delta x} = \dfrac{f(x_0 + \Delta x) - f(x_0)}{\Delta x} = \dfrac{|0 + \Delta x| - |0|}{\Delta x} = \dfrac{|\Delta x|}{\Delta x}$,

左导数 $f'_-(0) = \lim\limits_{\Delta x \to 0^-} \dfrac{\Delta y}{\Delta x} = \lim\limits_{\Delta x \to 0^-} \dfrac{|\Delta x|}{\Delta x} = \lim\limits_{\Delta x \to 0^-} \dfrac{-\Delta x}{\Delta x} = -1$,

而右导数 $f'_+(0) = \lim\limits_{\Delta x \to 0^+} \dfrac{\Delta y}{\Delta x} = \lim\limits_{\Delta x \to 0^+} \dfrac{|\Delta x|}{\Delta x} = \lim\limits_{\Delta x \to 0^+} \dfrac{\Delta x}{\Delta x} = 1$,

显然 $f'_-(0) \neq f'_+(0)$.

故 $f'(0)$ 不存在，即函数在点 $x = 0$ 处不可导，

但该函数在点 $x = 0$ 处连续，如图 2-4 所示.

因为 $\lim\limits_{\Delta x \to 0} |0 + \Delta x| = \lim\limits_{\Delta x \to 0} |\Delta x| = 0$，即有 $\lim\limits_{x \to 0} |x| = f(0) = 0$，故 $f(x) = |x|$ 在 $x = 0$ 处连续.

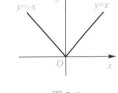

图 2-4

【任务解决】

解：设 $C(Q)$、$R(Q)$ 是经营 Q 个连锁便利店的总成本函数和总收益函数，如果 $C(Q)$、$R(Q)$ 是如图 2-5 所示的情形，你应该增加第 101 个连锁店.

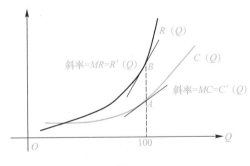

图 2-5

边际收益是总收益曲线 $R(Q)$ 在点 100 处的斜率，边际成本是总成本曲线 $C(Q)$ 在 100 处的斜率. 观察图象可知，点 A 处的斜率小于点 B 处的斜率 $MC < MR$，即你的公司再增加一个连锁店，它所获得的附加收益比附加成本多，此时，你应当着手经营第 101 个连锁店.

随堂练习 独立思考并完成下列单选题.

1. 函数 $f(x)$ 在一点连续，则 $f(x)$ 在该点不一定成立的是（ ）.

A. 极限存在   B. 可导   C. 左连续   D. 右连续

2. 函数 $f(x)$ 在 $x = x_0$ 处连续，是 $f(x)$ 在 x_0 处可导的（ ）.

A. 充分条件   B. 必要条件

C. 充要条件   D. 既不充分也不必要条件

3. 函数 $f(x) = \begin{cases} x, & x \geqslant 0, \\ 3x^2, & x < 0 \end{cases}$ 在 $x = 0$ 处（   ）.

A. 连续但不可导   B. 连续且可导

C. 极限存在但不连续   D. 不连续也不可导

扫码查看参考答案

任务单 2.1

模块名称		模块二　微分学	
任务名称		任务 2.1　导数概述	
班级		姓名	得分

任务单 2.1　A 组(达标层)

1. 思考：函数 $f(x)$ 在某点 x_0 处的导数 $f'(x_0)$ 与导函数 $f'(x)$ 有什么区别与联系？

2. 已知极限 $\lim\limits_{x \to 0} \dfrac{f(1+3x)-f(1)}{x} = \dfrac{1}{3}$，求导数值 $f'(1)$.

3. 求曲线 $y = x^3$ 在点 $x = 1$ 处的切线方程.

任务单 2.1　B 组(提高层)

1. 设 $f'(x_0) = A$，求 $\lim\limits_{h \to 0} \dfrac{f(x_0)-f(x_0-2h)}{h}$.

2. 求曲线 $y = \ln x$ 在点 $x = e$ 处的切线方程.

3. 设函数 $f(x) = \begin{cases} x^k \sin \dfrac{1}{x}, & x \neq 0, \\ 0, & x = 0, \end{cases}$ 问 k 满足什么条件，$f(x)$ 在 $x = 0$ 处：(1)连续；(2)可导；(3)导数

　连续.

任务单 2.1　C 组(培优层)

实践调查：搜集导数的生活实例或专业案例(另附 A4 纸小组合作完成).

思政天地

小组合作挖掘与导数相关的课程思政元素(要求：内容不限，可以是名人名言、故事等).

完成日期	

任务 2.2 导数的基本运算

【**学习目标**】

1. 说出四则运算求导法则、导数基本公式与复合函数求导法则及其关键点.
2. 正确计算初等函数的导数.
3. 具备用概念做事的素养,注重规则.

【**任务提出**】

根据导数定义,可以求出一些简单函数的导数.但对于比较复杂的函数,直接根据定义来求它们的导数往往很困难,请你想想如何计算复杂函数的导数?

问题 1:计算下列函数的导数.

$(1) y = e^{\cos \frac{1}{x}}$; $(2) y = x^2 \sin \frac{1}{x}$; $(3) y = \ln \cos e^x$; $(4) y = \ln(x + \sqrt{x^2 + 1})$.

问题 2:某销售汽车公司的大数据资料显示,在 2015—2021 年间的销售量(单位:万辆)情况由函数 $f(t) = 30.5 \sqrt{1 + 2.056t} \, (0 \leqslant t \leqslant 6)$ 给出,其中 $t = 0$ 对应 2015 年,问该公司在 2020 年汽车的销售量的变化率是多少?

【**知识准备**】

2.2.1 四则运算求导法则与导数基本公式

1. 四则运算求导法则

课堂思考 如何计算下列函数的导数?

$(1) f(x) = x^3 + x \sin x - 1$; $(2) y = \dfrac{1 + x}{1 - x}$.

特点:上述导数是函数和、差、积、商的四则运算求导,用下面法则解决更简单.

定理 1(导数的四则运算法则) 若函数 $u = u(x)$,$v = v(x)$ 都是 x 的可导函数,则

(1) $u \pm v$ 也是 x 的可导函数,且 $(u \pm v)' = u' \pm v'$.

(2) $u \cdot v$ 也是 x 的可导函数,且 $(u \cdot v)' = u' \cdot v + u \cdot v'$.

(3) $\dfrac{u}{v}(v \neq 0)$ 也是 x 的可导函数,且 $\left(\dfrac{u}{v}\right)' = \dfrac{u' \cdot v - u \cdot v'}{v^2} (v \neq 0)$.

下面只证(1),其他的类似可得.

证明:设 $f(x) = u(x) + v(x)$,则

$$f'(x) = \lim_{\Delta x \to 0} \frac{f(x + \Delta x) - f(x)}{\Delta x} = \lim_{\Delta x \to 0} \frac{[u(x + \Delta x) + v(x + \Delta x)] - [u(x) + v(x)]}{\Delta x}$$

$$= \lim_{\Delta x \to 0} \left[\frac{u(x + \Delta x) - u(x)}{\Delta x} + \frac{v(x + \Delta x) - v(x)}{\Delta x} \right] = u'(x) + v'(x).$$

这表明函数 $f(x)$ 在点 x 处也可导,且 $f'(x) = u'(x) + v'(x)$,简写成 $(u + v)' = u' + v'$,类似地,$(u - v)' = u' - v'$.

【**注**】若函数 $u_1 = u_1(x)$,$u_2 = u_2(x)$,$\cdots$,$u_n = u_n(x)$ 都是 x 的可导函数,则有

推论 1 $(u_1 \pm u_2 \pm \cdots \pm u_n)' = u'_1 \pm u'_2 \pm \cdots \pm u'_n$;

$(u_1 u_2 \cdot \cdots \cdot u_n)' = u'_1 u_2 \cdot \cdots \cdot u_n + u_1 u'_2 u_3 \cdot \cdots \cdot u_n + \cdots + u_1 u_2 \cdot \cdots \cdot u_{n-1} u'_n$.

推论 2 $[C \cdot u(x)]' = C \cdot u'(x)$; $\left(\dfrac{1}{v}\right)' = -\dfrac{1}{v^2}(v \neq 0)$.

前面课堂思考中的求导过程如下：

$(1) y' = (x^3 + x\sin x - 1)' = (x^3)' + (x\sin x)' - 1' = 3x^2 + x'\sin x + x(\sin x)' - 0 = 3x^2 + \sin x + x\cos x$;

$(2) y' = \left(\dfrac{1+x}{1-x}\right)' = \dfrac{(1+x)'(1-x) - (1+x)(1-x)'}{(1-x)^2} = \dfrac{(1-x) - (1+x)(-1)}{(1-x)^2} = \dfrac{2}{(1-x)^2}$.

例 1 求 $y = xe^x\ln x$ 的导数.

解：$y' = (xe^x\ln x)' = (x)'e^x\ln x + x(e^x)'\ln x + xe^x(\ln x)'$

$\qquad = e^x\ln x + xe^x\ln x + xe^x \dfrac{1}{x} = e^x\ln x + xe^x\ln x + e^x$

$\qquad = e^x(\ln x + x\ln x + 1)$.

定理 2（反函数求导法则） 设 $x = \varphi(y)$ 为直接函数，$y = f(x)$ 是它的反函数，若 $x = \varphi(y)$ 在区间 I 内严格单调、可导且 $\varphi'(y) \neq 0$，则其反函数 $y = f(x)$ 在对应区间内可导，且有 $\dfrac{dy}{dx} = \dfrac{1}{\dfrac{dx}{dy}}$，或 $f'(x) = \dfrac{1}{\varphi'(y)}$.

即反函数的导数等于直接函数导数的倒数.

例 2 计算下列基本初等函数的导数.

$(1) y = \tan x$；$(2) y = \sec x$；$(3) y = \arcsin x$；$(4) y = \arctan x$.

解：$(1) y' = (\tan x)' = \left(\dfrac{\sin x}{\cos x}\right)' = \dfrac{(\sin x)'\cos x - \sin x(\cos x)'}{\cos^2 x} = \dfrac{\cos^2 x + \sin^2 x}{\cos^2 x}$

$\qquad = \dfrac{1}{\cos^2 x} = \sec^2 x$.

即 $(\tan x)' = \sec^2 x$；同理得 $y = \cot x$ 的导数为 $(\cot x)' = -\csc^2 x$.

$(2) y' = (\sec x)' = \left(\dfrac{1}{\cos x}\right)' = -\dfrac{(\cos x)'}{\cos^2 x} = \dfrac{\sin x}{\cos^2 x} = \sec x\tan x$.

即 $(\sec x)' = \sec x\tan x$；同理得 $y = \csc x$ 的导数为 $(\csc x)' = -\csc x\cot x$.

(3) 反正弦函数 $y = \arcsin x$ 的反函数为正弦函数 $x = \sin y\left(-\dfrac{\pi}{2} \leqslant y \leqslant \dfrac{\pi}{2}\right)$，由定理 2 得

$(\arcsin x)' = \dfrac{1}{\dfrac{d}{dy}\sin y} = \dfrac{1}{\cos y} = \dfrac{1}{\sqrt{1 - \sin^2 y}} = \dfrac{1}{\sqrt{1 - x^2}}$.

即 $(\arcsin x)' = \dfrac{1}{\sqrt{1 - x^2}}$；同理得 $y = \arccos x$ 的导数为 $(\arccos x)' = -\dfrac{1}{\sqrt{1 - x^2}}$.

(4) 反正切函数 $y = \arctan x$ 的反函数为正切函数 $x = \tan y\left(-\dfrac{\pi}{2} < y < \dfrac{\pi}{2}\right)$，由定理 2 得

$$(\arctan x)' = \dfrac{1}{\dfrac{\mathrm{d}}{\mathrm{d}y}\tan y} = \dfrac{1}{\sec^2 y} = \dfrac{1}{1+\tan^2 y} = \dfrac{1}{1+x^2}.$$

即 $(\arctan x)' = \dfrac{1}{1+x^2}$；同理得 $y = \operatorname{arccot}x$ 的导数为 $(\operatorname{arccot}x)' = -\dfrac{1}{1+x^2}$.

2. 导数基本公式

为便于计算初等函数的导数，必须熟记下面的导数基本公式：

1. $(C)' = 0$（C 为常数）.

2. $(x^{\alpha})' = \alpha x^{\alpha-1}$（$\alpha$ 为任意实数）.

3. $(a^x)' = a^x \ln a$（$a>0$，$a\neq1$）；$(e^x)' = e^x$.

4. $(\log_a x)' = \dfrac{1}{x\ln a}$（$a>0$，$a\neq1$）；$(\ln x)' = \dfrac{1}{x}$.

5. $(\sin x)' = \cos x$；$(\cos x)' = -\sin x$；$(\tan x)' = \sec^2 x$；$(\cot x)' = -\csc^2 x$；$(\sec x)' = \sec x\tan x$；$(\csc x)' = -\csc x\cot x$.

6. $(\arcsin x)' = \dfrac{1}{\sqrt{1-x^2}}$；$(\arccos x)' = -\dfrac{1}{\sqrt{1-x^2}}$；$(\arctan x)' = \dfrac{1}{1+x^2}$；$(\operatorname{arccot}x)' = -\dfrac{1}{1+x^2}$.

随堂练习 独立思考并完成下列单选题.

1. 设 $y = 2x^3 + 3e^x - \sin1$，则 $y' = ($ $)$.

A. $6x^2 + 3e^x + \sin1$ B. $6x^2 + 3e^x + \cos1$ C. $6x^2 + 3e^x$ D. $6x^2 + 3xe^{x-1}$

2. 设 $y = xe^x$，则 $y' = ($ $)$.

A. $xe^x + e^x$ B. $xe^x - e^x$ C. $2e^x$ D. $2xe^x$

3. 设 $y = \dfrac{\tan x}{x}$，则 $y' = ($ $)$.

A. $\dfrac{x\sec^2 x + \tan x}{x^2}$ B. $\dfrac{x\csc^2 x - \tan x}{x^2}$

C. $\dfrac{x\sec^2 x - \tan x}{x^2}$ D. $\dfrac{-x\csc^2 x + \tan x}{x^2}$

扫码查看参考答案

2.2.2　复合函数的求导法则

课堂思考 如何求出复合函数 $y = (2x-2)^{20}$ 的导数？

分析：函数 $y = (2x-2)^{20}$ 可看成由 $y = u^{20}$，$u = 2x-2$ 复合而成，而 $y_u' = 20u^{19}$，$u_x' = (2x-2)' = 2$，于是复合函数 $y = (2x-2)^{20}$ 的导数就是 $20u^{19}$ 与 2 的乘积.

即

$$y_u' = (u^{20})' \cdot (2x-2)' = 20u^{19} \cdot 2 = 40u^{19} = 40(2x-2)^{19}.$$

因此，复合函数 $y = f[g(x)]$ 求导的关键在于理清复合函数结构，由外向内逐层求导.

规定：函数 $y = f[\varphi(x)]$ 对中间变量 u 的导数记为 y'_u 或 $f_u'(u)$，而函数 y 与中间变量 u 对自变量 x 的导数记为 y' 与 u'_x.

定理3（复合函数求导法则） 若函数 $u = \varphi(x)$ 在点 x 处可导，函数 $y = f(u)$ 在对应点 u

处可导，则复合函数 $y=f[\varphi(x)]$ 在点 x 处可导，且

$$y'=f'(u)\cdot\varphi'(x) \text{ 或 } y'=y'_u\cdot u'_x \text{ 或 } \frac{dy}{dx}=\frac{dy}{du}\cdot\frac{du}{dx}.$$

【注】复合函数求导口诀：一分、二导、三连乘．即复合函数的导数等于复合函数对中间变量的导数乘以中间变量对自变量的导数．

应用复合函数求导数法则，可得到推广的导数基本公式：

1. $C'=0$（C 为常数）．

2. $(u^{\alpha})'=\alpha u^{\alpha-1}$（$\alpha$ 为常数）．

3. $(a^u)'=a^u\ln a\cdot u'$ （$a>0$，$a\neq1$）；$(e^u)'=e^u u'$．

4. $(\log_a u)'=\dfrac{1}{u\ln a}u'$ （$a>0$，$a\neq1$）；$(\ln u)'=\dfrac{1}{u}u'$．

5. $(\sin u)'=\cos u\cdot u'$；$(\cos u)'=-\sin u\cdot u'$；$(\tan u)'=\sec^2 u\cdot u'$；$(\cot u)'=-\csc^2 u\cdot u'$．

6. $(\arcsin u)'=\dfrac{1}{\sqrt{1-u^2}}u'$；$(\arccos u)'=-\dfrac{1}{\sqrt{1-u^2}}u'$；$(\arctan u)'=\dfrac{1}{1+u^2}u'$；$(\text{arccot}\,u)'=$

$-\dfrac{1}{1+u^2}u'$．

复合函数的求导法则可推广到有限多个中间变量的情形．如：若函数 $y=y(u)$，$u=u(v)$，$v=v(x)$ 在各对应点处的导数存在时，有

$$\frac{dy}{dx}=\frac{dy}{du}\cdot\frac{du}{dv}\cdot\frac{dv}{dx}, \text{ 或 } y'=y'_u\cdot u'_v\cdot v'_x, \text{ 或 } y'=y'(u)\cdot u'(v)\cdot v'(x).$$

例3 求下列复合函数的导数．

$(1)y=\sqrt{x^2+3x+2}$；$(2)y=e^{x^3}$，求 $\dfrac{dy}{dx}$．

解：(1) 函数 $y=\sqrt{x^2+3x+2}$ 可看作由 $y=\sqrt{u}$，$u=x^2+3x+2$ 复合而成，

由 $y'_u=(\sqrt{u})'=\dfrac{1}{2\sqrt{u}}$，$u'_x=(x^2+3x+2)'=2x+3$，

于是，$y'=y'_u\cdot u'_x=\dfrac{1}{2\sqrt{u}}(2x+3)=\dfrac{2x+3}{2\sqrt{x^2+3x+2}}$．

$(2)y=e^{x^3}$ 可看作由 $y=e^u$，$u=x^3$ 复合而成，由 $y'_u=e^u$，$u'=3x^2$，于是

$$\frac{dy}{dx}=\frac{dy}{du}\cdot\frac{du}{dx}=e^u\cdot 3x^2=3x^2 e^{x^3}.$$

【注】对复合函数的分解比较熟练后，可以先只在心中引进中间变量 u 而不必写出来，然后在心中计算函数 $f(u)$ 对中间变量 u 的导数并将这个导数表示为 x 的函数，直接写出运算结果，如例3中，$(1)y'=\dfrac{1}{2\sqrt{x^2+3x+2}}(x^2+3x+2)'=\dfrac{2x+3}{2\sqrt{x^2+3x+2}}$；

$(2)\dfrac{dy}{dx}=e^{x^3}(x^3)'=e^{x^3}\cdot 3x^2=3x^2 e^{x^3}$．在以下的例子中我们都采用这种写法．

例4 求下列函数的导数．

$(1)y=\ln\cos x$；$(2)y=\sin x^3$；$(3)y=\sin^3 x$．

解：$(1)y'=\dfrac{1}{\cos x}(\cos x)'=\dfrac{-\sin x}{\cos x}=-\tan x$；

(2)$y'=\cos x^3(x^3)'=3x^2\sin x^3$；

(3)$y'=3\sin^2 x(\sin x)'=3\sin^2 x\cos x$.

随堂练习 独立思考并完成下列单选题.

1. 设 $y=x^e+e^x+\ln x+e^e$，则 $y'=($).

A. $ex^{e-1}+e^x+\dfrac{1}{x}+e^e$

B. $ex^{e-1}+e^x+\dfrac{1}{x}$

C. $x^e+xe^{x-1}+\dfrac{1}{x}+e^e$

D. $x^e+xe^{x-1}+\dfrac{1}{x}$

2. 设函数 $y=e^{f(x)}$，则 $y'=($).

A. $e^{f(x)}$ B. $e^{f(x)}f'(x)$ C. $e^{f(x)}f(x)$ D. $e^{f'(x)}$

3. 设函数 $f(x)=\ln\sqrt{1+x^2}$，则 $f'(0)=($).

A. 3 B. 2

C. 1 D. 0

扫码查看参考答案

【任务解决】

问题1 解：（1）$y'=e^{\cos\frac{1}{x}}\left(\cos\dfrac{1}{x}\right)'=e^{\cos\frac{1}{x}}\left(-\sin\dfrac{1}{x}\right)\left(\dfrac{1}{x}\right)'=\dfrac{1}{x^2}\sin\dfrac{1}{x}$；

（2）$y'=(x^2)'\sin\dfrac{1}{x}+x^2\left(\sin\dfrac{1}{x}\right)'=2x\sin\dfrac{1}{x}+x^2\cos\dfrac{1}{x}\cdot\left(\dfrac{1}{x}\right)'=2x\sin\dfrac{1}{x}-\cos\dfrac{1}{x}$；

（3）$y'=\dfrac{1}{\cos e^x}(\cos e^x)'=\dfrac{-\sin e^x}{\cos e^x}(e^x)'=-e^x\tan e^x$；

（4）$y'=\dfrac{1}{x+\sqrt{x^2+1}}(x+\sqrt{x^2+1})'=\dfrac{1}{x+\sqrt{x^2+1}}\left[1+\dfrac{1}{2\sqrt{x^2+1}}(x^2+1)'\right]$

$\qquad=\dfrac{1}{x+\sqrt{x^2+1}}\left(1+\dfrac{x}{\sqrt{x^2+1}}\right)=\dfrac{1}{x+\sqrt{x^2+1}}\cdot\dfrac{x+\sqrt{x^2+1}}{\sqrt{x^2+1}}$

$\qquad=\dfrac{1}{\sqrt{x^2+1}}$.

问题2 解：$y'=30.5\cdot\dfrac{1}{2\sqrt{1+2.056t}}\cdot(1+2.056t)'=31.4\cdot\dfrac{1}{\sqrt{1+2.056t}}$，

$y'|_{t=5}=31.4\cdot\dfrac{1}{\sqrt{1+2.056\times5}}=9.3$，即2020年汽车销售的变化率约为9.3万辆/年，

即在2015年，若自变量年份增加一年，汽车销售量约增加9.3万辆.

任务单 2.2

模块名称	模块二　微分学		
任务名称	任务 2.2　导数的基本运算		
班级		姓名		得分	

任务单 2.2　A 组（达标层）

1. 计算函数 $f(x) = 3x^2 + \dfrac{1}{x} - 8$ 的导数.

2. 计算函数 $y = \dfrac{1}{1 + \cos x}$ 的导数.

3. 计算函数 $y = \mathrm{e}^{\tan \frac{1}{x}}$ 的导数.

4. 计算函数 $y = \mathrm{e}^x(\sin 3x - 3\cos 3x)$ 的导数.

任务单 2.2　B 组（提高层）

1. 已知 $y = \mathrm{e}^x - \dfrac{\cos x}{x}$，求 $y'(x)$.

2. 求函数 $y = x\mathrm{e}^{\sin x}$ 的导数.

3. 求函数 $y = \arctan \sqrt{x}$ 的导数.

模块名称	模块二　微分学
任务单 2.2　C 组(培优层)	
实践调查：寻找导数运算的案例并进行分析(另附 A4 纸小组合作完成).	
思政天地	
小组合作挖掘与导数运算相关的课程思政元素(要求：内容不限，可以是名人名言、故事等).	
完成日期	

任务 2.3　导数的特殊运算

[学习目标]

1. 掌握隐函数和参数式函数的求导方法，会用对数求导法求导数.

2. 培养学生脚踏实地的做事态度，具备做事的素养，注重规则.

[任务提出]

某工程公司采用机械和人力联合作业的形式在各个工地进行施工. 经长期统计分析知，每周完成的工程量 W 与投入施工的机械台数 x 和工人人数 y 之间的关系为 $W = 8x^2 y^{\frac{3}{2}}$.

在某段时间内，A 工地一直是 9 台机械和 16 名工人在施工. 如果这个时候需要从 A 工地抽调一台机械支援 B 工地，则应补充多少名工人，才能使 A 工地的工程进度不受影响呢？

[知识准备]

2.3.1　两种特殊函数的导数

1. 隐函数的导数

课堂思考　何谓隐函数？

形如 $y = f(x)$ 的函数称为显函数. 例如，$y = 2x$，$y = \ln(\sin x)$ 都是显函数. 而一个关于 x，y 的方程 $F(x, y) = 0$，若对于每一个 x 值，有由 $F(x, y) = 0$ 确定的唯一的 y 值与之对应，因此也可以确定 y 是 x 的函数. 这种函数关系隐藏在方程 $F(x, y) = 0$ 之中，所以把方程 $F(x, y) = 0$ 所确定的函数叫作隐函数. 例如，方程 $e^y + xy - e = 0$，$y = x\ln y$ 等.

【注】若从方程 $F(x, y) = 0$ 中解出 y，这是隐函数的显化，例如，由 $2x - y + 3 = 0$ 可以解出 $y = 2x + 3$. 但多数隐函数是不可能显化的. 例如，方程 $e^y + xy - e = 0$.

课堂思考　隐函数不易显化或不能显化，那如何求导？

在实际问题中，有时需要计算隐函数的导数，因此，我们希望有一种方法，不管能不能从隐函数 $F(x, y) = 0$ 中解出 y，都能由方程直接计算出它所确定的隐函数的导数. 一般思路是将方程 $F(x, y) = 0$ 两边同时对自变量 x 求导.

例 1　方程式 $e^y + xy - e = 0$ 确定变量 y 为 x 的函数，求导数 y'.

分析　注意到方程的左边第一项 e^y 是 y 的函数，而 y 又是 x 的函数，故应利用复合函数的求导法则计算 e^y 对 x 的导数；第二项是乘积 xy，这里 y 仍是 x 的函数，所以应按乘积的求导法则计算 xy 对 x 的导数.

解：将方程两边同时对自变量 x 求导，得

$(e^y + xy - e)' = 0'$，即 $e^y y' + y + xy' = 0$，故 y 对 x 的导数为 $y' = -\dfrac{y}{x + e^y}$.

上述结果中出现了函数 y，这是允许的，它是由方程 $e^y + xy - e = 0$ 所确定的隐函数.

例 2　方程式 $y = x\ln y$ 确定变量 y 为 x 的函数，求导数 y'.

解：方程式 $y = x\ln y$ 等号两端对 x 求导数，注意到 $\ln y$ 是 x 的复合函数，于是有

$y' = \ln y + x \cdot \dfrac{1}{y} \cdot y'$，即 $y' - \dfrac{x}{y} y' = \ln y$，得到 $\left(1 - \dfrac{x}{y}\right) y' = \ln y$，

故 $y' = \dfrac{\ln y}{1 - \dfrac{x}{y}} = \dfrac{y\ln y}{y - x}.$

例3 方程 $\arctan\dfrac{y}{x} = \dfrac{1}{2}\ln(x^2 + y^2)$ 确定变量 y 为 x 的函数，求导数 y'.

解: 方程 $\arctan\dfrac{y}{x} = \dfrac{1}{2}\ln(x^2 + y^2)$ 两边分别对 x 求导有

$$\dfrac{1}{1 + \left(\dfrac{y}{x}\right)^2} \cdot \dfrac{y'x - y}{x^2} = \dfrac{1}{2}\dfrac{1}{(x^2 + y^2)}(2x + 2yy'),\ \ 即\dfrac{xy' - y}{x^2 + y^2} = \dfrac{x + yy'}{x^2 + y^2},$$

化简为 $(x - y)y' = x + y$，故 $y' = \dfrac{x + y}{x - y}.$

2. 对数求导法

在某种场合下，利用函数(或方程)两边求对数的方法求导要比用通常的方法简便些．这种方法是先对函数(或方程)两边同时取对数，然后再求出 y 的导数.

例4 求 $y = x^{\sin x}\ (x > 0)$ 的导数.

解: 对函数式两边取对数，得 $\ln y = \sin x \cdot \ln x$，

上式两边对 x 求导数，得 $\dfrac{1}{y}y' = \cos x\ln x + \sin x \cdot \dfrac{1}{x}$，

故 $y' = y\left(\cos x\ln x + \dfrac{\sin x}{x}\right) = x^{\sin x}\left(\cos x\ln x + \dfrac{\sin x}{x}\right).$

例5 求 $y = \sqrt{\dfrac{(x-1)(x-2)}{(x-3)(x-4)}}$ 的导数.

解: 对函数式两边取对数，得 $\ln y = \dfrac{1}{2}\left[\ln(x-1) + \ln(x-2) - \ln(x-3) - \ln(x-4)\right]$，

上式两边对 x 求导数，得 $\dfrac{1}{y}y' = \dfrac{1}{2}\left(\dfrac{1}{x-1} + \dfrac{1}{x-2} - \dfrac{1}{x-3} - \dfrac{1}{x-4}\right)$，

于是 $y' = \dfrac{y}{2}\left(\dfrac{1}{x-1} + \dfrac{1}{x-2} - \dfrac{1}{x-3} - \dfrac{1}{x-4}\right).$

3. 参数方程所确定的函数求导 *

课堂思考 何谓"由参数方程所确定的函数"？

一般地，若由参数方程 $\begin{cases} x = g(t), \\ y = h(t) \end{cases}$ 确定了 y 与 x 之间的函数关系，则称此方程所表示的函数为由参数方程所确定的函数．其求导方法是不必消去参数，可利用参数方程直接求得.

定理1(由参数方程所确定函数的求导法则) 若参数方程 $x = g(t)$，$y = h(t)$ 都可导，$g(t) \neq 0$ 且 $x = g(t)$ 具有单调连续的反函数 $t = g^{-1}(x)$，则参数方程所确定的函数可以看成是由 $y = h(t)$ 与 $t = g^{-1}(x)$ 复合而成的，则有

$$\dfrac{\mathrm{d}y}{\mathrm{d}x} = \dfrac{\mathrm{d}y}{\mathrm{d}t} \cdot \dfrac{\mathrm{d}t}{\mathrm{d}x} = \dfrac{\mathrm{d}y}{\mathrm{d}t} \cdot \dfrac{1}{\dfrac{\mathrm{d}x}{\mathrm{d}t}} = h'(t)\dfrac{1}{g'(t)} = \dfrac{h'(t)}{g'(t)},$$

即
$$\frac{\mathrm{d}y}{\mathrm{d}x}=\frac{h'(t)}{g'(t)} 或 \frac{\mathrm{d}y}{\mathrm{d}x}=\frac{\dfrac{\mathrm{d}y}{\mathrm{d}t}}{\dfrac{\mathrm{d}x}{\mathrm{d}t}}.$$

例 6　求参数方程 $\begin{cases} x=t^2-3, \\ y=2t-t^3 \end{cases}$ 在 $t=1$ 处的切线方程.

解：曲线上对应 $t=1$ 的点为 $(-2,1)$，则曲线在 $t=1$ 处的切线斜率为

$$k=\frac{\mathrm{d}y}{\mathrm{d}x}\Big|_{t=1}=\frac{\dfrac{\mathrm{d}y}{\mathrm{d}t}}{\dfrac{\mathrm{d}x}{\mathrm{d}t}}\Big|_{t=1}=\frac{2-3t^2}{2t}=-\frac{1}{2},$$

故所求的切线方程为 $y-1=-\dfrac{1}{2}(x+2)$，即 $x+2y=0$.

随堂练习　独立思考并完成下列单选题.

1. 方程 $\mathrm{e}^y-\mathrm{e}^x+xy=0$ 确定 y 是 x 的函数，则 $\dfrac{\mathrm{d}y}{\mathrm{d}x}=(\quad)$.

A. $\dfrac{\mathrm{e}^x-y}{\mathrm{e}^y+x}$
　　　B. $\dfrac{-\mathrm{e}^x-y}{\mathrm{e}^y+x}$
　　　C. $\dfrac{\mathrm{e}^x-y}{x}$
　　　D. $\dfrac{\mathrm{e}^x-\mathrm{e}^y-y}{x}$

2. 方程 $y^2\cos x+\mathrm{e}^y=0$ 确定 y 是 x 的函数，则 $\dfrac{\mathrm{d}y}{\mathrm{d}x}=(\quad)$.

A. $\dfrac{y^2\sin x-2y\cos x}{\mathrm{e}^y}$
　　　　　　B. $\dfrac{y^2\sin x-\mathrm{e}^y}{2y\cos x}$

C. $\dfrac{y^2\sin x}{\mathrm{e}^y+2y\cos x}$
　　　　　　D. $\dfrac{y^2\sin x}{\mathrm{e}^y-2y\cos x}$

3. 函数 $f(x)=(x-1)^x(x>1)$ 的导数为$(\quad)$.

A. $(x-1)^x\left[n(x-1)-\dfrac{x}{x-1}\right]$
　　　B. $\ln(x-1)+\dfrac{x}{x-1}$

C. $(x-1)^x\left[n(x-1)+\dfrac{x}{x-1}\right]$
　　　D. $\ln(x-1)-\dfrac{x}{x-1}$

4. 设 $y=x^{\sin x}(x>1)$，则 $f'(\pi)=(\quad)$.

A. $-\ln\pi$
　　　　　　　　　B. $\ln\pi$

C. $\pi\ln\pi$
　　　　　　　　　D. $-\pi\ln\pi$

扫码查看参考答案

2.3.2　高阶导数

课堂思考　函数 $y=x^4-2x^3+3$ 的导数可导吗？

分析：先计算 $y=x^4-2x^3+3$ 的导数 $y'=(x^4-2x^3+3)'=4x^3-6x^2$，

观察得到，导数 $y'=4x^3-6x^2$ 可导且其导数 $(y')'=(4x^3-6x^2)'=12x^2-12x=12x(x-1)$，称为 $y=x^4-2x^3+3$ 的二阶导数，记作 y''.

在物理学中，变速直线运动的速度 $v(t)$ 是位移 $s(t)$ 对时间 t 的变化率，即速度 v 是位移 $s(t)$ 对时间 t 的导数：$v=v(t)=s'(t)$，而加速度 $a=a(t)$ 又是速度函数 $v(t)$ 对时间 t 的变化率，即加速度 a 是速度 $v(t)$ 对时间 t 的导数：$a=[s'(t)]'=s''(t)$. 实际上，加速度就是位

移 $s(t)$ 关于时间 t 的二阶导数.

一般地，函数 $y=f(x)$ 的导数 $f'(x)$ 仍是 x 的函数. 若导数 $f'(x)$ 还可以对 x 求导，则导数 $f'(x)$ 的导数称为函数 $f(x)$ 的二阶导数，记作：$f''(x)$，或 y''，或 $\dfrac{\mathrm{d}^2 y}{\mathrm{d}x^2}$.

相应地，把 $y=f(x)$ 的导数 $f'(x)$ 称为 $f(x)$ 的一阶导数. 若二阶导数 $f''(x)$ 再求一次导得到函数 $f(x)$ 的三阶导数，记作：$f'''(x)$，或 y'''，或 $\dfrac{\mathrm{d}^3 y}{\mathrm{d}x^3}$.

类似地，函数 $y=f(x)$ 的 $n-1$ 阶导数再对自变量 x 求导数，所得导数叫作函数 $y=f(x)$ 的 n 阶导数，记作：$f^{(n)}(x)=[f^{(n-1)}(x)]'$ 或 $y^{(n)}$，或 $\dfrac{\mathrm{d}^n y}{\mathrm{d}x^n}$ $(n=2,3,\cdots)$.

【注】 二阶和二阶以上的导数统称为高阶导数. 其解法为只需反复应用导数基本运算法则、导数基本公式及复合函数导数运算法则等逐次求导，直到所求的阶数即可.

例 7 求 $y=\ln(1+x^2)$ 的二阶导数.

解： $y'=\dfrac{1}{1+x^2}(1+x^2)'=\dfrac{2x}{1+x^2}$,

$y''=\dfrac{2(1+x^2)-2x\cdot 2x}{(1+x^2)^2}=\dfrac{2(1-x^2)}{(1+x^2)^2}$.

随堂练习 独立思考并完成下列单选题.

1. 已知 $y=x\ln x$，则 $y''=($).

A. $\ln x$ B. $\dfrac{1}{x^2}$ C. $\dfrac{1}{x}$ D. $\dfrac{1}{\ln x}$

2. 已知 $y=\sin x$，则 $y^{(10)}=($).

A. $\sin x$ B. $\cos x$ C. $-\sin x$ D. $-\cos x$

3. 已知 $y=\mathrm{e}^x$，则 $y^{(n)}=($).

A. e^x B. e C. x^{e} D. n

4. 已知 $y=5\cos 2x-x^2$，则 $\dfrac{\mathrm{d}^2 y}{\mathrm{d}x^2}=($).

A. $20\cos 2x$ B. $-20\cos 2x$

C. $-20\cos 2x-2$ D. $20\cos 2x-2$

扫码查看参考答案

2.3.3 洛必达法则

课堂思考 前面我们已经介绍过利用极限的运算法则、函数的连续性和两个重要极限求极限的方法. 还有其他求极限的方法吗？

定理 2（洛必达法则） 若函数 $f(x)$ 和 $g(x)$ 满足条件：

(1) $\lim\limits_{x\to x_0}f(x)=0$ [或 $\lim\limits_{x\to x_0}f(x)=\infty$]，$\lim\limits_{x\to x_0}g(x)=0$ [或 $\lim\limits_{x\to x_0}g(x)=\infty$].

(2) $f(x)$，$g(x)$ 在 x_0 的左右两侧均可导，且 $g'(x)\neq 0$.

(3) $\lim\limits_{x\to x_0}\dfrac{f'(x)}{g'(x)}$ 存在（或为 ∞）.

则 $\lim\dfrac{f(x)}{g(x)}=\lim\dfrac{f'(x)}{g'(x)}$（或为 ∞）.

【注】定理中的 $x \to x_0$，若改为 $x \to \infty$，则定理仍然成立.

例 8 求下列极限.

$(1) \lim\limits_{x \to 5} \dfrac{\sqrt{x+4}-3}{\sqrt{x-1}-2}$；$(2) \lim\limits_{x \to \infty} \dfrac{x^2+3x-1}{2x^2-3}$；$(3) \lim\limits_{x \to 0} \dfrac{e^x - e^{-x} - 2x}{x - \sin x}$.

解： $(1) \lim\limits_{x \to 5} \dfrac{\sqrt{x+4}-3}{\sqrt{x-1}-2} = \lim\limits_{x \to 5} \dfrac{\dfrac{1}{2\sqrt{x+4}}}{\dfrac{1}{2\sqrt{x-1}}} = \lim\limits_{x \to 5} \dfrac{\sqrt{x-1}}{\sqrt{x+4}} = \dfrac{2}{3}$；

$(2) \lim\limits_{x \to \infty} \dfrac{x^2+3x-1}{2x^2-3} \overset{\left(\frac{\infty}{\infty}\right)}{=} \lim\limits_{x \to \infty} \dfrac{2x+3}{4x} \overset{\left(\frac{\infty}{\infty}\right)}{=} \lim\limits_{x \to \infty} \dfrac{2}{4} = \dfrac{1}{2}$；

$(3) \lim\limits_{x \to 0} \dfrac{e^x - e^{-x} - 2x}{x - \sin x} \overset{\left(\frac{0}{0}\right)}{=} \lim\limits_{x \to 0} \dfrac{e^x + e^{-x} - 2}{1 - \cos x} \overset{\left(\frac{0}{0}\right)}{=} \lim\limits_{x \to 0} \dfrac{e^x - e^{-x}}{\sin x} \overset{\left(\frac{0}{0}\right)}{=} \lim\limits_{x \to 0} \dfrac{e^x + e^{-x}}{\cos x} = 2$.

本例 (2)、(3) 中多次应用了洛必达法则，注意每次应用前要检查它是否仍为 $\dfrac{0}{0}$ 型或 $\dfrac{\infty}{\infty}$ 型.

【注】(1) 若 $\dfrac{f'(x)}{g'(x)}$ 在 $x \to x_0 (x \to \infty)$ 时仍为 $\dfrac{0}{0}$ 型（或 $\dfrac{\infty}{\infty}$ 型），则可以继续再用洛必达法则，即 $\lim \dfrac{f(x)}{g(x)} = \lim \dfrac{f'(x)}{g'(x)} = \lim \dfrac{f''(x)}{g''(x)}$.

(2) 洛必达法则是求未定式极限的一种有效方法，若与其他求极限方法结合使用，效果更好.

例 9 求 $\lim\limits_{x \to 0} \dfrac{\tan x - x}{x^2 \tan x}$.

解： $\lim\limits_{x \to 0} \dfrac{\tan x - x}{x^2 \tan x} = \lim\limits_{x \to 0} \dfrac{\tan x - x}{x^3} = \lim\limits_{x \to 0} \dfrac{\sec^2 x - 1}{3x^2} = \lim\limits_{x \to 0} \dfrac{2\sec^2 x \tan x}{6x} = \dfrac{1}{3} \lim\limits_{x \to 0} \dfrac{\tan x}{x} = \dfrac{1}{3}$.

【注】洛必达法则除了可以用来求 $\dfrac{0}{0}$ 型和 $\dfrac{\infty}{\infty}$ 型未定式的极限外，还可用来求 $0 \cdot \infty$ 型，$\infty - \infty$ 型，1^∞ 型，0^0 型，∞^0 型等未定式的极限. 这些未定式的极限可通过适当的恒等变形化为 $\dfrac{0}{0}$ 型和 $\dfrac{\infty}{\infty}$ 型未定式的极限，然后再使用洛必达法则计算.

例 10 求 $\lim\limits_{x \to 0^+} x \ln x$.

解： 所求极限是 $0 \cdot \infty$ 型未定式，先转化为 $\dfrac{\infty}{\infty}$ 型再计算.

$$\lim\limits_{x \to 0^+} x \ln x = \lim\limits_{x \to 0^+} \dfrac{\ln x}{\dfrac{1}{x}} \overset{\left(\frac{\infty}{\infty}\right)}{=} \lim\limits_{x \to 0^+} \dfrac{\dfrac{1}{x}}{-\dfrac{1}{x^2}} = \lim\limits_{x \to 0^+} (-x) = 0.$$

例 11 求 $\lim\limits_{x \to 0} \left(\dfrac{1}{x} - \dfrac{1}{e^x - 1} \right)$.

解：所求极限是 $\infty - \infty$ 型未定式，先转化为 $\dfrac{0}{0}$ 型再计算.

$$\lim_{x \to 0}\left(\frac{1}{x} - \frac{1}{e^x - 1}\right) = \lim_{x \to 0}\frac{e^x - 1 - x}{x(e^x - 1)} = \lim_{x \to 0}\frac{e^x - 1}{e^x - 1 + xe^x} = \lim_{x \to 0}\frac{e^x}{e^x + e^x + xe^x} = \frac{1}{2}.$$

【注】（1）每次使用洛必达法则均应检查是否为 $\dfrac{0}{0}$ 型和 $\dfrac{\infty}{\infty}$ 型，否则不能使用.

（2）洛必达法则失效时极限仍可能存在，需改用其他方法求该极限.

随堂练习 独立思考并完成下列单选题.

1. 下列极限能直接使用洛必达法则的是（　　　）.

A. $\displaystyle\lim_{x \to \infty}\frac{\sin x}{x}$　　　　B. $\displaystyle\lim_{x \to 0}\frac{\sin x}{x}$　　　　C. $\displaystyle\lim_{x \to \frac{\pi}{2}}\frac{\tan 5x}{\sin 3x}$　　　　D. $\displaystyle\lim_{x \to 0}\frac{x^2 \sin\frac{1}{x}}{\sin x}$

2. 若 $\displaystyle\lim_{x \to x_0}f(x) = \infty$，$\displaystyle\lim_{x \to x_0}g(x) = \infty$，则下列正确的是（　　　）.

A. $\displaystyle\lim_{x \to x_0}[f(x) + g(x)] = \infty$　　　　　　　B. $\displaystyle\lim_{x \to x_0}[f(x) - g(x)] = \infty$

C. $\displaystyle\lim_{x \to x_0}\frac{1}{f(x) + g(x)} = 0$　　　　　　　D. $\displaystyle\lim_{x \to x_0}k \cdot f(x) = \infty \ (k \neq 0)$

3. 求极限 $\displaystyle\lim_{x \to \infty}\frac{x - \sin x}{x + \sin x}$，下列解法（　　　）正确.

A. 用洛必达法则，原式 $= \displaystyle\lim_{x \to \infty}\frac{1 - \cos x}{1 + \cos x} = \lim_{x \to \infty}\frac{\sin x}{-\sin x} = -1$

B. 不用洛必达法则，极限不存在

C. 不用洛必达法则，原式 $= \displaystyle\lim_{x \to \infty}\frac{1 - \frac{\sin x}{x}}{1 + \frac{\sin x}{x}} = \frac{1 - 1}{1 + 1} = 0$

D. 不用洛必达法则，原式 $= \displaystyle\lim_{x \to \infty}\frac{1 - \frac{\sin x}{x}}{1 + \frac{\sin x}{x}} = \frac{1 - 0}{1 + 0} = 1$

扫码查看参考答案

【任务解决】

解：由题意，A 工地现在每周的工程量为 $W\big|_{y=16}^{x=9} = 8 \times 9^2 \times 16^{\frac{3}{2}} = 41\,472.$

故该问题转化为在工程量 $41\,472$ 保持不变的情况下，如何根据关系式 $8x^2 y^{\frac{3}{2}} = 41\,472$，

即 $x^2 y^{\frac{3}{2}} = 5\,184$，求出工人人数 y 相对于机械台数 x 的变化率. 两边同时求微分有

$\mathrm{d}x^2 y^{\frac{3}{2}} = \mathrm{d}(5\,184)$，得出 $2xy^{\frac{3}{2}}\mathrm{d}x + \dfrac{3}{2}x^2 y^{\frac{1}{2}}\mathrm{d}y = 0$，当 $x > 0$，$y > 0$ 时，有

$$\frac{\mathrm{d}y}{\mathrm{d}x} = -\frac{2xy^{\frac{3}{2}}}{\frac{3}{2}x^2 y^{\frac{1}{2}}} = -\frac{4y}{3x}, \quad 故\ \frac{\mathrm{d}y}{\mathrm{d}x}\bigg|_{y=16}^{x=9} = -\frac{64}{27} \approx -2.37 \approx -3.$$

【注】负号表示人数与机械台数变化的方向正好相反，即这时减少一台机械，大约需要增加 3 名工人才能使工程进度不受影响.

任务单 2.3

扫码查看参考答案

模块名称	模块二　微分学		
任务名称	任务 2.3　导数的特殊运算		
班级		姓名		得分	

任务单 2.3　A 组(达标层)

1. 求由方程 $x^2 y + 2y^3 = 3x + 2y$ 所确定的隐函数的导数 $\dfrac{\mathrm{d}y}{\mathrm{d}x}$.

2. 求函数 $y = x\ln x$ 的二阶导数.

3. 用洛必达法则计算下列极限.

$(1) \lim\limits_{x \to 2} \dfrac{x^2 - 5x + 6}{x^2 - 4}$; $(2) \lim\limits_{x \to +\infty} x\mathrm{e}^{-x}$; $(3) \lim\limits_{x \to 0} \left(\dfrac{1}{\sin x} - \dfrac{1}{x} \right)$.

4. 证明下列极限存在,但不能用洛必达法则计算.

$(1) \lim\limits_{x \to +\infty} \dfrac{x - \cos x}{x + \cos x}$; $(2) \lim\limits_{x \to 0} \dfrac{x^2 \sin \dfrac{1}{x}}{\sin x}$.

5. 验证:函数 $y = \mathrm{e}^x \sin x$ 满足关系式 $y'' - 2y' + 2y = 0$.

续表

模块名称	模块二　微分学

任务单 2.3　B 组（提高层）

1. 方程式 $xy = e^{x+y}$ 确定变量 y 为 x 的函数，求导数 y'.

2. 求函数 $y = \sin\ln x$ 的二阶导数.

3. 方程式 $y = \cos(x + y)$ 确定变量 y 为 x 的函数，求二阶导数 y''.

4. 水注入深 8 米，上顶直径 8 米的正圆锥形容器中，其速率为每分钟 4 立方米，当水深为 5 米时，其表面上升的速率为多少？

5. 求 $\lim\limits_{x \to +\infty} \dfrac{\ln\left(1 + \dfrac{1}{x}\right)}{\dfrac{\pi}{2} - \arctan x}$.

任务单 2.3　C 组（培优层）

实践调查：寻找导数运算的案例并进行分析（另附 A4 纸小组合作完成）.

思政天地

小组合作挖掘与导数运算相关的课程思政元素（要求：内容不限，可以是名人名言、故事等）.

完成日期	

任务2.4 函数的极值及其应用

【学习目标】

1. 掌握用导数判断函数单调性的方法，能够求出函数的极值.
2. 解决极值的实际应用问题，形成用数学知识真正解决问题的素养.

【任务提出】

设某商店以每件 10 元的进价购进一批衬衫，已知这种衬衫的需求函数为 $Q = 80 - 2P$（其中 Q 为需求量，单位为件，P 为销售价格，单位为元）. 问该商店应将售价定为多少元，才能获得最大利润？最大利润为多少？

【知识准备】

2.4.1 函数的单调性

如图 2-6 中，$y = f(x)$ 在区间 $[a, b]$ 上单调增加对应曲线上各点处切的斜率都是正的，即 $y' = f'(x) > 0$；$y = f(x)$ 在区间 $[a, b]$ 上单调减少对应曲线上各点处切的斜率都是负的，即 $y' = f'(x) < 0$. 由此可见，函数的单调性与函数导数的正负号有着密切的联系.

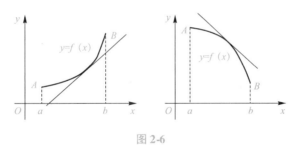

图 2-6

定理 1 设函数 $y = f(x)$ 在区间 $I = (a, b)$ 内可导，

(1) 若在 (a, b) 内 $f'(x) > 0$，则 $y = f(x)$ 在 (a, b) 上单调递增.

(2) 若在 (a, b) 内 $f'(x) < 0$，则 $y = f(x)$ 在 (a, b) 上单调递减.

(3) 若在 (a, b) 内 $f'(x) = 0$，则 $y = f(x)$ 在 (a, b) 内是常数，即 $f(x) = C$（C 为常数）.

【注】(1) 单调增加函数和单调减少函数统称为单调函数.

(2) 若 $f(x)$ 在区间 I 上是单调函数，则称 I 是该函数的单调区间.

观察图 2-7 可知，在点 x_0 的左侧函数曲线单调上升，在右侧函数曲线单调下降，点 x_0 正好是使函数曲线由单调递增转为单调递减的分界点，此处恰好有 $f'(x_0) = 0$，此时曲线上的点 $(x_0, f(x_0))$ 处的切线平行于 x 轴.

定义 1 使一阶导数为零 [即 $f'(x) = 0$] 的点称为函数 $f(x)$ 的驻点或稳定点.

在判断函数的单调性时，可以考虑先找到函数单调区间的分界点，则可使判断单调性更加方便.

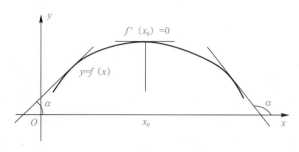

图 2-7

课堂讨论：结合图 2-8，想想函数的单调区间的分界点有什么特点？

显然，驻点可能是函数的单调区间的分界点，但驻点未必一定是单调区间的分界点，例如，函数 $y = x^3$ 有驻点 $x = 0$，但函数 $y = x^3$ 在 $(-\infty, +\infty)$ 内是单调递增的.

另外，函数 $y = |x|$ 在点 $x = 0$ 处导数不存在，但在点 $x = 0$ 左侧的函数曲线单调递减，在右侧的函数曲线单调递增，故导数不存在的点亦可能为单调区间的分界点.

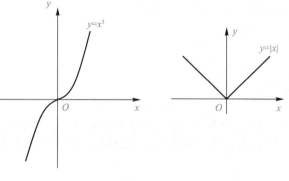

图 2-8

因此，函数 $f(x)$ 的单调区间的分界点可能是驻点 $[f'(x) = 0]$ 或不可导点 $[f'(x)$ 不存在$]$.

例 1 求函数 $f(x) = x^3 - 3x$ 的单调区间.

解：(1) 该函数的定义域为 $(-\infty, +\infty)$；

(2) $f'(x) = 3x^2 - 3 = 3(x + 1)(x - 1)$，令 $f'(x) = 0$，得 $x_1 = -1$，$x_2 = 1$，它们将定义域分为三个区间：$(-\infty, -1)$，$(-1, 1)$，$(1, +\infty)$；

(3) 当 $x \in (-\infty, -1)$ 时，$f'(x) > 0$；当 $x \in (-1, 1)$ 时，$f'(x) < 0$；当 $x \in (1, +\infty)$ 时，$f'(x) > 0$. 故 $(-\infty, -1)$，$(1, +\infty)$ 为函数 $f(x) = x^3 - 3x$ 的单调递增区间；$(-1, 1)$ 为函数 $f(x) = x^3 - 3x$ 的单调递减区间.

例 2 讨论函数 $f(x) = (x - 1)\sqrt[3]{x^2}$ 的单调性.

解：(1) 该函数的定义域为 $(-\infty, +\infty)$；

(2) $f'(x) = \dfrac{2}{3} \dfrac{1}{\sqrt[3]{x}}(x - 1) + \sqrt[3]{x^2} = \dfrac{5x - 2}{3\sqrt[3]{x^2}}$.

令 $f'(x) = 0$，得 $x = \dfrac{2}{5}$，此外，$x = 0$ 为 $f(x)$ 的不可导点，于是 $x = 0$，$x = \dfrac{2}{5}$ 分定义域为三个小区间：$(-\infty, 0)$，$\left(0, \dfrac{2}{5}\right)$，$\left(\dfrac{2}{5}, \infty\right)$.

(3) 当 $x \in (-\infty, 0)$ 和 $\left(\dfrac{2}{5}, \infty\right)$ 时，$f'(x) > 0$；当 $x \in \left(0, \dfrac{2}{5}\right)$ 时，$f'(x) < 0$. 所以

$f(x)$ 在 $(-\infty, 0)$ 和 $\left(\dfrac{2}{5}, \infty\right)$ 内单调递增，在 $\left(0, \dfrac{2}{5}\right)$ 内单调递减.

2.4.2 函数的极值

在上面例 1 中看到，点 $x = -1$ 与 $x = 1$ 是函数 $f(x) = x^3 - 3x$ 的单调区间的分界点. 像这样的点就是函数的极值点，所对应的函数值就是函数的极值.

定义 2 设函数 $f(x)$ 在点 x_0 及其附近有定义，对于点 x_0 左右很小范围内任意点 $x \neq x_0$，若恒有 $f(x_0) > f(x)$，则称 $f(x_0)$ 为函数的极大值，点 x_0 为函数的极大值点；若恒有 $f(x_0) < f(x)$，则称 $f(x_0)$ 为函数的极小值，点 x_0 为函数的极小值点. 若在 (a, b) 内 $f'(x) = 0$，则 $y = f(x)$ 在 (a, b) 内是常数，即 $f(x) = C$（C 为常数）（如图 2-9 所示）.

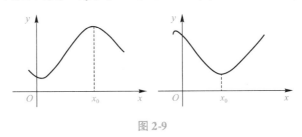

图 2-9

【注】（1）极大值与极小值统称为极值，极大值点与极小值点统称为极值点.

（2）极值点只能是给定区间内部的点，不能是给定区间的端点.

课堂讨论： 极值点有何特点？

如图 2-10 所示，$y = f(x)$ 有两个极大值点 x_1，x_3，其对应的极大值分别为 $f(x_1)$，$f(x_3)$；有两个极小值点 x_2，x_4，其对应的极小值分别为 $f(x_2)$，$f(x_4)$，而 x_5 不是极值点.

极小值可能大于极大值. 图 2-10 中，极小值 $f(x_4)$ 大于极大值 $f(x_1)$.

另外，函数 $y = f(x)$ 的极值点 x_1，x_2，x_4 都是 $y = f(x)$ 的驻点. 而极值点 x_3 是不可导点. 可见，函数的极值点在驻点或不可导点中产生. 因此，为了求函数的极值点，必须先求出函数的所有驻点和不可导点.

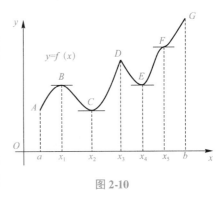

图 2-10

课堂讨论： 如何判断驻点与不可导点是极值点呢？

容易看出，在极值点的两侧，函数 $y = f(x)$ 的单调性有改变. 即在极值点的两侧，一阶导数 $f'(x)$ 的正负号不同（由正变负或由负变正），而 x_5 不是极值点，它的两侧，单调性没有改变，$f'(x)$ 的正负号相同.

综上，函数的极值在驻点或不可导点处取得，具体判断方法如下.

定理 2（极值的第一充分条件） 设 $f(x)$ 在点 x_0 及其左右近旁连续可导[导数 $f'(x_0)$ 也可以不存在]，当自变量 x 从 x_0 的左侧变化到右侧时，

（1）若一阶导数 $f'(x)$ 从正号（负号）变化到负号（正号），则 x_0 为函数 $f(x)$ 的极大值点（极小值点）.

(2)若一阶导数 $f'(x)$ 不变号，则 x_0 不为函数的极值点.

根据定理 2，不难得出求函数 $f(x)$ 的单调区间与极值的步骤.

(1)确定 $f(x)$ 的定义域 D.

(2)计算一阶导数 $f'(x)$ 且令 $f'(x)=0$，求出 $f(x)$ 的全部驻点和不可导点.

(3) $f(x)$ 的全部驻点和不可导点将定义域 D 分成若干个区间，列表判断在这几个区间内一阶导数 $f'(x)$ 的正负号.

(4)若在定义域 D 内，一阶导数 $f'(x)>0[f'(x)<0]$，则函数 $f(x)$ 的单调增加区间（单调减少区间）为定义域 D，此时函数无极值.

于是可确定 $f(x)$ 的单调区间与极值点，并计算极值点处的函数值，即为极值. 单调增加记为 ↗，单调减少记为 ↘.

例 3 求下列函数的单调区间与极值.

(1) $f(x)=x^3-6x^2+9x-3$；(2) $f(x)=x-\dfrac{3}{2}x^{\frac{2}{3}}$.

解：(1)定义域为 $D=(-\infty,+\infty)$，计算 $f'(x)=3x^2-12x+9=3(x-1)(x-3)$，

令 $f'(x)=0$，得驻点 $x_1=1$，$x_2=3$，无导数不存在的点. 列表讨论如表 2-1：

表 2-1

x	$(-\infty,1)$	1	$(1,3)$	3	$(3,+\infty)$
$f'(x)$	+	0	−	0	+
$f(x)$	↗	极大值 1	↘	极小值 −3	↗

因此，$f(x)=x^3-6x^2+9x-3$ 的单调递增区间为 $(-\infty,1)$，$(3,+\infty)$，单调递减区间为 $(1,3)$；极大值 $f(1)=1$，极小值 $f(3)=-3$.

(2)定义域为 $D=(-\infty,+\infty)$，计算 $f'(x)=1-x^{-\frac{1}{3}}=\dfrac{\sqrt[3]{x}-1}{\sqrt[3]{x}}$，

令 $f'(x)=0$，得驻点 $x=1$，在 $x=0$ 处不可导，故 $x=0$ 为不可导点. 列表讨论如表 2-2：

表 2-2

x	$(-\infty,0)$	0	$(0,1)$	1	$(1,+\infty)$
$f'(x)$	+	不存在	−	0	+
$f(x)$	↗	极大值 0	↘	极小值 $-\dfrac{1}{2}$	↗

故 $f(x)=x-\dfrac{3}{2}x^{\frac{2}{3}}$ 的单调递增区间为 $(-\infty,0)$，$(1,+\infty)$，单调递减区间为 $(0,1)$；

极大值 $f(0)=0$，极小值 $f(1)=-\dfrac{1}{2}$.

定理 3（极值的第二充分条件） 设函数 $f(x)$ 在点 x_0 处具有二阶导数，且 $f'(x_0)=0$（即 x_0 为驻点），$f''(x_0)\neq0$，

(1)若 $f''(x_0)<0$，则驻点 x_0 为函数 $f(x)$ 的极大值点.

(2)若 $f''(x_0)>0$，则驻点 x_0 为函数 $f(x)$ 的极小值点.

定理 3 表明，若函数在驻点处的二阶导数 $f''(x_0)\neq0$，那么该驻点 x_0 一定是极值点，

并且可以按二阶导数 $f''(x_0)$ 的符号来判定 $f(x_0)$ 是极大值还是极小值. 但当 $f''(x_0) = 0$ 时,定理 3 失效, 可改用定理 2 判断.

例 4　求函数 $f(x) = 2x^2 - x^4$ 的极值.

解: 函数的定义域为 $(-\infty, +\infty)$, 由 $f'(x) = 4x - 4x^3 = 4x(1-x)(1+x)$, 令 $f'(x) = 0$, 得驻点 $x_1 = -1$, $x_2 = 0$, $x_3 = 1$.

又 $f''(x) = 4 - 12x^2$, 于是 $f''(-1) = f''(1) = -8 < 0$, $f''(0) = 4 > 0$,

故函数 $f(x) = 2x^2 - x^4$ 在 $x_1 = -1$ 和 $x_3 = 1$ 处有极大值 $f(-1) = f(1) = 1$, 在 $x_2 = 0$ 处有极小值 $f(0) = 0$.

2.4.3　利润最大化原则

设某产品的成本函数为 $C(q)$, 收益函数为 $R(q)$, 则利润函数为 $L(q) = R(q) - C(q)$. 若 $L(q)$ 可导, 则在其极值点处应有 $L'(q) = R'(q) - C'(q) = 0$, 即 $R'(q) = C'(q)$ 为使 $L(q)$ 取得极大值, 还应满足 $L''(q) = R''(q) - C''(q) < 0$, 即 $R''(q) < C''(q)$. 我们将 $\begin{cases} R'(q) = C'(q), \\ R''(q) < C''(q) \end{cases}$ 称为利润最大化原则.

【任务解决】

解: 设总利润为 L, 总收益为 R, 总成本为 C, 则利润为 $L = R - C$.

由题意, 总收益为 $R(P) = PQ = P(80 - 2P) = 80P - 2P^2$,

总成本为 $C(P) = 10Q = 10(80 - 2P) = 800 - 20P$,

则总利润为 $L(P) = R(P) - C(P) = (80P - 2P^2) - (800 - 20P) = -2P^2 + 100P - 800$

又由于边际收益为 $R'(P) = 80 - 4P$, 边际成本为 $C'(P) = -20$, 令 $R'(P) = C'(P)$, 即 $80 - 4P = -20$, $P = 25$, $R''(25) = -4$, $C''(25) = 0$, 当 $P = 25$ 时, 利润最大.

$L(25) = 100 \times 25 - 2 \times 25^2 - 800 = 450$.

随堂练习　独立思考并完成下列单选题.

1. 函数 $f(x)$ 满足 $f'(x) = 0$ 的点, 一定是 $f(x)$ 的(　　).

A. 间断点　　　　　　　B. 极值点　　　　　　　C. 驻点　　　　　　　D. 零点

2. 下列函数在指定区间 $(-\infty, +\infty)$ 上单调增加的是(　　).

A. $\sin x$　　　　　　　B. e^x　　　　　　　C. x^2　　　　　　　D. $3 - x$

3. 若函数 $f(x) = x^3 + ax^2 + bx$ 在 $x = 1$ 处取得极值 -2, 则下列结论中正确的是(　　).

A. $a = -3$, $b = 0$, 且 $x = 1$ 为函数 $f(x)$ 的极小值点

B. $a = 0$, $b = -3$, 且 $x = 1$ 为函数 $f(x)$ 的极大值点

C. $a = -1$, $b = 0$, 且 $x = 1$ 为函数 $f(x)$ 的极大值点

D. $a = 0$, $b = -3$, 且 $x = 1$ 为函数 $f(x)$ 的极小值点

4. 以下结论正确的是(　　).

A. 若 x_0 为函数 $y = f(x)$ 的驻点, 则 x_0 必为函数 $y = f(x)$ 的极值点

B. 函数 $y = f(x)$ 导数不存在的点, 一定不是函数 $y = f(x)$ 的极值点

C. 若函数 $y = f(x)$ 在 x_0 处取得极值, 且 $f'(x_0)$ 存在, 则必有 $f'(x_0) = 0$

D. 若函数 $y = f(x)$ 在 x_0 处连续, 则 $f'(x_0)$ 一定存在

扫码查看参考答案

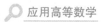
任务单 2.4

扫码查看参考答案

模块名称			模块二　微分学		
任务名称			任务 2.4　函数的极值及其应用		
班级		姓名		得分	

<table>
<tr><td colspan="6" align="center">任务单 2.4　A 组（达标层）</td></tr>
</table>

1. 求函数 $f(x) = x^3 - 3x^2 - 9x + 5$ 的单调区间与极值.

2. 求函数 $f(x) = (x^2 - 1)^3 + 1$ 的极值.

<table>
<tr><td align="center">任务单 2.4　B 组（提高层）</td></tr>
</table>

求函数 $f(x) = 4x^3 - x^4$ 的单调区间与极值.

<table>
<tr><td align="center">任务单 2.4　C 组（培优层）</td></tr>
</table>

实践调查：寻找函数极值的案例并进行分析（另附 A4 纸小组合作完成）.

<table>
<tr><td align="center">思政天地</td></tr>
</table>

小组合作挖掘与函数极值相关的课程思政元素（要求：内容不限，可以是名人名言、故事等）.

完成日期	

任务 2.5 函数的最值及其应用

【学习目标】

1. 掌握求连续函数在闭区间上最值的方法，能够利用最值理论解决最优化问题.

2. 培养学生分析问题、解决问题的能力.

3. 只有保持严谨的分析、精准的计算，坚持谨慎的态度，才能不断地进步，才能科学地解决实际问题.

【任务提出】

生活中常见的易拉罐，企业在设计时，为了用最小的成本获得最大的利润，需要考虑在体积一定的情况下，易拉罐如何设计才能用料最省？

【知识准备】

2.5.1 函数的最值

定义 1 设 $f(x)$ 在区间 I 上有定义，且点 $x_0 \in I$，对于任意点 $x \in I$，若恒有 $f(x_0) \geqslant f(x)$，则称 $f(x_0)$ 为 $f(x)$ 在区间 I 上的最大值，点 x_0 为 $f(x)$ 在区间 I 上的最大值点；若恒有 $f(x_0) \leqslant f(x)$，则称 $f(x_0)$ 为 $f(x)$ 在区间 I 上的最小值，点 x_0 为 $f(x)$ 在区间 I 上的最小值点.

最大值与最小值统称为最值，最大值点与最小值点统称为最值点. 由连续函数的性质可知，连续函数 $f(x)$ 在闭区间 $[a, b]$ 上一定存在最大值与最小值.

课堂活动 如何求出连续函数 $f(x)$ 在闭区间 $[a, b]$ 上的最值(如图 2-11 所示)？

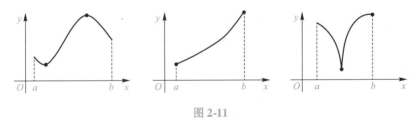

图 2-11

显然，最值点可能是闭区间 $[a, b]$ 的端点及开区间 (a, b) 内的极值点，又因为函数的极值点来自于驻点或不可导点. 因此，连续函数的最值只可能在驻点、不可导点和区间的端点处取得，从而我们可以得出求连续函数 $f(x)$ 在闭区间 $[a, b]$ 上的最值的步骤如下：

(1) 找点[求出 $f(x)$ 在 (a, b) 内的所有驻点和不可导点].

(2) 计算(计算所有驻点、不可导点及区间两个端点的函数值).

(3) 比较[比较以上函数值，其中最大(小)者为最大(小)值].

例 1 求函数 $f(x) = 2x^3 + 3x^2 - 12x + 14$ 在 $[-3, 4]$ 上的最大值与最小值.

解：$f'(x) = 6x^2 + 6x - 12 = 6(x + 2)(x - 1)$，

令 $f'(x) = 0$，得 $x_1 = -2$，$x_2 = 1$.

由于 $f(-3) = 23$，$f(-2) = 34$，$f(1) = 7$，$f(4) = 142$.

比较可得 $f(x)$ 在区间 $[-3,4]$ 上的最大值为 $f(4)=142$，最小值为 $f(1)=7$.

2.5.2 最值的特殊情况

(1)若 $f(x)$ 在 $[a,b]$ 上单调增加，则 $f(a)$ 是最小值，$f(b)$ 是最大值；若 $f(x)$ 在 $[a,b]$ 上单调减少，则 $f(a)$ 是最大值，$f(b)$ 是最小值(如图 2-12 所示).

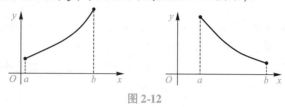

图 2-12

即：区间 $[a,b]$ 上单调的连续函数在区间端点处取得最值.

(2)在开区间 (a,b) 内的连续函数有且只有一个极值时，此极值即为最值(如图 2-13 所示).

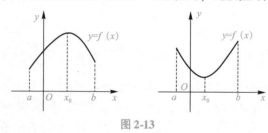

图 2-13

即：如果区间内只有一个极值，则这个极值就是最值(最大值或最小值).

2.5.3 最优化问题

在实际问题中，常常会遇到这样一类问题：在一定条件下，怎样使"费用最小""收益最大""成本最低""利润最大"等问题，这类问题在数学上可归结为求某一函数(通常称为目标函数)的最值(最大值与最小值)问题.

【任务解决】

解：假定"易拉罐的"体积为 V，设底面半径为 r，高为 h，表面积为 S，如图 2-14 所示，则

$$S = 2\pi r^2 + 2\pi rh ,$$

由 $V = \pi r^2 h$ 得 $h = \dfrac{V}{\pi r^2}$ 代入上式，得

$$S = 2\pi r^2 + \frac{2V}{r}, \ r \in (0, +\infty).$$

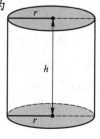

图 2-14

计算函数 S 在 $(0, +\infty)$ 上的最小值. 先对 S 关于 r 求导，得

$$S' = 4\pi r - \frac{2V}{r^2}$$

令 $S'=0$，解得唯一驻点 $r = 3\sqrt{\dfrac{V}{2\pi}}$，所以函数在该点处取得最小值.

将点 $r=3\sqrt{\dfrac{V}{2\pi}}$ 代入体积公式 $V=\pi r^2 h$ 中，得 $\dfrac{r}{h}=\dfrac{1}{2}$.

即若易拉罐的体积一定，当其底面半径与高之比为 $1:2$ 时，用料最省.

由这一点我们可以检测易拉罐设计的合理性.

【注】实际问题求最值应注意：

(1)建立目标函数.

(2)求函数的最值.

(3)若目标函数只有唯一驻点，则该点的函数值即为所求的最大(最小)值.

例 2 某公司有 50 套公寓要出租，当租金定为每套每月 180 元时，公寓会全部租出去，当租金每套每月增加 10 元时，就有一套租不出去，而租出去的房子每月每套需花费 20 元的维修费. 问：房租定为多少时可获得最大收入？

解：设租金每套每月为 x 元，则租不出去的公寓有：$\dfrac{x-180}{10}$ 套，租出去的公寓有：

$50-\dfrac{x-180}{10}$ 套，

每月收入为：$R(x)=(x-20)\left(50-\dfrac{x-180}{10}\right)=(x-20)\left(68-\dfrac{x}{10}\right)$，则

$R'(x)=\left(68-\dfrac{x}{10}\right)+(x-20)\left(-\dfrac{1}{10}\right)=70-\dfrac{x}{5}$，

令 $R'(x)=0$，得唯一驻点 $x=350$，故每月每套租金定为 350 元时收入最高.

最大收入为：$R(350)=(350-20)\left(68-\dfrac{350}{10}\right)=10\,890$（元）.

例 3 用边长为 48 cm 的正方形铁皮做一个无盖的铁盒，在铁皮的四周各截去面积相等的小正方形，如图 2-15 所示，然后把四周折起，焊成铁盒，问：在四周截去多大的正方形，才能使所做的铁盒容积最大？

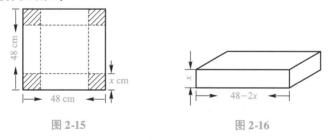

图 2-15   图 2-16

解：如图 2-16 所示，设截去小正方形的边长为 x cm，铁盒容积为 V cm³，则 $V=x(48-2x)^2$，$x\in(0,24)$，问题转化为 x 取何值时，函数 V 在区间 $(0,24)$ 内取得最大值.

$$V'=(48-2x)^2+2x(48-2x)(-2)=12(24-x)(8-x),$$

令 $V'=0$，得驻点 $x_1=8$ 和 $x_2=24$(舍去). 由于函数在 $(0,24)$ 内只有一个驻点 $x=8$，根据实际情况判断，当 $x=8$ 时，V 取最大值. 即当截去的正方形边长为 8 cm 时，铁盒容积最大.

随堂练习 独立思考并完成下列单选题.

1. $y=f(x)$ 在 $[a,b]$ 上的最大值是 M，最小值是 m，若 $M=m$，则 $f'(x)$（ ）.

A. 等于 0   B. 大于 0   C. 小于 0   D. 以上都有可能

2. $y = 2x + \sqrt{x-1}$ 的最小值为(   ).

A. $y_{\min} = 1$ B. $y_{\min} = 2$ C. $y_{\min} = 3$ D. $y_{\min} = 4$

3. $y = x^3 + x^2 - x + 1$ 在 $[-2, 1]$ 上的最小值为(   ).

A. $\dfrac{22}{27}$ B. 2 C. -1 D. -4

4. 某商人如果将进货单价为 8 元的商品按每件 10 元售出时，每天可售出 100 件．现在他采用调高售出价、减少进货量的办法增加利润，已知这种商品每件提价 1 元，其销售量就要减少 10 件，他将售出价定为(   )元时，才能使每天所挣得利润最大.

扫码查看参考答案

A. $x = 12$ B. $x = 141$

C. $x = 16$ D. $x = 18$

任务单 2.5

模块名称		模块二　微分学	
任务名称		任务 2.5　函数的最值及其应用	
班级		姓名	得分

任务单 2.5　A 组（达标层）

1. 求下列函数在给定闭区间上的最大值和最小值.

   $(1) f(x) = x^4 - 8x^2 + 3$, $[-1, 3]$;　　　$(2) y = e^x + e^{-x}$, $[-1, 1]$.

2. 某商户以每条 10 元的价格购进一批牛仔裤，设这批牛仔裤的需求函数为 $Q = 40 - P$，问：该商户将售价定为多少元时，才能获得最大利润？

任务单 2.5　B 组（提高层）

1. 求下列函数在给定闭区间上的最大值和最小值.

   $(1) y = \dfrac{x-1}{x+1}$, $[0, 4]$;　　　$(2) y = x + \sqrt{1-x}$, $[-5, 1]$.

2. 欲用长 6 m 的铝合金料加工一"日"字形窗框，它的长和宽分别为多少时，才能使窗户面积最大，最大面积是多少？

3. 已知某个企业的总成本为 $C(Q) = 54 + 18Q + 6Q^2$，其中 C 为成本（单位：万元），Q 为产量（单位：吨），求平均最小的产量水平.

模块名称	模块二　微分学

任务单 2.5　C 组(培优层)

实践调查：寻找生活中的最优化问题并进行分析(另附 A4 纸小组合作完成).

思政天地

小组合作挖掘与函数最值相关的课程思政元素(要求：内容不限，可以是名人名言、故事等).

完成日期	

任务 2.6 判断曲线的凹凸性与拐点

【学习目标】

1. 解释曲线的凹凸性，掌握拐点的判定方法.

2. 在学习、生活及今后的工作中，许多决策的关键就是拐点，只有抓住了拐点，抓住了机遇，努力奋斗，方可成功.

【任务提出】

主题讨论 发现并分析身边的"凹""凸".

【知识准备】

2.6.1 曲线的凹凸性

课堂活动 观察图 2-17 和图 2-18，如何研究曲线的弯曲方向？

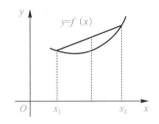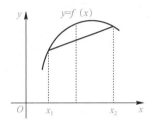

图 2-17

图 2-17 中有两条曲线，虽然它们都是上升的，但弯曲方向不同，左图形上任意弧段位于所张弦的下方，右图形上任意弧段位于所张弦的上方，因此，它们的凹凸性不同.

在图 2-18 中，曲线 $y = f(x)$ 在开区间 (a, c) 内向上弯曲，这时曲线弧 AC 位于其上任意一点处切线的上方；曲线 $y = f(x)$ 在开区间 (c, b) 内向下弯曲，这时曲线弧 CB 位于其上任意一点处切线的下方，而曲线 $y = f(x)$ 上的点 $C(c, f(c))$ 是曲线 $y = f(x)$ 弯曲方向改变的分界点.

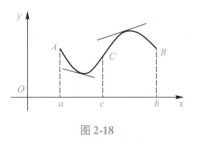

图 2-18

定义 1 若曲线 $y = f(x)$ 在 (a, b) 内每一点的切线都位于曲线的下方，则称曲线 $y = f(x)$ 在 (a, b) 内是凹的，(a, b) 称为曲线 $y = f(x)$ 的凹区间；若曲线 $y = f(x)$ 在 (a, b) 内每一点的切线都位于曲线的上方，则称曲线 $y = f(x)$ 在 (a, b) 内是凸的，(a, b) 称为曲线 $y = f(x)$ 的凸区间（如图 2-18 所示）.

定理 1 设 $f(x)$ 在开区间 (a, b) 内存在二阶导数 $f''(x)$.

(1) 若 $f''(x) > 0$，则函数曲线 $y = f(x)$ 在 (a, b) 内是凹的.

(2) 若 $f''(x) < 0$，则函数曲线 $y = f(x)$ 在 (a, b) 内是凸的.

2.6.2 拐点

课堂活动 如何判断曲线 $f(x)$ 的拐点?

定义 2 曲线 $y = f(x)$ 凹与凸的分界点叫作曲线的拐点.

图 2-18 中点 $C(c, f(c))$ 就是曲线的拐点, 它是曲线凹和凸的分界点. 因此, 在拐点的左右两侧二阶导数 $f''(x)$ 必然异号, 这说明在拐点处一阶导数 $f'(x)$ 达到极值, 从而拐点处 $f''(x) = 0$ 或 $f''(x)$ 不存在; 反之, 使 $f''(x) = 0$ 或 $f''(x)$ 不存在的点却不一定是曲线的拐点.

定理 2 设点 x_0 为使函数 $y = f(x)$ 的二阶导数 $f''(x) = 0$ 或 $f''(x)$ 不存在的点.

(1) 如果在点 x_0 的左右两侧 $f''(x)$ 异号, 则点 $(x_0, f(x_0))$ 为函数曲线 $y = f(x)$ 的拐点.

(2) 如果在点 x_0 的左右两侧 $f''(x)$ 同号, 则点 $(x_0, f(x_0))$ 不为函数曲线 $y = f(x)$ 的拐点.

综上, 求曲线的凹凸区间与拐点的步骤:

(1) 确定定义域 D.

(2) 计算 $f'(x)$、$f''(x)$.

(3) 在定义域 D 内, 若 $f''(x) > 0 [f''(x) < 0]$, 则曲线 $y = f(x)$ 的凹区间 (凸区间) 为定义域 D, 此时无拐点. 否则求出 $f''(x) = 0$ 的全部点及 $f''(x)$ 不存在的点, 并转入 (4).

(4) 由 (3) 中的点划分定义域 D, 列表判断 $f''(x)$ 在点两侧区间上的正负号, 从而确定曲线 $f(x)$ 的凹凸区间与拐点. 凸性用记号 $\cap$ 表示, 凹性用记号 $\cup$ 表示.

例 1 求曲线 $f(x) = x^3 - 6x^2 + 9x + 1$ 的凹凸区间与拐点.

解: 定义域为 $(-\infty, +\infty)$;

因为 $f'(x) = 3x^2 - 12x + 9$, $f''(x) = 6x - 12 = 6(x - 2)$,

令 $f''(x) = 0$, 得 $x = 2$.

列表讨论如表 2-3.

表 2-3

x	$(-\infty, 2)$	2	$(2, +\infty)$
f″(x)	−	0	+
f(x)	$\cap$	拐点(2, 3)	$\cup$

当 $x \in (-\infty, 2)$ 时, $f''(x) < 0$, 此区间为凸区间;

当 $x \in (2, +\infty)$ 时, $f''(x) > 0$, 此区间为凹区间;

当 $x = 2$ 时, $f''(x) = 0$, 且 $f''(x)$ 在 $x = 2$ 的两侧变号, 而 $f(2) = 3$, 所以, 点 $(2, 3)$ 是该曲线的拐点.

例 2 求曲线 $y = (x - 1)x^{\frac{1}{3}}$ 的凸向区间与拐点.

解: 定义域为 $D = (-\infty, +\infty)$,

$$y' = \frac{1}{3}(4x - 1)x^{-\frac{2}{3}}, \qquad y'' = \frac{1}{9}(4x + 2)x^{-\frac{5}{3}},$$

令 $y'' = 0$, 得 $x = -\frac{1}{2}$, 当 $x = 0$ 时 y'' 不存在. 列表讨论如表 2-4:

表 2-4

x	$\left(-\infty,\ -\dfrac{1}{2}\right)$	$-\dfrac{1}{2}$	$\left(-\dfrac{1}{2},\ 0\right)$	0	$(0,\ +\infty)$
y''	$+$	0	$-$	不存在	$+$
y	$\cup$	拐点 $\left(-\dfrac{1}{2},\ \dfrac{3}{2\sqrt[3]{2}}\right)$	$\cap$	拐点$(0,\ 0)$	$\cup$

因此，所求曲线 $y=(x-1)x^{\frac{1}{3}}$ 的下凸区间为 $\left(-\infty,\ -\dfrac{1}{2}\right)$，$(0,\ +\infty)$，上凸区间为 $\left(-\dfrac{1}{2},\ 0\right)$；拐点为 $\left(-\dfrac{1}{2},\ \dfrac{3}{2\sqrt[3]{2}}\right)$，$(0,\ 0)$.

随堂练习　独立思考并完成下列单选题.

1. 在区间$(a,\ b)$内任意一点，$f(x)$的曲线弧总位于其切线的下方，则曲线在$(a,\ b)$内是（　　）.

A. 凹的　　　　　　　　*B.* 凸的　　　　　　　*C.* 单调上升　　　　*D.* 单调下降

2. 设$(x_0,\ y_0)$是曲线 $y=f(x)$ 的拐点，下列说法正确的是（　　）.

A. x_0 一定是$f(x)$的极值点　　　　　　　*B.* x_0 可能是$f(x)$的极值点

C. x_0 一定不是$f(x)$的极值点　　　　　　*D.* 必有 $f''(x_0)=0$

3. 点 $x=0$ 是函数 $y=x^4$ 的（　　）.

A. 驻点但非极值点　*B.* 拐点　　　　　　*C.* 驻点且是拐点　　*D.* 驻点且是极值点

4. 曲线 $f(x)=(x-1)^2(x-2)^2$ 的拐点个数为（　　）.

A. 0　　　　　　　　　*B.* 1　　　　　　　　　*C.* 2　　　　　　　　*D.* 3

5. 函数 $y=x^2e^{-x}$ 在$(1,\ 2)$内是（　　）.

A. 单调减少且是凸的　　　　　　　　*B.* 单调增加且是凸的

C. 单调减少且是凹的　　　　　　　　*D.* 单调增加且是凹的

扫码查看参考答案

任务单2.6

模块名称		模块二　微分学			
任务名称		任务2.6　判断曲线的凹凸性与拐点			
班级		姓名		得分	

任务单2.6　A组(达标层)

求曲线 $y = (x^2 - 2)e^x$ 的凸向区间与拐点.

任务单2.6　B组(提高层)

求函数 $y = x^3 - 3x^2 + 1$ 的单调区间与极值及函数曲线的凸向区间与拐点.

任务单2.6　C组(培优层)

实践调查：寻找曲线凹凸性的案例并进行分析(另附 A4 纸小组合作完成).

思政天地

小组合作挖掘与函数曲线相关的课程思政元素(要求：内容不限，可以是名人名言、故事等).

完成日期	

任务 2.7　边际分析与弹性分析

【学习目标】

1. 解释边际分析与弹性分析, 解决边际成本、边际收益、边际利润等边际分析模型.

2. 分析生活中常见的商家提价和降价的促销手段, 培养学生正确决策的素养, 科学地解决实际问题的能力.

【任务提出】

已知某产品的需求弹性在 1.3 至 2.1 之间, 若降价 10%, 试问该商品的销售量预期增加多少? 总收益预期又增加多少?

为了描述一个经济变量 y 对另一个经济变量 x 变动的反映程度, 常常要用到"边际函数和弹性函数"这两个概念.

【知识准备】

2.7.1　边际函数

边际概念是经济学中比较重要的一个概念, 一般指经济函数的变化率(即经济函数的导数), 是导数概念的经济解释. 这种利用导数来研究经济变量边际的方法, 称为边际分析.

设经济函数 $y = f(x)$ 是可导的, 则其导数 $f'(x)$ 称为边际函数. $f(x)$ 在点 $x = x_0$ 处的导数 $f'(x_0)$ 称为 $f(x)$ 在 x_0 点处的边际函数值. 也称为 $f(x)$ 在点 x_0 处的变化率, 它表示 $f(x)$ 在点 x_0 处的变化速度.

在点 x_0 处, 当 x 改变 Δx 时, 相应的函数 $y = f(x)$ 的改变量为 $\Delta y = f(x_0 + \Delta x) - f(x_0)$. 当 $\Delta x = 1$ 时, $\Delta y = f(x_0 + 1) - f(x_0)$, 由微分定义有

$$\Delta y = f(x_0 + 1) - f(x_0) \approx dy = f'(x_0)\Delta x = f'(x_0).$$

这说明, 边际函数值 $f'(x_0)$ 的经济意义是: 当 x 产生一个单位的改变时, y 近似改变 $f'(x_0)$ 个单位. 例如, 函数 $y = x^2$, $y' = 2x$, 在点 $x = 10$ 处的边际函数值 $y'(10) = 20$, 它表示当 $x = 10$ 时, x 改变一个单位, y 近似改变 20 个单位.

1. 边际成本

总成本函数 $C(Q)$ 的导数 $C'(Q)$ 称为边际成本函数, 简称边际成本, 记作 $MC = C' = C'(Q)$. 当产量 $Q = Q_0$ 时的边际成本为 $C'(Q_0)$, 其经济意义为: 当产量达到 Q_0 时, 产量每增加一个单位产品所增加的成本, 即表示生产第 $(Q + 1)$ 个产品的成本.

例 1　已知生产某产品 Q 件的总成本为 $C(Q) = 0.001Q^2 + 40Q + 9\,000$(元),

(1)求边际成本 $C'(Q)$, 并计算产量为 1 000 件时的边际成本 $C'(1\,000)$ 并解释其经济意义;

(2)产量为多少件时, 平均成本最小?

解: (1)边际成本 $C'(Q) = 0.002Q + 40$, $C'(1\,000) = 0.002 \times 1\,000 + 40 = 42$.

结果表明: 当产量为 1 000 件时, 再生产 1 件产品则增加 42 元的成本;

(2)平均成本 $\overline{C}(Q) = \dfrac{C(Q)}{Q} = 0.001Q + 40 + \dfrac{9\,000}{Q}$, 则 $\overline{C}'(Q) = 0.001 + \left(-\dfrac{9\,000}{Q^2}\right)$,

令 $\overline{C}'(Q)=0$ ，得 $Q=3\,000$ （件）. 又由于 $\overline{C}''(Q)=\dfrac{18\,000}{Q^3}$ ，所以 $\overline{C}''(3\,000)=\dfrac{18\,000}{3\,000^3}>0.$

故当产量为 $3\,000$ 件时平均成本最小.

【注】 (1)由例1可知，边际成本与固定成本无关. 也就是说，边际成本只与可变成本有关，故边际成本又可理解为生产成本(不包括固定成本)，它反映企业在短期生产中能直接控制的那一部分成本.

(2)当边际成本小于平均成本时，平均成本随产量增加而减少；当边际成本大于平均成本时，平均成本随产量增加而增加；当边际成本等于平均成本时，平均成本最低.

2. 边际收益

总收入函数 $R(Q)$ 的导数 $R'(Q)$ 称为边际收入函数，简称边际收入，记作 $MR=R'=R'(Q)$. 当销售量 $Q=Q_0$ 时的边际收入为 $R'(Q_0)$ ，其经济意义为：当销售量达到 Q_0 时，再多销售一个单位所引起总收入的改变量.

3. 边际利润

设厂商的利润函数 $L=L(Q)$ ，则利润等于收益与成本之差，即利润函数为 $L(Q)=R(Q)-C(R)$. 总利润函数的导数称为边际利润，记作 $ML=L'(Q)=R'(Q)-C'(R)$. 其经济意义为：当产量 $Q=Q_0$ 时再改变一个单位，总利润将改变 $L'(Q_0)$ 个单位.

例 2 设某产品的需求函数为 $Q=900-10P$ (吨)(价格 P 的单位：万元)，成本函数为 $C(Q)=20Q+6\,000$ (万元)，试求边际利润，并分别求需求量为 300 吨、350 吨和 400 吨的边际利润.

解：由 $Q=900-10P$ ，则 $P=90-\dfrac{Q}{10}$ ，故收入 $R(Q)=PQ=\left(90-\dfrac{Q}{10}\right)Q=90Q-\dfrac{Q^2}{10}$ ，

因此，利润为 $L(Q)=R(Q)-C(Q)=\left(90Q-\dfrac{Q^2}{10}\right)-(20Q+6\,000)=-\dfrac{Q^2}{10}+70Q-6\,000$ ，

故边际利润为 $L'(Q)=\left(-\dfrac{Q^2}{10}\right)'+(70Q)'-(6\,000)'=-\dfrac{Q}{5}+70$ ，

于是 $L'(300)=10$ ， $L'(350)=0$ ， $L'(400)=-10$.

结果表明：当需求量为 300 吨时，每增加 1 吨，利润将增加 10 万元；当需求量为 350 吨时，再增加 1 吨，利润不变；当需求量为 400 吨时，每增加 1 吨，利润反而减少 10 万元. 这也说明了并非需求量越大利润越高.

显然，例2中的边际利润 $L'(Q)=-\dfrac{Q}{5}+70$ 为减函数，随着产量的增加，企业从增产中所获得的利润将会越来越少，当需求量 $Q>350$ 时，边际利润为负值，因此，企业不能完全依靠增加产量来提高利润.

随堂练习 独立思考并完成下列各题.

1. 下列成本函数中，边际成本为常数的是(　　　　).

A. $C=0.3Q+2$ 　　　　　　　　B. $C=0.5Q^2+3Q+100$

C. $C=110+\dfrac{1}{120}Q^2$ 　　　　　　D. $C=10+5Q+Q^3$

2. 若收入函数 $R(Q)=150Q-0.01Q^2$ ，则当产量 $Q=100$ 时，其边际收入是(　　　　)元.

A. 150　　　　　B. 149　　　　　C. 14 900　　　　　D. 148

3. 某产品的总成本和总收入分别为 $C(Q) = Q + 2 - \dfrac{1}{Q+1}$，$R(Q) = 2Q$，其中 Q 是该产品的销售量，则该产品的边际收入和边际利润分别为 _____.

扫码查看参考答案

2.7.2　弹性分析

课堂活动　商品 A 的单位价格为 10 元，涨价 1 元；商品 B 的单位价格为 1 000 元，也涨价 1 元. 两种商品价格的绝对改变量都是 1 元，但各与原价相比，两种商品涨价的幅度大不相同. 商品 A 涨了 10%，而商品 B 涨了 0.1%. 哪种商品涨价后销售量会有较大波动？这种波动由什么因素决定？

上述问题中的 A、B 商品同时涨价 1 元，显然改变量相同，但提价的百分数分别为 10% 和 0.1%. 前者是后者的 100 倍，因此有必要研究函数的相对改变量及相对变化率，这在经济学中称为弹性. 它用来定量地描述一个经济变量对另一个经济变量变化的灵敏程度.

1. 相对改变量与绝对改变量

定义 1　变量 x 从初值 x_0 变到终值 x_1，则称 $\Delta x = x_1 - x_0$ 为变量 x 在 x_0 处的绝对改变量；$\dfrac{\Delta x}{x_0}$ 称为 x 在 x_0 处的相对改变量.

【注】绝对改变量 Δx 有单位约束，而相对改变量 $\dfrac{\Delta x}{x_0}$ 无单位约束，弹性涉及的是相对改变量.

2. 弹性函数

定义 2　设函数 $y = f(x)$ 在点 x 处可导，则函数的相对改变量 $\dfrac{\Delta y}{y}$ 与自变量的相对改变量 $\dfrac{\Delta x}{x}$ 之比，当 $\Delta x \to 0$ 时的极限 $\lim\limits_{\Delta x \to 0} \dfrac{\Delta y / y}{\Delta x / x} = \dfrac{x}{y} y' = \dfrac{x}{f(x)} f'(x)$ 称为函数 $y = f(x)$ 在点 x 处的弹性函数，也称为函数的相对变化率，记作 $\dfrac{Ey}{Ex}$ 或 $\dfrac{Ef(x)}{Ex}$，即

$$\frac{Ey}{Ex} = \frac{x}{f(x)} f'(x).$$

由定义知，当 $\dfrac{\Delta x}{x} = 1\%$ 时，$\dfrac{\Delta y}{y} \approx \dfrac{Ey}{Ex}\%$. 可见，函数 $y = f(x)$ 的弹性具有下述意义.

【注】（1）$f(x)$ 在点 x 处的弹性 $\dfrac{Ey}{Ex} f(x)$ 反映随 x 的变化 $f(x)$ 变化幅度的大小，也就是 $f(x)$ 对 x 变化反映的强烈程度或灵敏度.

（2）$y = f(x)$ 在点 x_0 处的弹性 $\left.\dfrac{Ey}{Ex}\right|_{x=x_0} = \dfrac{x_0}{f(x_0)} f'(x_0)$，它表示在点 x_0 处当 x 改变 1% 时，函数 $y = f(x)$ 在 $f(x_0)$ 的水平上近似改变 $\left.\dfrac{Ey}{Ex}\right|_{x=x_0}\%$. 在应用问题中解释弹性的具体意义时，略去"近似"二字.

例 3　某商品需求函数为 $Q = 10 - \dfrac{P}{2}$，求：（1）当 $P = 3$ 时的需求弹性；

（2）在 $P=3$ 时，若价格上涨 1%，其总收益是增加还是减少？它将变化多少？

解：（1）$\dfrac{EQ}{EP} = \dfrac{P}{Q}Q' = \left(-\dfrac{1}{2}\right) \cdot \dfrac{P}{10 - \dfrac{P}{2}} = \dfrac{P}{P - 20}$，

当 $P=3$ 时的需求弹性为

$$\left.\frac{EQ}{EP}\right|_{P=3} = -\frac{3}{17} \approx -0.18.$$

（2）总收益 $R = PQ = 10P - \dfrac{P^2}{2}$，总收益的价格弹性函数为

$$\frac{ER}{EP} = \frac{\mathrm{d}R}{\mathrm{d}P} \cdot \frac{P}{R} = (10 - P) \cdot \frac{P}{10P - \dfrac{P^2}{2}} = \frac{2(10 - P)}{20 - P},$$

在 $P=3$ 时，总收益的价格弹性为

$$\left.\frac{ER}{EP}\right|_{P=3} = \left.\frac{2(10 - P)}{20 - P}\right|_{P=3} \approx 0.82.$$

故在 $P=3$ 时，若价格上涨 1%，需求仅减少 0.18%，总收益将增加，总收益约增加 0.82%.

【任务解决】

解： 因为 $\dfrac{\Delta y}{y} \approx \varepsilon_P \dfrac{\Delta P}{P}$，$\dfrac{\Delta R}{R} \approx \dfrac{(1 - |\varepsilon_P|)y\Delta P}{yP} = (1 - |\varepsilon_P|)\dfrac{\Delta P}{P}$，于是，

当 $|\varepsilon_P| = 1.3$ 时，$\dfrac{\Delta y}{y} \approx (-1.3) \times (-0.1) = 13\%$，$\dfrac{\Delta R}{R} \approx (1 - 1.3) \times (-0.1) = 3\%$，

当 $|\varepsilon_P| = 2.1$ 时，$\dfrac{\Delta y}{y} \approx (-2.1) \times (-0.1) = 21\%$，$\dfrac{\Delta R}{R} \approx (1 - 2.1) \times (-0.1) = 11\%$.

这就是说，降价 10% 该商品的销售量预期增加 13% 至 21%，总收益预期增加 3% 至 11%.

随堂练习 独立思考并完成下列单选题.

1. 设某商品的供给函数为 $Q = P^2 + 4P - 12$，在 $P=3$ 时，价格上涨 1%，则供给量（　　）.

A. 增加　　　　　B. 减少　　　　　C. 不增不减　　　　　D. 不确定

2. 某商品的需求弹性为 $E_P = -bP(b>0)$，则价格提高 1% 时，需求量 Q 会（　　）.

A. 增加 bP　　　　B. 减少 bP　　　　C. 减少 $bP\%$　　　　D. 增加 $bP\%$

3. 某种产品的市场需求规律为 $Q = 800 - 5P$，则价格 $P = 120$ 时的需求弹性 $\eta_d = $（　　）.

A. 4　　　　　　　B. 3　　　　　　　C. 4%　　　　　　　D. 3%

4. 需求量 Q 对价格 P 的函数为 $Q(P) = 100 \times 2^{-P}$，则需求弹性 $E_P = $（　　）.

A. $P\ln 2$ 　　　　　　　　　　B. $-P\ln 2$

C. $\ln 2$ 　　　　　　　　　　D. $-\ln 2$

扫码查看参考答案

扫码查看参考答案

任务单 2.7

模块名称	模块二　微分学			
任务名称	任务 2.7　边际分析与弹性分析			
班级		姓名		得分

任务单 2.7　A 组(达标层)

1. 设某一种商品的成本函数为 $C(Q) = \dfrac{1}{100}Q^2 + 20Q + 1\,600$，求日产量为 400 件、500 件的边际成本并解释其经济意义.

2. 设某产品的需求函数为 $Q = 100 - 5P$，其中 P 为价格，Q 为需求量. 求边际收入及 $Q = 20$、50、70 时的边际收入，并解释其经济意义.

3. 某企业生产一种产品，每天的总利润 $L(Q)$（元）与产量 Q（吨）之间的函数关系为 $L(Q) = 250Q - 5Q^2$，试求 $Q = 10$、$Q = 25$、$Q = 30$ 时的边际利润并解释其经济意义.

4. 某商品需求函数为 $Q = 50 - P$，求其需求弹性.

续表

模块名称	模块二 微分学

任务单 2.7　B 组(提高层)

1. 某企业生产某一种产品的总成本和总收入分别为 $C(x) = 100 + 2x + 0.02x^2$、$R(x) = 7x + 0.01x^2$ (单位：元)，试求：

   (1) 边际利润；

   (2) 当日产量分别是 200、250 和 300(单位：千克)时的边际利润，并说明其经济意义.

2. 设某品牌的电脑价格为 P(元)，需求量为 Q，其需求函数为 $Q = 80P - \dfrac{P^2}{100}$(台)，试求：

   (1) $P = 5\,000$ 时的边际需求，并说明其经济意义；

   (2) $P = 5\,000$ 时的需求弹性，并说明其经济意义.

任务单 2.7　C 组(培优层)

实践调查：寻找边际与弹性的实际问题并进行分析(另附 A4 纸小组合作完成).

思政天地

小组合作写出与边际分析和弹性分析相关的课程思政元素(要求：内容不限，可以是名人名言、故事等).

完成日期	

任务 2.8 微分及其应用

【学习目标】

1. 掌握函数的微分定义并正确计算函数的微分.

2. 能够利用微分定义进行估算和计算各类误差.

3. 形成用数学知识真正解决实际问题的素养,用辩证的思维看问题,抓住解决问题的主要矛盾,忽略其次要矛盾.

【任务提出】

问题 1 地球半径 6 378 公里,紧绕赤道一周的绳子长度增加 3 米,均匀缝隙不能钻过( ).

A. 蚂蚁   B. 老鼠   C. 宠物狗   D. 成年人   E. 北极熊

问题 2 多次测量某企业库房的圆钢截面直径,其值分别 49.9 mm、49.8 mm、50.0 mm、50.1 mm、50.2 mm、50.2 mm、50.0 mm、49.8 mm,已知测量仪器的绝对误差不超过 0.04 mm,试计算该钢面面积,并估算其误差.

【知识准备】

2.8.1 微分概述

1. 微分的定义

引例 设有一个边长为 x_0 的正方形金属片,受热后它的边长伸长了 Δx,问其面积增加了多少(如图 2-19 所示)?

分析:边长由 x_0 伸长到 $x_0 + \Delta x$,这时面积 S 的相应改变量为

$$\Delta S = (x_0 + \Delta x)^2 - x_0^2 = 2x_0 \Delta x + (\Delta x)^2.$$

课堂思考 上式的结果有什么特点?

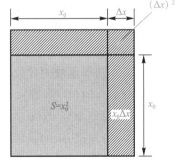

图 2-19

(1) ΔS 由两部分构成,第一部分 $2x_0 \Delta x$ 是 Δx 的线性函数,第二部分 $(\Delta x)^2$ 是 $\Delta x \to 0$ 时的比 Δx 较高阶的无穷小量.

(2) 当 $|\Delta x|$ 很小时,第二部分的值可以忽略不计,因此 $\Delta S \approx 2x_0 \Delta x$,称 $2x_0 \Delta x$ 为 ΔS 的线性主部.

(3) 又由 $S'|_{x=x_0} = 2x_0 = S'(x_0)$,故 $\Delta S \approx S'(x_0) \Delta x$.

在上述引例中,当 $|\Delta x|$ 很小时,能用 Δx 的一次函数取近似地代替函数的增量(这种近似仅相差一个比 Δx 高阶的无穷小量),称 $S'(x_0) \Delta x$ 为函数 $S = x^2$ 在点 $x = x_0$ 的微分,记作: $dS|_{x=x_0} = 2x_0 \Delta x = S'(x_0) \Delta x$.

定义 1 设函数 $y = f(x)$ 在点 x 处可导,则 $f'(x) \Delta x$ 称为函数 $y = f(x)$ 在点 x 处的微分,记作 dy 或 $df(x)$,即 $dy = f'(x) \Delta x$. 这时也称函数 $y = f(x)$ 在点 x 处可微.

【注】由 $dx = (x)' \Delta x = \Delta x$,即 dx 为自变量的微分,说明自变量的微分等于自变量的增

量. 于是, 函数 $y = f(x)$ 在点 x 处的微分又可写成 $dy = f'(x)dx$.

例1 求函数 $y = x^3$ 在 $x = 2$, $\Delta x = 0.02$ 时的增量与微分.

解: 函数的增量为 $\Delta y = (x + \Delta x)^3 - x^3 = (2 + 0.02)^3 - 2^3 = 0.242\,408$.

函数的微分为 $dy = y'\Delta x = 3x^2\Delta x = 3 \times 2^2 \times 0.02 = 0.24$.

比较 Δy 与 dy, $\Delta y - dy = 0.002\,408$, 说明误差很小.

【注】(1) 由 $dy = f'(x)dx$ 可得 $\dfrac{dy}{dx} = f'(x)$, 即 $\dfrac{dy}{dx}$ 为函数的微分与自变量的微分之商. 因而导数也称为微商.

(2) 函数 $y = f(x)$ 在 x 处可微的充要条件是函数 $y = f(x)$ 在 x 处可导.

即 $dy = f'(x)dx \Leftrightarrow \dfrac{dy}{dx} = f'(x)$.

2. 微分的几何意义

课堂思考 从几何上, 如何理解函数的微分?

如图 2-20 所示, $MQ = \Delta x = dx$, $QP = MQ\tan\alpha = f'(x_0)dx = dy$, 即 $dy = QP$.

由此, 函数 $y = f(x)$ 在 x_0 处的微分 dy 就是曲线 $f(x)$ 在点 $M(x_0, y_0)$ 处的切线 MT 的纵坐标在 x_0 处的增量 QP, 这就是微分的几何意义.

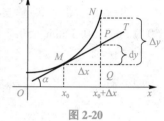

图 2-20

【注】(1) 当 Δy 是曲线的纵坐标增量时, dy 就是切线的纵坐标对应的增量.

(2) 当 $|\Delta x|$ 很小时, 在点 M 的附近, 切线段 MP 可近似代替曲线段 MN.

(3) 当 $\Delta x \to 0$ 时, 有 $\Delta y \approx dy$, 其误差 $|\Delta y - dy| = PN$ 是比 Δx 较高阶的无穷小量, 所以, $\Delta y \approx dy$ 在近似计算中要用到.

引入微分以后, 已知导数可以得出微分, 反过来, 已知微分也可以得出导数. 故求函数的微分 dy, 只要求出函数的导数 $f'(x)$, 再乘上 dx 即可.

3. 微分运算法则

由基本初等函数的导数公式, 可以直接写出基本初等函数的微分公式.

1. $d(c) = 0$ (c 为常数).

2. $d(x^\alpha) = \alpha x^{\alpha-1}dx$ (α 为任意实数).

3. $d(a^x) = a^x\ln a\,dx$ ($a > 0$, $a \neq 1$); $d(e^x) = e^x dx$.

4. $d(\log_a x) = \dfrac{1}{x\ln a}dx$ ($a > 0$, $a \neq 1$); $d(\ln x) = \dfrac{1}{x}dx$.

5. $d(\sin x) = \cos x\,dx$ $d(\cos x) = -\sin x\,dx$

   $d(\tan x) = \sec^2 x\,dx$ $d(\cot x) = -\csc^2 x\,dx$

   $d(\sec x) = \sec x\tan x\,dx$ $d(\csc x) = -\csc x\cot x\,dx$

6. $d(\arcsin x) = \dfrac{1}{\sqrt{1-x^2}}dx$ $d(\arccos x) = -\dfrac{1}{\sqrt{1-x^2}}dx$

   $d(\arctan x) = \dfrac{1}{1+x^2}dx$ $d(\text{arccot}\,x) = -\dfrac{1}{1+x^2}dx$

定理1(微分的四则运算法则) 若函数 $u = u(x)$、$v = v(x)$ 在点 x 处都可微,则 $u \pm v$、$u \cdot v$、$\dfrac{u}{v}$ 在点 x 处也可微,且 $d(u \pm v) = du \pm dv$;$d(u \cdot v) = vdu + udv$;

$$d\left(\frac{u}{v}\right) = \frac{vdu - udv}{v^2}(v \neq 0).$$

推论1 当 v 为常数时,有 $d(cu) = cdu$.

推论2 当 $u = 1$ 时,有 $d\left(\dfrac{1}{v}\right) = -\dfrac{1}{v^2}dv$.

定理2(复合函数的微分法则) 设函数 $y = f(u)$ 与 $u = g(x)$,则复合函数 $y = f(g(x))$ 的微分为:$dy = y'dx = f'(g(x))g'(x)dx = f'(u)du$.

【注】定理2表明,不论 u 是中间变量还是自变量,函数 $y = f(u)$ 的微分形式总是 $dy = f'(u)du$. 这称为一阶微分形式不变性.

例2 求下列函数的微分.

$(1) y = e^x \sin x$; $(2) y = \tan x + 2^x - \dfrac{1}{\sqrt{x}}$; $(3) y = e^{\cos x}$; $(4) y = \ln \sin 2x$.

解: (1) 由于 $y' = e^x \sin x + e^x \cos x$,所以 $dy = e^x \sin x dx + e^x \cos x dx$;

$(2) dy = d\left(\tan x + 2^x - \dfrac{1}{\sqrt{x}}\right) = \left(\tan x + 2^x - \dfrac{1}{\sqrt{x}}\right)' dx$

$\qquad = \left(\sec^2 x + 2^x \ln 2 + \dfrac{1}{2x\sqrt{x}}\right)dx = \sec^2 x dx + 2^x \ln x dx + \dfrac{1}{2x\sqrt{x}}dx$;

$(3) dy = d(e^{\cos x}) = (e^{\cos x})' dx = -e^{\cos x} \sin x dx$;

$(4) dy = d(\ln \sin 2x) = \dfrac{1}{\sin 2x} d(\sin 2x) = \dfrac{1}{\sin 2x} \cdot \cos 2x d(2x) = 2\cot 2x dx$.

随堂练习 独立思考并完成下列单选题.

1. 关于函数 $y = f(x)$ 在点 x 处连续、可导及可微三者的关系,正确的是( ).

A. 连续 $\Rightarrow$ 可微   B. 可微 $\Leftrightarrow$ 可导

C. 可微不是连续的充分条件   D. 连续 $\Leftrightarrow$ 可导

2. 设 $y = x^2 \ln x$,则 $dy = ($).

A. dx B. $\dfrac{2}{x}dx$ C. $x \ln x dx$ D. $x(2\ln x + 1)dx$

3. 若 $y = \dfrac{\ln x}{x}$,则 $dy = ($).

A. $\dfrac{\ln x - 1}{x}$ B. $\dfrac{1 - \ln x}{x^2}$ C. $\dfrac{\ln x - 1}{x^2}dx$ D. $\dfrac{1 - \ln x}{x^2}dx$

4. 设 $y = \ln 5 - \cos x^2 + \dfrac{1}{x}$,则 $dy = ($).

A. $2x \sin x^2 - \dfrac{1}{x^2}$ B. $\left(2x \sin x^2 - \dfrac{1}{x^2}\right)dx$

C. $\dfrac{1}{5} + 2x \sin x^2 - \dfrac{1}{x^2}$ D. $\left(\dfrac{1}{5} + 2x \sin x^2 - \dfrac{1}{x^2}\right)dx$

扫码查看参考答案

2.8.2 微分在近似计算中的应用

课堂活动 微分有哪些应用?

1. 估算

(1)当$|\Delta x|$很小时,有近似公式$\Delta y \approx \mathrm{d}y = f'(x)\Delta x$.

(2)由$\Delta y = f(x + \Delta x) - f(x)$,于是$f(x + \Delta x) - f(x) \approx f'(x)\Delta x$,即$f(x + \Delta x) \approx f(x) + f'(x)\Delta x$.

这个公式常用来计算函数$y = f(x)$在点x附近的值.

例3 设某国的国民经济消费模型为$y = 10 + 0.4x + 0.01x^{\frac{1}{2}}$,其中$y$为总消费(单位:十亿元),$x$为可支配收入(单位:十亿元),当$x = 100.05$时,问总消费是多少?

解:令$x_0 = 100$,$\Delta x = 0.05$,因为Δx相对于x_0较小,故$f(x_0 + \Delta x) \approx f(x_0) + f'(x_0)\Delta x$

$$= (10 + 0.4 \times 100 + 0.01 \times 100^{\frac{1}{2}}) + (10 + 0.4x + 0.01x^{\frac{1}{2}})'|_{x=100} \cdot \Delta x$$

$$= 50.1 + \left(0.4 + \frac{0.01}{2\sqrt{x}}\right)'|_{x=100} \cdot 0.05 = 50.120\ 025(十亿元).$$

例4 计算$\sqrt{1.02}$的近似值.

解:设$f(x) = \sqrt{x}$.取$x_0 = 1$,$\Delta x = 0.02$,那么,$f(1) = 1$,$f'(1) = \frac{1}{2\sqrt{x}}\Big|_{x=1} = \frac{1}{2}$.由公式(2)得

$$\sqrt{1.02} \approx 1 + \frac{1}{2} \times 0.02 = 1.01.$$

例5 求$e^{-0.05}$的近似值.

解:设$f(x) = e^x$,取$x_0 = 0$,$\Delta x = -0.05$.则由公式(3)得

$$e^{-0.05} \approx e^0 + e^0 \times (-0.05) = 1 - 0.05 = 0.95.$$

2. 绝对误差和相对误差

如果某个量的精确值为A,它的近似值为a,那么$|A - a|$叫作a的绝对误差,而绝对误差与$|a|$的比值$\frac{|A - a|}{|a|}$叫作a的相对误差.

【任务解决】

问题1 解:设绳子长度为L,因为紧绕地球一周的绳子长度增加了3米,说明绳子L的改变量为$\Delta L = 3$(米),由绳子紧绕地球一周围成的圆,其半径为R,其半径的改变量为ΔR.因此,可以用半径的微分$\mathrm{d}R$估算半径的改变量ΔR.

根据周长公式$L = 2\pi R$,算出$R = \frac{1}{2\pi}L$,然后求导得到$R' = \frac{1}{2\pi}$,则

$$\Delta R \approx \mathrm{d}R = R'(L)\Delta L = \frac{1}{2 \times 3.14} \times 3 \approx 0.47(米)$$

0.47米大约是47厘米,成年人钻过去应该没有问题,正确选项是E.

问题2 解:由题意可以计算出该企业库房的圆钢截面直径的平均值为50 mm,因此,截面圆面积的近似值为$S = \pi R^2 = \pi \frac{D^2}{4} \approx 1\ 962.5(\mathrm{mm}^2)$.

绝对误差为 $\Delta S \approx \mathrm{d}S = \left(\pi\dfrac{D^2}{4}\right)' \Delta D = \pi\dfrac{D}{2}\Delta D = 3.14(\mathrm{mm}^2)$.

相对误差为 $\dfrac{\Delta S}{S} = \dfrac{3.14}{1\,962.5} \approx 0.16\%$.

随堂练习 独立思考并完成下列填空题.

1. 一个充好气的气球，半径 $r = 4$ m，升空后，因外部气压降低，气球的半径增大了 10 cm，问气球的体积近似增大＿＿＿＿＿＿＿＿ m³.（$\pi \approx 3.14$）

2. $\sqrt{1.02}$ 的近似值为＿＿＿＿＿＿＿＿.

3. 设某商品的需求函数为 $Q = 100 - 5P$，其中 P 为价格，Q 为需求量，则 $Q = 20$，50，70 时的边际收入分别为＿＿＿＿＿＿＿＿，＿＿＿＿＿＿＿＿，＿＿＿＿＿＿＿＿.

扫码查看参考答案

扫码查看参考答案

任务单 2.8

模块名称		模块二　导数与微分	
任务名称		任务 2.8　微分及其应用	
班级		姓名	得分

任务单 2.8　A 组(达标层)

1. 求函数 $y = x\ln x$ 的微分.

2. 求函数 $y = \dfrac{1 - x^2}{1 + x^2}$ 的微分.

3. 求 $e^{-0.03}$ 的近似值.

4. 半径为 10 cm 的金属圆片加热后,半径伸长了 0.1 cm,面积增大了多少?

任务单 2.8　B 组(提高层)

1. 求函数 $y = \cos 2x$ 的微分.

2. 某工厂每周生产 x 件产品,能获利 y 元, $y = 6\sqrt{100x - x^2}$,当每周产量由 10 件增加到 12 件时,求获利增加的近似值.

任务单 2.8　C 组(培优层)

实践调查:寻找关于估算与误差的案例并利用微分理论分析(另附 A4 纸小组合作完成).

思政天地

小组合作挖掘与函数的微分相关的课程思政元素(要求:内容不限,可以是名人名言、故事等).

完成日期	

单元测试二　（满分100分）

专业：_____，姓名：_____，学号：_____，得分：_____.

一、单选题：下列各题的选项中，只有一项是最符合题意的. 请把所选答案的字母填在相应的括号内.（每小题2分，共20分）

1. 设 $f(0)=0$ 且极限 $\lim\limits_{x\to 0}\dfrac{f(x)}{x}$ 存在，则 $\lim\limits_{x\to 0}\dfrac{f(x)}{x}=$（　　）.

    A. $f(0)$ 　　　　　　B. $f'(0)$ 　　　　　　C. 0 　　　　　　D. $f'(x)$

2. $y=f(x)$ 在 x_0 可导是它在 x_0 连续的（　　）.

    A. 必要条件 　　　B. 充分条件 　　　C. 充要条件 　　　D. 无关条件

3. 函数 $y=\ln(1+x^2)$ 的单调增加区间是（　　）.

    A. $(0,+\infty)$ 　　　B. $(-\infty,0)$ 　　　C. $(5,-5)$ 　　　D. $(-\infty,+\infty)$

4. 设函数 $f(x)=\sin\dfrac{1}{x}$，则 $f'\left(\dfrac{1}{\pi}\right)=$（　　）.

    A. π^2 　　　　　　B. $-\pi^2$ 　　　　　　C. $\dfrac{1}{\pi^2}$ 　　　　　　D. $-\dfrac{1}{\pi^2}$

5. 设 $y=x\mathrm{e}^x$，则 $\mathrm{d}y=$（　　）.

    A. $x\mathrm{e}^x\mathrm{d}x$ 　　　B. $(1-x)\mathrm{e}^x\mathrm{d}x$ 　　　C. $(1+x)\mathrm{e}^x\mathrm{d}x$ 　　　D. $\mathrm{e}^x\mathrm{d}x$

6. 设函数 $y=\ln(x^n)$，则 $y''=$（　　）.

    A. $-\dfrac{n}{x^2}$ 　　　B. $\dfrac{n}{x^2}$ 　　　C. $-\dfrac{n}{x^n}$ 　　　D. $\dfrac{n}{x^n}$

7. 设在某生产周期内生产某产品 Q 单位时，平均成本函数为 $\overline{C}(Q)=6-Q$，需求函数为 $P=26-3Q$（其中 P 为价格）. 要想在该周期内获得最大利润，则产量 $Q=$（　　）.

    A. 4.5 　　　　　　B. 5 　　　　　　C. 10 　　　　　　D. 6.5

8. 若 $f(x)$ 在 (a,b) 上二阶可导，且（　　），则 $f(x)$ 在 (a,b) 内单调增加且是凸的.

    A. $f'(x)>0$，$f''(x)>0$ 　　　　　　B. $f'(x)>0$，$f''(x)<0$

    C. $f'(x)<0$，$f''(x)>0$ 　　　　　　D. $f'(x)<0$，$f''(x)<0$

9. 设某商品的需求量 Q 是价格 P 的函数：$Q=20-0.05P$，则该商品的边际收入为（　　）.

    A. $400-20Q^2$ 　　　B. $400-20Q$ 　　　C. $400-40Q$ 　　　D. -20

10. 设需求量 Q 对价格 P 的函数为 $Q(P)=3-2\sqrt{P}$，则需求弹性为 $E_p=$（　　）.

    A. $\dfrac{\sqrt{P}}{3-2\sqrt{P}}$ 　　　B. $\dfrac{-\sqrt{P}}{3-2\sqrt{P}}$ 　　　C. $\dfrac{3-2\sqrt{P}}{\sqrt{P}}$ 　　　D. $-\dfrac{3-2\sqrt{P}}{\sqrt{P}}$

二、填空题：请将下列各题的答案填写在题中横线上.（每小题2分，共10分）

1. 设 $f(x)=\mathrm{e}^{\sin x}$，则 $\lim\limits_{\Delta x\to 0}\dfrac{f(\pi+\Delta x)-f(\pi)}{\Delta x}=$ _____.

2. 曲线 $y=x^3+x+1$ 在点 $(0,1)$ 处的切线斜率为 $k=$ _____.

3. 设 $f(x) = \sin\dfrac{1}{x} - \ln 2$，则 $f'(x) = $ _____.

4. 若函数 $y = x^2 + kx + 1$ 在点 $x = -3$ 处取到极小值，则 $k = $ _____.

5. 设函数设 $y = \dfrac{\ln x}{x}$，则 $y' = $ _____.

三、判断题：（每小题 2 分，共 20 分，认为结论正确的打"√"，认为错误的打"×"）

1. 两个函数的和差的导数等于导数的和差.   （   ）

2. 两个函数的商（分母不为零）的导数等于导数的商.   （   ）

3. 设 $f(x) = (x^2 - a^2)\varphi(x)$，其中 $\varphi(x)$ 在 $x = a$ 处连续，则 $f(x)$ 在点 $x = a$ 处可导且 $f'(a) = 2a\varphi(a)$.   （   ）

4. 极限 $\lim\limits_{x \to \frac{\pi}{2}}\dfrac{\tan x}{\cos x}$ 可以使用洛必达法则来求.   （   ）

5. 若 x_0 是 $f(x)$ 的驻点，则 $f(x)$ 在 x_0 点一定连续.   （   ）

6. 在 $[a, b]$ 上连续的函数，一定存在最值.   （   ）

7. 函数 $y = e^x + x - 1$ 在 $(-\infty, 0]$ 上严格单调增加.   （   ）

8. 函数 $f(x)$ 在区间 (a, b) 内的最大值点一定是 $f(x)$ 的极大值点.   （   ）

9. 若可导函数 $f(x)$ 在 x_0 点有 $f'(x_0) \neq 0$，则 x_0 一定不是极值点.   （   ）

10. 曲线 $y = \ln(x^2 - 1)$ 的图形处处是凹的.   （   ）

四、解答题：（每小题 6 分，共 30 分）

1. 因为一元函数 $y = f(x)$ 在 x_0 的可微性与可导性是等价的，所以有人说"微分就是导数，导数就是微分"，这种说法对吗？请你谈谈导数与微分的联系与区别.

2. 求函数 $y = \ln(1 - 2x)$ 的二阶导数与微分.

3. 某企业生产某种产品 Q 件的总成本为 $C(Q) = \dfrac{1}{4}Q^2 + 4Q + 100$（单位：百元），市场对该产品的需求规律为 $Q = 74 - 2P$，其中 P 是每件产品的价格（百元/件），求：（1）生产多少件产品时，可使平均成本达到最低，最低平均成本是多少？（2）生产多少件产品时，可获得最大利润，最大利润是多少？（3）获得最大利润的产品定价是多少？

4. 判断函数 $y = 1 - \sqrt[3]{x - 2}$ 的凹凸区间与拐点.

5. 某公司生产经营的某种产品，其需求弹性在 $1.5 \sim 2.5$ 之间，若该公司计划在下一年度将价格降低 10%，试问该商品的销售量将会增加多少？总收益会增加多少？

五、证明题：（10 分）

证明：如果 $f(x) = ax^3 + bx^2 + cx + d$ 满足条件 $b^2 - 3ac < 0$，则该函数没有极值.

六、简答题：（共 10 分）

简述微分学在经济领域中的应用.

模块三　积分学及其应用

在模块二中，已经讨论了已知函数的导数与微分及经济应用．比如，已知成本函数求边际成本函数、已知利润函数求边际利润函数等，但在经济领域中往往会遇到与此相反的问题，例如，已知边际成本函数求成本函数、已知边际利润函数求利润函数，或求这些函数在某个区间上的总量，即已知一个函数的导数，求原来的函数，由此产生了积分学．积分学有不定积分和定积分两部分，其中不定积分是导数的逆运算，是定积分的计算工具，具有十分重要的作用．牛顿和莱布尼茨先后提出了定积分的概念，并发现了积分与微分之间的内在联系，给出了计算定积分的一般方法，从而使定积分成为解决有关实际问题的有力工具．

任务 3.1　不定积分概述

【学习目标】

1. 叙述原函数与不定积分的概念．
2. 说出不定积分的性质与几何意义．
3. 熟练写出基本积分公式．
4. 利用直接积分法计算一些函数的不定积分．

【任务提出】

问题 1　求过点 $(0, 1)$ 且斜率为 $2x^2 - 4x + 5$ 的曲线方程．

问题 2　某物体从静止开始做自由落体运动，其速度为 $v(t) = gt$，求运动方程 $s(t)$．

问题 3　探究不定积分的性质与基本积分公式．

【知识准备】

3.1.1　不定积分的概念

1. 原函数与不定积分

引例 1　在括号里填写被求导之前的函数．

(1) ($\qquad$)$' = \cos x$；　　　　　(2) ($\qquad$)$' = 3x^2$；

(3) ($\qquad$)$' = e^x$；　　　　　(4) ($\qquad$)$' = \dfrac{1}{1+x^2}$．

引例 2　已知某商品的边际收益函数为 $R'(x) = 15 - 6x$，求收益函数 $R(x)$．

1. 根据导数基本公式有，

(1) $(\sin x)' = \cos x$；　　　　　(2) $(x^3)' = 3x^2$；

（3）$(e^x)' = e^x$；   （4）$(\arctan x)' = \dfrac{1}{1+x^2}$.

2. 显然 $(15x - 3x^2)' = 15 - 6x$，于是有 $R(x) = 15x - 3x^2$.

课堂思考 上述引例的共同本质是什么？

在上述的具体问题中，尽管实际背景不同，但从抽象的数量关系来看本质一样，都是已知函数的一阶导数，求该函数的表达式.

定义 1 设函数 $f(x)$ 在区间 I 上有定义，如果存在函数 $F(x)$，使对任意的 $x \in I$，都有 $F'(x) = f(x)$ 或 $dF(x) = f(x)dx$，则称 $F(x)$ 是 $f(x)$ 在区间 I 上的一个原函数. 那什么样的函数具有原函数呢？

定理1（原函数存在定理） 若函数 $f(x)$ 在某个区间 I 上连续，则 $f(x)$ 在该区间 I 上存在原函数.

课堂活动 若函数存在原函数，那么是否原函数只有一个？

由 $(15x - 3x^2 + C)' = 15 - 6x$（$C$ 为任意常数），故 $R(x) = 15x - 3x^2 + C$（C 为任意常数）. 这说明满足 $R(x) = R'(x)$ 的函数 $R(x)$ 不止一个，而且它们之间仅相差一个常数.

定理 2 若函数 $F(x)$ 是 $f(x)$ 在区间 I 上的一个原函数，则 $F(x) + C$（C 为任意常数）是函数 $f(x)$ 的全体原函数，而且 $F(x) + C$ 包括了该区间上的所有原函数.

【注】（1）由于初等函数在其定义域内连续，所以一切初等函数在其定义域内都存在原函数.

（2）若找到了 $f(x)$ 的一个原函数，则就找到了原函数的全体，即 $f(x)$ 的任意一个原函数 + 任意常数.

由 $(\sin x)' = \cos x$ 可知，$\sin x$ 是 $\cos x$ 在 $(-\infty, +\infty)$ 内的一个原函数，即 $\sin x + C$ 是 $\cos x$ 的全体原函数.

由 $(x^3)' = 3x^2$ 可知，x^3 是 $3x^2$ 的一个原函数，即 $x^3 + C$ 是 $3x^2$ 的全体原函数.

由 $(e^x)' = e^x$ 可知，e^x 是 e^x 的一个原函数，即 $e^x + C$ 是 e^x 的全体原函数.

由 $(\arctan x)' = \dfrac{1}{1+x^2}$ 可知，$\arctan x$ 是 $\dfrac{1}{1+x^2}$ 的一个原函数，即 $\arctan x + C$ 是 $\dfrac{1}{1+x^2}$ 的全体原函数.

定义 2 若函数 $F(x)$ 是函数 $f(x)$ 在区间 I 上的一个原函数，则 $f(x)$ 的全体原函数 $F(x) + C$（C 为任意常数）称为 $f(x)$ 在该区间上的不定积分，记作 $\displaystyle\int f(x)dx$，即 $\displaystyle\int f(x)dx = F(x) + C$.

其中记号 $\displaystyle\int$ 称为积分号，$f(x)$ 称为被积函数，$f(x)dx$ 称为被积表达式，x 称为积分变量，C 称为积分常数.

【注】 求函数 $f(x)$ 的不定积分，只需求出 $f(x)$ 的任意一个原函数再加上积分常数 C 即可.

由不定积分定义可知：引例 1（1）$\displaystyle\int \cos x dx = \sin x + C$；（2）$\displaystyle\int 3x^2 dx = x^3 + C$；

（3）$\displaystyle\int e^x dx = e^x + C$；（4）$\displaystyle\int \dfrac{1}{1+x^2}dx = \arctan x + C$.

引例 2 所求的收益函数是边际收益函数的不定积分，即 $\int(15-6x)\mathrm{d}x=15x-3x^2+C$.

例 1　计算下列函数的不定积分.

（1）$\int\sin x\mathrm{d}x$；　　　（2）$\int\dfrac{\mathrm{d}x}{x}$.

解：（1）由$(-\cos x)'=\sin x$ 可知，所以 $-\cos x$ 是 $\sin x$ 的一个原函数，所以 $\int\sin x\mathrm{d}x=-\cos x+C$；

（2）当 $x>0$ 时，由$(\ln x)'=\dfrac{1}{x}$，所以 $\ln x$ 是 $\dfrac{1}{x}$ 在$(0,+\infty)$ 的一个原函数；当 $x<0$ 时，又因为$[\ln(-x)]'=\dfrac{1}{-x}(-x)'=\dfrac{1}{x}$，所以 $\ln(-x)$ 是 $\dfrac{1}{x}$ 在$(-\infty,0)$ 的一个原函数. 综上分析可得 $\int\dfrac{\mathrm{d}x}{x}=\ln|x|+C$.

由不定积分的定义，容易得出下述关系：

（1）$\left(\int f(x)\mathrm{d}x\right)'=f(x)$　　　或　　　$\mathrm{d}\left(\int f(x)\mathrm{d}x\right)=f(x)\mathrm{d}x$.

（2）$\left(\int F(x)\mathrm{d}x\right)=F(x)+C$　　　或　　　$\int\mathrm{d}F(x)=F(x)+C$.

例 2　求：（1）$\int(\mathrm{e}^{-x^2})'\mathrm{d}x$；（2）$\dfrac{\mathrm{d}}{\mathrm{d}x}\int x^2\sin x\mathrm{d}x$.

解：（1）$\int(\mathrm{e}^{-x^2})'\mathrm{d}x=\mathrm{e}^{-x^2}+C$；

（2）$\dfrac{\mathrm{d}}{\mathrm{d}x}\int x^2\sin x\mathrm{d}x=x^2\sin x$.

【注】（1）求不定积分与求导、求不定积分与求微分互为逆运算.

（2）不定积分存在的充分条件：连续函数一定有不定积分.

2. 不定积分的几何意义、物理意义及经济意义

（1）几何意义

如图 3-1 所示，设 $F(x)$ 是函数 $f(x)$ 的一个原函数，在几何上，$y=F(x)$ 表示平面上的一条曲线，称为 $f(x)$ 的一条积分曲线，将这条积分曲线沿 y 轴方向上下任意平行移动，就得到 $f(x)$ 的积分曲线簇 $y=F(x)+C$. 在每一条积分曲线上作横坐标相同的点处的切线，这些切线的斜率相等.

因此，不定积分 $\int f(x)\mathrm{d}x$ 的几何意义表示的是横坐标相同的点处的切线相互平行的一簇曲线. 即 $\int f(x)\mathrm{d}x$ 的图形是一族积分曲线 $y=F(x)+C$，在横坐标相同的点它们的切线彼此平行.

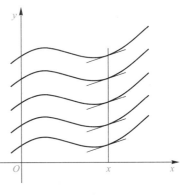

图 3-1

【任务解决】

问题1 **解**：设所求的曲线方程为 $y = f(x)$，由题意知 $y' = 2x^2 - 3x + 5$，可知

$$y = \int (2x^2 - 4x + 5)\,dx = \frac{2}{3}x^3 - 2x^2 + 5x + C,$$

由于曲线过点 $(0, 1)$，有 $1 = \frac{2}{3} \times 0^3 - 2 \times 0^2 + 0 \times 5 + C$，得 $C = 1$。故所求的曲线方程为

$$y = \frac{2}{3}x^3 - 2x^2 + 5x + 1.$$

(2) 物理意义

若变速直线运动物体速度为 $v(t)$，则运动方程 $s(t) = \int v(t)\,dt$。

【任务解决】

问题2 **解**：$s(t) = \int gt\,dt = \frac{1}{2}gt^2 + C$，把 $s(0) = 0$ 代入得 $C = 0$，所以 $s(t) = \frac{1}{2}gt^2$。

不定积分的经济意义后面专门来介绍。

随堂练习 独立思考并完成下列单选题。

1. 设 $F(x)$ 是 $f(x)$ 的原函数，则 $\int f(x)\,dx = ($ $)$。

A. $CF(x)$　　　　B. $F(x) + C$　　　　C. $F(Cx)$　　　　D. $F(x + C)$

2. 设 $\int f(x)\,dx = 2\cos\frac{x}{2} + C$，则 $f(x) = ($ $)$。

A. $\sin\frac{x}{2}$　　　　B. $-\sin\frac{x}{2}$　　　　C. $\sin\frac{x}{2} + C$　　　　D. $-2\sin\frac{x}{2}$

3. $\left(\int \tan x\,dx \right)' = ($ $)$。

A. $\tan x + C$　　　　B. $\tan x$　　　　C. 0　　　　D. $\sec x + C$

4. 设 $\left[\int f(x)\,dx \right]' = \sin x$，则 $f(x) = ($ $)$。

A. $\sin x$　　　　B. $\sin x + C$　　　　C. $\cos x$　　　　D. $\cos x + C$

5. $\int (e^x \cos x)'\,dx = ($ $)$。

A. $e^x \cos x$　　　　　　　　　　B. $e^x \cos x + C$

C. $e^x \sin x$　　　　　　　　　　D. $e^x \sin x + C$

6. $\int d(\sin\sqrt{x}) = ($ $)$。

A. $\sin\sqrt{x}$　　　　　　　　　　B. $\cos\sqrt{x}$

C. $\sin\sqrt{x} + C$　　　　　　　　D. $\cos\sqrt{x} + C$

扫码查看参考答案

3.1.2 不定积分的性质与基本积分公式

1. 不定积分的性质

性质1 两个函数的和(或差)的不定积分等于各个函数不定积分的和(或差)，即

$$\int \left[f(x) \pm g(x) \right] \mathrm{d}x = \int f(x)\,\mathrm{d}x \pm \int g(x)\,\mathrm{d}x.$$

这一法则可以推广到有限多个函数的情形，即

$$\int \left[k_1 f_1(x) \pm k_2 f_2(x) \pm \cdots \pm k_n f_n(x) \right] \mathrm{d}x =$$

$$k_1 \int f_1(x)\,\mathrm{d}x \pm k_2 \int f_2(x)\,\mathrm{d}x \pm \cdots \pm k_n \int f_n(x)\,\mathrm{d}x.$$

性质 2　被积函数中的非零常数因子可以移到积分号的前面，即

$$\int kf(x)\,\mathrm{d}x = k \int f(x)\,\mathrm{d}x.$$

2. 基本积分公式

由于求导与求不定积分互为逆运算，因此把导数基本公式反过来，就可以得到相应的基本积分公式.

（1）$\int k\,\mathrm{d}x = kx + C$（为常数）. 　　（2）$\int x^{\mu}\,\mathrm{d}x = \dfrac{1}{\mu+1} x^{\mu+1} + C\,(\mu \neq -1)$.

（3）$\int \dfrac{1}{x}\,\mathrm{d}x = \ln|x| + C$. 　　（4）$\int a^x\,\mathrm{d}x = \dfrac{a^x}{\ln a} + C\,(a>0 \text{ 且 } a \neq 1)$.

（5）$\int \mathrm{e}^x\,\mathrm{d}x = \mathrm{e}^x + C$. 　　（6）$\int \sin x\,\mathrm{d}x = -\cos x + C$.

（7）$\int \cos x\,\mathrm{d}x = \sin x + C$. 　　（8）$\int \dfrac{1}{\cos^2 x}\,\mathrm{d}x = \int \sec^2 x\,\mathrm{d}x = \tan x + C$.

（9）$\int \dfrac{1}{\sin^2 x}\,\mathrm{d}x = \int \csc^2 x\,\mathrm{d}x = -\cot x + C$. 　　（10）$\int \sec x \tan x\,\mathrm{d}x = \sec x + C$.

（11）$\int \csc x \cot x\,\mathrm{d}x = -\csc x + C$. 　　（12）$\int \dfrac{1}{\sqrt{1-x^2}}\,\mathrm{d}x = \arcsin x + C$.

（13）$\int \dfrac{1}{1+x^2}\,\mathrm{d}x = \arctan x + C$.

【注】上面不定积分的性质与基本积分公式是计算不定积分的基础，必须熟记.

3. 直接积分法

直接利用不定积分的性质和基本积分公式，或对被积函数进行恒等变形，然后再利用不定积分的性质与基本积分公式来计算不定积分，这种方法称为直接积分法.

例3　求下列不定积分.

（1）$\int (x^{\mathrm{e}} - \mathrm{e}^x + \mathrm{e}^{\mathrm{e}})\,\mathrm{d}x$; 　　　　（2）$\int (\mathrm{e}^x - 3\cos x)\,\mathrm{d}x$;

（3）$\int \left(\sqrt{x} - \dfrac{1}{\sqrt{x}}\right)^2 \mathrm{d}x$; 　　　　（4）$\int \dfrac{x^2}{1+x^2}\,\mathrm{d}x$;

（5）$\int \sin^2 \dfrac{x}{2}\,\mathrm{d}x$; 　　　　（6）$\int \dfrac{\cos 2x}{\sin x + \cos x}\,\mathrm{d}x$.

解：（1）$\int (x^{\mathrm{e}} - \mathrm{e}^x + \mathrm{e}^{\mathrm{e}})\,\mathrm{d}x = \dfrac{1}{\mathrm{e}+1} x^{\mathrm{e}+1} - \mathrm{e}^x + \mathrm{e}^{\mathrm{e}} x + C$;

（2）$\int (\mathrm{e}^x - 3\cos x)\,\mathrm{d}x = \int \mathrm{e}^x\,\mathrm{d}x - 3\int \cos x\,\mathrm{d}x = \mathrm{e}^x - 3\sin x + C$;

(3) $\int \left(\sqrt{x} - \dfrac{1}{\sqrt{x}} \right)^2 \mathrm{d}x = \int \left(x - 2 + \dfrac{1}{x} \right) \mathrm{d}x = \dfrac{1}{2} x^2 - 2x + \ln|x| + C$；

【注】在分项积分后，每个不定积分的结果都含有任意常数，但由于任意常数之和仍是任意常数，因此只要写出一个任意常数即可.

(4) $\int \dfrac{x^2}{1+x^2} \mathrm{d}x = \int \dfrac{(x^2+1)-1}{1+x^2} \mathrm{d}x = \int \left(1 - \dfrac{1}{1+x^2} \right) \mathrm{d}x = \int \mathrm{d}x + \int \dfrac{1}{1+x^2} \mathrm{d}x = x - \arctan x + C$；

【注】检验积分结果做得对不对，只要对结果求导，看导数是否等于被积函数，若导数等于被积函数，结果是正确的，否则结果是错误的.

验证 $(x - \arctan x + C)' = x' - (\arctan x)' + C' = 1 - \dfrac{1}{1+x^2} = \dfrac{x^2}{1+x^2}$.

(5) $\int \sin^2 \dfrac{x}{2} \mathrm{d}x = \int \dfrac{1 - \cos x}{2} \mathrm{d}x = \dfrac{1}{2} \int (1 - \cos x) \mathrm{d}x = \dfrac{1}{2} (x - \sin x) + C$；

(6) $\int \dfrac{\cos 2x}{\sin x + \cos x} \mathrm{d}x = \int \dfrac{\cos^2 x - \sin^2 x}{\sin x + \cos x} \mathrm{d}x = \int \dfrac{(\cos x + \sin x)(\cos x - \sin x)}{\sin x + \cos x} \mathrm{d}x$

$= \int (\cos x - \sin x) \mathrm{d}x = \sin x + \cos x + C$.

【注】以上几例中的被积函数都需要进行恒等变形，才能使用基本积分公式. 在积分运算中经常用到的三角公式有：

$\sin 2x = 2\sin x \cos x$；　　　　　　　$\sin^2 x + \cos^2 x = 1$；

$1 + \tan^2 x = \sec^2 x$；　　　　　　　$1 + \cot^2 x = \csc^2 x$；

$\cos 2x = \cos^2 x - \sin^2 x = 1 - 2\sin^2 x = 2\cos^2 x - 1$.

随堂练习 独立思考并完成下列单选题.

1. $\int (\cos x + 2^x) \mathrm{d}x = (\qquad)$.

A. $\cos x + 2^x + C$　　　　　　　　　　B. $\sin x + \dfrac{2^x}{\ln 2} + C$

C. $\sin x + 2^x + C$　　　　　　　　　　D. $\cos x + \dfrac{2^x}{\ln 2} + C$

2. $\int (\mathrm{e}^x + 3) \mathrm{d}x = (\qquad)$.

A. $\mathrm{e}^x + 3x + C$　　　　　　　　　B. $\mathrm{e}^x + 3$

C. $\mathrm{e}^x + 3x$　　　　　　　　　　　D. $\mathrm{e}^x + C$

扫码查看参考答案

扫码查看参考答案

任务单 3.1

模块名称	模块三　积分学			
任务名称	任务 3.1　不定积分概述			
班级		姓名		得分

任务单 3.1　A 组(达标层)

1. 计算下列不定积分.

(1) $\int\left(3-2x+\dfrac{1}{x^2}\right)\mathrm{d}x$;　　(2) $\int\dfrac{1}{x\cdot\sqrt[3]{x}}\mathrm{d}x$;　　(3) $\int\dfrac{(x-1)^3}{x}\mathrm{d}x$;

(4) $\int 3^x\mathrm{e}^x\mathrm{d}x$;　　(5) $\int\dfrac{1}{\sin^2\dfrac{x}{2}\cos^2\dfrac{x}{2}}\mathrm{d}x$.

2. 曲线过原点, 且在点 (x,y) 处的切线斜率为 $y=4x+1$, 求该曲线的方程.

3. 已知物体在时刻 t 的运动速度为 $\cos t$, 且当 $t=\dfrac{\pi}{2}$ 时位移 $s=3$, 试求物体的运动规律 $s=s(t)$.

任务单 3.1　B 组(提高层)

1. 计算下列不定积分.

(1) $\int\left(\sqrt{x}+2\mathrm{e}^x-\cos x+\dfrac{5}{1+x^2}\right)\mathrm{d}x$;　　(2) $\int\dfrac{x^4}{1+x^2}\mathrm{d}x$;　　(3) $\int\dfrac{1}{x^2(1+x^2)}\mathrm{d}x$;

(4) $\int\left(2\mathrm{e}^x+\dfrac{3}{x}\right)\mathrm{d}x$;　　(5) $\int\tan^2 x\mathrm{d}x$;　　(6) $\int\dfrac{\tan x\cot x}{\cos^2 x}\mathrm{d}x$.

2. 已知物体的运动速度 $v=at+v_0$, 求路程函数.

任务单 3.1　C 组(培优层)

实践调查: 寻找不定积分的案例并进行分析(另附 A4 纸小组合作完成).

思政天地

小组合作挖掘与不定积分相关的课程思政元素(要求: 内容不限, 可以是名人名言、故事等).

完成日期	

任务 3.2 　不定积分的运算

利用直接积分法所能求出的不定积分是有限的，为了能求得更多初等函数的不定积分，还需进一步研究不定积分的计算方法．下面将在复合函数求导法则的基础上研究复合函数的积分方法，即换元积分法．积分法有第一类换元积分法和第二类换元积分法．

【学习目标】

1. 利用第一类换元积分法正确计算不定积分；利用第二类换元积分法正确计算不定积分；利用分部积分法正确计算不定积分．

2. 运用不定积分理论解决经济活动中的函数问题．

【任务提出】

问题 1　利用直接积分法，能否求出 $\int \cos 2x \mathrm{d}x$ ？

问题 2　用第一类换元法能否求出下列不定积分？

(1) $\int \dfrac{\mathrm{d}x}{1+\sqrt{x}}$ ；(2) $\int \sqrt{1-x^2}\,\mathrm{d}x$ ．

【知识准备】

3.2.1　第一类换元积分法

课堂思考　如何计算 $\int \cos 2x \mathrm{d}x$ ？

被积函数 $\cos 2x$ 是关于 x 的复合函数，在积分基本公式中没有这样的积分公式，只有 $\int \cos x \mathrm{d}x = \sin x + C$ ，而 $(\sin 2x)' = 2\cos 2x \neq \cos 2x$ ，因此不能用直接法计算．我们不妨这样考虑，将 $\int \cos 2x \mathrm{d}x$ 改写成如下形式：

$$\int \cos 2x \mathrm{d}x = \int \cos 2x \cdot \frac{1}{2}\mathrm{d}(2x) = \frac{1}{2}\int \cos 2x \mathrm{d}(2x),$$

将积分变量看成 $2x$ 进行换元，令 $u=2x$ ，则有 $\dfrac{1}{2}\int \cos 2x \mathrm{d}(2x) = \dfrac{1}{2}\int \cos u \mathrm{d}u = \dfrac{1}{2}\sin u +$

C ．再把 $u=2x$ 进行回代，得 $\int \cos 2x \mathrm{d}x = \dfrac{1}{2}\sin 2x + C$ ．我们可以验证，上述结果是正确的．

这种做法的特点主要是引入新变量 u 进行换元，把原积分化为变量为 u 的一个简单的积分，再利用积分基本公式求解．一般地，我们有下面的定理．

定理 1　设 $\int f(u)\mathrm{d}u = F(u) + C$ ，且函数 $u=\varphi(x)$ 有连续导数．则

$$\int f[\varphi(x)]\varphi'(x)\mathrm{d}x = \int f[\varphi(x)]\mathrm{d}\varphi(x) = \int f(u)\mathrm{d}u = F(u) + C = F[\varphi(x)] + C.$$

这种先"凑"微分，再作变量代换的方法，称为第一类换元积分法，也称凑微分法．

又如，$\int (x+3)^5 \mathrm{d}x = \int (x+3)^5 \mathrm{d}(x+3) = \int u^5 \mathrm{d}u = \dfrac{1}{6}u^6 + C = \dfrac{1}{6}(x+3)^6 + C.$

【注】(1)第一类换元法的关键在于找适当的 $\varphi(x)$ 将被积表达式凑成易积的形式 $f[\varphi(x)]\mathrm{d}\varphi(x)$，然后用直接积分法即可求出不定积分.

(2)第一类换元积分法在积分学中是经常使用的，但如何适当地选择积分变量代换，没有一般的法则可循，要熟练应用这种方法计算不定积分，还需我们熟记一些常用的凑微分等式.

$(1)\,\mathrm{d}x = \dfrac{1}{a}\mathrm{d}(ax+C)$；　　　$(2)\,x\mathrm{d}x = \dfrac{1}{2}\mathrm{d}(x^2)$；　　　$(3)\,\dfrac{1}{\sqrt{x}}\mathrm{d}x = 2\mathrm{d}(\sqrt{x})$；

$(4)\,\dfrac{1}{x^2}\mathrm{d}x = -\mathrm{d}\left(\dfrac{1}{x}\right)$；　　　$(5)\,\dfrac{1}{x}\mathrm{d}x = \mathrm{d}(\ln|x|)$；　　　$(6)\,\mathrm{e}^x\mathrm{d}x = \mathrm{d}(\mathrm{e}^x)$；

$(7)\,\sin x\mathrm{d}x = -\mathrm{d}(\cos x)$；　　　$(8)\,\cos x\mathrm{d}x = \mathrm{d}(\sin x)$；　　　$(9)\,\sec^2 x\mathrm{d}x = \dfrac{1}{\cos^2 x}\mathrm{d}x = \mathrm{d}(\tan x)$；

$(10)\,\csc^2 x\mathrm{d}x = \dfrac{1}{\sin^2 x}\mathrm{d}x = -\mathrm{d}(\cot x)$；　　　$(11)\,\dfrac{1}{\sqrt{1-x^2}}\mathrm{d}x = \mathrm{d}\arcsin x$；

$(12)\,\dfrac{1}{1+x^2}\mathrm{d}x = \mathrm{d}\arctan x$.

例1 求下列不定积分.

$(1)\,\displaystyle\int (3+2x)^{10}\mathrm{d}x$；　　　$(2)\,\displaystyle\int \sin(2x+1)\mathrm{d}x$；　　$(3)\,\displaystyle\int \dfrac{1}{2x+1}\mathrm{d}x$；　　$(4)\,\displaystyle\int \dfrac{\ln x}{x}\mathrm{d}x$；

$(5)\,\displaystyle\int x\sqrt{3-x^2}\mathrm{d}x$；　　$(6)\,\displaystyle\int \mathrm{e}^{-x}\mathrm{d}x$；　　　　$(7)\,\displaystyle\int x\mathrm{e}^{x^2}\mathrm{d}x$；　　$(8)\,\displaystyle\int \dfrac{1}{x^2-a^2}\mathrm{d}x$.

解：$(1)\,\displaystyle\int (3+2x)^{10}\mathrm{d}x = \int \dfrac{1}{2}(3+2x)^{10}(3+2x)'\mathrm{d}x = \dfrac{1}{2}\int (3+2x)^{10}\mathrm{d}(3+2x)$

$= \dfrac{1}{2}\displaystyle\int u^{10}\mathrm{d}u = \dfrac{1}{2}\times\dfrac{1}{11}u^{11}+C = \dfrac{1}{22}(3+2x)^{11}+C$；

$(2)\,\displaystyle\int \sin(2x+1)\mathrm{d}x = \dfrac{1}{2}\int \sin(2x+1)(2x+1)'\mathrm{d}x = \dfrac{1}{2}\int \sin(2x+1)\mathrm{d}(2x+1)$

$= \dfrac{1}{2}\displaystyle\int \sin u\mathrm{d}u = -\dfrac{1}{2}\cos u+C = -\dfrac{1}{2}\cos(2x+1)+C$；

当方法熟练以后，可以不把中间变量 u 写出来，而是直接计算下去.

$(3)\,\displaystyle\int \dfrac{1}{2x+1}\mathrm{d}x = \dfrac{1}{2}\int \dfrac{1}{2x+1}\mathrm{d}(2x+1) = \dfrac{1}{2}\ln|2x+1|+C$；

$(4)\,\displaystyle\int \dfrac{\ln x}{x}\mathrm{d}x = \int \ln x\mathrm{d}(\ln x) = \dfrac{1}{2}(\ln x)^2+C$；

$(5)\,\displaystyle\int x\sqrt{3-x^2}\mathrm{d}x = \int \sqrt{3-x^2}\left(-\dfrac{1}{2}\right)\mathrm{d}(-x^2)$

$= -\dfrac{1}{2}\displaystyle\int \sqrt{3-x^2}\mathrm{d}(3-x^2) = -\dfrac{1}{2}\dfrac{1}{\dfrac{1}{2}+1}(3-x^2)^{\frac{1}{2}+1}+C = -\dfrac{1}{3}(3-x^2)^{\frac{3}{2}}+C$；

$(6)\,\displaystyle\int \mathrm{e}^{-x}\mathrm{d}x = -\int \mathrm{e}^{-x}\mathrm{d}(-x) = -\mathrm{e}^{-x}+C$；

$(7)\,\displaystyle\int x\mathrm{e}^{x^2}\mathrm{d}x = \dfrac{1}{2}\int \mathrm{e}^{x^2}2x\mathrm{d}x = \dfrac{1}{2}\int \mathrm{e}^{x^2}\mathrm{d}x^2 = \dfrac{1}{2}\mathrm{e}^{x^2}+C$；

$$(8) \int \frac{1}{x^2 - a^2} dx = \int \frac{1}{(x+a)(x-a)} dx = \frac{1}{2a} \int \frac{(x+a) - (x-a)}{(x+a)(x-a)} dx$$

$$= \frac{1}{2a} \int \left(\frac{1}{x-a} - \frac{1}{x+a} \right) dx = \frac{1}{2a} \left(\int \frac{1}{x-a} dx - \int \frac{1}{x+a} dx \right)$$

$$= \frac{1}{2a} \left[\int \frac{1}{x-a} d(x-a) - \int \frac{1}{x+a} d(x+a) \right]$$

$$= \frac{1}{2a} (\ln |x-a| - \ln |x+a|) + C$$

$$= \frac{1}{2a} \ln \left| \frac{x-a}{x+a} \right| + C.$$

应用第一类换元积分时，有时需要先将被积函数做适当的恒等变形，再用上述第一类换元积分法求不定积分.

例2 求下列不定积分.

$(1) \int \tan x \, dx;$ $\qquad (2) \int \sin^3 x \, dx;$ $\qquad (3) \int \sec^2 \frac{x}{6} dx;$

$(4) \int \cos^2 x \, dx;$ $\qquad (5) \int \frac{1}{a^2 + x^2} dx;$ $\qquad (6) \int \sec x \, dx.$

解： $(1) \int \tan x \, dx = \int \frac{\sin x}{\cos x} dx = - \int \frac{d(\cos x)}{\cos x} = - \ln |\cos x| + C;$

$(2) \int \sin^3 x \, dx = \int \sin^2 x \sin x \, dx = - \int (1 - \cos^2 x) d(\cos x)$

$$= - \int d(\cos x) + \int \cos^2 x \, d(\cos x) = - \cos x + \frac{1}{3} \cos^3 x + C;$$

$(3) \int \sec^2 \frac{x}{6} dx = 6 \int \sec^2 \frac{x}{6} d\left(\frac{x}{6} \right) = 6 \tan \frac{x}{6} + C;$

$(4) \int \cos^2 x \, dx = \int \frac{1 + \cos 2x}{2} dx = \frac{1}{2} \left(\int dx + \int \cos 2x \, dx \right)$

$$= \frac{1}{2} \int dx + \frac{1}{4} \int \cos 2x \, d(2x) = \frac{x}{2} + \frac{\sin 2x}{4} + C;$$

$(5) \int \frac{1}{a^2 + x^2} dx = \int \frac{1}{a^2} \cdot \frac{1}{1 + \left(\frac{x}{a} \right)^2} dx = \frac{1}{a} \int \frac{1}{1 + \left(\frac{x}{a} \right)^2} d \frac{x}{a} = \frac{1}{a} \arctan \frac{x}{a} + C;$

$(6) \int \sec x \, dx = \int \frac{1}{\cos x} dx = \int \frac{\cos x}{\cos^2 x} dx = \int \frac{1}{\cos^2 x} d \sin x$

$$= - \int \frac{1}{\sin^2 x - 1} d \sin x = - \frac{1}{2} \ln \left| \frac{\sin x - 1}{\sin x + 1} \right| + C (这里利用例1(8)的结论)$$

$$= \frac{1}{2} \ln \left| \frac{\sin x + 1}{\sin x - 1} \right| + C = \ln |\sec x + \tan x| + C;$$

或 $\int \sec x \, dx = \int \frac{\sec x (\sec x + \tan x)}{\sec x + \tan x} dx = \int \frac{(\sec^2 x + \sec x \tan x)}{\sec x + \tan x} dx$

$$= \int \frac{1}{\sec x + \tan x} d(\sec x + \tan x) = \ln |\sec x + \tan x| + C.$$

同理，$\int \csc x \mathrm{d}x = \ln|\csc x - \cot x| + C$.

在求不定积分时，采用的积分方法不同，可能求得的积分结果形式不一样．比如，

$$\int \sin 2x \mathrm{d}x = \frac{1}{2}\int \sin 2x \mathrm{d}(2x) = -\frac{1}{2}\cos 2x + C,$$

或 $\int \sin 2x \mathrm{d}x = 2\int \sin x \cos x \mathrm{d}x = 2\int \sin x \mathrm{d}\sin x = \sin^2 x + C,$

或 $\int \sin 2x \mathrm{d}x = 2\int \sin x \cos x \mathrm{d}x = -2\int \cos x \mathrm{d}\cos x = -\cos^2 x + C.$

其实，同一个积分用不同方法计算，可能得到表面上不一致的结果，但是实际上都表示同一族函数．因此，上述这些典型例题告诉我们，大多数积分求解往往是比较灵活的，尤其被积函数的简化处理需要较强的技巧，只有多思考勤训练才能提高运算能力．

随堂练习 独立思考并完成下列单选题．

1. $\int \sin 3x \mathrm{d}x = ($ $)$.

A. $\sin 3x + C$　　　　　　　　　　B. $\frac{1}{3}\sin 3x + C$

C. $-\frac{1}{3}\cos 3x + C$　　　　　　　D. $\frac{1}{3}\cos 3x + C$

2. $\int \sin^2 x \cos x \mathrm{d}x = ($ $)$.

A. $\frac{1}{3}\sin^3 x + C$　　　　　　　　B. $\frac{1}{3}\cos^3 x + C$

C. $\frac{1}{4}x^4 \mathrm{e}^{x^4} + C$　　　　　　　D. $\cos^3 x + C$

3. 已知 $\int f(x)\mathrm{d}x = F(x) + C$，则 $\int f(b - ax)\mathrm{d}x = ($ $)$.

A. $F(b - ax) + C$　　　　　　　　B. $-\frac{1}{a}F(b - ax) + C$

C. $aF(b - ax) + C$　　　　　　　D. $\frac{1}{a}F(b - ax) + C$

4. $\int \dfrac{\mathrm{e}^x}{1 + \mathrm{e}^x}\mathrm{d}x = ($ $)$.

A. $(1 + \mathrm{e}^x)^2 + C$　　　　　　　B. $\ln(1 + \mathrm{e}^x) + C$

C. $\dfrac{1}{1 + \mathrm{e}^x} + C$　　　　　　　D. $-\ln(1 + \mathrm{e}^x) + C$

5. $\int \dfrac{1 + \ln x}{x}\mathrm{d}x = ($ $)$.

A. $\frac{1}{2}(1 + \ln x)^2 + C$　　　　　B. $\dfrac{1 + \ln x}{x} + C$

C. $\dfrac{1}{x} + C$　　　　　　　　　D. $\left(\dfrac{1 + \ln x}{x}\right)^2 + C$

6. $\int \dfrac{\cos(\sqrt{x} + 1)}{\sqrt{x}}\mathrm{d}x = ($ $)$.

A. $2\cos(\sqrt{x}+1)+C$ B. $2\sin(\sqrt{x}+1)+C$

C. $\cos(\sqrt{x}+1)+C$ D. $\sin(\sqrt{x}+1)+C$

扫码查看参考答案

3.2.2 第二类换元积分法

课堂思考 如何计算下列函数的积分？

$$(1) \int \frac{\mathrm{d}x}{1+\sqrt{x}};\qquad (2) \int \sqrt{1-x^2}\,\mathrm{d}x.$$

上述（1）中，为了去掉根式，我们可以这样考虑：令 $\sqrt{x}=t$，即 $x=t^2(t>0)$，于是 $\mathrm{d}x=2t\mathrm{d}t$，所以

$$\int \frac{\mathrm{d}x}{1+\sqrt{x}} = \int \frac{2t\mathrm{d}t}{1+t} = 2\int \frac{1+t-1}{1+t}\mathrm{d}t = 2\left(\int \mathrm{d}t - \int \frac{1}{1+t}\mathrm{d}t\right)$$

$$=2t-2\ln|1+t|+C,\ \text{再回代}\sqrt[2]{x}=t,\ \text{有}$$

$$\int \frac{\mathrm{d}x}{1+\sqrt{x}} = 2\sqrt{x}-2\ln|1+\sqrt{x}|+C.$$

像上面这种求不定积分的方法称为第二类换元积分法.

定理 2 设 $x=\varphi(t)$ 是单调、可导函数，且 $\varphi'(t)\neq 0$ 时，又设 $f[\varphi(t)]\varphi'(t)$ 具有原函数 $F(t)$，则有换元公式

$$\int f(x)\mathrm{d}x \xrightarrow{x=\varphi(t)} \int f[\varphi(t)]\varphi'(t)\mathrm{d}t = F(t)+C = F[\varphi^{-1}(x)]+C.$$

其中 $t=\varphi^{-1}(x)$ 是 $x=\varphi(t)$ 的反函数.

【注】（1）第二类换元法解题思路是对不定积分 $\int f(x)\mathrm{d}x$ 可以通过作变量代换 $x=\varphi(t)$ 达到求解的目的，其关键在于变量代换 $x=\varphi(t)$ 表达式的选择要得当，使得新积分变量 t 的不定积分容易求，最后还需将原函数中的变量 t 用 $t=\varphi^{-1}(x)$ 回代，得到变量 x 的函数.

（2）一般地，第二类换元积分法换元的目的是消掉被积函数中的根号．主要有两种类型：根式代换和三角代换．上述（1）$\int \dfrac{\mathrm{d}x}{1+\sqrt{x}}$ 的换元就属于根式代换；（2）$\int \sqrt{1-x^2}\,\mathrm{d}x$ 需要进行三角代换.

1. 根式代换

例 3 求下列不定积分.

$$(1) \int \frac{1}{1+\sqrt[3]{x}}\mathrm{d}x;\qquad (2) \int \frac{1}{\sqrt{x}+\sqrt[4]{x}}\mathrm{d}x.$$

解：（1）令 $\sqrt[3]{x}=t$，于是 $x=t^3$，$\mathrm{d}x=3t^2\mathrm{d}t$. 故

$$\int \frac{1}{1+\sqrt[3]{x}}\mathrm{d}x = \int \frac{3t^2}{1+t}\mathrm{d}t = 3\int \frac{(t^2-1)+1}{1+t}\mathrm{d}t$$

$$= 3\int \left(t-1+\frac{1}{1+t}\right)\mathrm{d}t$$

$$= \frac{3}{2}t^2-3t+3\ln|1+t|+C.$$

再回代 $\sqrt[3]{x} = t$, 得

$$\int \frac{1}{1+\sqrt[3]{x}} dx = \frac{3}{2}\sqrt[3]{x^2} - 3\sqrt[3]{x} + 3\ln\left|1 + \sqrt[3]{x}\right| + C.$$

(2) 令 $\sqrt[4]{x} = t$, 于是 $x = t^4$, 则 $dx = 4t^3 dt$, 故

$$\begin{aligned}
\int \frac{1}{\sqrt{x} + \sqrt[4]{x}} dx &= 4\int \frac{t^3}{t^2 + t} dt = 4\int \frac{t^2}{t+1} dt \\
&= 4\int \frac{(t^2-1)+1}{t+1} dt = 4\int \left(t - 1 + \frac{1}{t+1}\right) dt \\
&= 4\left(\frac{1}{2}t^2 - t + \ln|t+1|\right) + C \\
&= 2\sqrt{x} - 4\sqrt[4]{x} + 4\ln\left(\sqrt[4]{x} + 1\right) + C.
\end{aligned}$$

一般地, 当被积函数中含有被开方式为一次式的根式时, 进行根式代换, 令 $t = \sqrt[n]{ax+b}$, 消去根号, 从而求得积分.

2. 三角代换

例 4 求下列不定积分.

(1) $\displaystyle\int \sqrt{1-x^2}\, dx$;   (2) $\displaystyle\int \frac{1}{x^2\sqrt{x^2+4}} dx$;   (3) $\displaystyle\int \frac{1}{\sqrt{x^2-a^2}} dx$.

解: (1) 观察被积函数的特点, 我们利用三角公式 $1 - \sin^2 t = \cos^2 t$ 消去根式.

令 $x = \sin t\left(-\dfrac{\pi}{2} \leqslant t \leqslant \dfrac{\pi}{2}\right)$, 则 $dx = \cos t\, dt$, $\sqrt{1-x^2} = \sqrt{1-\sin^2 t} = \cos t$,

于是 $\displaystyle\int \sqrt{1-x^2}\, dx = \int \cos t \cos t\, dt = \int \cos^2 t\, dt = \int \frac{1+\cos 2t}{2} dt$

$$= \frac{1}{2}t + \frac{1}{4}\sin 2t + C = \frac{1}{2}t + \frac{1}{2}\sin t \cos t + C,$$

由于 $x = \sin t$, 则 $t = \arcsin x$, 而 $\cos t = \sqrt{1-\sin^2 t} = \sqrt{1-x^2}\left(-\dfrac{\pi}{2} \leqslant t \leqslant \dfrac{\pi}{2}\right)$,

故 $\displaystyle\int \sqrt{1-x^2}\, dx = \frac{1}{2}\arcsin x + \frac{x}{2}\sqrt{1-x^2} + C.$

(2) 可利用三角函数关系式 $1 + \tan^2 x = \sec^2 x$ 消去根式.

令 $x = 2\tan t\left(-\dfrac{\pi}{2} < t < \dfrac{\pi}{2}\right)$, 则 $dx = 2\sec^2 t\, dt$, $\sqrt{x^2+4} = 2\sec t$, 故

$$\begin{aligned}
\int \frac{1}{x^2\sqrt{x^2+4}} dx &= \int \frac{2\sec^2 t}{4\tan^2 t \cdot 2\sec t} dt = \frac{1}{4}\int \frac{\sec t}{\tan^2 t} dt = \frac{1}{4}\int \frac{\cos t}{\sin^2 t} dt \\
&= \frac{1}{4}\int \frac{1}{\sin^2 t} d\sin t = -\frac{1}{4\sin t} + C.
\end{aligned}$$

根据 $\tan t = \dfrac{x}{2}$, 作辅助三角形, 如图 3-2 所示. 于是有

$$\int \frac{1}{x^2\sqrt{x^2+4}} dx = -\frac{1}{4}\frac{\sqrt{x^2+4}}{x} + C.$$

(3) 利用三角函数关系式 $\tan^2 x = \sec^2 x - 1$ 去掉被积函数中的根式. 令 $x = a\sec t$, 于是

$$\sqrt{x^2 - a^2} = \sqrt{a^2 \sec^2 t - a^2} = a\sqrt{\sec^2 t - 1} = a\tan t,$$

$$\mathrm{d}x = a\sec t \tan t \mathrm{d}t, \quad 故 \int \frac{\mathrm{d}x}{\sqrt{x^2 - a^2}} = \int \frac{a\sec t \tan t}{a\tan t}\mathrm{d}t = \sec t \mathrm{d}t = \ln|\sec t + \tan t| + C_1.$$

为了把 $\sec t$ 及 $\tan t$ 换成 x 的函数，我们根据 $\sec t = \dfrac{x}{a}$ 作辅助图形（如图 3-3 所示），得到

$$\tan t = \frac{\sqrt{x^2 - a^2}}{a},$$

因此，$\displaystyle\int \frac{\mathrm{d}x}{\sqrt{x^2 - a^2}} = \ln\left|\frac{x}{a} + \frac{\sqrt{x^2 - a^2}}{a}\right| + C_1 = \ln\left|x + \sqrt{x^2 - a^2}\right| + C,$

其中 $C = C_1 - \ln a$.

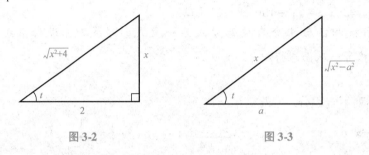

图 3-2　　　　　　　　　　　　　　图 3-3

【注】（1）一般地，被积函数含有二次根式 $\sqrt{a^2 - x^2}$ 和 $\sqrt{x^2 \pm a^2}$ 时，利用三角函数恒等式进行换元来消去根号. 一般地，

$\sqrt{a^2 - x^2}$，可令 $x = a\sin t$ 或 $x = a\cos t$；

$\sqrt{a^2 + x^2}$，可令 $x = a\tan t$ 或 $x = a\cot t$；

$\sqrt{x^2 - a^2}$，可令 $x = a\sec t$ 或 $x = a\csc t$.

（2）三角代换是第二类换元法的重要组成部分，但在具体解题时，还要具体分析. 例如，$\displaystyle\int x\sqrt{x^2 - a^2}\,\mathrm{d}x$ 就不必用三角代换，而用凑微分法更为方便.

随堂练习　独立思考并完成下列单选题.

1. $\displaystyle\int \frac{\sqrt{x+1}}{1 + \sqrt{1+x}}\mathrm{d}x = ($　　$).$

A. $x + 2\ln(1 + \sqrt{x+1}) + C$

B. $x + 1 - 2\sqrt{x+1} + C$

C. $2\sqrt{x+1} + 2\ln(1 + \sqrt{x+1}) + C$

D. $x + 1 - 2\sqrt{x+1} + 2\ln(1 + \sqrt{x+1}) + C$

2. $\displaystyle\int \sqrt{4 - x^2}\,\mathrm{d}x = ($　　$).$

A. $2\arcsin\dfrac{x}{2} + \dfrac{x}{2}\sqrt{4 - x^2} + C$　　　　　B. $\arcsin\dfrac{x}{2} + \dfrac{x}{2}\sqrt{4 - x^2} + C$

C. $2\arcsin\dfrac{x}{2} + x\sqrt{4 - x^2} + C$　　　　　D. $\arcsin\dfrac{x}{2} + \sqrt{4 - x^2} + C$

3. $\int \dfrac{1}{\sqrt{4x^2+9}}\mathrm{d}x = ($ $)$.

A. $\ln\left(2x+\sqrt{4x^2+9}\right)+C$

B. $\dfrac{1}{2}\ln\left(2x+\sqrt{4x^2+9}\right)+C$

C. $\dfrac{1}{2}\ln\left(x+\sqrt{4x^2+9}\right)+C$

D. $\ln\left(x+\sqrt{4x^2+9}\right)+C$

4. $\int \dfrac{1}{x^2\sqrt{1+x^2}}\mathrm{d}x = ($ $)$.

A. $\dfrac{\sqrt{1+x^2}}{x}+C$

B. $-\dfrac{\sqrt{1+x^2}}{2x}+C$

C. $-\dfrac{\sqrt{1+x^2}}{x}+C$

D. $\dfrac{2\sqrt{1+x^2}}{x}+C$

扫码查看参考答案

3.2.3 分部积分法

课堂思考 $\int x\cos x\mathrm{d}x$ 能用前面的方法计算吗?

此题是两个不同类型函数乘积的积分问题,不能用直接积分法、第一类换元积分法、第二类换元积分法解决. 我们不妨这样考虑:令 $u=x$,$v=\sin x$,则 $\cos x\mathrm{d}x = \mathrm{d}\sin x = \mathrm{d}v$,故

$$\int x\cos x\mathrm{d}x = \int x\mathrm{d}\sin x = \int u\mathrm{d}v = uv - \int v\mathrm{d}u = x\sin x - \int \sin x\mathrm{d}x = x\sin x + \cos x + C.$$

该问题的解决思路是将等式左端的不定积分转化为右端的不定积分,且右端的不定积分容易求出来. 这样求解不定积分的方法就是分部积分法.

定理3 若函数 $u=u(x)$,$v=v(x)$ 都可导,且 $u'(x)$,$v'(x)$ 都连续,则不定积分

$$\int u\mathrm{d}v = uv - \int v\mathrm{d}u.$$

证明:设函数 $u=u(x)$,$v=v(x)$ 具有连续的导数,有函数乘积的微分公式

$$\mathrm{d}(uv) = u\mathrm{d}v + v\mathrm{d}u,$$

移项得 $u\mathrm{d}v = \mathrm{d}(uv) - v\mathrm{d}u$.

对等式两边积分,便得到 $\int u\mathrm{d}v = uv - \int v\mathrm{d}u$.

又如,$\int \ln x\mathrm{d}x = x\ln x - \int x\mathrm{d}(\ln x) = x\ln x - \int x\dfrac{1}{x}\mathrm{d}x = x\ln x - x + C.$

例5 求下列不定积分.

$(1) \int x\cos x\mathrm{d}x$;$(2) \int \ln x\mathrm{d}x$;$(3) \int \mathrm{e}^x\sin x\mathrm{d}x$;$(4) \int x^2\mathrm{e}^x\mathrm{d}x$;$(5) \int \cos\sqrt{x}\mathrm{d}x$;$(6) \int \mathrm{e}^{\sqrt{x}}\mathrm{d}x.$

解:(1) 令 $u=x$,则 $\cos x\mathrm{d}x = \mathrm{d}\sin x = \mathrm{d}v$,所以

$$\int x\cos x\mathrm{d}x = \int x\mathrm{d}\sin x = x\sin x - \int \sin x\mathrm{d}x = x\sin x + \cos x + C.$$

若令 $u=\cos x$,从而 $x\mathrm{d}x = \mathrm{d}\left(\dfrac{x^2}{2}\right) = \mathrm{d}v$. 则

$$\int x\cos x\mathrm{d}x = \int \cos x\mathrm{d}\left(\dfrac{x^2}{2}\right) = \dfrac{x^2}{2}\cos x + \int \dfrac{x^2}{2}\sin x\mathrm{d}x.$$

利用分部积分法的目的是将不定积分的计算化难为易,如果 u, v 选择不当,则积分更难进行. 因此,当积分 $\int u dv$ 不好计算时,可利用上述分部积分公式将其转化为另一个积分 $\int v du$,这个积分 $\int v du$ 相对比较容易计算才行.

【注】使用分部积分法的关键是要恰当地选取被积表达式中的 u 和 v,选取的原则是 v 要容易求得;$\int v du$ 比原积分 $\int u dv$ 容易积出. 一般地,若被积函数是幂函数和正(余)弦函数的乘积,就考虑设幂函数为 u,使其降幂一次(假定幂指数是正整数).

(2) $\int \ln x dx = x \ln x - \int x d(\ln x) = x \ln x - \int x \frac{1}{x} dx = x \ln x - x + C.$

(3) $\int e^x \sin x dx = \int \sin x d(e^x) = e^x \sin x - \int e^x d(\sin x) = e^x \sin x - \int e^x \cos x dx + C,$

注意到 $\int e^x \cos x dx$ 与所求积分是同一类型的,需要再用一次分部积分法,

$$\int e^x \sin x dx = e^x \sin x - \int \cos x d(e^x) = e^x \sin x - (e^x \cos x - \int e^x d(\cos x))$$

$$= e^x \sin x - e^x \cos x - \int e^x \sin x dx,$$

故 $\int e^x \sin x dx = \frac{1}{2} e^x (\sin x - \cos x) + C.$

【注】本题实际上是用了两次分部积分法,有些积分需要重复使用几次分部积分法方能得到结果. 一般地,对于 $\int e^{ax} \sin bx dx$,$\int e^{ax} \cos bx dx$ 型的积分,u 和 dv 可随意选取,但在两次分部积分中,必须选用同类型的 u,以便经过两次分部积分后产生循环式,从而解出所求积分.

(4) $\int x^2 e^x dx = \int x^2 d(e^x) = x^2 e^x - \int e^x dx^2 = x^2 e^x - 2 \int x e^x dx = x^2 e^x - 2x e^x + 2 e^x + C.$

【注】有时在用分部积分之前,须先变形. 若被积函数是幂函数和指数函数的乘积,就考虑设幂函数为 u,使其降幂一次(假定幂指数是正整数).

(5) 令 $t = \sqrt{x}$,则 $x = t^2 (t \geq 0)$,从而 $dx = 2t dt$,故

$$\int \cos \sqrt{x} dx = \int \cos t \cdot 2t dt = 2 \int t d(\sin t) = 2(t \sin t - \int \sin t dt)$$

$$= 2(t \sin t + \cos t) + C = 2\sqrt{x} \sin \sqrt{x} + 2\cos \sqrt{x} + C.$$

(6) 令 $t = \sqrt{x}$,则 $x = t^2$,$dx = 2t dt$,故

$$\int e^{\sqrt{x}} dx = 2 \int t e^t dt = 2 \int t d e^t = 2 e^t (t - 1) + C = 2 e^{\sqrt{x}} (\sqrt{x} - 1) + C.$$

一般地,如果不定积分的被积函数是由幂函数、指数函数、对数函数、三角函数、反三角函数中的任两个函数的乘积构成的,那么在使用分部积分法时,积分变量的选择根据经验有如下规律:选 u 按"反、对、幂、三、指"的顺序从左往右优先选择.

到目前为止,我们已经学习了原函数、不定积分及其基本计算方法,只有熟悉了这些积分方法,才能比较熟练地求出许多函数的不定积分. 为了应用方便,人们将一些常用的不定积分公式汇编成表,称为积分表. 本书后面附录 2 积分表,是按照被积函数的类型编

排的．求不定积分时，可以根据不定积分的类型直接或经过变形后，在积分表中查到不定积分的结果．

例6 查表求下列函数的不定积分．

（1）$\int \dfrac{1}{x\sqrt{3+5x}}dx$；　　（2）$\int \sqrt{4x^2+9}\,dx$.

解：（1）被积函数含有 $\sqrt{a+bx}$，属于积分表中第二类的积分，

由公式 15，$\int \dfrac{dx}{x\sqrt{a+bx}}=\begin{cases}\dfrac{1}{\sqrt{a}}\ln\dfrac{\sqrt{a+bx}-\sqrt{a}}{\sqrt{a+bx}+\sqrt{a}}+C\,(a>0),\\[3mm]\dfrac{2}{\sqrt{-a}}\arctan\sqrt{\dfrac{a+bx}{-a}}+C\,(a<0),\end{cases}$

当 $a=3$，$b=5$ 时，有

$$\int \frac{1}{x\sqrt{3+5x}}dx=\frac{1}{\sqrt{3}}\ln\frac{\sqrt{3+5x}-\sqrt{3}}{\sqrt{3+5x}+\sqrt{3}}+C.$$

（2）此题不能直接查表，需要我们先恒等变形再查表，先利用第一类换元法．

令 $u=2x$，有 $dx=\dfrac{1}{2}du$. 于是 $\sqrt{4x^2+9}=\sqrt{u^2+3^2}$，此时，注意到被积函数含有 $\sqrt{u^2+3^2}$，属于积分表中第五类的积分.

由公式 29，$\int \sqrt{x^2+a^2}\,dx=\dfrac{x}{2}\sqrt{x^2+a^2}+\dfrac{a^2}{2}\ln(x+\sqrt{x^2+a^2})+C$，

当 $a=3$ 时，有 $\int \sqrt{4x^2+9}\,dx=\dfrac{1}{2}\int \sqrt{u^2+3^2}\,du$

$$=\frac{1}{2}\left[\frac{u}{2}\sqrt{u^2+9}+\frac{9}{2}\ln(u+\sqrt{u^2+9})\right]+C$$

$$=\frac{x}{2}\sqrt{4x^2+9}+\frac{9}{4}\ln(2x+\sqrt{4x^2+9})+C.$$

随堂练习 独立思考并完成下列单选题．

1. $\int x\sin5x\,dx=($ 　　 $)$.

A. $-\dfrac{1}{5}x\cos5x+\dfrac{1}{5}\sin5x+C$　　　　B. $-\dfrac{1}{25}x\cos5x+\dfrac{1}{25}\sin5x+C$

C. $\dfrac{1}{5}x\cos5x+\dfrac{1}{25}\sin5x+C$　　　　D. $-\dfrac{1}{5}x\cos5x+\dfrac{1}{25}\sin5x+C$

2. $\int xe^{3x}\,dx=($ 　　 $)$.

A. $\dfrac{1}{3}xe^{3x}-\dfrac{1}{3}e^{3x}+C$　　　　B. $\dfrac{1}{9}xe^{3x}-\dfrac{1}{9}e^{3x}+C$

C. $\dfrac{1}{3}xe^{3x}-\dfrac{1}{9}e^{3x}+C$　　　　D. $\dfrac{1}{9}xe^{3x}-e^{3x}+C$

3. $\int e^x\sin2x\,dx=($ 　　 $)$.

A. $e^x(\sin2x-2\cos2x)+C$　　　　B. $\dfrac{1}{5}e^x(\sin2x-2\cos2x)+C$

C. $\dfrac{1}{5}e^x(2\sin2x - 2\cos2x) + C$ D. $e^x(\sin2x - \cos2x) + C$

4. 下列不定积分中，常用分部积分法计算的是(　　).

A. $\displaystyle\int \cos(2x+1)\,\mathrm{d}x$ B. $\displaystyle\int x\,\sqrt{1-x^2}\,\mathrm{d}x$

C. $\displaystyle\int x\sin2x\,\mathrm{d}x$ D. $\displaystyle\int \dfrac{x}{1+x^2}\,\mathrm{d}x$

扫码查看参考答案

3.2.4　经济应用

在经济活动中，一个经济函数的导数称为边际函数. 因此，根据不定积分概念，由边际函数求原来的经济函数，可以用不定积分来解决.

边际成本的积分是成本 $C(Q) = \displaystyle\int C'(Q)\,\mathrm{d}Q$，边际收益的积分是收益 $R(Q) = \displaystyle\int R'(Q)\,\mathrm{d}Q$，边际利润的积分是利润 $L(Q) = \displaystyle\int L'(Q)\,\mathrm{d}Q$.

例7　某工厂生产某产品的固定成本是 1 000 元，边际成本是 $C'(Q) = Q + 24$，求成本.

解：$C(Q) = \displaystyle\int (Q+24)\,\mathrm{d}Q = \dfrac{1}{2}Q^2 + 24Q + k$，由 $C(0) = 1\,000$ 知 $k = 1\,000$，

所以 $C(Q) = \dfrac{1}{2}Q^2 + 24Q + 1\,000$.

例8　某制造商生产某种产品，当生产水平为 q 个单位时，边际收益为每单位产品 $100q^{-\frac{1}{2}}$ 元，同时其边际成本为每单位产品 $0.4q$ 元. 假定在生产水平为 16 单位时，制造商的利润为 920 元，问：当生产水平为 25 个单位时的利润为多少?

解：已知边际收益 $R'(q) = 100q^{-\frac{1}{2}}$，边际成本 $C'(q) = 0.4q$，

于是边际利润为 $L'(q) = R'(q) - C'(q) = 100q^{-\frac{1}{2}} - 0.4q$，

利润为 $L(q) = R(q) - C(q) = \displaystyle\int (R'(q) - C'(q))\,\mathrm{d}q = \displaystyle\int (100q^{-\frac{1}{2}} - 0.4q)\,\mathrm{d}q = 200q^{\frac{1}{2}} - 0.2q^2 + C$，

将 $L(16) = 920$ 代入上式计算得，$C = 171.2$. 即 $L(q) = 200q^{\frac{1}{2}} - 0.2q^2 + 171.2$，

所以当生产水平为 25 个单位时的利润为：

$$L(25) = 200 \cdot 25^{\frac{1}{2}} - 0.2 \cdot 25^2 + 171.2 = 1\,046.2(\text{元}).$$

任务单 3.2

模块名称	模块三　积分学		
任务名称	任务 3.2　不定积分的运算		
班级		姓名		得分	

任务单 3.2　A 组（达标层）

1. 计算下列不定积分.

(1) $\displaystyle\int \frac{1}{x+\sqrt{x}}\mathrm{d}x$；　　(2) $\displaystyle\int \frac{1}{\sqrt{x}\,(1+\sqrt[3]{x})}\mathrm{d}x$；　　(3) $\displaystyle\int \frac{1}{x\,\sqrt{4-x^2}}\mathrm{d}x$；　　(4) $\displaystyle\int x\ln x\mathrm{d}x$.

2. 据估计从现在起的 t 月内，某小镇的人口将按每月 $4+5t^{\frac{2}{3}}$ 的变化率变化，如果当时的人口数为 10 000 人，8 个月后人口数为多少？

3. 某制造商生产某种产品，当生产水平为 q 个单位时，产品的边际成本为 $6q+1$. 已知生产第一个单位产品的总成本是 130 元. 问生产前 10 个单位的产品的总成本是多少？

任务单 3.2　B 组（提高层）

1. 计算下列不定积分.

(1) $\displaystyle\int \frac{1}{\sqrt{1+\mathrm{e}^x}}\mathrm{d}x$；　　(2) $\displaystyle\int \frac{1}{x^2\,\sqrt{x^2-4}}\mathrm{d}x$；　　(3) $\displaystyle\int \arcsin x\mathrm{d}x$.

2. 某零售商购进一船大米，共 10 000 公斤. 预计每月销售 2 000 公斤，5 个月售完. 如果仓储费为每月每公斤 0.01 元. 问该零售商 5 个月后将支付多少仓储费？

任务单 3.2　C 组（培优层）

实践调查：寻找不定积分运算的案例并进行分析（另附 A4 纸小组合作完成）.

思政天地

小组合作挖掘与不定积分运算相关的课程思政元素（要求：内容不限，可以是名人名言、故事等）.

完成日期	

任务 3.3 定积分概述

【学习目标】

1. 叙述定积分概念、几何意义、性质.
2. 领悟定积分思想.

【任务提出】

某商品的价格 P 是销售量 x 的连续函数：$P(x) = 2x + 3$（单位：千万元/件），现在求当销售量从 1 到 10 时的收益 R. 并利用定积分的几何意义求出 R 的值.

【知识准备】

3.3.1 定积分的定义与几何意义

1. 定积分的定义

课堂思考 如何求出不规则图形的面积（如图 3-4 所示）？

图 3-4

【注】不规则图形面积的计算可转化为计算规则图形与曲边梯形的面积之和.

设函数 $y = f(x)$ 在区间 $[a, b]$ 上非负、连续. 由曲线 $y = f(x)$ 及直线 $x = a$、$x = b$、x 轴所围成的平面图形称为曲边梯形，其中曲线弧称为曲边，如图 3-5 所示.

引例 1 如何计算曲边梯形的面积.

从整体看，曲边梯形的高 $f(x)$ 在区间内 $[a, b]$ 是连续变化的，但在局部上高的变化是非常微小的，可近似看作不变. 因此，计算曲边梯形的面积，我们采用如下做法.

将曲边梯形分割成一些小的曲边梯形，每个小曲边梯形都用一个等宽的小矩形代替，每个小曲边梯形的面积都近似地等于小矩形的面积，则所有小矩形面积之和就是曲边梯形面积的近似值. 具体地，曲边梯形的面积计算可按下述四个步骤进行：

（1）分割（化整为零）

在区间 $[a, b]$ 内任意取 $n - 1$ 个分点

$$a = x_0 < x_1 < x_2 < \cdots < x_{n-1} < x_n = b,$$

将 $[a, b]$ 分割成 n 个小区间

$$[x_0, x_1], [x_1, x_2], \cdots, [x_{i-1}, x_i], \cdots, [x_{n-1}, x_n],$$

各小区间的长度记为 $\Delta x_i = x_i - x_{i-1}(i=1,2,\cdots,n)$.

过每个分点作 x 轴的垂线,将曲边梯形分割成 n 个小曲边梯形(如图 3-6 所示),每个小曲边梯形的面积记作 $\Delta S_i(i=1,2,3,\cdots,n)$.

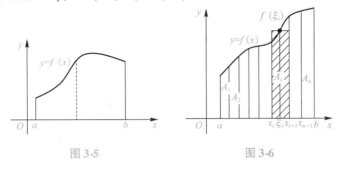

图 3-5　　　　　　　　图 3-6

(2)近似(以直代曲)

在每个小区间 $[x_{i-1},x_i]$ 上任取一点 ξ_i,并以 $f(\xi_i)$ 为高、$\Delta x_i = x_i - x_{i-1}$ 为底作一小矩形,则这个矩形的面积为 $f(\xi_i)\Delta x_i$. 由于函数 $f(x)$ 在区间 $[a,b]$ 上连续,当分割非常细时,在每个小区间上 $f(x)$ 的值变化不大,从而可用小矩形的面积近似代替相应小曲边梯形的面积,即

$$\Delta S_i \approx f(\xi_i)\Delta x_i(i=1,2,\cdots,n).$$

(3)求和(积零为整)

曲边梯形的面积可用这 n 个小矩形面积之和来近似代替,即

$$S = \sum_{i=1}^n \Delta S_i \approx \sum_{i=1}^n f(\xi_i)\Delta x_i.$$

(4)取极限(近似变精确)

显然,分点越多,每个小曲边梯形越细,小矩形的面积之和就越接近 S 的精确值,因此,要求曲边梯形面积 S 的精确值,只需无限地增加分点,使每个小曲边梯形的宽度趋于零,记所有小区间长度的最大值 $\Delta x = \max\{\Delta x_1,\Delta x_2,\cdots,\Delta x_i,\cdots,\Delta x_n\}$. 当 $\Delta x \to 0$ 时,取上述和式极限,便得曲边梯形的面积为

$$S = \lim_{\Delta x \to 0} \sum_{i=1}^n f(\xi_i)\Delta x_i.$$

曲边梯形面积的计算方法概括起来就是"分割、近似、求和、取极限"四部曲. 由于曲边梯形的面积是一个客观存在的常量,所以上述极限与对区间 $[a,b]$ 的分割以及点 ξ_i 的取法无关.

引例 2　如何求变速直线运动的路程?

匀速直线运动的路程 = 速度 × 时间,而变速直线运动,不妨这样来考虑:物体做变速运动时,在很短的时间内,速度变化不大,时间越短,速度越近似于匀速,因此,可近似地看作匀速运动. 在非常小的时间段内,就可以应用上面的公式近似地计算路程.

设物体的运动速度为 $v = v(t)$,是时间间隔 $[T_1,T_2]$ 上 t 的一个连续函数,且 $v(t) \geq 0$,现在计算物体在时间间隔 $[T_1,T_2]$ 内物体所走过的路程. 具体步骤如下:

(1)分割

在时间间隔 $[T_1,T_2]$ 内任意插入 $n-1$ 个分点

$$T_1 = t_0 < t_1 < t_2 < \cdots < t_{n-1} < t_n = T_2,$$

把 $[T_1, T_2]$ 分成 n 个小段

$$[t_0, t_1], [t_1, t_2], \cdots, [t_{n-1}, t_n],$$

各小段时间的长度依次为

$$\Delta t_1 = t_1 - t_0, \Delta t_2 = t_2 - t_1, \cdots, \Delta t_n = t_n - t_{n-1}.$$

相应地，在各段时间内物体经过的路程依次为

$$\Delta s_1, \Delta s_2, \cdots, \Delta s_n.$$

（2）近似

在时间间隔 $[t_{i-1}, t_i]$ 上任取一个时刻 $\xi_i (t_{i-1} \leqslant \xi_i \leqslant t_i)$，以 ξ_i 时刻的速度 $v(\xi_i)$ 来代替 $[t_{i-1}, t_i]$ 上各个时刻的速度，得到第 i 小段路程 Δs_i 的近似值，即

$$\Delta s_i \approx v(\xi_i) \Delta t_i (i = 1, 2, \cdots, n).$$

（3）求和

所求变速直线运动的路程 s 就近似于 n 段路程的近似值之和，即

$$s \approx \sum_{i=1}^{n} v(\xi_i) \Delta t_i.$$

（4）取极限

记 $\lambda = \max\{\Delta t_1, \Delta t_2, \cdots, \Delta t_n\}$，当 $\lambda \to 0$ 时，上式右端取极限，可得到变速直线运动的路程 s 的精确值为

$$s = \lim_{\lambda \to 0} \sum_{i=1}^{n} v(\xi_i) \Delta t_i.$$

由于路程 s 也是一个客观存在的常量，所以上述极限也与对区间 $[T_1, T_2]$ 的分割以及点 ξ_i 的取法无关.

引例 3 如何求出非均匀变化的经济总量？

设某产品的总产量 P 的变化率（即边际产量）是时间 t 的连续函数. $P = P(t)$，现求从时刻 a 变到时刻 b 时的总产量 Q.

用分点 $a = x_0 < t_1 < t_2 < \cdots < t_{i-1} < t_i < \cdots < t_{n-1} < t_n = b$，把区间分成 n 个小区间，其中第 i 个区间的长度记为 Δt_i. 在每个小区间上任取一点 ξ_i，用与引例 1、引例 2 同样的方法，可得总产量：$Q = \lim_{\Delta t \to 0} \sum_{i=1}^{n} P(\xi_i) \Delta t_i$. 还有非均匀价格随销量累积的总收益等许多实际问题，最后都是归结为求结构相同的和式极限. 撇开各种问题的具体意义，可以从数学上统一地给出一个严格的定义，这就是定积分产生的背景.

定义 1 设函数 $y = f(x)$ 在区间 $[a, b]$ 上有定义，任取 $n-1$ 个分点

$$a = x_0 < x_1 < x_2 < \cdots < x_{i-1} < x_i < \cdots < x_{n-1} < x_n = b,$$

将区间 $[a, b]$ 分成首尾相连的 n 个小区间 $[x_{i-1}, x_i]$，其长度为

$$\Delta x_i = x_i - x_{i-1} (i = 1, 2, 3, \cdots, n).$$

在每个小区间 $[x_{i-1}, x_i]$ 上任取一点 $\xi_i (x_{i-1} \leqslant \xi_i \leqslant x_i)$，作乘积 $f(\xi_i) \Delta x_i (i = 1, 2, 3, \cdots, n)$，作和式 $\sum_{i=1}^{n} f(\xi_i) \Delta x_i$. 记 $\lambda = \max\{\Delta x_1, \Delta x_2, \cdots, \Delta x_n\}$，

当 $\lambda = \max\{\Delta x_1, \Delta x_2, \cdots, \Delta x_n\} \to 0$ 时，如果和式 $\sum_{i=1}^{n} f(\xi_i) \Delta x_i$ 的极限都存在且与闭区

间$[a, b]$的所有分法和点$\xi_i(i = 1, 2, \cdots, n)$的所有取法无关，则称函数$f(x)$在区间$[a,b]$上可积，并称此极限为函数$f(x)$在闭区间$[a, b]$上的定积分，记作$\int_a^b f(x) \mathrm{d}x$，即

$$\int_a^b f(x) \mathrm{d}x = \lim_{\lambda \to 0} \sum_{i=1}^n f(\xi_i) \Delta x_i.$$

其中$\int$称为积分号，$f(x)$称为被积函数，$f(x)\mathrm{d}x$称为被积表达式，x称为积分变量，a称为积分下限，b称为积分上限，$[a, b]$称为积分区间.

由定积分的定义，引例1、引例2、引例3所讨论的问题可表示成

$$S = \int_a^b f(x) \mathrm{d}x, \quad s = \int_{T_1}^{T_2} v(t) \mathrm{d}t, \quad Q = \int_a^b P(t) \mathrm{d}t.$$

【注】（1）定积分是一个和式的极限，它是一常量，与积分变量的记法无关，而只与被积函数$f(x)$和积分区间$[a, b]$有关，即

$$\int_a^b f(x) \mathrm{d}x = \int_a^b f(t) \mathrm{d}t = \int_a^b f(u) \mathrm{d}u.$$

（2）规定：当$a > b$时，$\int_a^b f(x) \mathrm{d}x = -\int_b^a f(x) \mathrm{d}x.$

特别地，当$a = b$时，有$\int_a^a f(x) \mathrm{d}x = 0.$

对于定积分，有这样一个重要的问题：函数$f(x)$在$[a, b]$上满足什么条件时，$f(x)$在$[a, b]$上一定可积？这个问题我们不做深入讨论，在这里，我们只给出两个充分条件.

定理1　若函数$f(x)$在$[a, b]$上连续，则$f(x)$在$[a, b]$上可积.

定理2　设函数$f(x)$在区间$[a, b]$上有界，且只有有限个间断点，则$f(x)$在区间$[a, b]$上可积.

【注】（1）初等函数在其定义区间包含的任意区间上可积.

（2）若函数$f(x)$在$[a, b]$上可积，则$f(x)$在$[a, b]$上有界.

例1　用定义计算$\int_0^1 x^2 \mathrm{d}x.$

解：因为$y = x^2$在$[0, 1]$内连续，所以$\int_0^1 x^2 \mathrm{d}x$存在.

（1）分割

把$[0, 1]$分成n等份，每个分点为$x_i = \dfrac{i}{n}$，区间长度为$\Delta x_i = \dfrac{1}{n}.$

（2）近似

取$\xi_i = \dfrac{i}{n}$，则小矩形的面积为$f(\xi_i) \Delta x_i = \left(\dfrac{i}{n}\right)^2 \cdot \dfrac{1}{n}.$

（3）求和

$$\sum_{i=1}^n f(\xi_i) \Delta x_i = \sum_{i=1}^n \left(\frac{i}{n}\right)^2 \cdot \frac{1}{n} = \frac{1}{n^3} \sum_{i=1}^n i^2 = \frac{1}{n^3} \cdot \frac{n(n+1)(2n+1)}{6}.$$

（4）取极限

当区间长度$\dfrac{1}{n} \to 0$时，则$n \to \infty$，因此所求的

$$\int_0^1 x^2 \, dx = \lim_{\lambda \to 0} \sum_{i=1}^n f(\xi_i) \Delta x_i = \lim_{n \to \infty} \frac{1}{n^3} \frac{n(n+1)(2n+1)}{6} = \frac{1}{3}.$$

2. 定积分的几何意义

课堂思考 从几何上，如何理解定积分 $\int_a^b f(x) \, dx$?

（1）若 $f(x) \geq 0$ 时，则定积分 $\int_a^b f(x) \, dx$ 在几何上表示由曲线 $y = f(x)$ 及直线 $x = a$、$x = b$、x 轴所围成的曲边梯形的面积 A（如图 3-7 所示）.

（2）若 $f(x) \leq 0$ 时，由曲线 $y = f(x)$ 及直线 $x = a$、$x = b$、x 轴所围成的曲边梯形位于 x 轴的下方，此时定积分 $\int_a^b f(x) \, dx$ 表示该曲边梯形面积的负值（亦称为负面积）（如图 3-8 所示），即

$$\int_a^b f(x) \, dx = -A.$$

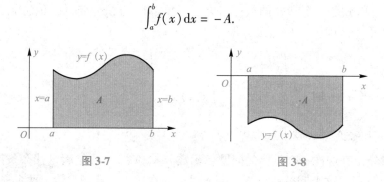

图 3-7　　　　　　　图 3-8

（3）对于一般函数而言（同时包含上述两种情形），$f(x)$ 有正也有负，定积分 $\int_a^b f(x) \, dx$ 表示曲线 $f(x)$ 在 x 轴上方部分的正面积与下方部分的负面积的代数和. 例如，图 3-9 中的定积分 $\int_a^b f(x) \, dx = A_1 - A_2 + A_3 - A_4 + A_5$.

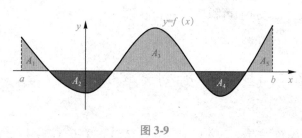

图 3-9

例 2 用几何图形说明等式（1）$\int_{-1}^1 \sqrt{1-x^2} \, dx = \frac{\pi}{2}$，（2）$\int_0^2 x \, dx = 2$ 成立.

解：（1）曲线 $y = \sqrt{1-x^2}$，$x \in [-1, 1]$ 是单位圆在 x 轴上方的部分（如图 3-10 所示）. 按定积分的几何意义，上半圆的面积正是作为曲边的函数 $y = \sqrt{1-x^2}$ 在区间 $[-1, 1]$ 上的定积分；上半圆的面积是 $\frac{\pi}{2}$，故有等式 $\int_{-1}^1 \sqrt{1-x^2} \, dx = \frac{\pi}{2}$.

（2）如图 3-11 所示，

$$\int_0^2 x \, dx = \frac{1}{2} \cdot 2 \cdot 2 = 2.$$

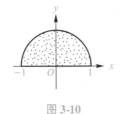 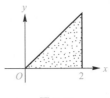

图 3-10 图 3-11

随堂练习 独立思考并完成下列单选题.

1. 定积分 $\int_a^b f(x)\,\mathrm{d}x$ 的大小( ).

A. 与 $f(x)$ 和积分区间 $[a,b]$ 有关，与 ξ_i 的取法无关

B. 与 $f(x)$ 有关，与积分区间 $[a,b]$ 和 ξ_i 的取法无关

C. 与 $f(x)$、积分区间 $[a,b]$ 和 ξ_i 的取法都有关

D. 与 $f(x)$ 和 ξ_i 的取法有关，与积分区间 $[a,b]$ 无关

2. 定积分 $\int_a^b \mathrm{d}x\,(a<b)$ 在几何上表示( ).

A. 线段长 $b-a$ B. 线段长 $a-b$

C. 矩形面积 $(a-b)\times 1$ D. 矩形面积 $(b-a)\times 1$

3. 由 $y=x^2$，$x=-1$，$x=1$，$y=0$ 围成的平面图形的面积为( ).

A. $\int_{-1}^1 x^2\,\mathrm{d}x$ B. $\int_0^1 x^2\,\mathrm{d}x$

C. $\int_0^1 \sqrt{y}\,\mathrm{d}y$ D. $2\int_0^1 \sqrt{y}\,\mathrm{d}y$

扫码查看参考答案

3.3.2 定积分的性质

课堂活动 定积分有什么性质?

性质1 $\int_a^b k\,\mathrm{d}x = k(b-a)$（$k$ 为常数）；特别地，$\int_a^b 1\,\mathrm{d}x = \int_a^b \mathrm{d}x = b-a$.

性质2 被积函数中的常数因子可以提到积分号的外面，即

$$\int_a^b kf(x)\,\mathrm{d}x = k\int_a^b f(x)\,\mathrm{d}x\ (k\ 为常数).$$

性质3 函数的代数和的定积分等于它们的定积分的代数和，即

$$\int_a^b [f(x)\pm g(x)]\,\mathrm{d}x = \int_a^b f(x)\,\mathrm{d}x \pm \int_a^b g(x)\,\mathrm{d}x.$$

性质2和性质3可推广到有限个函数的情况，即

$$\int_a^b [k_1 f_1(x)\pm k_2 f_2(x)\pm\cdots\pm k_n f_n(x)]\,\mathrm{d}x = k_1\int_a^b f_1(x)\,\mathrm{d}x \pm\cdots\pm k_n\int_a^b f_n(x)\,\mathrm{d}x.$$

性质4(积分对区间的可分性) 对于任意的点 c，都有下式成立

$$\int_a^b f(x)\,\mathrm{d}x = \int_a^c f(x)\,\mathrm{d}x + \int_c^b f(x)\,\mathrm{d}x.$$

性质4表明无论点 c 是区间 $[a,b]$ 的内分点还是外分点，这一性质均成立.

这个性质只用几何图形作以说明. 若 c 是内分点，由图 3-12 可以看出，曲边梯形 $AabB$

的面积等于曲边梯形 $AacC$ 的面积加曲边梯形 $CcbB$ 的面积；若 c 是外分点，由图 3-13 可以看出，曲边梯形 $AabB$ 的面积等于曲边梯形 $AacC$ 的面积减去曲边梯形 $BbcC$ 的面积.

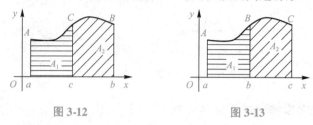

图 3-12　　　　　　　　　　图 3-13

性质 5（积分中值定理）　若函数 $f(x)$ 在闭区间 $[a, b]$ 上连续，则在积分区间 $[a, b]$ 上至少存在一点 ξ，使得

$$\int_a^b f(x)\,\mathrm{d}x = f(\xi)(b-a) \tag{1}$$

成立.

这个性质的几何意义是由曲线 $y = f(x)$ 及直线 $x = a$、$x = b$、x 轴所围成的曲边梯形的面积等于区间 $[a, b]$ 上某个矩形的面积，其中矩形的底是区间 $[a, b]$，高为区间 $[a, b]$ 内某一点 ξ 处的函数值 $f(\xi)$（如图 3-14 所示）.

由式（1）经过适当变形可得到

$$f(\xi) = \frac{1}{b-a}\int_a^b f(x)\,\mathrm{d}x.$$

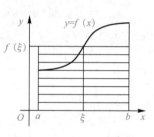

它是曲线 $y = f(x)$ 在区间 $[a, b]$ 上的平均高度. 又称为函数 $f(x)$ 在区间 $[a, b]$ 上的平均值，记为 $\bar{y}$，

即

$$\bar{y} = \frac{1}{b-a}\int_a^b f(x)\,\mathrm{d}x.$$

图 3-14

例 3　求函数 $y = \sqrt{1-x^2}$ 在 $[0, 1]$ 上的平均值.

解：因为 $y = \sqrt{1-x^2}$ 在 $[0, 1]$ 上连续，所以

$$\bar{y} = \frac{1}{(1-0)}\int_0^1 \sqrt{1-x^2}\,\mathrm{d}x = \int_0^1 \sqrt{1-x^2}\,\mathrm{d}x.$$

由于函数 $y = \sqrt{1-x^2}$，$x \in [0, 1]$ 在几何上表示以曲线 $y = \sqrt{1-x^2}$ 为曲边的曲边梯形，也就是单位圆在第一象限的部分，因此，根据定积分的几何意义

$$\int_0^1 \sqrt{1-x^2}\,\mathrm{d}x = \frac{\pi}{4},$$

从而函数的平均值 $\bar{y} = \dfrac{\pi}{4}$.

【任务解决】

解：由定积分的定义，当销售量从 1 到 10 时的收益 $R = \int_1^{10}(2x+3)\,\mathrm{d}x$. 被积函数的图象是一条直线. 由定积分几何意义知，所求收益是上底长度为 $P(1) = 2 \times 1 + 3 = 5$、下底长度为 $P(10) = 2 \times 10 + 3 = 23$、高为 $(10-1) = 9$ 的梯形面积，即

$$R = \int_1^{10}(2x+3)\,\mathrm{d}x = \frac{1}{2}(5+23) \times 9 = 126（千万元）.$$

随堂练习　独立思考并完成下列单选题.

1. 在定积分的区间可加性 $\int_a^b f(x)\,\mathrm{d}x = \int_a^c f(x)\,\mathrm{d}x + \int_c^b f(x)\,\mathrm{d}x$ 中，c 的取值(　　).

A. 必有 $a < c < b$

B. 必有 $b < c < a$

C. 只能为零

D. 可为任意一个实数

2. 下列关系式中正确的有(　　).

A. $\int_0^1 \mathrm{e}^x\,\mathrm{d}x \leqslant \int_0^1 \mathrm{e}^{x^2}\,\mathrm{d}x$

B. $\int_0^1 \mathrm{e}^x\,\mathrm{d}x \geqslant \int_0^1 \mathrm{e}^{x^2}\,\mathrm{d}x$

C. $\int_0^1 \mathrm{e}^x\,\mathrm{d}x = \int_0^1 \mathrm{e}^{x^2}\,\mathrm{d}x$

D. 以上都不正确

3. 设 $f(x)$ 在 $[a,\,b]$ 上可积，$\int_a^b f(x)\,\mathrm{d}x - \int_a^b f(t)\,\mathrm{d}t$ 的值(　　).

A. 小于 0

B. 大于 0

C. 等于 0

D. 无法判断

扫码查看参考答案

任务单 3.3

扫码查看参考答案

模块名称			模块三　积分学	
任务名称			任务 3.3　定积分概述	
班级		姓名		得分

任务单 3.3　A 组(达标层)

1. 利用定积分的定义计算积分 $\int_0^1 e^x dx$.

2. 利用定积分的几何意义，求出下列定积分的值.

(1) $\int_0^1 (1-x)dx$;　　　　(2) $\int_0^3 |2-x|dx$;

(3) $\int_{-2}^2 \sqrt{4-x^2}\,dx$;　　(4) $\int_1^2 2x dx$.

3. 用定积分表示图中阴影部分的面积.

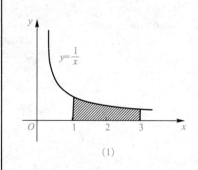

(1)

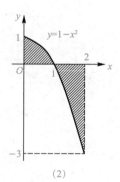

(2)

模块名称	模块三　积分学

任务单3.3　B组(提高层)

1. 画出草图比较下列定积分的大小.

　　(1) $\int_0^1 x^2 \mathrm{d}x$ 和 $\int_0^1 x^3 \mathrm{d}x$;　　　　　　(2) $\int_1^2 x^2 \mathrm{d}x$ 和 $\int_1^2 x^3 \mathrm{d}x$;

　　(3) $\int_1^{10} \lg x \mathrm{d}x$ 和 $\int_1^{10} (\lg x)^2 \mathrm{d}x$;　　　　(4) $\int_{10}^{50} \lg x \mathrm{d}x$ 和 $\int_{10}^{50} (\lg x)^2 \mathrm{d}x$.

2. 已知 $\int_0^1 x^2 \mathrm{d}x = \dfrac{1}{3}$, $\int_0^1 x \mathrm{d}x = \dfrac{1}{2}$, 试求: (1) $\int_0^1 2x^2 \mathrm{d}x$; (2) $\int_0^1 (2x^2 + 3x - 4) \mathrm{d}x$.

任务单3.3　C组(培优层)

实践调查: 寻找定积分概念的相关案例并进行分析(另附 A4 纸小组合作完成).

思政天地

小组合作挖掘与定积分相关的课程思政元素(要求:内容不限,可以是名人名言、故事等).

完成日期	

任务 3.4　定积分的运算

【学习目标】

1. 默写牛顿－莱布尼茨公式，定积分的换元积分公式和分部积分公式；利用牛顿－莱布尼茨公式计算定积分；掌握定积分的换元积分法和分部积分法.

2. 培养学生逻辑推理能力，锻炼学生的开放创新思维，凡事要及时改变思路，化繁为简，大事化小，提升解决问题的能力.

【任务提出】

问题1　已知某产品总产量的变化率为 $q'(t) = -3t^2 + 2t + 80$（件/小时），求从第 2 小时到第 5 小时的总产量.

问题2　如何计算下列类型的定积分？

$$\int_0^1 \frac{\mathrm{d}x}{e^x + e^{-x}}$$

问题3　如何证明 $I_n = \int_0^{\frac{\pi}{2}} \sin^n x \mathrm{d}x = \int_0^{\frac{\pi}{2}} \cos^n x \mathrm{d}x$.

【知识准备】

3.4.1　微积分基本定理

1. 积分上限函数

课堂活动　设函数 $f(x)$ 在区间 $[a, b]$ 上连续，x 为 $[a, b]$ 上的任一点，请你分析 x 与 $f(x)$ 在 $[a, x]$ 上的定积分 $\int_a^x f(t)\mathrm{d}t$ 之间有什么关系（如图 3-15 所示）？

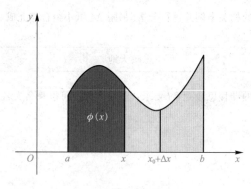

图 3-15

定义1　对于 x 在区间 $[a, b]$ 上每一个取定的值，都有唯一确定的定积分值 $\int_a^x f(t)\mathrm{d}t$ 与之对应，所以它在 $[a, b]$ 上定义了一个函数，称为积分上限函数或变上限积分，记作 $\Phi(x)$，即

$$\Phi(x) = \int_a^x f(t)\,\mathrm{d}t, \ x \in [a, b].$$

定理 1(原函数存在定理） 若函数 $f(x)$ 在区间 $[a, b]$ 上连续，则积分上限函数 $\Phi(x) = \int_a^x f(t)\,\mathrm{d}t$ 在 $[a, b]$ 上可导，并且它的导数为

$$\Phi'(x) = \left[\int_a^x f(t)\,\mathrm{d}t\right]' = f(x) \quad (a \le x \le b).$$

该式表明：若函数 $f(x)$ 在区间 $[a, b]$ 上连续，则积分上限函数 $\Phi(x) = \int_a^x f(t)\,\mathrm{d}t$ 是函数 $f(x)$ 在区间 $[a, b]$ 上的一个原函数.

也就是说，连续函数 $f(x)$ 一定存在原函数 $\Phi(x) = \int_a^x f(t)\,\mathrm{d}t$.

证明： 设 x 为 $[a, b]$ 上任一点，且 $x + \Delta x \in [a, b]$，则

$$\frac{\Delta \Phi}{\Delta x} = \frac{\Phi(x + \Delta x) - \Phi(x)}{\Delta x} = \frac{1}{\Delta x}\left[\int_a^{x+\Delta x} f(t)\,\mathrm{d}t - \int_a^x f(t)\,\mathrm{d}t\right]$$

$$= \frac{1}{\Delta x}\left[\int_a^x f(t)\,\mathrm{d}t + \int_x^{x+\Delta x} f(t)\,\mathrm{d}t - \int_a^x f(t)\,\mathrm{d}t\right] = \frac{1}{\Delta x}\int_x^{x+\Delta x} f(t)\,\mathrm{d}t,$$

根据积分中值定理，至少存在一点 $\xi \in (x, x + \Delta x)$，使得

$$\frac{\Delta \Phi}{\Delta x} = \frac{f(\xi)\Delta x}{\Delta x} = f(\xi).$$

由于 $f(x)$ 在点 x 处连续，而 $\Delta x \to 0$ 时，$\xi \to x$，因此 $\lim\limits_{\Delta x \to 0} f(\xi) = f(x)$. 于是，

$$\Phi'(x) = \lim\limits_{\Delta x \to 0}\frac{\Delta \Phi}{\Delta x} = f(x), \quad \text{即 } \Phi'(x) = \left[\int_a^x f(t)\,\mathrm{d}t\right]' = f(x),$$

所以，积分上限函数 $\int_a^x f(t)\,\mathrm{d}t$ 是函数 $f(x)$ 在区间 $[a, b]$ 上的一个原函数.

【注】（1）此定理的重要意义在于一方面肯定了连续函数的原函数一定存在，另一方面初步揭示了定积分与原函数之间的关系. 使我们对函数的认识产生了一个飞跃.

（2）积分上限函数的表示方法有别于初等函数，但它确实满足函数的定义，并且可以进行四则运算、复合乃至求导数等运算.

例 1 求下列函数的导数.

$(1)f(x) = \int_0^x t^2 \mathrm{e}^{\sqrt{t}}\,\mathrm{d}t$; $\qquad (2)f(x) = \int_x^2 \sqrt{t^2 + 1}\,\mathrm{d}t$; $\qquad (3)f(x) = \int_0^{x^3} \ln(1 + t)\,\mathrm{d}t$.

解： $(1)f'(x) = \left(\int_0^x t^2 \mathrm{e}^{\sqrt{t}}\,\mathrm{d}t\right)' = x^2 \mathrm{e}^{\sqrt{x}}$;

$(2)f'(x) = \left(\int_x^2 \sqrt{t^2 + 1}\,\mathrm{d}t\right)' = \left(-\int_2^x \sqrt{t^2 + 1}\,\mathrm{d}t\right)' = -\sqrt{x^2 + 1}$;

$(3) \int_0^{x^3} \ln(1 + t)\,\mathrm{d}t$ 是 x 的复合函数，根据复合函数求导数的运算法则，有

$$f'(x) = \left[\int_0^{x^3} \ln(1 + t)\,\mathrm{d}t\right]' = \frac{\mathrm{d}}{\mathrm{d}x}\left[\int_0^{x^3} \ln(1 + t)\,\mathrm{d}t\right] = \frac{\mathrm{d}}{\mathrm{d}u}\left[\int_0^u \ln(1 + t)\,\mathrm{d}t\right] \cdot \frac{\mathrm{d}u}{\mathrm{d}x}$$

$$= \ln(1 + u) \cdot \frac{\mathrm{d}x^3}{\mathrm{d}x} = 3x^2 \cdot \ln(1 + x^3).$$

2. 牛顿—莱布尼茨公式

课堂讨论： 路程 $s(t)$ 与速度 $v(t)$ 之间的联系是什么？

回顾定积分的定义式 $\int_a^b f(x)dx = A = \lim\limits_{\lambda \to 0} \sum\limits_{i=1}^{n} f(\xi_i)\Delta x_i$ 得出，以速度 $v(t)$ 做变速直线运动的物体从时刻 $t = T_1$ 到 $t = T_2$ 所走过的路程 $s(t)$ 用定积分来表示为 $s(t) = \int_{T_1}^{T_2} v(t)dt$，又因为，这段路程可以通过路程函数 $s(t)$ 在区间 $[T_1, T_2]$ 上的增量来表示为 $s(T_2) - s(T_1)$。

由此可见，路程函数 $s(t)$ 与速度函数 $v(t)$ 之间有如下关系：$\int_{T_1}^{T_2} v(t)dt = s(T_2) - s(T_1)$。

而 $s'(t) = v(t)$，即路程是速度的原函数，故速度 $v(t)$ 在 $[T_1, T_2]$ 上的定积分等于 $v(t)$ 的原函数 $s(t)$ 在区间 $[T_1, T_2]$ 的增量。

定理 2 设 $f(x)$ 在 $[a, b]$ 上连续，若 $F(x)$ 是 $f(x)$ 的任意一个原函数，则

$$\int_a^b f(x)dx = F(b) - F(a),$$

即 $f(x)$ 在区间 $[a, b]$ 上的定积分等于 $f(x)$ 的原函数 $F(x)$ 在区间 $[a, b]$ 上的增量。该公式称为牛顿—莱布尼茨公式或微积分基本公式，也称为微分基本定理。

证明：由定理 1 可知，$\Phi(x) = \int_a^x f(x)dx$ 是函数 $f(x)$ 在区间 $[a, b]$ 上的一个原函数，而 $f(x)$ 的任意两个原函数之差是一常数，故 $F(x) - \Phi(x) = C$。令 $x = a$，则有 $F(a) - \Phi(a) = C$，即 $F(a) = C$。移项可得 $F(x) - F(a) = \int_a^x f(x)dx$。再令 $x = b$，即得 $\int_a^b f(x)dx = F(b) - F(a)$。通常用 $F(x)\big|_a^b$ 表示 $F(b) - F(a)$，

于是牛顿－莱布尼茨公式可简写为 $\int_a^b f(x)dx = F(x)\big|_a^b = F(b) - F(a)$。

【注】牛顿－莱布尼茨公式给出了求连续函数 $f(x)$ 的定积分 $\int_a^b f(x)dx$ 的有效、简单的方法，即求函数的原函数在区间 $[a, b]$ 上的增量。它反映了定积分计算与不定积分计算有着密切的关系。由此可见，求定积分的问题转化为求被积函数的原函数问题，从而简化了定积分的计算，使众多自然科学及工程技术等领域得到飞速发展。

根据牛顿－莱布尼兹公式，求定积分 $\int_a^b f(x)dx$ 的步骤如下：

（1）求出被积函数 $f(x)$ 的一个原函数 $F(x)$。

（2）计算原函数 $F(x)$ 从积分下限 a 到积分上限 b 的改变量 $F(b) - F(a)$。

例 2 计算下列定积分。

（1）$\int_{-1}^{2} (9x^2 + 4x)dx$；　　　（2）$\int_0^\pi \sin x dx$；　　　（3）$\int_0^1 e^{2x}dx$；　　　（4）$\int_0^1 x(2 - 5x)dx$；

（5）$\int_{-2}^{0} \dfrac{x}{(1+x^2)^2}dx$。

解：（1）$\int_{-1}^{2} (9x^2 + 4x)dx = (3x^3 + 2x^2)\big|_{-1}^{2} = 32 - (-1) = 33$。

（2）$\int_0^\pi \sin x dx = (-\cos x)\big|_0^\pi = -(-\cos\pi - \cos 0) = 2$。

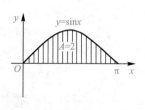

图 3-16

其几何意义如图 3-16 中所示阴影部分的面积，

即由曲线 $y = \sin x$ 及 x 轴在区间 $[0, \pi]$ 上所围成的图形的面积恰好为 2。

$(3)\ \int_0^1 e^{2x}dx = \frac{1}{2}\int_0^1 e^{2x}d(2x) = \frac{1}{2}e^{2x}\Big|_0^1 = \frac{1}{2}(e^2 - e^0) = \frac{1}{2}(e^2 - 1).$

$(4)\ \int_0^1 x(2 - 5x)dx = \int_0^1 (2x - 5x^2)dx = \left(x^2 - 5 \cdot \frac{1}{3}x^3\right)\Big|_0^1 = 1 - \frac{5}{3} = -\frac{2}{3}.$

$(5)\ \int_{-2}^0 \frac{x}{(1+x^2)^2}dx = \frac{1}{2}\int_{-2}^0 \frac{1}{(1+x^2)^2}d(1+x^2) = -\frac{1}{2(1+x^2)}\Big|_{-2}^0 = -\left(\frac{1}{2} - \frac{1}{10}\right) = -\frac{2}{5}.$

【注】利用牛顿－莱布尼茨公式计算定积分时，要求被积函数在积分区间上连续，否则会出错．例如：计算 $\int_{-1}^1 \frac{1}{x^2}dx = -\frac{1}{x}\Big|_{-1}^1 = -2$，显然是错误的，因为被积函数 $f(x) = \frac{1}{x^2}$ 在区间 $[-1,1]$ 上不连续，不满足牛顿－莱布尼兹公式的条件，不能直接应用．

例3　计算 $\int_0^1 |2x-1|dx.$

解：因为 $|2x-1| = \begin{cases} 1-2x, & x \leqslant \frac{1}{2}, \\ 2x-1, & x > \frac{1}{2}, \end{cases}$

由积分对区间的可加性及牛顿—莱布尼茨公式，可得

$\int_0^1 |2x-1|dx = \int_0^{\frac{1}{2}} (1-2x)dx + \int_{\frac{1}{2}}^1 (2x-1)dx = (x - x^2)\Big|_0^{\frac{1}{2}} + (x^2 - x)\Big|_{\frac{1}{2}}^1 = \frac{1}{2}.$

【注】若被积函数中出现绝对值，首先必须去掉绝对值符号．这就要注意正负号，有时需要分段进行积分．

［任务解决］

问题1　**解：**因总产量 $q(t)$ 是变化率 $q'(t)$ 的原函数，故从第 2 小时到第 5 小时的总产量为

$$\Delta Q = q(5) - q(2) = \int_2^5 q'(t)dt = \int_2^5 (-3t^2 + 2t + 80)dt = (-t^3 + t^2 + 80t)\Big|_2^5 = 144(件).$$

因此，从第 2 小时到第 5 小时的总产量为 144 件．

随堂练习　独立思考并完成下列单选题．

1. 设 $f(x) = \int_1^{x^2} \sin t^2 dt$，则 $f'(x) = ($　　　$).$

A. $\sin x^4$ 　　　　　B. $2x\sin x^2$ 　　　　　C. $2x\cos x^2$ 　　　　　D. $2x\sin x^4$

2. 下列定积分计算正确的是(　　　)．

A. $\int_{-1}^1 2xdx = 2$ 　　　　　　　　　　B. $\int_{-1}^{16} dx = 15$

C. $\int_{-\frac{\pi}{2}}^{\frac{\pi}{2}} |\sin x|dx = 0$ 　　　　　　　　D. $\int_{-\pi}^{\pi} \sin xdx = 0$

3. 下列定积分中积分值为 0 的是(　　　)．

A. $\int_{-1}^1 \frac{e^x - e^{-x}}{2}dx$ 　　　　　　　　B. $\int_{-1}^1 \frac{e^x + e^{-x}}{2}dx$

C. $\int_{-\pi}^{\pi} (x^3 + \cos x)dx$ 　　　　　　　D. $\int_{-\pi}^{\pi} (x^2 + \sin x)dx$

扫码查看参考答案

3.4.2 定积分的换元积分法和分部积分法

课堂活动 换元积分法和分部积分法在定积分的运算中如何应用呢?

定理 3(定积分换元积分法) 设 $f(x)$ 在区间 $[a, b]$ 上连续,对定积分 $\int_a^b f(x)\mathrm{d}x$ 作变量代换 $x = \varphi(t)$,若函数 $x = \varphi(t)$ 在区间 $[\alpha, \beta]$ 上单调并有连续导数 $\varphi'(t)$,且 $\varphi(\alpha) = a$,$\varphi(\beta) = b$,则有定积分 $\int_a^b f(x)\mathrm{d}x \xrightarrow{x = \varphi(t)} \int_\alpha^\beta f[\varphi(t)]\varphi'(t)\mathrm{d}t$.

【注】 口诀:(1)换元必换限.即用换元 $x = \varphi(t)$ 时,把 x 换为 t 时,必须相应地将 x 的积分限换成新变量 t 的积分限,即换元时原上限对应新上限,原下限对应新下限.

(2)变量不还原.即求出 $f[\varphi(t)]\varphi'(t)$ 的原函数 $\Phi(t)$ 后,不用再还原为 x 的表达式.

例 4 计算下列定积分.

(1) $\int_0^1 \dfrac{\mathrm{d}x}{1 + \sqrt{x}}$;　　　(2) $\int_0^{\frac{\pi}{2}} \cos x \sin x \, \mathrm{d}x$;　　　(3) $\int_0^1 \sqrt{1 - x^2} \, \mathrm{d}x$;　　　(4) $\int_0^1 x \mathrm{e}^{-\frac{x^2}{2}} \mathrm{d}x$.

解:(1)令 $\sqrt{x} = t$,即 $x = t^2 (t \geq 0)$,则 $\mathrm{d}x = 2t\mathrm{d}t$;当 $x = 0$ 时,$t = 0$;当 $x = 1$ 时,$t = 1$;于是 $\int_0^1 \dfrac{\mathrm{d}x}{1 + \sqrt{x}}\mathrm{d}x = \int_0^1 \dfrac{2t}{1 + t}\mathrm{d}t = 2\int_0^1 \left(1 - \dfrac{1}{1 + t}\right)\mathrm{d}t = 2[t - \ln(1 + t)]\big|_0^1 = 2[1 - \ln(1 + 1) - (0 - \ln(1 + 0)] = 2(1 - \ln 2)$.

(2)令 $t = \cos x$,则当 $x = 0$ 时,$t = 1$;当 $x = \dfrac{\pi}{2}$ 时,$t = 0$.

于是 $\int_0^{\frac{\pi}{2}} \cos x \sin x \, \mathrm{d}x = -\int_0^{\frac{\pi}{2}} \cos x \, \mathrm{d}\cos x = -\int_1^0 t\mathrm{d}t = \int_0^1 t\mathrm{d}t = \left(\dfrac{1}{2}t^2\right)\Big|_0^1 = \dfrac{1}{2}$.

(3)令 $x = \sin t$,则 $\mathrm{d}x = \cos t \mathrm{d}t$.当 $x = 0$ 时,$t = 0$;当 $x = 1$ 时,$t = \dfrac{\pi}{2}$.

于是 $\int_0^1 \sqrt{1 - x^2}\,\mathrm{d}x = \int_0^{\frac{\pi}{2}} \cos^2 t \mathrm{d}x = \left(\dfrac{1}{2}t + \dfrac{1}{4}\sin 2t\right)\Big|_0^{\frac{\pi}{2}} = \dfrac{\pi}{4}$.

(4)令 $t = -\dfrac{x^2}{2}$,则 $\mathrm{d}t = -x\mathrm{d}x$,当 $x = 0$ 时,$t = 0$;当 $x = 1$ 时,$t = -\dfrac{1}{2}$,于是

$\int_0^1 x\mathrm{e}^{-\frac{x^2}{2}}\mathrm{d}x = \int_0^{-\frac{1}{2}} \mathrm{e}^t(-\mathrm{d}t) = -\int_0^{-\frac{1}{2}} \mathrm{e}^t\mathrm{d}t = \int_{-\frac{1}{2}}^0 \mathrm{e}^t\mathrm{d}t = \mathrm{e}^t\Big|_{-\frac{1}{2}}^0 = \mathrm{e}^0 - \mathrm{e}^{-\frac{1}{2}} = 1 - \dfrac{1}{\sqrt{\mathrm{e}}}$.

定理 4 设 $f(x)$ 在对称区间 $[-a, a] (a > 0)$ 上连续,则

(1)若 $f(x)$ 为偶函数,则 $\int_{-a}^a f(x)\mathrm{d}x = 2\int_0^a f(x)\mathrm{d}x$.

(2)若 $f(x)$ 为奇函数,则 $\int_{-a}^a f(x)\mathrm{d}x = 0$.

证明: 由定积分基本性质得 $\int_{-a}^a f(x)\mathrm{d}x = \int_{-a}^0 f(x)\mathrm{d}x + \int_0^a f(x)\mathrm{d}x$,

对积分 $\int_{-a}^0 f(x)\mathrm{d}x$,令 $x = -t$,则可得 $\mathrm{d}x = -\mathrm{d}t$ 且当 $x = -a$ 时,$t = a$;当 $x = 0$ 时,$t = 0$.可得 $\int_{-a}^0 f(x)\mathrm{d}x = -\int_a^0 f(-t)\mathrm{d}t = \int_0^a f(-t)\mathrm{d}t = \int_0^a f(-x)\mathrm{d}x$,

于是：$\int_{-a}^{a} f(x)\mathrm{d}x = \int_0^a f(-x)\mathrm{d}x + \int_0^a f(x)\mathrm{d}x = \int_0^a [f(-x)+f(x)]\mathrm{d}x.$

由此可得：(1)若函数 $f(x)$ 为偶函数，有 $f(-x)=f(x)$，即 $f(-x)+f(x)=2f(x)$，故 $\int_{-a}^{a} f(x)\mathrm{d}x = 2\int_0^a f(x)\mathrm{d}x.$

(2)若 $f(x)$ 为奇函数，有 $f(-x)=-f(x)$，即 $f(-x)+f(x)=0$，故 $\int_{-a}^{a} f(x)\mathrm{d}x = 0.$

可见，定理 4 可以表述为：奇函数在关于原点对称的区间上定积分为零(如图 3-17 所示)；偶函数在关于原点对称的区间上定积分为其一半区间上的两倍(如图 3-18 所示)．例如，利用此结论，立即可得 $\int_{-\pi}^{\pi} \sin x\,\mathrm{d}x = 0.$

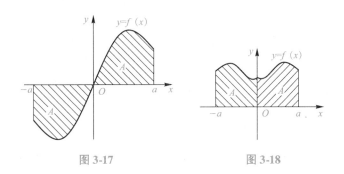

图 3-17　　　　　　　　　图 3-18

例 5　求下列定积分.

(1) $\int_{-1}^{1} (x^4+1)\mathrm{d}x$;　　　　(2) $\int_{-1}^{1} \dfrac{x^3\cos x}{x^4+x^2+1}\mathrm{d}x.$

解：(1)因积分区间 $[-1,1]$ 为对称区间，而 $f(x)=x^4+1$ 为偶函数，故

$$\int_{-1}^{1}(x^4+1)\mathrm{d}x = 2\int_0^1(x^4+1)\mathrm{d}x = 2\int_0^1 x^4\mathrm{d}x + 2\int_0^1 \mathrm{d}x = \frac{2}{5}x^5 \Big|_0^1 + 2 = \frac{12}{5}.$$

(2)因 $f(x)=\dfrac{x^3\cos x}{x^4+x^2+1}$ 为奇函数，

故 $f(x)$ 在对称区间 $[-1,1]$ 上有 $\int_{-1}^{1}\dfrac{x^3\cos x}{x^4+x^2+1}\mathrm{d}x = 0.$

定理 5(定积分分部积分法)　若 $u=u(x)$ 及 $v=v(x)$ 在区间 $[a,b]$ 上具有连续导数，则
$$\int_a^b u\mathrm{d}v = uv\Big|_a^b - \int_a^b v\mathrm{d}u.$$

由导数基本运算法则 $(uv)'=u'v+uv'$，得 $uv'=(uv)'-u'v$，

对上述等式两边同时取定积分可得 $\int_a^b uv'\mathrm{d}x = uv\Big|_a^b - \int_a^b u'v\mathrm{d}x$，即 $\int_a^b u\mathrm{d}v = uv\Big|_a^b - \int_a^b v\mathrm{d}u.$

此定理说明，所求定积分等于两项之差，其中被减项为被积表达式中微分符号 d 前后两个函数的乘积在积分区间上的改变量，减项为原被积表达式中微分符号 d 前后两个函数调换位置所构成的定积分．这样就将所求定积分 $\int_a^b u\mathrm{d}v$ 归结为求作为减项的定积分 $\int_a^b v\mathrm{d}u$，再利用牛顿 – 莱布尼兹公式求解.

例 6 求下列定积分.

(1) $\int_0^1 e^{\sqrt{x}} dx$；   (2) $\int_0^{\frac{\pi}{2}} x\sin x dx$.

解： (1) 令 $\sqrt{x}=t$，即 $x=t^2(t\geq 0)$，则 $dx=2tdt$，

当 $x=0$ 时，$t=0$；当 $x=1$ 时，$t=1$，所以

$$\int_0^1 e^{\sqrt{x}} dx = \int_0^1 e^t 2t dt = 2\int_0^1 te^t dt = 2\int_0^1 t de^t$$

$$= 2te^t \big|_0^1 - 2\int_0^1 e^t dt = 2e - 2e^t \big|_0^1 = 2;$$

(2) $\int_0^{\frac{\pi}{2}} x\sin x dx = \int_0^{\frac{\pi}{2}} x d(-\cos x) = x(-\cos x) \big|_0^{\frac{\pi}{2}} - \int_0^{\frac{\pi}{2}} (-\cos x) dx$

$$= \sin x \big|_0^{\frac{\pi}{2}} = 1.$$

【任务解决】

问题 2 **解：** 令 $t=e^x$，即 $x=\ln t$，则 $dx=\dfrac{1}{t}dt$，当 $x=0$ 时，$t=1$；当 $x=1$ 时，$t=e$，于是

$$\int_0^1 \frac{dx}{e^x + e^{-x}} = \int_0^1 \frac{1}{t+\dfrac{1}{t}} \cdot \frac{1}{t} dt = \int_0^1 \frac{1}{1+t^2} dt = \arctan x \big|_1^e = \arctan e - \frac{\pi}{4}.$$

问题 3 **解：** 当 $n\geq 2$ 时，$I_n = \int_0^{\frac{\pi}{2}} \sin^n x dx = \int_0^{\frac{\pi}{2}} (\sin x)^{n-1} d(-\cos x)$

$$= \left[-(\sin x)^{n-1}\cos x\right] \big|_0^{\frac{\pi}{2}} + (n-1)\int_0^{\frac{\pi}{2}} (\sin x)^{n-2}\cos^2 x dx$$

$$= (n-1)\int_0^{\frac{\pi}{2}} (\sin x)^{n-2} dx - (n-1)\int_0^{\frac{\pi}{2}} \sin^n x dx = (n-1)I_{n-2} - (n-1)I_n.$$

移项后得递推公式：

$$I_n = \frac{n-1}{n} I_{n-2} \qquad (n\geq 2).$$

其中 $I_0 = \int_0^{\frac{\pi}{2}} dx = \dfrac{\pi}{2}$，$I_1 = \int_0^{\frac{\pi}{2}} \sin x dx = 1$.

当令 $x=\dfrac{\pi}{2}-t$ 时，有

$$\int_0^{\frac{\pi}{2}} \cos^n x dx = \int_0^{\frac{\pi}{2}} -\cos^n\left(\frac{\pi}{2}-t\right) dt = \int_0^{\frac{\pi}{2}} \sin^n x dx.$$

因而这两个积分值是相同的.

随堂练习 独立思考并完成下列单选题.

1. $\int_0^1 \dfrac{x-1}{1+\sqrt{x}} dx = ($ $)$.

A. 3   B. $-\dfrac{1}{3}$ C. -3 D. 0

2. $\int_0^1 x\mathrm{e}^{x^2}\mathrm{d}x = ($ 　　$)$.

A. e^{-1} 　　　　　　B. $\dfrac{1}{2}(\mathrm{e}-1)$ 　　　　C. e 　　　　　　D. $\dfrac{1}{2}\mathrm{e}$

3. $\int_1^{\mathrm{e}} \ln x\,\mathrm{d}x = ($ 　　$)$.

A. 1 　　　　　　B. -1 　　　　　　C. $\mathrm{e}-1$ 　　　　　　D. e

4. $\int_0^1 \arctan x\,\mathrm{d}x = ($ 　　$)$.

A. $\dfrac{\pi}{4}$ 　　　　　　　　　　B. $\dfrac{\pi}{4}-\ln 2$

C. $\dfrac{\pi}{4}-\dfrac{\ln 2}{2}$ 　　　　　　D. $\dfrac{\pi}{4}+\dfrac{\ln 2}{2}$

扫码查看参考答案

扫码查看参考答案

任务单 3.4

模块名称	模块三　积分学		
任务名称	任务 3.4　定积分的运算		
班级	姓名		得分

任务单 3.4　A 组（达标层）

1. 计算下列定积分.

(1) $\int_0^1 (x+1)^3 \, dx$；　　(2) $\int_{-1}^1 \frac{1}{1+x^2} dx$；　　(3) $\int_0^8 \frac{1}{\sqrt[3]{x}+1} dx$；　　(4) $\int_1^e x\ln x \, dx$；　　(5) $\int_0^1 \arctan x \, dx$.

2. 计算 $\int_{-1}^1 x^3 \, dx$.

任务单 3.4　B 组（提高层）

计算下列定积分.

(1) $\int_0^1 x e^{-\frac{x^2}{2}} dx$；　　(2) $\int_0^{-1} \ln(1+x) \, dx$；　　(3) $\int_0^\pi x^2 \cos x \, dx$.

任务单 3.4　C 组（培优层）

实践调查：寻找定积分运算的案例并进行分析（另附 A4 纸小组合作完成）.

思政天地

小组合作挖掘与定积分运算相关的课程思政元素（要求：内容不限，可以是名人名言、故事等）.

完成日期	

任务 3.5　定积分的应用

【学习目标】

1. 掌握积分在经济中的简单应用；领悟微元法的基本思想，利用微元法计算曲边梯形的面积、旋转体的体积.

2. 微元法蕴含着"不积跬步无以至千里，不积小流无以成江海"的思想，帮助形成坚持不懈、积少成多的做事态度，养成持之以恒、不断学习的良好习惯.

【任务提出】

问题 1　某商品的需求函数为 $P = D(Q) = 24 - 3Q$，供给函数为 $P = S(Q) = 2Q + 9$，求：(1)市场均衡点及消费者剩余和生产者剩余；(2)若政府对于商品生产者给予 2 元/单位的补贴，求新的市场均衡点及消费者剩余和生产者剩余.

问题 2　求由曲线 $y = \dfrac{1}{x}$ 与直线 $y = x$，$x = 2$ 围成的平面图形的面积.

问题 3　求椭圆 $\dfrac{x^2}{a^2} + \dfrac{y^2}{b^2} = 1$ 分别绕 x 轴和 y 轴旋转所得旋转体的体积.

【知识准备】

3.5.1　经济应用

课堂思考　定积分在经济上有什么应用？

1. 已知边际函数求原经济函数

由牛顿 – 莱布尼茨公式 $\displaystyle\int_0^x f'(t)\mathrm{d}t = F(x) - F(0)$，故边际函数 $f'(x)$ 在区间 $[0, x]$ 上求定积分可得到原经济函数：$\displaystyle\int_0^x f'(x)\mathrm{d}x = F(x) - F(0)$，即 $F(x) = \displaystyle\int_0^x f'(x)\mathrm{d}x + F(0)$，同时可以求出原经济函数从 a 到 b 的增量：$\Delta F = F(b) - F(a) = \displaystyle\int_a^b f'(x)\mathrm{d}x$.

【注】(1) 设产品的边际收益为 $R'(x)$，边际成本为 $C'(x)$，则总收益为 $R(x) = \displaystyle\int_0^x R'(t)\mathrm{d}t$ (通常假定产销量为 0 时总收益为 0)，故总成本为：

$C(x) = \displaystyle\int_0^x C'(t)\mathrm{d}t + C(0)$，其中 $C(0)$ 为固定成本.

(2)边际利润为 $L'(x) = R'(x) - C'(x)$，则利润为 $L(x) = R(x) - C(x) = \displaystyle\int_0^x R'(t)\mathrm{d}t - \left[\displaystyle\int_0^x C'(t)\mathrm{d}t + C(0) \right] = \displaystyle\int_0^x [R'(t) - C'(t)]\mathrm{d}t - C(0)$.

例 1　已知某产品的边际收益为 $R'(x) = 25 - 2x$，边际成本为 $C'(x) = 13 - 4x$，固定成本为 $C(0) = 10$，求 $x = 5$ 时的利润.

解：边际利润为 $L'(x) = R'(x) - C'(x) = (25 - 2x) - (13 - 4x) = 12 + 2x$，

故 $x = 5$ 时的利润为 $L(5) = \displaystyle\int_0^5 L'(t)\mathrm{d}t - C(0) = \displaystyle\int_0^5 (12 + 2t)\mathrm{d}t - C(0)$

$$= (12t + t^2) \Big|_0^5 - 10 = 75.$$

例 2 设生产某种商品每天的固定成本为 200 元，边际成本函数为 $C'(x) = 0.04x + 2$，求总成本函数 $C(x)$. 如果这种商品的单价为 18 元，且产品供不应求，求总利润函数 $L(x)$，并决策每天生产多少个单位时可获得最大利润？

解： $C(x) = \int_0^x C'(t)\,\mathrm{d}t + C(0) = 200 + \int_0^x (0.04t + 2)\,\mathrm{d}t$

$$= 200 + (0.02t^2 + 2t) \Big|_0^x = 200 + 0.02x^2 + 2x.$$

生产并销售 x 个单位商品得到的总收益为 $R(x) = 18x$，其总利润为 $L(x) = R(x) - C(x)$，

$L(x) = 18x - (0.02x^2 + 2x + 200) = -0.02x^2 + 16x - 200$，

由 $L'(x) = -0.04x + 16 = 0$，解得唯一驻点 $x = 400$，

且 $L''(400) = -0.04 < 0$，所以 $x = 400$ 时，有极大值 $L(400)$. 即每天生产 400 个单位时可获得最大利润，且最大利润为 $L(400) = -0.02 \times 400^2 + 16 \times 400 - 200 = 3\,000$（元）.

此题求最大利润：只要边际利润大于 0，说明生产这种产品有利可图，因此当边际利润由正转为负，即边际利润等于 0 时，总利润最大. 故令 $18 - (0.04x + 2) = 0$. 解得 $x = 400$.

2. 连续计息时资金流的现值与终值

设有本金（现值）P 元，按年利率 r 以连续复利计算，t 年后的本利和（终值）为 $S_t = Pe^{rt}$ 元；反之，若 t 年后有终值 S_t 元，则现值为 $P = S_t e^{-rt}$ 元.

设时间 $t \in [0, T]$ 时，资金流为 $A(t)$，按年利率 r 作连续复利计算，求在 $t \in [0, T]$ 内资金流的现值 A_0 和资金流的终值 A_T. 利用微元法，在 $[0, T)$ 内任取一小区间 $[t, t+\mathrm{d}t]$，在 $[t, t+\mathrm{d}t]$ 内将 $A(t)$ 近似看成常数，则应获得的金额近似等于 $A(t)\mathrm{d}t$. t 时刻资金流金额的微元为 $A(t)\mathrm{d}t$，对应现值微元为 $\mathrm{d}A_0 = [A(t)\mathrm{d}t]e^{-rt} = A(t)e^{-rt}\mathrm{d}t$.

在计算终值时，收入 $A(t)\mathrm{d}t$ 在以后的 $(T-t)$ 年期间内获息，故在 $[t, t+\mathrm{d}t]$ 内，对应终值微元 $\mathrm{d}A_T$ 为 $\mathrm{d}A_T = A(t)e^{r(T-t)}\mathrm{d}t = e^{rT}\mathrm{d}A_0$.

若在每个周期内，企业的收入和支出是稳定的数额 A，即资金流是均匀的常数 A，于是资金流的现值为 $A_0 = \int_0^T A(t)e^{-rt}\,\mathrm{d}t = \int_0^T A e^{-rt}\,\mathrm{d}t = -\dfrac{A}{r}e^{-rt}\Big|_0^T = \dfrac{A}{r}(1 - e^{-rT})$；资金流的终值为

$$A_T = \int_0^T A e^{r(T-t)}\,\mathrm{d}t = \int_0^T e^{rT}\mathrm{d}A_0 = e^{rT}A_0 = \dfrac{A}{r}(e^{rT} - 1).$$

例 3 设某企业投资 1 000 万元，在今后的 10 年中每年收入 200 万元，以连续复利年利率 $r = 0.1$ 计息，试求：

(1) 该投资的纯收入的现值；

(2) 收回该笔投资的年限是多少？

解： (1) 投资 10 年中获得收入的现值为

$$A_0 = \int_0^T A e^{-rt}\,\mathrm{d}t = \int_0^{10} 200 e^{-0.1t}\,\mathrm{d}t = -\dfrac{200}{0.1}e^{-0.1t}\Big|_0^{10} = \dfrac{200}{0.1}(1 - e^{-0.1 \times 10}) = 1\,264.2\,（万元），$$

故该投资的纯收入的现值为

$A_0 - 1\,000 = 264.2$（万元）；

(2) 收回投资的时间是总收入现值与投资额相等的时间.

设 T 年后收回投资，即 $A_0 = 1\,000$，则

$$A_0 = \int_0^T Ae^{-rt}dt = \int_0^T 200e^{-0.1t}dt = -\frac{200}{0.1}e^{-0.1t}\bigg|_0^T = 2\,000(1 - e^{-0.1T}) = 1\,000,$$

整理得 $e^{-0.1T} = 0.5$，两边取对数得 $T = 7$（年）.

3. 消费者剩余与生产者剩余

消费者剩余：指消费者因以平衡价格购买了某种商品而没有以比他们本来打算出的价钱较高的价格购买了这种商品而节省下来的钱的总数.

生产者剩余：指生产者因以平衡价格出售了某种商品而没有以比他们本来打算出的较低一些的售价出售了这种商品而获得的额外收入.

如图 3-19 所示，$S(Q)$、$D(Q)$ 分别表示供给曲线和需求曲线. 设某消费者本来打算以 $P_1 > P_e$ 的价格购买某商品，但实际以 P_e 的价格买了该商品，则 $P_1 - P_e$ 就成为他在购买该商品时省下来的钱. 所以根据定积分的几何意义，位于需求曲线 $D(Q)$ 下侧，线段 $P_e E$ 上侧的曲边三角形面积是所有消费者采取上述购买行为所省下来的钱的总和. 即消费者剩余为 $\int_0^{Q_e} D(Q)dQ - P_e \cdot Q_e$.

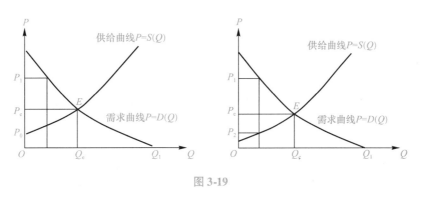

图 3-19

同理. 生产者原计划以 $P_2 < P_e$ 的价格提供商品，结果却以 P_e 的价格销售，则 $P_e - P_2$ 表示生产者本来打算以较低价格 P_2 出售商品而实际卖价为 P_e 所得的额外收入的总和. 所以位于线段 $P_e E$ 下侧而位于供给曲线 $S(Q)$ 上侧的曲边三角形面积就是生产者采取上述行为所获得的额外收入的总和. 即生产者剩余为 $P_e \cdot Q_e - \int_0^{Q_e} S(Q)dQ$.

【任务解决】

问题 1 解：(1) 由已知条件可求出市场均衡点，即 $24 - 3Q_e = 2Q_e + 9$，得 $Q_e = 3$，$P_e = 15$. 故市场平衡点为 $(3, 15)$.

消费者剩余 $CS = \int_0^3 (24 - 3Q)dQ - 15 \times 3 = \left(24Q - \frac{3}{2}Q^2\right)\bigg|_0^3 - 45 = 13.5$；

生产者剩余 $PS = 15 \times 3 - \int_0^3 (2Q + 9)dQ = 45 - (Q^2 + 9Q)\bigg|_0^3 = 9$.

(2) 政府给予生产者补贴，相当于生产成本降低了，新的供给函数为 $P = S(Q) = 2Q + 7$，新的市场均衡点由 $24 - 3Q_e = 2Q_e + 7$ 求得，$Q_e = 3.4$，$P_e = 13.8$. 故新的市场均衡点为 $(3.4, 13.8)$.

消费者剩余 $CS = \int_0^{3.4} (24-3Q)dQ - 13.8 \times 3.4 = \left(24Q - \frac{3}{2}Q^2\right)\Big|_0^{3.4} - 46.92 = 17.36$；

生产者剩余 $PS = 13.8 \times 3.4 - \int_0^{3.4} (2Q+7)dQ = 46.92 - (Q^2 + 7Q)\Big|_0^{3.4} = 11.56$.

可见，政府给予补贴，既支持了企业健康发展，消费者也得到了实惠.

随堂练习 独立思考并完成下列单选题.

1. 设某商品的需求函数为 $D(Q) = 124 - 10Q - Q^2$，供给函数为 $S(Q) = 13 + 24Q$，则在市场均衡价格基础上的消费者剩余为（　　）.

A. 54　　　　　　　B. 63　　　　　　　C. 108　　　　　　　D. −63

2. 设 $R' = 50 - 2Q$，若销售量由 10 单位减少到 5 单位，则收入函数 的改变量是 −175.（　　）

A. √　　　　　　　　　　　　　　　　B. ×

扫码查看参考答案

3.5.2 积分在几何中的应用

1. 定积分的微元法

在定积分的应用中，一般按"分割、近似、求和、取极限"四部曲进行，最终把所求的总量 U 表示成定积分的形式. 这四步可以简化为以下步骤：

（1）由分割写出微元

选取一个积分变量，例如，选 x 为积分变量并确定它的变化区间 $[a, b]$，在 $[a, b]$ 上任取一个微小区间 $[x, x+dx]$，求出所求总量 U 的微元 $\Delta U \approx dU = f(x)dx$.

（2）由微元写出积分

将微元 dU 在 $[a, b]$ 上无限"累加"，即在 $[a, b]$ 上积分得 $U = \int_a^b dU = \int_a^b f(x)dx$.

上述两步解决问题的方法称为微元法.

2. 直角坐标系下计算平面图形面积

课堂活动 用微元法分析曲边梯形的面积.

如图 3-20 所示，设 $y = f(x)$ 在区间 $[a, b]$ 上连续，求由连续曲线 $y = f(x)$ 及直线 $x = a$，$x = b$ 及 x 轴所围成的平面图形的面积 $A(a < b)$.

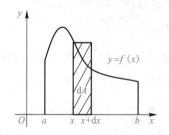 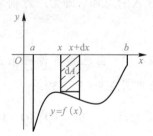

图 3-20

分析 （1）选择 x 为积分变量，在区间 $[a, b]$ 上任取一小区间 $[x, x+dx]$，则面积微元为 $\Delta A \approx dA = |f(x)|dx$；

（2）微元 $|f(x)|\mathrm{d}x$ 在 $[a, b]$ 上的定积分 $\int_a^b |f(x)|\mathrm{d}x$ 就是所求平面图形的面积 A，即

$$A = \int_a^b |f(x)|\mathrm{d}x.$$

【注】上述公式中，无论曲线在 x 轴的上方还是下方都成立．

即在区间 $[a, b]$ 上，（1）若 $f(x) \geqslant 0$ 时，则 $A = \int_a^b f(x)\mathrm{d}x$；（2）若 $f(x) \leqslant 0$，则 $A = -\int_a^b f(x)\mathrm{d}x$；（3）若 $f(x)$ 既可取正值又可取负值时，

则定积分 $\int_a^b f(x)\mathrm{d}x$ 是各个部分曲边梯形面积的代数

和（如图 3-21 所示），即 $\int_a^b f(x)\mathrm{d}x = A_1 - A_2 + A_3$.

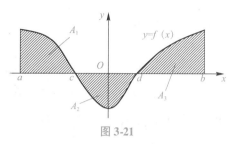

图 3-21

例 4 求由 $y = x^2$，x 轴及直线 $x = 1$ 所围成的平面图形的面积．

解：已知在 $[0, 1]$ 上，曲线 $y = x^2$ 在 x 轴上方，如图 3-22 所示．

所求面积 $A = \int_0^1 x^2 \mathrm{d}x = \frac{1}{3}x^3 \Big|_0^1 = \frac{1}{3}$.

例 5 求由 $y = 1 - x^2$，x 轴及直线 $x = 0$，$x = 2$ 所围成的平面图形的面积．

解：已知在 $[0, 1]$ 上，曲线 $y = 1 - x^2$ 在 x 轴上方；在 $[1, 2]$ 上，曲线 $y = 1 - x^2$ 在 x 轴下方．如图 3-23 所示．

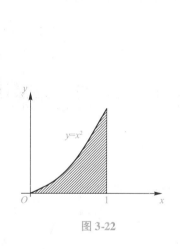

图 3-22

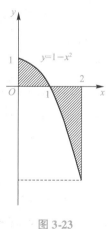

图 3-23

所求面积 $A = \int_0^1 (1 - x^2)\mathrm{d}x - \int_1^2 (1 - x^2)\mathrm{d}x$

$$= \left(x - \frac{1}{3}x^3\right)\Big|_0^1 - \left(x - \frac{1}{3}x^3\right)\Big|_1^2 = 1 - \frac{1}{3} - 1 + \frac{1}{3}(8 - 1) = 2.$$

课堂活动 如图 3-24 所示，用微元法分析由连续曲线 $y = f(x)$、$y = g(x)$ 和直线 $x = a$，$x = b$ 所围成的平面图形的面积（$a < b$）．

（1）选择 x 为积分变量，在区间 $[a, b]$ 上任取一小区间 $[x, x + \mathrm{d}x]$，设此小区间上的面积为 ΔA，则 ΔA 近似于高为 $|f(x) - g(x)|$，底为 $\mathrm{d}x$ 的小矩形的面积，从而得到面积微元为

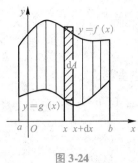

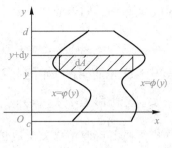

图 3-24 图 3-25

$$dA = |f(x) - g(x)| dx.$$

（2）以 $|f(x) - g(x)| dx$ 为表达式，在区间 $[a, b]$ 上作定积分，就是所求平面图形的面积 A，即 $A = \int_a^b |f(x) - g(x)| dx.$

同理可知，若曲线 $x = \varphi(y)$，$x = \phi(y)$ 在区间 $[c, d]$ 上连续，如果选择 y 为积分变量，则由曲线 $x = \varphi(y)$，$x = \phi(y)$ 与直线 $x = c$，$x = d$ 所围成的平面图形（如图 3-25 所示）的面积为

$$A = \int_c^d |\varphi(y) - \phi(y)| dy.$$

例 6 计算由抛物线 $y = x^2$ 及 $x = y^2$ 所围成的平面图形的面积.

解： 如图 3-26 所示，先求出曲线 $y = x^2$ 和曲线 $x = y^2$ 的交点坐标 $(0, 0)$，$(1, 1)$.

选择 x 为积分变量，积分区间为 $[0, 1]$，在 $[0, 1]$ 上任取一小区间 $[x, x+dx]$，可得到对应的面积微元为

$$dA = |\sqrt{x} - x^2| dx,$$

于是所求图形的面积为

$$A = \int_0^1 |\sqrt{x} - x^2| dx = \int_0^1 (\sqrt{x} - x^2) dx$$

$$= \left(\frac{2}{3} x^{\frac{3}{2}}\right)\bigg|_0^1 - \left(\frac{1}{3} x^3\right)\bigg|_0^1 = \frac{1}{3}.$$

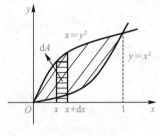

图 3-26

【任务解决】

问题 2 **解：** 曲线 $y = \frac{1}{x}$ 与 $y = x$ 的交点的横坐标为 $x = 1$，而曲线 $y = \frac{1}{x}$ 与 $x = 2$ 的交点的横坐标为 $x = 2$. 如图 3-27 所示.

$$S = \int_1^2 \left(x - \frac{1}{x}\right) dx = \left(\frac{1}{2} x^2 - \ln|x|\right)\bigg|_1^2$$

$$= (2 - \ln 2) - \frac{1}{2} = \frac{3}{2} - \ln 2.$$

3. 计算旋转体的体积

图 3-27

旋转体就是由一个平面图形绕这平面内一条直线旋转一周而成的立体. 这直线叫作旋转轴（如图 3-28 所示）.

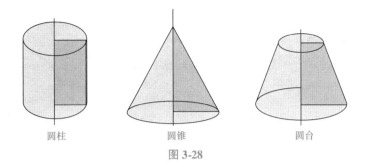

圆柱　　　　　　　圆锥　　　　　　　圆台

图 3-28

课堂活动　用微元法求由连续曲线 $y=f(x)$ 及直线 $x=a$，$x=b$，x 轴所围成的曲边梯形，绕 x 轴旋转一周而成的旋转体的体积（如图 3-29 所示）.

取 x 为积分变量，变化区间为 $[a,b]$.

（1）在区间 $[a,b]$ 上任取一小区间，设与此小区间相对应部分的旋转体的体积为 ΔV，则 ΔV 近似等于以 $|f(x)|$ 为底半径，高为 $\mathrm{d}x$ 的圆柱体体积，从而得到体积微元为

$$\mathrm{d}V=\pi\,[f(x)]^2\,\mathrm{d}x.$$

（2）以 $\pi\,[f(x)]^2\,\mathrm{d}x$ 为被积表达式，在区间 $[a,b]$ 上作定积分，即所求旋转体的体积为

$$V=\pi\int_a^b [f(x)]^2\,\mathrm{d}x.$$

类似地，如图 3-30 所示，由连续曲线 $x=\varphi(y)$ 及直线 $y=c$，$y=d$，y 轴所围成的曲边梯形，绕 y 轴旋转一周而成的旋转体的体积 $V=\pi\int_c^d [\varphi(y)]^2\,\mathrm{d}y$.

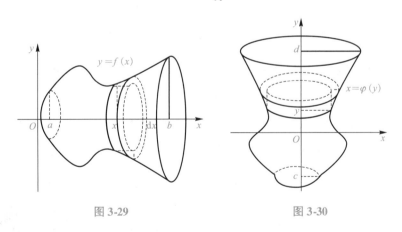

图 3-29　　　　　　　　　　　　图 3-30

【注】事实上，公式 $\mathrm{d}V=\pi\,[f(x)]^2\,\mathrm{d}x$ 中的被积表达式 $\pi\,[f(x)]^2\,\mathrm{d}x$ 就是过积分区间 $[a,b]$ 上任一点 x 处所作垂直于 x 轴的旋转体的一横截面面积. 即若已知旋转体的一横截面（垂直于 x 轴）面积的表达式，即可写出旋转体体积的定积分表达式.

【任务解决】

问题 3　解：（1）如图 3-31 所示，该旋转体可视为由上半椭圆 $y=\dfrac{b}{a}\sqrt{a^2-x^2}$ 及 x 轴所围成的图形绕 x 轴旋转而成的立体.

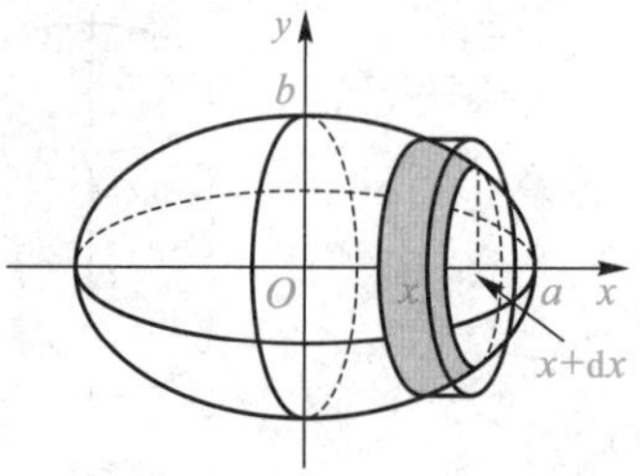

图 3-31

取 x 为自变量，其变化区间为 $[-a, a]$，任取其上一区间微元 $[x, x+\mathrm{d}x]$，相应于该区间微元的小薄片的体积，近似等于底半径为 $\frac{b}{a}\sqrt{a^2-x^2}$，高为 $\mathrm{d}x$ 的扁圆柱体的体积，即体积微元为

$$\mathrm{d}V=\pi\frac{b^2}{a^2}(a^2-x^2)\,\mathrm{d}x.$$

故所求旋转椭球体的体积为

$$\begin{aligned}V&=\int_{-a}^{a}\mathrm{d}V=\int_{-a}^{a}\pi\frac{b^2}{a^2}(a^2-x^2)\,\mathrm{d}x\\&=2\pi\frac{b^2}{a^2}\int_0^a(a^2-x^2)\,\mathrm{d}x\\&=2\pi\frac{b^2}{a^2}\left(a^2x-\frac{x^3}{3}\right)\Big|_0^a=\frac{4}{3}\pi ab^2.\end{aligned}$$

特别地，当 $a=b=R$ 时，可得半径为 R 的球体的体积为 $\frac{4}{3}\pi R^3$.

(2)类似地，绕 y 轴而成的立体的体积为

$$V_y=\pi\int_{-b}^{b}\frac{a^2}{b^2}(b^2-y^2)\,\mathrm{d}y=\pi\frac{a^2}{b^2}\left(b^2y-\frac{1}{3}y^3\right)\Big|_{-b}^{b}=\frac{4}{3}\pi a^2b.$$

随堂练习 独立思考并完成下列单选题.

1. 曲线 $y=x^2$ 与 $y=x$ 所围成的图形的面积，其中正确的是(　　).

A. $\int_0^1(x^2-x)\,\mathrm{d}x$　　B. $\int_0^1(x-x^2)\,\mathrm{d}x$

C. $\int_0^1(y^2-y)\,\mathrm{d}y$　　D. $\int_0^1(y-\sqrt{y})\,\mathrm{d}y$

2. 两条曲线 $y=1-x^2$ 及 $y=0$ 所围成的图形的面积是(　　).

A. $\frac{1}{3}$　　B. $\frac{2}{3}$　　C. $\frac{4}{3}$　　D. 1

3. 曲线 $y=x^2$，$x=2$，$y=0$ 所围成的图形绕 x 轴旋转所得旋转体的体积 $V=$(　　).

A. $\frac{\pi}{5}$　　B. $\frac{16\pi}{5}$　　C. $\frac{32\pi}{5}$　　D. $\frac{4\pi}{5}$

4. 曲线 $y=x^2$，$x=1$，$y=0$ 所围成的图形绕 y 轴旋转所得旋转体的体积 $V=$(　　).

A. $\int_0^1\pi x^4\,\mathrm{d}x$　　B. $\int_0^1\pi y\,\mathrm{d}y$

C. $\int_0^1\pi(1-y)\,\mathrm{d}y$　　D. $\int_0^1\pi(1-x^4)\,\mathrm{d}x$

扫码查看参考答案

任务单 3.5

扫码查看参考答案

模块名称	模块三　积分学			
任务名称	任务 3.5　定积分的应用			
班级		姓名		得分

任务单 3.5　A 组（达标层）

1. 设生产某种产品的固定成本为 12.5 万元，边际成本为 $C'(x) = 15 - 0.2x$（万元/台），该产品的需求函数为 $P(x) = 20 - 0.2x$，假设产品可以全部售出，求：（1）最大利润是多少？（2）在总利润最大的基础上，再生产 10 台，总利润减少多少？

2. 某商品房现售价为 150 万元，分期付款 20 年还清，且每年付款相同，年利率为 $r = 0.04$，按连续复利计算，每年应还款多少元？

3. 设某商品的需求函数为 $P = D(q) = 8 - \dfrac{q}{3}$，供给函数为 $P = S(q) = 2 + \dfrac{q}{3}$. 试求消费者剩余与生产者剩余.

4. 求抛物线 $y^2 = 2x$ 和直线 $y = x - 4$ 所围成的图形绕 y 轴旋转而成的立体的体积.

模块名称	模块三 积分学

任务单 3.5 B 组(提高层)

1. 求由曲线 $y = x^2$，$y = 2 - x^2$ 所围成的图形分别绕 x 轴和 y 轴旋转而成的旋转体的体积.

2. 梦幻城堡是迪士尼乐园的标志性建筑，哥特式的尖塔是此类建筑的特点，其头部为圆锥体；中部为双曲线方程 $\dfrac{x^2}{a^2} - \dfrac{y^2}{b^2} = 1$ 与 y 轴所围成的平面绕 y 轴旋转所形成的曲面旋转体；底部为圆柱体，其各个部分尺寸丈量数据如下图所示(单位：m). 求这部分建筑的体积.

【提示】塔尖可分为 3 个部分，即顶部的圆锥，中部的曲面旋转体，底部的圆柱.

任务单 3.5 C 组(培优层)

实践调查：寻找定积分应用的案例并进行分析(另附 A4 纸小组合作完成).

思政天地

小组合作挖掘与定积分的应用相关的课程思政元素(要求：内容不限，可以是名人名言、故事等).

完成日期	

任务 3.6　认识广义积分

【学习目标】

了解广义积分的概念. 会判断较简单的广义积分的敛散性.

【任务提出】

问题 1　讨论广义积分 $\int_1^{+\infty} \dfrac{1}{x^\alpha} \mathrm{d}x$ 的敛散性.

问题 2　讨论积分 $\int_{-1}^1 \dfrac{1}{x^2} \mathrm{d}x$ 的敛散性.

【知识准备】

3.6.1　无限区间上的广义积分

无穷区间上的函数积分问题和无界函数的积分问题, 称这种类型的积分为广义积分.

课堂活动　如何计算无限区间 $[a, +\infty)$、$[-\infty, b]$ 和 $[-\infty, +\infty]$ 上的积分?

定义 1　设 $f(x)$ 在 $[a, +\infty)$ 上连续, 任取实数 $b > a$, 则把极限 $\lim\limits_{b \to +\infty} \int_a^b f(x) \mathrm{d}x$ 称为函数 $f(x)$ 在无穷区间上的广义积分, 记作

$$\int_a^{+\infty} f(x) \mathrm{d}x = \lim_{b \to +\infty} \int_a^b f(x) \mathrm{d}x,$$

若极限存在, 则称广义积分 $\int_a^{+\infty} f(x) \mathrm{d}x$ 收敛; 若极限不存在, 则称广义积分 $\int_a^{+\infty} f(x) \mathrm{d}x$ 发散.

类似地, 可定义函数 $f(x)$ 在 $(-\infty, b]$ 和 $(-\infty, +\infty)$ 上的广义积分:

$$\int_{-\infty}^b f(x) \mathrm{d}x = \lim_{a \to -\infty} \int_a^b f(x) \mathrm{d}x.$$

$$\int_{-\infty}^{+\infty} f(x) \mathrm{d}x = \int_{-\infty}^c f(x) \mathrm{d}x + \int_c^{+\infty} f(x) \mathrm{d}x$$

$$= \lim_{a \to -\infty} \int_a^c f(x) \mathrm{d}x + \lim_{b \to +\infty} \int_c^b f(x) \mathrm{d}x.$$

其中 c 为任意实数, 当且仅当右端两个广义积分都收敛时, 广义积分 $\int_{-\infty}^{+\infty} f(x) \mathrm{d}x$ 才是收敛的, 否则广义积分 $\int_{-\infty}^{+\infty} f(x) \mathrm{d}x$ 是发散的.

设 $f(x)$ 在 $[a, +\infty)$ 上连续, $F(x)$ 是它在 $[a, +\infty)$ 上的一个原函数, 由牛顿—莱布尼茨公式

$$\int_a^{+\infty} f(x) \mathrm{d}x = \lim_{b \to +\infty} F(x) \Big|_a^b = \lim_{b \to +\infty} f(b) - F(a).$$

为了简便, 一般按正常积分的牛顿—莱布尼茨公式的表达形式, 将反常积分形式地写为

$$\int_a^{+\infty} f(x)\,\mathrm{d}x = F(x)\,\Big|_a^{+\infty} = F(+\infty) - F(a),$$

该式中只要将积分上限理解为极限过程就行了.

若被积函数 $f(x)$ 在无穷区间 $[a, +\infty)$ 上非负，则广

义积分 $\int_a^{+\infty} f(x)\,\mathrm{d}x$ 收敛的几何意义是：如图 3-32 中介于曲

线 $y = f(x)$，直线 $x = a$ 及 x 轴之间的那一块向右无限延伸

的阴影部分区域的面积，并以极限 $\lim\limits_{b\to+\infty}\int_a^b f(x)\,\mathrm{d}x$ 的值作为

面积值.

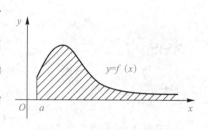

图 3-32

例1 计算广义积分 $\int_0^{+\infty} x\mathrm{e}^{-x}\,\mathrm{d}x$.

解： $\int_0^{+\infty} x\mathrm{e}^{-x}\,\mathrm{d}x = \lim\limits_{b\to+\infty}\int_0^b x\mathrm{e}^{-x}\,\mathrm{d}x = \lim\limits_{b\to+\infty}\int_0^b (-x)\,\mathrm{d}\mathrm{e}^{-x}$

$\qquad = \lim\limits_{b\to+\infty}\Big[(-x)\mathrm{e}^{-x}\Big]_0^b + \lim\limits_{b\to+\infty}\int_0^b \mathrm{e}^{-x}\,\mathrm{d}x$

$\qquad = \lim\limits_{b\to+\infty}\left(-\dfrac{b}{\mathrm{e}^b}\right) - \lim\limits_{b\to+\infty}\left(\mathrm{e}^{-x}\,\big|_0^b\right) = 1.$

例2 计算广义积分 $\int_{-\infty}^0 \mathrm{e}^{3x}\,\mathrm{d}x$.

解： 取 $a < 0$，则

$\int_{-\infty}^0 \mathrm{e}^{3x}\,\mathrm{d}x = \dfrac{1}{3}\lim\limits_{a\to-\infty}\int_a^0 \mathrm{e}^{3x}\,\mathrm{d}(3x) = \dfrac{1}{3}\lim\limits_{a\to-\infty}\left(\mathrm{e}^{3x}\,\big|_a^0\right)$

$\qquad = \dfrac{1}{3}\lim\limits_{a\to-\infty}(\mathrm{e}^0 - \mathrm{e}^{3a}) = \dfrac{1}{3}(1-0) = \dfrac{1}{3}.$

例3 计算广义积分 $\int_{-\infty}^{+\infty} \dfrac{1}{1+x^2}\,\mathrm{d}x$.

解： $\int_{-\infty}^{+\infty} \dfrac{1}{1+x^2}\,\mathrm{d}x = \int_{-\infty}^0 \dfrac{1}{1+x^2}\,\mathrm{d}x + \int_0^{+\infty} \dfrac{1}{1+x^2}\,\mathrm{d}x$

$= \arctan x\,\big|_{-\infty}^0 + \arctan x\,\big|_0^{+\infty} = \dfrac{\pi}{2} + \dfrac{\pi}{2} = \pi.$

【任务解决】

问题1 **解：** 当 $\alpha = 1$，$\int_1^{+\infty} \dfrac{1}{x^\alpha}\,\mathrm{d}x = \int_1^{+\infty} \dfrac{1}{x}\,\mathrm{d}x = \ln x\,\big|_1^{+\infty} = +\infty$；

当 $\alpha \ne 1$，$\int_1^{+\infty} \dfrac{1}{x^\alpha}\,\mathrm{d}x = \dfrac{x^{1-\alpha}}{1-\alpha}\,\bigg|_1^{+\infty} = \begin{cases} +\infty, & \alpha < 1, \\[2mm] \dfrac{1}{\alpha-1}, & \alpha > 1. \end{cases}$

因此，当 $\alpha > 1$ 时，题设广义积分收敛，其值为 $\dfrac{1}{\alpha-1}$；当 $\alpha \le 1$ 时，题设广义积分发散.

3.6.2 无界函数的广义积分

定义2 设函数 $f(x)$ 在区间 $(a, b]$ 上连续，且 $\lim\limits_{x\to a^+} f(x) = \infty$，则把极限

$$\lim_{\varepsilon \to 0^+} \int_{a+\varepsilon}^b f(x)\,dx$$

称为无界函数 $f(x)$ 在区间 $(a,b]$ 上的广义积分，记作

$$\int_a^b f(x)\,dx = \lim_{\varepsilon \to 0^+} \int_{a+\varepsilon}^b f(x)\,dx.$$

若极限存在，则称广义积分 $\int_a^b f(x)\,dx$ 收敛；若极限不存在，则称广义积分 $\int_a^b f(x)\,dx$ 发散.

类似地，函数 $f(x)$ 在区间 $[a,b)$ 上连续，且 $\lim\limits_{x \to b^-} f(x) = \infty$，则广义积分定义为

$$\int_a^b f(x)\,dx = \lim_{\varepsilon \to 0^+} \int_a^{b-\varepsilon} f(x)\,dx.$$

函数 $f(x)$ 在区间 $[a,b]$ 上除点 $c(a<c<b)$ 外都连续，且 $\lim\limits_{x \to c} f(x) = \infty$，则广义积分定义为

$$\int_a^b f(x)\,dx = \int_a^c f(x)\,dx + \int_c^b f(x)\,dx = \lim_{\varepsilon \to 0^+} \int_a^{c-\varepsilon} f(x)\,dx + \lim_{\eta \to 0^+} \int_{c+\eta}^b f(x)\,dx.$$

上述三种广义积分统称为无界函数的广义积分.

我们同样可以将无界函数的反常积分形式地写为

$$\int_a^b f(x)\,dx = F(x)\,\Big|_a^b,$$

这时它与正常积分的牛顿—莱布尼茨公式完全相同，但必须把右端理解为极限过程，即

$$F(x)\,\Big|_a^b = F(b) - \lim_{x \to a^+} F(a).$$

例4 计算广义积分 $\int_0^1 \ln x\,dx$.

解：因为 $\lim\limits_{x \to 0^+} \ln x = -\infty$，所以

$$\int_0^1 \ln x\,dx = \lim_{\eta \to 0^+} \int_\eta^1 \ln x\,dx = \lim_{\eta \to 0^+} (x\ln x - x)\,\Big|_\eta^1 = \lim_{\eta \to 0^+} (-1 - \eta\ln\eta + \eta) = -1.$$

例5 计算广义积分 $\int_0^1 \frac{1}{\sqrt{x}}\,dx$.

解：$\int_0^1 \frac{1}{\sqrt{x}}\,dx = \lim\limits_{\eta \to 0^+} \int_\eta^1 \frac{1}{\sqrt{x}}\,dx = \lim\limits_{\eta \to 0^+} 2\sqrt{x}\,\Big|_\eta^1 = \lim\limits_{\eta \to 0^+} (2 - 2\sqrt{\eta}) = 2.$

【任务解决】

问题2 **解**：被积函数 $f(x) = \frac{1}{x^2}$ 在区间 $[-1,1]$ 中除 $x=0$ 外都连续，且 $\lim\limits_{x \to 0} f(x) = +\infty$，故 $\int_{-1}^1 \frac{1}{x^2}\,dx$ 为广义积分，按定义，取 $\eta > 0$，$\eta' > 0$. 有

$$\int_{-1}^1 \frac{1}{x^2}\,dx = \int_{-1}^0 \frac{1}{x^2}\,dx + \int_0^1 \frac{1}{x^2}\,dx$$

$$= \lim_{\eta \to 0^+} \int_{-1}^{-\eta} \frac{1}{x^2}\,dx + \lim_{\eta' \to 0^+} \int_\eta^1 \frac{1}{x^2}\,dx$$

$$= \lim_{\eta \to 0^+} \left(-\frac{1}{x}\right)\Big|_{-1}^{-\eta} + \lim_{\eta' \to 0^+} \left(-\frac{1}{x}\right)\Big|_\eta^1.$$

因为上面的两个极限都不存在，所以广义积分 $\int_{-1}^1 \frac{1}{x^2}\,dx$ 发散.

任务单 3.6

扫码查看参考答案

模块名称	模块三　积分学
任务名称	任务 3.6　认识广义积分

班级		姓名		得分	

任务单 3.6　A 组（达标层）

1. 计算广义积分 $\int_0^{+\infty} \dfrac{\mathrm{d}x}{1+x^2}$.

3. 计算广义积分 $\int_1^2 \dfrac{\mathrm{d}x}{x\ln x}$.

2. 计算广义积分 $\int_e^{+\infty} \dfrac{1}{x\,(\ln x)^2}\mathrm{d}x$.

任务单 3.6　B 组（提高层）

1. 计算广义积分 $\int_2^{-\infty} \dfrac{1}{x^2-1}\mathrm{d}x$.

2. 计算广义积分 $\int_0^a \dfrac{\mathrm{d}x}{\sqrt{a^2-x^2}}$.

任务单 3.6　C 组（培优层）

实践调查：寻找广义积分的案例并进行分析（另附 A4 纸小组合作完成）.

思政天地

小组合作挖掘与广义积分相关的课程思政元素（要求：内容不限，可以是名人名言、故事等）.

完成日期	

单元测试三 （满分 100 分）

专业：_____，姓名：_____，学号：_____，得分：_____.

一、单选题：下列各题的选项中，只有一项是最符合题意的．请把所选答案的字母填在相应的括号内．（每小题 2 分，共 20 分）

1. 函数 $f(x)=\dfrac{1}{e^{x+1}}$ 的一个原函数为（　　）.

   A. $-\dfrac{1}{e^{x+1}}$ 　　　B. $\dfrac{1}{e^{x+1}}$ 　　　C. $-\dfrac{1}{e^{x+1}}$ 　　　D. $\dfrac{1}{e^{x+1}}$

2. 设函数 $f(x)$ 在闭区间 $[a,b]$ 上连续，则下面式子中正确的是（　　）.

   A. $d\displaystyle\int f(x)dx=f(x)$ 　　　　B. $\dfrac{d}{dx}\displaystyle\int_a^x f(x)dx=f(x)$

   C. $\displaystyle\int df(x)=f(x)$ 　　　　D. $\dfrac{d}{dx}\displaystyle\int_a^b f(x)dx=f(x)$

3. 下列反常积分收敛的是（　　）.

   A. $\displaystyle\int_0^{+\infty} e^x dx$ 　　　　B. $\displaystyle\int_1^{+\infty}\dfrac{1}{x}dx$

   C. $\displaystyle\int_0^{+\infty}\cos x dx$ 　　　　D. $\displaystyle\int_1^{+\infty}\dfrac{1}{x^2}dx$

4. 下列计算正确的是（　　）.

   A. $\displaystyle\int_{-1}^1\dfrac{1}{1+x^2}dx=0$ 　　　　B. $\displaystyle\int_9^9 e^{x^2}dx=0$

   C. $\displaystyle\int_{-1}^1 x\sin x dx=0$ 　　　　D. $\displaystyle\int_{-1}^1 (3x^3+5x^5+1)dx=0$

5. 定积分 $\displaystyle\int_a^b f(x)dx$ 的值只与（　　）有关.

   A. 积分上限与积分下限 　　　　B. 积分区间 $[a,b]$ 及积分变量
   C. 被积函数 　　　　D. 积分区间 $[a,b]$ 与被积函数 $f(x)$

6. 由定积分的几何意义知，定积分 $\displaystyle\int_{-1}^1\sqrt{1-x^2}dx=$（　　）.

   A. 0 　　　B. π 　　　C. 1 　　　D. $\dfrac{\pi}{2}$

7. 若 $f(x)$ 为可导函数，且已知 $f'(0)=2$，且 $f(0)=0$，则 $\displaystyle\lim_{x\to 0}\dfrac{\int_0^x f(t)dt}{x^2}$ 之值为（　　）.

   A. 0 　　　B. 1 　　　C. 2 　　　D. 不存在

8. 下列定积分中，常用分部积分法求解的有（　　）.

   A. $\displaystyle\int_0^1\sin(2x+1)dx$ 　B. $\displaystyle\int_0^1 xe^{x^2}dx$ 　　C. $\displaystyle\int_1^e x\ln x dx$ 　　D. $\displaystyle\int_0^1\dfrac{1}{4x^2+9}dx$

9. 若 $\int f(x)\,\mathrm{d}x = x + C$，则 $\int_0^1 x^2 f(x)\,\mathrm{d}x$ 为（ ）.

A. $\dfrac{1}{2}$　　　　　　B. $\dfrac{1}{3}$　　　　　　C. $\dfrac{1}{4}$　　　　　　D. 1

10. 函数 $\sin 2x$ 的原函数是（ ）.

A. $-\sin^2 x$ 或 $-\dfrac{1}{2}\cos 2x$　　　　　　B. $\cos^2 x$ 或 $\dfrac{1}{2}\sin 2x$

C. $\dfrac{1}{2}\sin 2x$ 或 $\int_0^x \sin 2x\,\mathrm{d}x$　　　　D. $-\dfrac{1}{2}\cos 2x$ 或 $\int_0^x \sin 2x\,\mathrm{d}x$

二、填空题：请将下列各题的答案填写在题中横线上．（每小题 1 分，共 10 分）

1. 已知一阶导数 $\left[\int f(x)\,\mathrm{d}x\right]' = \sqrt{1 + x^2}$，则一阶导数 $f'(1) =$ _____.

2. 若不定积分 $\int f(x)\,\mathrm{d}x = 2^{x^2} + C$，则被积函数 $f(x) =$ _____.

3. 某质点做非匀变速直线运动，其速度为 $v(t) = 3t^2 + 1$，该质点从 $t = 2$ s 时刻运动到 $t = 5$ s 时刻的路程 s 用定积分可表示为_____.

4. 设 $f'(x) = 1$，且 $f(0) = 0$，则 $\int_0^2 f(x)\,\mathrm{d}x =$ _____.

5. 若 $f'(x) = f(x)$，且 $F(1) - F(4) = \pi$，则 $\int x f(x^2)\,\mathrm{d}x =$ _____.

6. $\int_1^5 \mathrm{d}x =$ _____.

7. $\dfrac{\mathrm{d}}{\mathrm{d}x} \int_a^b \sin^2 x\,\mathrm{d}x =$ _____.

8. $\int_0^a 3x^2\,\mathrm{d}x = 27$，则 $a =$ _____.

9. 设 $a > 0$，若 $\int_{-\infty}^0 e^{ax}\,\mathrm{d}x = \dfrac{1}{2}$，则 $a =$ _____.

10. $\left(\int_0^{\frac{\pi}{2}} \cos^2 x\,\mathrm{d}x\right)' =$ _____.

三、判断题：（每小题 1 分，共 5 分，认为结论正确的打"√"，认为错误的打"×"）

1. 若 $\int f(x)\,\mathrm{d}x = F(x) + C$，$F(x)$ 是 $f(x)$ 的一个原函数． （　　）

2. 设函数 $f(x)$ 在区间 $[a, b]$ 上有界，则 $f(x)$ 在 $[a, b]$ 上可积． （　　）

3. 若函数 $f(x)$ 为偶函数，则 $\int_{-a}^a f(x)\,\mathrm{d}x = 2\int_0^a f(x)\,\mathrm{d}x$． （　　）

4. 函数 $y = \dfrac{1}{x}$ 在区间 $[0, 1]$ 上可积． （　　）

5. $\int_a^b f(x)\,\mathrm{d}x = -\int_b^a f(x)\,\mathrm{d}x$． （　　）

四、计算题：（每小题 5 分，共 30 分）

1. $\int \dfrac{1}{\sqrt{x} + 1}\,\mathrm{d}x$.　　　2. $\int_0^1 \dfrac{1 - x^2}{1 + x^2}\,\mathrm{d}x$.　　　3. $\int_3^4 \dfrac{x^2 + x - 6}{x + 3}\,\mathrm{d}x$.

4. $\int_1^e \ln^3 x \mathrm{d}x.$ 5. $\int_0^1 \dfrac{\mathrm{d}x}{1+\mathrm{e}^x}.$ 6. $\int_0^{\pi^2} \sqrt{x}\sin\sqrt{x}\,\mathrm{d}x.$

五、解答题：(每小题 5 分，共 30 分)

1. 设 $F(x)=\int_0^{x^2}\mathrm{e}^{x^2}+\int_x^1\mathrm{e}^{-t^2}\mathrm{d}t$，求 $f'(x)$.

2. 求函数 $y=\dfrac{x}{\sqrt{1-x^2}}$ 在区间 $[0,1]$ 上的平均值 $\bar{y}$.

3. 设 $f(\ln x)=\dfrac{\ln(1+x)}{x}$，求 $\int_0^1 f(x)\mathrm{d}x.$

4. 求由曲线 $y=x^3+3$ 与直线 $x=0$，$x=1$，$y=0$ 所围成的平面图形的面积.

5. 求由曲线 $y=x^3$ 与直线 $x=1$，$y=0$ 所围成的平面图形分别绕 x 轴及 y 轴旋转而成的旋转体的体积.

6. 设 $f(x)$ 为连续函数，且 $f(x)=\dfrac{1}{1+x^2}+x^3\int_0^1 f(x)\mathrm{d}x$，求 $\int_0^1 f(x)\mathrm{d}x.$

六、简答题：(共 5 分)

请简要叙述积分学在自己所学专业中的应用.

第二篇

线性代数基础

一切高级数学归根结底都是微积分和线性代数的各种变化.

——邱成桐

　　布尔巴基说："线性代数学既是一个古老的同时又是一个全新的数学分支."无论在生产管理活动中,还是在商品流通和交换过程中,许多变量之间的相互关系,在一定程度上可分为线性关系和非线性关系两大类.线性代数就是研究变量之间的线性关系的一门基础学科,本篇主要涉及行列式、矩阵、线性方程组及线性规划等基础理论与计算问题.

模块一 行列式与矩阵及其应用

问题提出

未知量是一次的方程称为线性方程. 例如, $2x + y + 3 = 0$, $2x_1 + 5x_2 + 7 = 0$, 由线性方程可以组成线性方程组.

设 n 个未知量 m 个方程的线性方程组

$$\begin{cases} a_{11}x_1 + a_{12}x_2 + \cdots + a_{1n}x_n = b_1 \\ a_{21}x_1 + a_{22}x_2 + \cdots + a_{2n}x_n = b_2 \\ \cdots\cdots \\ a_{m1}x_1 + a_{m2}x_2 + \cdots + a_{mn}x_n = b_m \end{cases}$$

思考 上述线性方程组是否有解? 若方程组有解, 则解是否唯一? 若方程组有解且不唯一, 则如何掌握解的全体? 若没有解, 如何找近似解? 有哪些应用?

问题分析

解决上述问题用到的工具有高斯消元法、行列式、矩阵及 MATLAB、LINGO 等数学软件.

任务 1.1 行列式概述

【学习目标】

1. 能用对角线法则计算二阶、三阶行列式, 知道 n 阶行列式的定义, 能够正确计算特殊行列式的值.

2. 强调行列式的本质, 引导学生透过现象看本质. 在生活中, 也要通过现象分析其本质, 不能盲从, 从而坚定正确的人生观和价值观.

【任务提出】

求解下列方程组, 除了高斯消元法, 还有其他方法吗?

(1) $\begin{cases} 2x_1 - 5x_2 = 6 \\ x_1 - x_2 = 5 \end{cases}$ (2) $\begin{cases} 3x_1 + 2x_2 + 2x_3 = 5 \\ 5x_1 + 3x_2 - x_3 = 0 \\ 13x_1 + 8x_2 + 5x_3 = 15 \end{cases}$

【知识准备】

1.1.1 二阶行列式与三阶行列式

1. 二阶行列式

课堂活动 回顾求解二元线性方程组的高斯消元法，探究其求解公式并设法化简此公式.

二元线性方程组 $\begin{cases} a_{11}x_1 + a_{12}x_2 = b_1 & (1), \\ a_{21}x_1 + a_{22}x_2 = b_2 & (2), \end{cases}$ 其中 x_1、x_2 为未知量，系数 $a_{ij}(i, j = 1, 2)$ 表示未知量前面的系数. b_1、b_2 是常数项.

解：二元线性方程组的一般方法有代入消元法和加减消元法两种，利用高斯消元法解上述方程组.

$(1) \times a_{22} - (2) \times a_{12}$ 得 $(a_{22}a_{11} - a_{12}a_{21})x_1 = a_{22}b_1 - a_{12}b_2$，

于是 $x_1 = \dfrac{a_{22}b_1 - a_{12}b_2}{a_{11}a_{22} - a_{12}a_{21}}$，同理得 $x_2 = \dfrac{a_{11}b_2 - a_{21}b_1}{a_{11}a_{22} - a_{12}a_{21}}$.

课堂思考 请观察上述公式有何特点.

特点：分母相同，由方程组的四个系数确定. 分子、分母都是四个数分成两对相乘再相减而得.

为方便研究，对于上式的分母引入记号 $D = \begin{vmatrix} a_{11} & a_{12} \\ a_{21} & a_{22} \end{vmatrix} = a_{22}a_{11} - a_{12}a_{21}$，称为二阶行列式. 其中 $a_{ij}(i, j = 1, 2)$ 称为此二阶行列式的元素，横排称为行，竖排称为列. 元素 a_{ij} 的第一个下标 i 表示这个元素位于行列式的第 i 行，称为行标，第二个下标 j 表示这个元素位于行列式的第 j 列，称为列标.

【注】(1)二阶行列式的代数和可用对角线法则(如图 1-1 所示)记忆，其中实线连接的两元素的乘积取正号，虚线连接的两元素的乘积取负号.

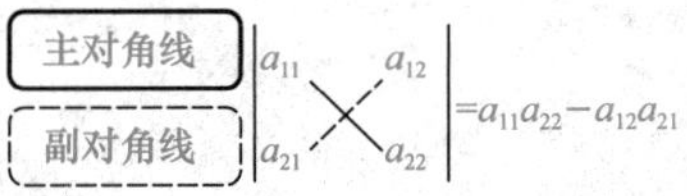

即主对角线上两元素之积 – 副对角线上两元素之积.

$$\boxed{主对角线} \quad \boxed{副对角线} \quad \begin{vmatrix} a_{11} & a_{12} \\ a_{21} & a_{22} \end{vmatrix} = a_{11}a_{22} - a_{12}a_{21}$$

图 1-1

例1 计算下列二阶行列式：$(1) \begin{vmatrix} 1 & 2 \\ 3 & 4 \end{vmatrix}$；$(2) \begin{vmatrix} a^2 & ab \\ ab & b^2 \end{vmatrix}$.

解：$(1) \begin{vmatrix} 1 & 2 \\ 3 & 4 \end{vmatrix} = 1 \times 4 - 2 \times 3 = -2$；

$(2) \begin{vmatrix} a^2 & ab \\ ab & b^2 \end{vmatrix} = a^2 b^2 - (ab)^2 = 0$.

例2 若二阶行列式 $D = \begin{vmatrix} k^2 & 4 \\ 2 & k \end{vmatrix} = 0$，则元素 $k = $ _____.

解：因 $D = \begin{vmatrix} k^2 & 4 \\ 2 & k \end{vmatrix} = k^3 - 8 = 0$，故元素 $k = 2$.

在上述二元线性方程组的解中，若令：$D_1 = \begin{vmatrix} b_1 & a_{12} \\ b_2 & a_{22} \end{vmatrix} = a_{22}b_1 - a_{12}b_2$，$D_2 = \begin{vmatrix} a_{11} & b_1 \\ a_{21} & b_2 \end{vmatrix} = a_{11}b_2 - a_{21}b_1$，则在 $D \neq 0$ 时，二元线性方程组的解可用行列式简明地表示为：$x_1 = \dfrac{D_1}{D}$，$x_2 = \dfrac{D_2}{D}$.

这里 D_1，D_2 是用常数 b_1，b_2 分别代替 D 中第一列和第二列的元素所得的行列式.

【任务解决】

解：（1）先计算二元线性方程组 $\begin{cases} 2x_1 - 5x_2 = 6, \\ x_1 - x_2 = 5 \end{cases}$ 的行列式

$$D = \begin{vmatrix} 2 & -5 \\ 1 & -1 \end{vmatrix} = 2 \times (-1) - (-5) \times 1 = 3 \neq 0,$$

再计算 $D_1 = \begin{vmatrix} 6 & -5 \\ 5 & -1 \end{vmatrix} = 6 \times (-1) - 5 \times (-5) = 19$，$D_2 = \begin{vmatrix} 2 & 6 \\ 1 & 5 \end{vmatrix} = 2 \times 5 - 1 \times 6 = 4$.

因 $D = 3 \neq 0$，故方程组有唯一解，其解为 $x_1 = \dfrac{D_1}{D} = \dfrac{19}{3}$，$x_2 = \dfrac{D_2}{D} = \dfrac{4}{3}$.

例3　某商场用36万元购进 A、B 两种商品，销售完后共获利5万元，其进价和售价如表1-1所示.

表1-1

单价/(元/件)	A	B
进价	1 200	1 000
售价	1 400	1 100

问该商场购进 A、B 两种商品各多少件？

解：设该商场购进 A 商品 x 件、B 商品 y 件，则有

$$\begin{cases} 1\,200x + 1\,000y = 360\,000, \\ (1\,400 - 1\,200)x + (1\,100 - 1\,000)y = 50\,000, \end{cases} \text{即} \begin{cases} 6x + 5y = 1\,800, \\ 2x + y = 500. \end{cases}$$

用行列式解上述方程组. 因 $D = \begin{vmatrix} 6 & 5 \\ 2 & 1 \end{vmatrix} = -4 \neq 0$，故上述方程组有唯一解，又

$D_1 = \begin{vmatrix} 1\,800 & 5 \\ 500 & 1 \end{vmatrix} = -700$，$D_2 = \begin{vmatrix} 6 & 1\,800 \\ 2 & 500 \end{vmatrix} = -600$，其解为 $x_1 = \dfrac{D_1}{D} = \dfrac{-700}{-4} = 175$，$x_2 = \dfrac{D_2}{D} = \dfrac{-600}{-4} = 150$.

即商场购进 A 商品175件、B 商品150件.

2. 三阶行列式

类似地，为了讨论三元一次方程组 $\begin{cases} a_{11}x_1 + a_{12}x_2 + a_{13}x_3 = b_1, \\ a_{21}x_1 + a_{22}x_2 + a_{23}x_3 = b_2, \\ a_{31}x_1 + a_{32}x_2 + a_{33}x_3 = b_3 \end{cases}$ 的解，引进记号 D.

$$D = \begin{vmatrix} a_{11} & a_{12} & a_{13} \\ a_{21} & a_{22} & a_{23} \\ a_{31} & a_{32} & a_{33} \end{vmatrix}$$

$$= a_{11}a_{22}a_{33} + a_{12}a_{23}a_{31} + a_{13}a_{21}a_{32} - a_{11}a_{23}a_{32} - a_{12}a_{21}a_{33} - a_{13}a_{22}a_{31}.$$

上式的左端称为三阶行列式. 它的右端为左端三阶行列式表示的代数和, 可用对角线法记忆(如图 1-2 所示).

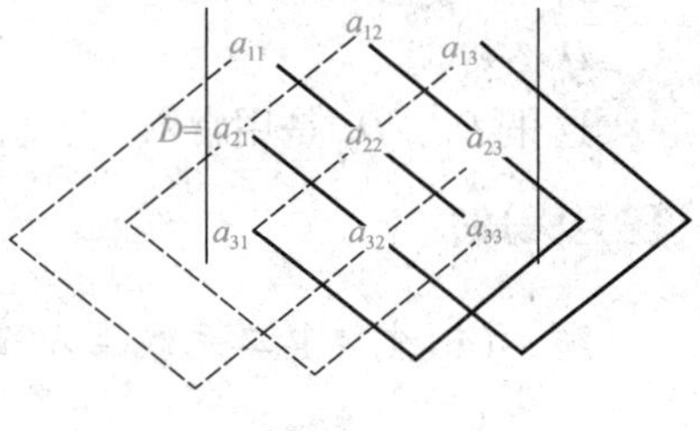

图 1-2

【注】(1)三阶行列式表示 6 项的代数和, 展开式中的每一项的元素都取自不同的行, 也取自不同的列.

实线上的三个元素的乘积取正号, 虚线上的三个元素的乘积取负号.

(2)对角线法则只适用于二阶与三阶行列式.

例 4 计算下列三阶行列式.

$$(1)\ \begin{vmatrix} 1 & -1 & -2 \\ 2 & 3 & -3 \\ -4 & 4 & 5 \end{vmatrix};\quad (2)\ \begin{vmatrix} a_{11} & a_{12} & a_{13} \\ 0 & a_{22} & a_{23} \\ 0 & 0 & a_{33} \end{vmatrix}.$$

解: (1) $\begin{vmatrix} 1 & -1 & -2 \\ 2 & 3 & -3 \\ -4 & 4 & 5 \end{vmatrix} = 1 \times 3 \times 5 + (-1) \times (-3) \times (-4) + (-2) \times 2 \times 4 -$

$(-2) \times 3 \times (-4) - (-1) \times 2 \times 5 - 1 \times (-3) \times 4 = 15 + (-12) + (-16) - 24 - (-10) - (-12) = -15.$

$$(2)\ \begin{vmatrix} a_{11} & a_{12} & a_{13} \\ 0 & a_{22} & a_{23} \\ 0 & 0 & a_{33} \end{vmatrix} = a_{11}a_{22}a_{33} + 0 + 0 - 0 - 0 - 0 = a_{11}a_{22}a_{33}.$$

例 5 已知三阶行列式 $D = \begin{vmatrix} a & 3 & 4 \\ -1 & a & 0 \\ 0 & a & 1 \end{vmatrix} = 0$, 求元素 a 的值.

解: 因 $D = \begin{vmatrix} a & 3 & 4 \\ -1 & a & 0 \\ 0 & a & 1 \end{vmatrix} = a^2 + 0 + (-4a) - 0 - (-3) - 0 = a^2 - 4a + 3 = (a-1)(a-3) = 0$,

故 $a = 1$ 或 $a = 3$.

上述三阶行列式 D 是由三元线性方程组的系数构成的, 称为此方程组的系数行列式.

由消元法可知, 当系数行列式 $D \neq 0$ 时, 该方程组有解, 其解可用行列式表示为 $x_1 = \dfrac{D_1}{D}$,

$x_2 = \dfrac{D_2}{D}$, $x_3 = \dfrac{D_3}{D}$. 简记为 $x_i = \dfrac{D_i}{D}(i = 1,\ 2,\ 3)$,

其中 $D = \begin{vmatrix} a_{11} & a_{12} & a_{13} \\ a_{21} & a_{22} & a_{23} \\ a_{31} & a_{32} & a_{33} \end{vmatrix}$, $D_1 = \begin{vmatrix} b_1 & a_{12} & a_{13} \\ b_2 & a_{22} & a_{23} \\ b_3 & a_{32} & a_{33} \end{vmatrix}$, $D_2 = \begin{vmatrix} a_{11} & b_1 & a_{13} \\ a_{21} & b_2 & a_{23} \\ a_{31} & b_3 & a_{33} \end{vmatrix}$, $D_3 = $

$\begin{vmatrix} a_{11} & a_{12} & b_1 \\ a_{21} & a_{22} & b_2 \\ a_{31} & a_{32} & b_3 \end{vmatrix}$.

【任务解决】

解：（2）先计算三元一次方程组 $\begin{cases} 3x_1 + 2x_2 + 2x_3 = 5, \\ 5x_1 + 3x_2 - x_3 = 0, \\ 13x_1 + 8x_2 + 5x_3 = 15 \end{cases}$ 的系数行列式 $D = \begin{vmatrix} 3 & 2 & 2 \\ 5 & 3 & -1 \\ 13 & 8 & 5 \end{vmatrix} = $

$-5 \neq 0$，因 $D \neq 0$，故此方程组有唯一解．接着计算其他行列式，

$D_1 = \begin{vmatrix} 5 & 2 & 2 \\ 0 & 3 & -1 \\ 15 & 8 & 5 \end{vmatrix} = -5$, $D_2 = \begin{vmatrix} 3 & 5 & 2 \\ 5 & 0 & -1 \\ 13 & 15 & 5 \end{vmatrix} = 5$, $D_3 = \begin{vmatrix} 3 & 2 & 5 \\ 5 & 3 & 0 \\ 13 & 8 & 15 \end{vmatrix} = -10$,

因此，原方程组的唯一解为 $x_1 = \dfrac{D_1}{D} = 1$, $x_2 = \dfrac{D_2}{D} = -1$, $x_3 = \dfrac{D_3}{D} = 2$.

【注】由二元、三元解线性方程组引出了二阶行列式和三阶行列式．可见，二阶行列式和三阶行列式的值都是实数，且它们的行数和列数相等．

随堂练习 独立思考并完成下列单选题．

1. a 为何值时，$\begin{vmatrix} a & -5 \\ a & 6 \end{vmatrix}$ 的值为 6.（   ）

A. $a = -3$ B. $a = -3$ 或 -1 C. $a = -2$ 或 -3 D. $a = -2$

2. 利用对角线法则计算三阶行列式 $\begin{vmatrix} 1 & 2 & 3 \\ 2 & -2 & -1 \\ -3 & 4 & -5 \end{vmatrix} = ($).

A. 36   B. 40   C. 30   D. 46

扫码查看参考答案

1.1.2 n 阶行列式

1. n 阶行列式的定义

课堂思考 二阶行列式和三阶行列式有什么共同点？如何定义 n 阶行列式？

规律：（1）二阶行列式共有 2 项，即 2! 项；三阶行列式共有 6 项，即 3! 项．

（2）每一项都是位于不同行不同列的元素的乘积．

（3）乘积项有正有负．

为了给出 n 阶行列式的概念，确定乘积项的正负，需要了解逆序数．

对于 n 个不同的元素，可规定各元素之间的标准次序．

n 个不同的自然数，规定从小到大为标准次序．在一个排列中，若某个较大的数排在某个较小的数前面，就称这两个数构成一个逆序．一个排列中出现的逆序的总数称为这个排

列的逆序数，通常记为$N(j_1 j_2 \cdots j_n)$.

如：由 1，2 这两个数字组成的逆序数为 $N(12) = 0$，而 $N(21) = 1$.

由 1，2，3 这三个数字组成的逆序数 $N(123) = 0$，$N(231) = 2$，$N(312) = 2$，$N(321) = 3$，$N(213) = 1$，$N(132) = 1$，而 $N(32\ 514) = 2 + 1 + 2 + 0 + 0 = 5$.

【注】逆序数为偶数的排列为偶排列，逆序数为奇数的排列是奇排列.

又如：$N(312) = 2$，312 是偶排列，$N(4123) = 3$，4123 是奇排列.

例 6 在四阶行列式中，项 $a_{31}a_{24}a_{43}a_{12}$ 前面应取的符号是_____.

解：适当交换所给项中元素的次序，使得行标按顺序排列，

得到 $a_{31}a_{24}a_{43}a_{12} = a_{12}a_{24}a_{31}a_{43}$，此时相应列标排列的逆序数 $N(2413) = 3$ 是奇数，

因而项 $a_{31}a_{24}a_{43}a_{12}$ 前面应取负号.

定义 1 由 n^2 个元素 $a_{ij}(i, j = 1, 2, \cdots, n)$ 排成 n 行 n 列，两边各加一条竖线段，构

成的记号 $\begin{vmatrix} a_{11} & a_{12} & \cdots & a_{1n} \\ a_{21} & a_{22} & \cdots & a_{2n} \\ \vdots & \vdots & & \vdots \\ a_{n1} & a_{n2} & \cdots & a_{nn} \end{vmatrix}$，称为 n 阶行列式，共有 $n!$ 项. 简记为 D 或 $|a_{ij}|$.

【注】(1) 每项为来自不同行、不同列的 n 个元素乘积.

(2) 适当交换每项中元素的次序，行标按顺序排列，若相应列标排列逆序数为零或偶数，则这项前面取正号；若相应列标排列逆序数为奇数，则这项前面取负号.

(3) 上式中，从左上角到右下角的对角线叫作主对角线，另一对角线叫作次对角线.

(4) 当 $n = 1$ 时，由一个元素 a 构成的一阶行列式规定为 a.

由此可见，行列式是线性代数的一种工具！学习行列式主要就是要能计算行列式的值.

2. 特殊的行列式

(1) 上三角形行列式 (主对角线下侧元素都为 0)

$$\begin{vmatrix} a_{11} & a_{12} & \cdots & a_{1n} \\ 0 & a_{22} & \cdots & a_{2n} \\ \vdots & \vdots & & \vdots \\ 0 & 0 & & a_{nn} \end{vmatrix} = a_{11}a_{22}\cdots a_{nn};$$

(2) 下三角形行列式 (主对角线上侧元素都为 0)

$$\begin{vmatrix} a_{11} & 0 & \cdots & 0 \\ a_{21} & a_{22} & \cdots & 0 \\ \vdots & \vdots & & \vdots \\ a_{n1} & a_{n2} & \cdots & a_{nn} \end{vmatrix} = a_{11}a_{22}\cdots a_{nn};$$

(3) 对角行列式

$$\begin{vmatrix} a_{11} & 0 & \cdots & 0 \\ 0 & a_{22} & \cdots & 0 \\ \vdots & \vdots & & \vdots \\ 0 & 0 & & a_{nn} \end{vmatrix} = a_{11}a_{22}\cdots a_{nn}.$$

上述三种特殊的行列式统称为三角形行列式. 其中 $a_{ij}(i, j = 1, 2, \cdots, n)$ 不全为零.

例 7 计算 n 阶行列式 $D = \begin{vmatrix} 1 & 1 & \cdots & 1 \\ 0 & 2 & \cdots & 2 \\ \vdots & \vdots & & \vdots \\ 0 & 0 & 0 & n \end{vmatrix}$.

解： $D = 1 \times 2 \times \cdots \times n = n!$.

随堂练习 独立思考并完成下列单选题.

1. 行列式 $\begin{vmatrix} 1 & 5 & -1 & 2 \\ 0 & 2 & 1 & 3 \\ 0 & 0 & 3 & 0 \\ 0 & 0 & 0 & 4 \end{vmatrix}$, $\begin{vmatrix} 1 & 0 & 0 & 0 \\ 1 & 2 & 0 & 0 \\ 1 & 1 & 3 & 0 \\ 1 & 1 & 1 & 4 \end{vmatrix}$, $\begin{vmatrix} 1 & 0 & 0 & 0 \\ 0 & 2 & 0 & 0 \\ 0 & 0 & 3 & 0 \\ 0 & 0 & 0 & 4 \end{vmatrix}$ 的值分别为( ).

A. -24, 24, 24 B. -24, 24, -24

C. 24, 24, 24 D. 24, 24, -24

2. 计算行列式的过程中, 用( )符号连接.

A. 单箭头   B. 双箭头

C. 等号   D. 波浪线

扫码查看参考答案

扫码查看参考答案

任务单1.1

模块名称		模块一 行列式与矩阵			
任务名称		任务1.1 行列式概述			
班级		姓名		得分	

任务单1.1 A组（达标层）

1. 计算下列行列式.

$$(1) \begin{vmatrix} 4 & -3 \\ 5 & 2 \end{vmatrix}; \quad (2) \begin{vmatrix} a+b & a-b \\ a-b & a+b \end{vmatrix}; \quad (3) \begin{vmatrix} 1 & 2 & 3 \\ 4 & 5 & 6 \\ 7 & 8 & 9 \end{vmatrix}; \quad (4) \begin{vmatrix} 1 & 2 & 3 \\ 3 & 1 & 2 \\ 2 & 3 & 1 \end{vmatrix}; \quad (5) \begin{vmatrix} 1 & 3 & 5 \\ 2 & 4 & 6 \\ 3 & 5 & 7 \end{vmatrix}.$$

2. 四阶行列式 $\begin{vmatrix} -1 & 0 & 0 & 0 \\ -1 & -1 & 0 & 0 \\ -1 & -1 & -1 & 0 \\ -1 & -1 & -1 & -1 \end{vmatrix} = $ _____ .

任务单1.1 B组（提高层）

1. 计算下列行列式.

$$(1) \begin{vmatrix} a & -b \\ b & a \end{vmatrix}; \quad (2) \begin{vmatrix} 0 & 1 & 2 \\ -1 & 0 & 3 \\ -2 & -3 & 0 \end{vmatrix}; \quad (3) \begin{vmatrix} 0 & a & b \\ -a & 0 & -c \\ -b & c & 0 \end{vmatrix}; \quad (4) \begin{vmatrix} a & b & c \\ c & a & b \\ b & c & a \end{vmatrix}; \quad (5) \begin{vmatrix} 0 & x & y \\ -x & 0 & z \\ -y & -z & 0 \end{vmatrix}.$$

2. 某幼儿园有老师和学生共100人，在一顿午餐中一个老师一人能吃掉3个馒头，三个学生一起才吃掉一个馒头. 现已知这顿午餐共计吃掉100个馒头，问这家幼儿园老师和学生各多少人？

任务单1.1 C组（培优层）

实践调查：寻找二元、三元线性方程组的实例并用行列式的方法进行分析(另附 A4 纸小组合作完成).

思政天地

小组合作挖掘与行列式概念相关的课程思政元素(要求：内容不限，可以是名人名言、故事等).

完成日期	

任务 1.2　行列式的计算

【学习目标】

1. 熟知行列式的五大性质及相关理论，能灵活应用性质计算行列式的值.

2. 叙述余子式、代数余子式及展开定理，能将行列式按行或列展开，能熟练应用展开定理和行列式的性质结合，逐步降阶计算行列式.

3. 总结行列式计算的一般思路方法，培养学生认识、分析、解决问题的能力，帮助学生养成脚踏实地、从基础做起的学习习惯，形成举一反三及时归纳总结的思维意识.

【任务提出】

问题 1　如何计算 n 阶行列式 $D = \begin{vmatrix} x & a & a & \cdots & a \\ a & x & a & \cdots & a \\ a & a & x & \cdots & a \\ \vdots & \vdots & \vdots & & \vdots \\ a & a & a & \cdots & x \end{vmatrix}$？

问题 2　如何证明等式 $\begin{vmatrix} a_{11} & a_{12} & 0 & 0 \\ a_{21} & a_{22} & 0 & 0 \\ c_{11} & c_{12} & b_{11} & b_{12} \\ c_{21} & c_{22} & b_{21} & b_{22} \end{vmatrix} = \begin{vmatrix} a_{11} & a_{12} \\ a_{21} & a_{22} \end{vmatrix} \begin{vmatrix} b_{11} & b_{12} \\ b_{21} & b_{22} \end{vmatrix}$ 成立？

【知识准备】

1.2.1　行列式的性质

课堂活动　n 阶行列式有什么性质？（合作探究制作以"行列式的性质"为主题的思维导图）

定义 1　将行列式 D 的行与列互换所得到的行列式，称为 D 的转置行列式，记为 D^{T}. 即

$$D = \begin{vmatrix} a_{11} & a_{12} & \cdots & a_{1n} \\ a_{21} & a_{22} & \cdots & a_{2n} \\ \vdots & \vdots & & \vdots \\ a_{n1} & a_{n2} & \cdots & a_{nn} \end{vmatrix}, \ \text{则 } D^{\mathrm{T}} = \begin{vmatrix} a_{11} & a_{21} & \cdots & a_{n1} \\ a_{12} & a_{22} & \cdots & a_{n2} \\ \vdots & \vdots & & \vdots \\ a_{1n} & a_{2n} & \cdots & a_{nn} \end{vmatrix}.$$

计算 $D = \begin{vmatrix} 1 & -1 & -2 \\ 2 & 3 & -3 \\ -4 & 4 & 5 \end{vmatrix}$ 和 $D^{\mathrm{T}} = \begin{vmatrix} 1 & 2 & -4 \\ -1 & 3 & 4 \\ -2 & -3 & 5 \end{vmatrix}$ 发现，$D = D^{\mathrm{T}} = -15$.

性质 1　将行列式转置，行列式的值不变. 即 $D = D^{\mathrm{T}}$.

【注】(1)若记 $D = \det(a_{ij})$，$D^{\mathrm{T}} = \det(b_{ij})$，则 $b_{ij} = a_{ji}$.

(2)行列式中行与列具有同等的地位，行列式的性质凡是对行成立的对列也同样成立.

性质 2 对换行列式的两行(列),行列式变号. 即

$$
\begin{vmatrix}
a_{11} & a_{12} & \cdots & a_{1n} \\
\vdots & \vdots & & \vdots \\
a_{i1} & a_{i2} & \cdots & a_{in} \\
\vdots & \vdots & & \vdots \\
a_{j1} & a_{j2} & \cdots & a_{jn} \\
\vdots & \vdots & & \vdots \\
a_{n1} & a_{n2} & \cdots & a_{nn}
\end{vmatrix}
= -
\begin{vmatrix}
a_{11} & a_{12} & \cdots & a_{1n} \\
\vdots & \vdots & & \vdots \\
a_{j1} & a_{j2} & \cdots & a_{jn} \\
\vdots & \vdots & & \vdots \\
a_{i1} & a_{i2} & \cdots & a_{in} \\
\vdots & \vdots & & \vdots \\
a_{n1} & a_{n2} & \cdots & a_{nn}
\end{vmatrix}.
$$

例如,$D_1 = \begin{vmatrix} 1 & 2 \\ 3 & 4 \end{vmatrix} = -2$,$D_2 = \begin{vmatrix} 3 & 4 \\ 1 & 2 \end{vmatrix} = 2$.

【注】交换第 i 行(列)和第 j 行(列),记作 $r_i \leftrightarrow r_j (c_i \leftrightarrow c_j)$.

推论 1 若行列式 D 中某两行(列)的对应元素分别相等,则行列式的值等于零. 即 $D = 0$. 例如,$D = \begin{vmatrix} 1 & 2 \\ 1 & 2 \end{vmatrix} = 0$.

例 1 已知三阶行列式 $D = \begin{vmatrix} a_1 & a_2 & a_3 \\ b_1 & b_2 & b_3 \\ c_1 & c_2 & c_3 \end{vmatrix} = 5$,求三阶行列式 $\begin{vmatrix} b_1 & b_2 & b_3 \\ c_1 & c_2 & c_3 \\ a_1 & a_2 & a_3 \end{vmatrix}$.

解: $\begin{vmatrix} b_1 & b_2 & b_3 \\ c_1 & c_2 & c_3 \\ a_1 & a_2 & a_3 \end{vmatrix} \xlongequal{r_1 \leftrightarrow r_3} - \begin{vmatrix} a_1 & a_2 & a_3 \\ c_1 & c_2 & c_3 \\ b_1 & b_2 & b_3 \end{vmatrix} \xlongequal{r_2 \leftrightarrow r_3} (-1)^2 \times \begin{vmatrix} a_1 & a_2 & a_3 \\ b_1 & b_2 & b_3 \\ c_1 & c_2 & c_3 \end{vmatrix} = (-1)^2 \times 5 = 5.$

性质 3 若行列式的某一行(列)中所有的元素都乘以同一个倍数 k,则等于用数 k 乘以此行列式.

即
$$
\begin{vmatrix}
a_{11} & a_{12} & \cdots & a_{1n} \\
\vdots & \vdots & & \vdots \\
ka_{i1} & ka_{i2} & \cdots & ka_{in} \\
\vdots & \vdots & & \vdots \\
a_{n1} & a_{n2} & \cdots & a_{nn}
\end{vmatrix}
= k
\begin{vmatrix}
a_{11} & a_{12} & \cdots & a_{1n} \\
\vdots & \vdots & & \vdots \\
a_{i1} & a_{i2} & \cdots & a_{in} \\
\vdots & \vdots & & \vdots \\
a_{n1} & a_{n2} & \cdots & a_{nn}
\end{vmatrix}.
$$

这就是说,行列式的某一行(列)中所有元素的公因子可以提到行列式符号的外面.

例如,$\begin{vmatrix} -5 & 1 & 0 \\ 2\times 3 & 2\times 4 & 2\times(-1) \\ 6 & -2 & 7 \end{vmatrix} = 2 \times \begin{vmatrix} -5 & 1 & 0 \\ 3 & 4 & -1 \\ 6 & -2 & 7 \end{vmatrix}.$

【注】第 i 行(列)乘以 k,记作 $kr_i(kc_i)$.

推论 2 若行列式 D 中有一行(列)元素全为零,则 $D = 0$.

推论 3 若行列式 D 中有两行(列)的对应元素成比例,则 $D = 0$.

例如,$D = \begin{vmatrix} 1 & 3 & -1 & 2 \\ 7 & 4 & 1 & 3 \\ 2 & 6 & -2 & 4 \\ 4 & -3 & 2 & 1 \end{vmatrix} = 2 \begin{vmatrix} 1 & 3 & -1 & 2 \\ 7 & 4 & 1 & 3 \\ 1 & 3 & -1 & 2 \\ 4 & -3 & 2 & 1 \end{vmatrix} = 0.$

例2 若 $\begin{vmatrix} a_{11} & a_{12} & a_{13} \\ a_{21} & a_{22} & a_{23} \\ a_{31} & a_{32} & a_{33} \end{vmatrix} = 1$，求 $\begin{vmatrix} 6a_{11} & -2a_{12} & -10a_{13} \\ -3a_{21} & a_{22} & 5a_{23} \\ -3a_{31} & a_{32} & 5a_{33} \end{vmatrix}$．

解： $\begin{vmatrix} 6a_{11} & -2a_{12} & -10a_{13} \\ -3a_{21} & a_{22} & 5a_{23} \\ -3a_{31} & a_{32} & 5a_{33} \end{vmatrix} = -2 \begin{vmatrix} -3a_{11} & a_{12} & 5a_{13} \\ -3a_{21} & a_{22} & 5a_{23} \\ -3a_{31} & a_{32} & 5a_{33} \end{vmatrix}$

$= -2 \times (-3) \times 5 \begin{vmatrix} a_{11} & a_{12} & a_{13} \\ a_{21} & a_{22} & a_{23} \\ a_{31} & a_{32} & a_{33} \end{vmatrix} = -2 \times (-3) \times 5 \times 1 = 30.$

性质4 若行列式 D 的某一行(列)的元素都可以表示为两项之和，则这个行列式等于从这些元素里各取一项作成相应的行，而其余各行不变的两个行列式的和．

即

$$\begin{vmatrix} a_{11} & a_{12} & \cdots & a_{1n} \\ \vdots & \vdots & & \vdots \\ b_{i1}+c_{i1} & b_{i2}+c_{i2} & \cdots & b_{in}+c_{in} \\ \vdots & \vdots & & \vdots \\ a_{n1} & a_{n2} & \cdots & a_{nn} \end{vmatrix} = \begin{vmatrix} a_{11} & a_{12} & \cdots & a_{1n} \\ \vdots & \vdots & & \vdots \\ b_{i1} & b_{i2} & \cdots & b_{in} \\ \vdots & \vdots & & \vdots \\ a_{n1} & a_{n2} & \cdots & a_{nn} \end{vmatrix} + \begin{vmatrix} a_{11} & a_{12} & \cdots & a_{1n} \\ \vdots & \vdots & & \vdots \\ c_{i1} & c_{i2} & \cdots & c_{in} \\ \vdots & \vdots & & \vdots \\ a_{n1} & a_{n2} & \cdots & a_{nn} \end{vmatrix}.$$

例如，$\begin{vmatrix} 2 & 1 & 2 \\ 1+1 & 1+2 & 2+3 \\ -4 & 3 & 1 \end{vmatrix} = \begin{vmatrix} 2 & 1 & 2 \\ 1 & 1 & 2 \\ -4 & 3 & 1 \end{vmatrix} + \begin{vmatrix} 2 & 1 & 2 \\ 1 & 2 & 3 \\ -4 & 3 & 1 \end{vmatrix}.$

例3 计算 $D = \begin{vmatrix} 1 & 2 & 3 \\ 4 & 5 & 6 \\ 21 & 27 & 33 \end{vmatrix}$．

解： 行列式 D 的第三行可以分解成第一行与第二行元素的5倍之和，由性质4得

$$D = \begin{vmatrix} 1 & 2 & 3 \\ 4 & 5 & 6 \\ 1 & 2 & 3 \end{vmatrix} + 5 \begin{vmatrix} 1 & 2 & 3 \\ 4 & 5 & 6 \\ 4 & 5 & 6 \end{vmatrix} = 0.$$

性质5 将行列式某一行(列)各元素的 k 倍加到另一行(列)的对应元素上，行列式的值不变．即

$$\begin{vmatrix} a_{11} & a_{12} & \cdots & a_{1n} \\ \vdots & \vdots & & \vdots \\ a_{i1} & a_{i2} & \cdots & a_{in} \\ \vdots & \vdots & & \vdots \\ a_{j1} & a_{j2} & \cdots & a_{jn} \\ \vdots & \vdots & & \vdots \\ a_{n1} & a_{n2} & \cdots & a_{nn} \end{vmatrix} = \begin{vmatrix} a_{11} & a_{12} & \cdots & a_{1n} \\ \vdots & \vdots & & \vdots \\ a_{i1}+ka_{j1} & a_{i2}+ka_{j2} & \cdots & a_{in}+ka_{jn} \\ \vdots & \vdots & & \vdots \\ a_{j1} & a_{j2} & \cdots & a_{jn} \\ \vdots & \vdots & & \vdots \\ a_{n1} & a_{n2} & \cdots & a_{nn} \end{vmatrix}.$$

例如，$\begin{vmatrix} 1 & 2 \\ 3 & 4 \end{vmatrix} = \begin{vmatrix} 1 & 2 \\ 1\times(-3)+3 & 2\times(-3)+4 \end{vmatrix} = \begin{vmatrix} 1 & 2 \\ 0 & -2 \end{vmatrix} = -2.$

【注】第 i 行(列)的数的 k 倍加到第 j 行(列)上,记作 $r_j + kr_i (c_j + kc_i)$.

计算一般的行列式的常用方法:可以利用性质将行列式化为三角形行列式来计算.

例 4 用化为三角形行列式的方法计算下列行列式.

$$(1) D = \begin{vmatrix} 4 & 3 & 2 \\ 5 & 5 & 3 \\ 3 & 6 & 4 \end{vmatrix}; \quad (2) D = \begin{vmatrix} 1 & 2 & 3 & 4 \\ 2 & 3 & 4 & 1 \\ 3 & 4 & 1 & 2 \\ 4 & 1 & 2 & 3 \end{vmatrix}.$$

解: $(1) D = \begin{vmatrix} 4 & 3 & 2 \\ 5 & 5 & 3 \\ 3 & 6 & 4 \end{vmatrix} \xrightarrow{r_1 + (-1) \times r_3} \begin{vmatrix} 1 & -3 & -2 \\ 5 & 5 & 3 \\ 3 & 6 & 4 \end{vmatrix} \xrightarrow[r_3 + (-3) \times r_1]{r_2 + (-5) \times r_1}$

$\begin{vmatrix} 1 & -3 & -2 \\ 0 & 20 & 13 \\ 0 & 15 & 10 \end{vmatrix} \xrightarrow{r_2 + (-1) \times r_3} \begin{vmatrix} 1 & -3 & -2 \\ 0 & 5 & 3 \\ 0 & 15 & 10 \end{vmatrix} \xrightarrow{r_3 + (-3) \times r_2} \begin{vmatrix} 1 & -3 & -2 \\ 0 & 5 & 3 \\ 0 & 0 & 1 \end{vmatrix} = 1 \times 5 \times 1 = 5.$

(2) 第一行的 -2 倍、-3 倍、-4 倍分别加到第 2 行、第 3 行、第 4 行上去得

$$D = \begin{vmatrix} 1 & 2 & 3 & 4 \\ 0 & -1 & -2 & -7 \\ 0 & -2 & -8 & -10 \\ 0 & -7 & -10 & -13 \end{vmatrix} \xrightarrow[r_4 - 7 \times r_2]{r_3 - 2r_2} \begin{vmatrix} 1 & 2 & 3 & 4 \\ 0 & -1 & -2 & -7 \\ 0 & 0 & -4 & 4 \\ 0 & 0 & 4 & 36 \end{vmatrix}$$

$$\xrightarrow{r_4 + r_3} \begin{vmatrix} 1 & 2 & 3 & 4 \\ 0 & -1 & -2 & -7 \\ 0 & 0 & -4 & 4 \\ 0 & 0 & 0 & 40 \end{vmatrix} = 160.$$

【任务解决】

问题 1 解: 第 2 行起,用每一行的 1 倍加到第 1 行的对应元素上,得

$$D = \begin{vmatrix} x+(n-1)a & x+(n-1)a & x+(n-1)a & \cdots & x+(n-1)a \\ a & x & a & \cdots & a \\ a & a & x & \cdots & a \\ \vdots & \vdots & \vdots & & \vdots \\ a & a & a & \cdots & x \end{vmatrix}$$

[第 1 行提取公因子 $x+(n-1)a$]

$$= [x+(n-1)a] \begin{vmatrix} 1 & 1 & 1 & \cdots & 1 \\ a & x & a & \cdots & a \\ a & a & x & \cdots & a \\ \vdots & \vdots & \vdots & & \vdots \\ a & a & a & \cdots & x \end{vmatrix}$$

(第 1 列的 -1 倍加到第 2 列至第 n 列)

$$= \left[x + (n-1)a \right] \begin{vmatrix} 1 & 0 & 0 & \cdots & 0 \\ a & x-a & 0 & \cdots & \\ a & 0 & x-a & \cdots & 0 \\ \vdots & \vdots & \vdots & & \vdots \\ a & 0 & 0 & \cdots & x-a \end{vmatrix}$$

$$= \left[x + (n-1)a \right] (x-a)^{n-1}.$$

随堂练习　独立思考并完成下列单选题.

1. $\begin{vmatrix} 1 & 3 & -1 & 2 \\ 7 & 4 & 1 & 3 \\ 2 & 6 & -2 & 4 \\ 4 & -3 & 2 & 1 \end{vmatrix} = ($ 　　$).$

A. 0　　　　　　　　B. 1　　　　　　　　C. -1　　　　　　　　D. 2

2. 设 $\begin{vmatrix} a_{11} & a_{12} & a_{13} \\ a_{21} & a_{22} & a_{23} \\ a_{31} & a_{32} & a_{33} \end{vmatrix} = 3$ ，则 $\begin{vmatrix} 2a_{11} & 2a_{12} & 2a_{13} \\ 2a_{21} & 2a_{22} & 2a_{23} \\ 2a_{31} & 2a_{32} & 2a_{33} \end{vmatrix} = ($ 　　$).$

A. 8　　　　　　　　B. 2　　　　　　　　C. 6　　　　　　　　D. 24

3. 三阶行列式 $\begin{vmatrix} 1 & 1 & 1 & 1 \\ 1 & -1 & 1 & 1 \\ 1 & 1 & -1 & 1 \\ 1 & 1 & 1 & -1 \end{vmatrix} = ($ 　　$).$

A. 1　　　　　　　　B. 8　　　　　　　　C. -8　　　　　　　　D. -1

4. 设 $D = \begin{vmatrix} 3 & 1 & 1 & 1 \\ 1 & 3 & 1 & 1 \\ 1 & 1 & 3 & 1 \\ 1 & 1 & 1 & 3 \end{vmatrix}$ ，则 $D = ($ 　　$).$

A. 6　　　　　　　　B. 48　　　　　　　　C. 36　　　　　　　　D. 24

1.2.2　行列式按行(列)展开

课堂活动　如何用低阶行列式来表示高阶行列式?

对于三阶行列式，$D = \begin{vmatrix} a_{11} & a_{12} & a_{13} \\ a_{21} & a_{22} & a_{23} \\ a_{31} & a_{32} & a_{33} \end{vmatrix}$

$$= a_{11}a_{22}a_{33} + a_{12}a_{23}a_{31} + a_{13}a_{21}a_{32} - a_{11}a_{23}a_{32} - a_{12}a_{21}a_{33} - a_{13}a_{22}a_{31}$$

$$= a_{11}(a_{22}a_{33} - a_{23}a_{32}) - a_{12}(a_{21}a_{33} - a_{23}a_{31}) + a_{13}(a_{21}a_{32} - a_{22}a_{31})$$

$$= a_{11}\begin{vmatrix} a_{22} & a_{23} \\ a_{32} & a_{33} \end{vmatrix} - a_{12}\begin{vmatrix} a_{21} & a_{23} \\ a_{31} & a_{33} \end{vmatrix} + a_{13}\begin{vmatrix} a_{21} & a_{22} \\ a_{31} & a_{32} \end{vmatrix}.$$

上述恒等变形说明，三阶行列式可以用二阶行列式表示.

课堂思考 二阶行列式 $\begin{vmatrix} a_{22} & a_{23} \\ a_{32} & a_{33} \end{vmatrix}$, $\begin{vmatrix} a_{21} & a_{23} \\ a_{31} & a_{33} \end{vmatrix}$, $\begin{vmatrix} a_{21} & a_{22} \\ a_{31} & a_{32} \end{vmatrix}$ 的共同点是什么?

共同点:分别划去元素 a_{11},a_{12},a_{13} 所在行和列,余下的元素按原来的顺序排列成的.

定义 2 在 n 阶行列式

$$D = \begin{vmatrix} a_{11} & a_{12} & \cdots & a_{1n} \\ a_{21} & a_{22} & \cdots & a_{2n} \\ \vdots & \vdots & & \vdots \\ a_{n1} & a_{n2} & \cdots & a_{nn} \end{vmatrix}$$

中分别划去元素 a_{ij} 所在第 i 行和第 j 列,剩下的元素按原来的顺序排列成的 $n-1$ 阶行列式,称为元素 a_{ij} 的余子式,记为 M_{ij}. 即

$$M_{ij} = \begin{vmatrix} a_{11} & \cdots & a_{1,j-1} & a_{1,j+1} & \cdots & a_{1n} \\ \vdots & & \vdots & \vdots & & \vdots \\ a_{i-1,1} & \cdots & a_{i-1,j-1} & a_{i-1,j+1} & \cdots & a_{i-1,n} \\ a_{i+1,1} & \cdots & a_{i+1,j-1} & a_{i+1,j+1} & \cdots & a_{i+1,n} \\ \vdots & & \vdots & \vdots & & \vdots \\ a_{n1} & \cdots & a_{n,j-1} & a_{n,j+1} & \cdots & a_{nn} \end{vmatrix}.$$

进一步记 $A_{ij} = (-1)^{i+j} M_{ij}$,称为元素 a_{ij} 的代数余子式.

例如,$\begin{vmatrix} 2 & -3 & 8 & 4 \\ 0 & 1 & 5 & 2 \\ 0 & 7 & -5 & 3 \\ -1 & 3 & -4 & 0 \end{vmatrix}$ 中元素 a_{24} 和 a_{32} 的余子式分别为

$$M_{24} = \begin{vmatrix} 2 & -3 & 8 \\ 0 & 7 & -5 \\ -1 & 3 & -4 \end{vmatrix}, \quad M_{32} = \begin{vmatrix} 2 & 8 & 4 \\ 0 & 5 & 2 \\ -1 & -4 & 0 \end{vmatrix},$$

代数余子式分别为 $A_{24} = (-1)^{2+4} M_{24} = M_{24}$,$A_{32} = (-1)^{3+2} M_{32} = -M_{32}$.

对于三阶行列式,$D = \begin{vmatrix} a_{11} & a_{12} & a_{13} \\ a_{21} & a_{22} & a_{23} \\ a_{31} & a_{32} & a_{33} \end{vmatrix}$,元素 a_{11},a_{12},a_{13} 的代数余子式分别为

$$A_{11} = (-1)^{1+1} M_{11} = M_{11}, \quad A_{12} (-1)^{1+2} M_{12} = -M_{12}, \quad A_{13} = (-1)^{1+3} M_{13} = M_{13}.$$

因此,三阶行列式 $D = a_{11} \begin{vmatrix} a_{22} & a_{23} \\ a_{32} & a_{33} \end{vmatrix} - a_{12} \begin{vmatrix} a_{21} & a_{23} \\ a_{31} & a_{33} \end{vmatrix} + a_{13} \begin{vmatrix} a_{21} & a_{22} \\ a_{31} & a_{32} \end{vmatrix}$

$= a_{11} M_{11} - a_{12} M_{12} + a_{13} M_{13} = a_{11} A_{11} + a_{12} A_{12} + a_{13} A_{13}.$

这表明行列式 D 等于它的一行各元素与其对应的代数余子式的乘积之和.

课堂思考 任意一个行列式是否都可以用较低阶的行列式表示?

定理 1(展开定理) 行列式等于它任意一行(列)的各元素与其对应的代数余子式的乘积之和. 即 $D = a_{i1} A_{i1} + a_{i2} A_{i2} + \cdots + a_{in} A_{in} (i = 1, 2, \cdots, n)$,

或 $D = a_{1j} A_{1j} + a_{2j} A_{2j} + \cdots + a_{nj} A_{nj} (j = 1, 2, \cdots, n)$.

推论 4 行列式任一行(列)的元素与另一行(列)的对应元素的代数余子式的乘积之和等于零，即 $D = a_{i1}A_{j1} + a_{i2}A_{j2} + \cdots + a_{in}A_{jn} = 0 (i \neq j)$.

【注】一个 n 阶行列式可以按某行(列)展开成 n 个 $n-1$ 阶行列式，每个 $n-1$ 阶行列式又可按某行(列)展开成 $n-1$ 个 $n-2$ 阶行列式. 如此继续下去，不断降低行列式的阶数，直到最后降为二阶行列式.

例 5 计算 $D = \begin{vmatrix} 2 & -1 & 1 \\ -3 & 0 & 2 \\ -1 & 2 & -3 \end{vmatrix}$.

解：(1)按第 2 行展开

$$D = (-3) \times (-1)^{2+1} \begin{vmatrix} -1 & 1 \\ 2 & -3 \end{vmatrix} + 0 \times (-1)^{2+2} \begin{vmatrix} 2 & 1 \\ -1 & -3 \end{vmatrix} + 2 \times (-1)^{2+3} \begin{vmatrix} 2 & -1 \\ -1 & 2 \end{vmatrix}$$

$$= (-3) \times (-1) + 0 + 2 \times (-3) = -3.$$

(2)按第 3 列展开

$$D = 1 \times (-1)^{1+3} \begin{vmatrix} -3 & 0 \\ -1 & 2 \end{vmatrix} + 2 \times (-1)^{2+3} \begin{vmatrix} 2 & -1 \\ -1 & 2 \end{vmatrix} + (-3) \times (-1)^{3+3} \begin{vmatrix} 2 & -1 \\ -3 & 0 \end{vmatrix}$$

$$= 1 \times (-6) + 2 \times (-3) + (-3) \times (-3) = -3.$$

例 6 计算行列式 $D = \begin{vmatrix} 2 & -3 & 8 & 4 \\ 0 & 1 & 5 & 2 \\ 0 & 7 & -5 & 9 \\ -1 & 3 & -4 & 0 \end{vmatrix}$.

解：(1)因第 1 列零较多，故按第 1 列展开得

$$D = a_{11}A_{11} + a_{21}A_{21} + a_{31}A_{31} + a_{41}A_{41} = 2A_{11} + (-1)A_{41}$$

$$= 2 \times (-1)^{1+1}M_{11} + (-1) \times (-1)^{4+1}M_{41} = 2 \times (-1)^{1+1} \begin{vmatrix} 1 & 5 & 2 \\ 7 & -5 & 9 \\ 3 & -4 & 0 \end{vmatrix} +$$

$$(-1)^{4+1} \begin{vmatrix} -3 & 8 & 4 \\ 1 & 5 & 2 \\ 7 & -5 & 9 \end{vmatrix} = 2 \times 145 - 285 = 5.$$

(2)此行列式也可以先结合性质这样计算：

$$D = \begin{vmatrix} 2 & -3 & 8 & 4 \\ 0 & 1 & 5 & 2 \\ 0 & 7 & -5 & 9 \\ -1 & 3 & -4 & 0 \end{vmatrix} \xrightarrow{r_1 + 2r_4} \begin{vmatrix} 0 & 3 & 0 & 4 \\ 0 & 1 & 5 & 2 \\ 0 & 7 & -5 & 9 \\ -1 & 3 & -4 & 0 \end{vmatrix}$$

(按第 1 列展开)

$$= (-1) \times (-1)^{4+1} \begin{vmatrix} 3 & 0 & 4 \\ 1 & 5 & 2 \\ 7 & -5 & 9 \end{vmatrix} = \begin{vmatrix} 3 & 0 & 4 \\ 1 & 5 & 2 \\ 8 & 0 & 11 \end{vmatrix} = 5.$$

【注】通常可利用行列式的性质，先将行列式中某一行(列)化为只有一个元素不为零，再按这一行(列)展开.

例 7 计算 n 阶行列式 $\begin{vmatrix} a & b & 0 & \cdots & 0 & 0 \\ 0 & a & b & \cdots & 0 & 0 \\ \vdots & \vdots & \vdots & & \vdots & \vdots \\ 0 & 0 & 0 & \cdots & a & b \\ b & 0 & 0 & \cdots & 0 & a \end{vmatrix}$.

解： 按第 1 列展开

$$= a(-1)^{1+1} \begin{vmatrix} a & b & \cdots & 0 & 0 \\ \vdots & \vdots & & \vdots & \vdots \\ 0 & 0 & \cdots & a & b \\ 0 & 0 & \cdots & 0 & a \end{vmatrix} + b(-1)^{n+1} \begin{vmatrix} b & 0 & \cdots & 0 & 0 \\ a & b & \cdots & 0 & 0 \\ \vdots & \vdots & & \vdots & \vdots \\ 0 & 0 & \cdots & a & b \end{vmatrix}$$

$$= a \cdot a^{n-1} + (-1)^{n+1} b \cdot b^{n-1} = a^n + (-1)^{n+1} b^n.$$

【注】先利用性质将行列式的一行或一列化为只有一个非零元素，然后用展开定理(行列式按行或列展开)转换成计算低一阶的行列式，如此按这种方法逐步降阶，直到计算出行列式的值. 这种方法一般称为降阶法.

【任务解决】

问题 2 证明：左边的行列式按第 1 行展开，得

$$左边 = a_{11} \begin{vmatrix} a_{22} & 0 & 0 \\ c_{12} & b_{11} & b_{12} \\ c_{22} & b_{21} & b_{22} \end{vmatrix} - a_{12} \begin{vmatrix} a_{21} & 0 & 0 \\ c_{11} & b_{11} & b_{12} \\ c_{21} & b_{21} & b_{22} \end{vmatrix}$$

$$= a_{11} a_{22} \begin{vmatrix} b_{11} & b_{12} \\ b_{21} & b_{22} \end{vmatrix} - a_{12} a_{21} \begin{vmatrix} b_{11} & b_{12} \\ b_{21} & b_{22} \end{vmatrix} = (a_{11} a_{22} - a_{12} a_{21}) \begin{vmatrix} b_{11} & b_{12} \\ b_{21} & b_{22} \end{vmatrix}$$

$$= \begin{vmatrix} a_{11} & a_{12} \\ a_{21} & a_{22} \end{vmatrix} \begin{vmatrix} b_{11} & b_{12} \\ b_{21} & b_{22} \end{vmatrix} = 右边$$

随堂练习 独立思考并完成下列单选题.

1. 三阶行列式 $\begin{vmatrix} -7 & 6 & -2 \\ -8 & 3 & -6 \\ 6 & 5 & 0 \end{vmatrix}$ 的代数余子式 $A_{21} = (\quad)$.

A. -12 B. 12 C. 10 D. -10

2. 利用行列式的展开定理计算 $\begin{vmatrix} 1 & 0 & 2 & 3 \\ 1 & 1 & 1 & 1 \\ -1 & 0 & 0 & 0 \\ 1 & 0 & 1 & 1 \end{vmatrix} = (\quad)$.

A. 1 B. 0 C. -1 D. 2

3. 设 $D = \begin{vmatrix} 1 & 5 & -1 & 2 \\ 1 & 1 & 1 & 1 \\ 2 & 0 & 3 & 6 \\ 1 & 2 & 3 & 4 \end{vmatrix}$，计算 $A_{41} + A_{42} + A_{43} + A_{44} = (\quad)$.

A. 0 B. 1 C. -1 D. 2

任务单 1.2

扫码查看参考答案

模块名称			模块一 行列式与矩阵		
任务名称			任务 1.2 行列式的计算		
班级		姓名		得分	

任务单 1.2 A 组(达标层)

1. 已知三阶行列式 $\begin{vmatrix} a_1 & b_1 & c_1 \\ a_2 & b_2 & c_2 \\ a_3 & b_3 & c_3 \end{vmatrix} = -2$，求下列三阶行列式的值.

(1) $\begin{vmatrix} c_1 & a_1 & b_1 \\ c_2 & a_2 & b_2 \\ c_3 & a_3 & b_3 \end{vmatrix}$; (2) $\begin{vmatrix} a_1 & 2b_1 & c_1 \\ a_2 & 2b_2 & c_2 \\ a_3 & 2b_3 & c_3 \end{vmatrix}$.

2. 利用行列式的性质计算下列行列式:

(1) $\begin{vmatrix} 3 & 4 & -5 \\ 2 & 2 & 2 \\ 103 & 104 & 95 \end{vmatrix}$; (2) $\begin{vmatrix} 1 & a & b+c \\ 1 & b & c+a \\ 1 & c & a+b \end{vmatrix}$.

3. 用化为三角形行列式的方法计算下列行列式:

(1) $\begin{vmatrix} 3 & -3 & 11 & -7 \\ 1 & 4 & 6 & 10 \\ 2 & 2 & 9 & 6 \\ 2 & 1 & 8 & 7 \end{vmatrix}$; (2) $\begin{vmatrix} 3 & 6 & 12 \\ 2 & -3 & 0 \\ 5 & 1 & 2 \end{vmatrix}$; (3) $\begin{vmatrix} 3 & 4 & -5 \\ 8 & 7 & -2 \\ 2 & -1 & 8 \end{vmatrix}$.

4. 计算 n 阶行列式: $\begin{vmatrix} 0 & 1 & 1 & \cdots & 1 \\ 1 & 0 & 1 & \cdots & 1 \\ 1 & 1 & 0 & \cdots & 1 \\ \vdots & \vdots & \vdots & & \vdots \\ 1 & 1 & 1 & \cdots & 0 \end{vmatrix}$

模块名称	模块一　行列式与矩阵

任务单1.2　B组(提高层)

1. 利用行列式的性质计算下列行列式:

$$(1)\begin{vmatrix} a & b & c & 1 \\ b & c & a & 1 \\ x & y & z & 2 \\ a+b & b+c & c+a & 2 \end{vmatrix};\ (2)\begin{vmatrix} a & b & c & d \\ p & q & r & s \\ t & u & v & w \\ la+mp & lb+mq & lc+mr & ld+ms \end{vmatrix}.$$

2. 用化为三角形行列式的方法计算下列行列式:

$$(1)\begin{vmatrix} 2 & -5 & 4 & 3 \\ 3 & -4 & 7 & 5 \\ 4 & -9 & 8 & 5 \\ -3 & 2 & -5 & 3 \end{vmatrix};\ (2)\begin{vmatrix} \sin x & \cos x & 0 & 0 \\ 3 & -4 & 0 & 0 \\ 0 & 0 & \cos x & \sin x \\ 0 & 0 & -\sin x & \cos x \end{vmatrix}.$$

3. 用简便的方法计算下列行列式:

$$(1)\begin{vmatrix} 1 & a & a^2 \\ 1 & b & b^2 \\ 1 & c & c^2 \end{vmatrix};\ (2)\begin{vmatrix} 1 & -1 & 2 & -2 \\ -1 & 3 & -5 & 6 \\ 2 & 2 & 1 & 8 \\ -2 & -2 & 2 & 0 \end{vmatrix}.$$

任务单1.2　C组(培优层)

实践调查:寻找行列式计算的案例并进行分析(另附A4纸小组合作完成).

思政天地

小组合作挖掘与行列式的性质或展开定理相关的课程思政元素(要求:内容不限,可以是名人名言、故事等).

完成日期	

任务 1.3　行列式的应用

【学习目标】

1. 掌握用克莱姆法则解线性方程组的方法，熟知线性方程组有解或无解的条件.

2. 克莱姆法则是目前世界公认的表达最完美的理论. 学习克莱姆法则求解线性方程组的过程中，体会数学家的创造精神、求真精神和执着精神，培养学生刻苦钻研的精神、规则意识和善于发现美的习惯.

【任务提出】

问题1 人们在饮食方面存在很多问题，很多人不重视吃早饭，日常饮食没有规律，因此为了身体的健康，就要制订营养改善行动计划，通常一日食谱配餐的要求为：需要摄入一定的蛋白质、脂肪和碳水化合物，下面是三种食物，它们的质量用适当的单位计量. 这些食品提供的营养以及食谱所需的营养如表 1-2 所示.

表 1-2

营养	单位食物所含的营养			所需营养量
	食物一	食物二	食物三	
蛋白质	10	20	20	105
脂肪	0	10	3	60
碳水化合物	50	40	10	525

试根据这个问题建立一个线性方程组，并通过求解方程组来确定每天需要摄入上述三种食物的量.

问题2 k 取何值时，方程组 $\begin{cases} kx_1 + x_2 + x_3 = 0, \\ x_1 + kx_2 + x_3 = 0, \\ x_1 + x_2 + kx_3 = 0 \end{cases}$ 有非零解?

【知识准备】

1.3.1　克莱姆法则

课堂活动 在学习了行列式的概念后，用它求出了二元和三元线性方程组的解. 那么对于 n 元线性方程组该怎么办?

像这样有 n 个方程 n 个未知数的线性方程组

$$\begin{cases} a_{11}x_1 + a_{12}x_2 + \cdots + a_{1n}x_n = b_1, \\ a_{21}x_1 + a_{22}x_2 + \cdots + a_{2n}x_n = b_2, \\ \qquad\qquad \cdots\cdots \\ a_{n1}x_1 + a_{n2}x_2 + \cdots + a_{nn}x_n = b_n, \end{cases}$$

我们称其为 n 元线性方程组，它的一般解与二元和三元线性方程组的一般解有类似的结论，这就是克莱姆法则.

定理 1 [克莱姆(Cramer) 法则] 如果线性方程组

$$\begin{cases} a_{11}x_1 + a_{12}x_2 + \cdots + a_{1n}x_n = b_1, \\ a_{21}x_1 + a_{22}x_2 + \cdots + a_{2n}x_n = b_2, \\ \qquad\qquad \cdots\cdots \\ a_{n1}x_1 + a_{n2}x_2 + \cdots + a_{nn}x_n = b_n \end{cases}$$

的系数行列式

$$D = \begin{vmatrix} a_{11} & a_{12} & \cdots & a_{1n} \\ a_{21} & a_{22} & \cdots & a_{2n} \\ \vdots & \vdots & & \vdots \\ a_{n1} & a_{n2} & \cdots & a_{nn} \end{vmatrix},$$

把系数行列式 D 中第 i 列元素对应地换成常数项 b_1，b_2，$\cdots$，b_n，其余各列都保持不变所得的行列式为 $D_i(i = 1, 2, \cdots, n)$.

即

$$D_i = \begin{vmatrix} a_{11} & \cdots & a_{1,i-1} & b_1 & a_{1,i+1} & \cdots & a_{1n} \\ a_{21} & \cdots & a_{2,i-1} & b_2 & a_{2,i+1} & \cdots & a_{2n} \\ \vdots & & \vdots & \vdots & \vdots & & \vdots \\ a_{n1} & \cdots & a_{n,i-1} & b_n & a_{n,i+1} & \cdots & a_{nn} \end{vmatrix}.$$

(1)如果系数行列式 $D \neq 0$，则此方程组有唯一解

$$x_1 = \frac{D_1}{D}, \ x_2 = \frac{D_2}{D}, \ \cdots, \ x_n = \frac{D_n}{D}.$$

(2)如果系数行列式 $D = 0$，则此方程组的解不唯一，即有无穷多解或无解.

课堂思考 克莱姆法则适用的条件是什么？

【注】克莱姆法则适用的条件是：(1)方程个数与未知量的个数相等；(2)系数行列式 $D \neq 0$.

例 1 用克莱姆法则解方程组

$$\begin{cases} x_1 - 2x_2 + x_3 = -4, \\ 2x_1 + x_2 - 3x_3 = 7, \\ -x_1 + x_2 - x_3 = 2. \end{cases}$$

解：此方程组的系数行列式

$$D = \begin{vmatrix} 1 & -2 & 1 \\ 2 & 1 & -3 \\ -1 & 1 & -1 \end{vmatrix} = -1 - 6 + 2 + 1 + 3 - 4 = -5 \neq 0.$$

因此有唯一解．又因

$$D_1 = \begin{vmatrix} -4 & -2 & 1 \\ 7 & 1 & -3 \\ 2 & 1 & -1 \end{vmatrix} = -5,$$

$$D_2 = \begin{vmatrix} 1 & -4 & 1 \\ 2 & 7 & -3 \\ -1 & 2 & -1 \end{vmatrix} = -10,$$

$$D_3 = \begin{vmatrix} 1 & -2 & -4 \\ 2 & 1 & 7 \\ -1 & 1 & 2 \end{vmatrix} = 5.$$

故此方程解为 $x_1 = \dfrac{D_1}{D} = 1$，$x_2 = \dfrac{D_2}{D} = 2$，$x_3 = \dfrac{D_3}{D} = -1$.

【任务解决】

问题1　解：设 x_1，x_2，x_3 分别为三种食物的量，则有

$$\begin{cases} 10x_1 + 20x_2 + 20x_3 = 105, \\ 10x_2 + 3x_3 = 60, \\ 50x_1 + 40x_2 + 10x_3 = 525, \end{cases}$$

因 $D = \begin{vmatrix} 10 & 20 & 20 \\ 0 & 10 & 3 \\ 50 & 40 & 10 \end{vmatrix} = -7\,200 \neq 0$，故上述方程组有唯一解，

又 $D_1 = \begin{vmatrix} 105 & 20 & 20 \\ 60 & 10 & 3 \\ 525 & 40 & 10 \end{vmatrix} = -39\,600,$

$D_2 = \begin{vmatrix} 10 & 105 & 20 \\ 0 & 60 & 3 \\ 50 & 525 & 10 \end{vmatrix} = -54\,000,$

$D_3 = \begin{vmatrix} 10 & 20 & 105 \\ 0 & 10 & 60 \\ 50 & 40 & 525 \end{vmatrix} = -36\,000.$

其解为 $x_1 = \dfrac{D_1}{D} = 5.5$，$x_2 = \dfrac{D_2}{D} = 7.5$，$x_3 = \dfrac{D_3}{D} = 5$.

即我们每天摄入 5.5 个单位的食物一，7.5 个单位的食物二，5 个单位的食物三，就可以保证健康饮食了.

随堂练习　独立思考并完成下列单选题.

1. 如果线性方程组 $\begin{cases} a_{11}x_1 + a_{12}x_2 + \cdots + a_{1n}x_n = b_1, \\ a_{21}x_1 + a_{22}x_2 + \cdots + a_{2n}x_n = b_2, \\ \quad\quad\cdots\cdots \\ a_{n1}x_1 + a_{n2}x_2 + \cdots + a_{nn}x_n = b_n \end{cases}$ 的系数行列式 $D \neq 0$，则（　　　）.

A. 该方程组有无穷多组解　　　　　　　B. 该方程组只有零解

C. 该方程组一定有解，且解是唯一的　　D. 该方程组无解

2. 线性方程组 $\begin{cases} x_1 - 2x_2 + 3x_3 = 1, \\ 2x_1 - 4x_2 + 5x_3 = 0, \\ 3x_1 + x_2 - 3x_3 = 0 \end{cases}$ 的解为（　　）.

A. $x_1 = -1$，$x_2 = 2$，$x_3 = -3$　　　　B. $x_1 = 3$，$x_2 = -1$，$x_3 = 4$

C. $x_1 = 1$，$x_2 = 2$，$x_3 = 3$　　　　　D. $x_1 = 1$，$x_2 = 3$，$x_3 = 2$

3. 设有线性方程组 $\begin{cases} kx_1 + x_2 + x_3 = 1, \\ x_1 + kx_2 = 3, \\ 3x_1 + x_2 + x_3 = 1, \end{cases}$ 当（　　）时，方程组有唯一解.

扫码查看参考答案

A. $k \neq 0$　　　　　　　　　　　　　B. $k \neq 3$

C. $k \neq 0$ 或 $k \neq 3$　　　　　　　　D. $k \neq 0$ 且 $k \neq 3$

1.3.2　线性方程组的分类

课堂活动　观察下列方程有什么特点？

(1) $\begin{cases} x_1 + 2x_2 = 0, \\ 3x_1 + 4x_2 = 0; \end{cases}$　　(2) $\begin{cases} x_2 + x_3 + 2x_4 = 0, \\ x_1 + 2x_3 + x_4 = 0, \\ x_1 + 2x_2 + x_4 = 0, \\ 2x_1 + x_2 + x_3 = 0; \end{cases}$

(3) $\begin{cases} 3x_1 - 2x_2 = 5, \\ 3x_1 + 4x_2 = 9; \end{cases}$　　(4) $\begin{cases} 2x_1 - x_2 + 3x_3 + x_4 = 1, \\ 4x_1 - 2x_2 + 5x_3 - 3x_4 = 4, \\ 2x_1 - x_2 + 4x_4 = 0. \end{cases}$

(1)(2)的常数项全为 0，称为齐次线性方程组，而(3)(4)的常数项不全为 0，称为非齐次线性方程组.

定义 1　对于 m 个线性方程构成的 n 元线性方程组

$$\begin{cases} a_{11}x_1 + a_{12}x_2 + \cdots + a_{1n}x_n = b_1, \\ a_{21}x_1 + a_{22}x_2 + \cdots + a_{2n}x_n = b_2, \\ \qquad\qquad \cdots\cdots \\ a_{m1}x_1 + a_{m2}x_2 + \cdots + a_{mn}x_n = b_m. \end{cases} \quad (*)$$

若常数项 $b_i (i = 1, 2, \cdots, m)$ 全为 0，则线性方程组 $(*)$ 称为齐次线性方程组. 相应地，若常数项 $b_i (i = 1, 2, \cdots, m)$ 不全为零，则线性方程组 $(*)$ 称为非齐次线性方程组.

将 $x_i = 0 (i = 1, 2, \cdots, n)$ 代入齐次线性方程组，方程组恒成立. 所以，齐次线性方程组总是有解的，零就是它的解，称为它的零解，即齐次线性方程组有解，至少有一个零解.

我们把 $x_i (i = 1, 2, \cdots, n)$ 不全为零的解称为非零解.

课堂思考　由 n 个线性方程构成的 n 元齐次线性方程组

$$\begin{cases} a_{11}x_1 + a_{12}x_2 + \cdots + a_{1n}x_n = 0, \\ a_{21}x_1 + a_{22}x_2 + \cdots + a_{2n}x_n = 0, \\ \qquad\qquad \cdots\cdots \\ a_{n1}x_1 + a_{n2}x_2 + \cdots + a_{nn}x_n = 0 \end{cases}$$

在什么条件下有非零解?

如果某个齐次线性方程组有唯一解,零解就是这个方程的解,那么它不可能有非零解.反之,如果一个齐次线性方程组只有零解,那么这个方程组就有唯一解.于是,我们有如下定理.

定理 2　若齐次线性方程组的系数行列式 $D \neq 0$,则只有零解,即齐次线性方程组有非零解的充分必要条件是它的系数行列式 $D = 0$.

例 2　判断下列齐次线性方程组有无非零解.

$$(1)\begin{cases} 3x_1 + 2x_2 + 2x_3 = 0, \\ 5x_1 + 3x_2 - x_3 = 0, \\ 13x_1 + 8x_2 + 5x_3 = 0; \end{cases} \qquad (2)\begin{cases} x_2 + x_3 + 2x_4 = 0, \\ x_1 + 2x_3 + x_4 = 0, \\ x_1 + 2x_2 + x_4 = 0, \\ 2x_1 + x_2 + x_3 = 0. \end{cases}$$

解:(1)因系数行列式　$D = \begin{vmatrix} 3 & 2 & 2 \\ 5 & 3 & -1 \\ 13 & 8 & 5 \end{vmatrix} = -5 \neq 0,$

故方程组只有零解.

(2)因系数行列式

$$D = \begin{vmatrix} 0 & 1 & 1 & 2 \\ 1 & 0 & 2 & 1 \\ 1 & 2 & 0 & 1 \\ 2 & 1 & 1 & 0 \end{vmatrix} \xlongequal[r_3 + r_2]{r_4 + r_1} \begin{vmatrix} 0 & 1 & 1 & 2 \\ 1 & 0 & 2 & 1 \\ 2 & 2 & 2 & 2 \\ 2 & 2 & 2 & 2 \end{vmatrix} = 0,$$

故方程组有非零解.

【任务解决】

问题 2　**解**:因系数行列式

$$D = \begin{vmatrix} k & 1 & 1 \\ 1 & k & 1 \\ 1 & 1 & k \end{vmatrix} \xlongequal[r_1 + r_3]{r_1 + r_2} \begin{vmatrix} k+2 & k+2 & k+2 \\ 1 & k & 1 \\ 1 & 1 & k \end{vmatrix} = (k+2) \begin{vmatrix} 1 & 1 & 1 \\ 1 & k & 1 \\ 1 & 1 & k \end{vmatrix} \xlongequal[r_3 + (-1)r_1]{r_2 + (-1)r_1}$$

$$= (k+2) \begin{vmatrix} 1 & 1 & 1 \\ 0 & k-1 & 0 \\ 0 & 0 & k-1 \end{vmatrix} = (k+2)(k-1)^2,$$

又因为此方程组有非零解,所以,$D = 0$,即 $(k+2)(k-1)^2 = 0$,解得 $k = 1$ 或 $k = -2$.因此,当 $k = 1$ 或 $k = -2$ 时,此方程组才有非零解.

随堂练习　独立思考并完成下列单选题.

1. 已知齐次线性方程组 $\begin{cases} x - 2y + 3z = 0, \\ 2x + y + 4z = 0, \\ 2x - y + \lambda z = 0 \end{cases}$ 有非零解,则 $\lambda = ($ 　　 $)$.

A. 7　　　　　　　　B. 4　　　　　　　　C. 2　　　　　　　　D. 3

2. 当系数(　　)时,齐次线性方程组

$$\begin{cases} 3x_1 + 2x_2 = 0, \\ 2x_1 - 3x_2 = 0, \\ 2x_1 - x_2 + \lambda x_3 = 0 \end{cases}$$

仅有零解.

A. $\lambda \neq 1$ B. $\lambda \neq 0$ C. $\lambda \neq 2$ D. $\lambda \neq 3$

扫码查看参考答案

任务单 1.3

模块名称	模块一 行列式与矩阵		
任务名称	任务 1.3 行列式的应用		
班级		姓名	得分

任务单 1.3 A 组（达标层）

1. 用克莱姆法则解下列方程组：

（1）$\begin{cases} x + 2y = 5, \\ 3x + 4y = 9; \end{cases}$ （2）$\begin{cases} x_1 - 2x_2 + x_3 = -2, \\ 2x_1 + x_2 - 3x_3 = 1, \\ -x_1 + x_2 - x_3 = 0. \end{cases}$

2. 判断齐次线性方程组有无非零解：

$$\begin{cases} x_1 + 2x_2 + 3x_3 - x_4 = 0, \\ 3x_1 + 2x_2 + x_3 + x_4 = 0, \\ 5x_1 + x_2 + 2x_3 = 0, \\ 2x_1 + 3x_2 + x_3 - x_4 = 0. \end{cases}$$

3. 齐次线性方程组在 k 取何值时有非零解？

$$\begin{cases} kx_1 + x_2 + x_3 = 0, \\ x_1 + kx_2 - x_3 = 0, \\ 2x_1 - x_2 + x_3 = 0. \end{cases}$$

续表

模块名称	模块一　行列式与矩阵

任务单 1.3　B 组(提高层)

1. 用克莱姆法则解下列方程组：

$$(1)\begin{cases}x_1+x_2=3,\\x_2+x_3=5,\\x_3+x_4=7,\\2x_4+x_1=9;\end{cases}\quad(2)\begin{cases}x_1=x_2+x_3+x_4-2,\\x_2=x_1+x_3+x_4-4,\\x_3=x_1+x_2+x_4-6,\\x_4=x_1+x_2+x_3-8.\end{cases}$$

2. 判断齐次线性方程组 $\begin{cases}x_1+x_2+x_3=0,\\3x_1+4x_2+5x_3=0,\\9x_1+16x_2+25x_3=0\end{cases}$ 有无非零解.

3. 下列齐次线性方程组在 k 取何值时有非零解？

$$\begin{cases}kx_1+x_2+x_3+x_4=0,\\x_1+kx_2+x_3+x_4=0,\\x_1+x_2+kx_3+x_4=0,\\x_1+x_2+x_3+kx_4=0.\end{cases}$$

任务单 1.3　C 组(培优层)

实践调查：寻找用克莱姆法则解线性方程组的实例并进行分析(另附 A4 纸小组合作完成).

思政天地

小组合作挖掘与克莱姆法则相关的课程思政元素(要求：内容不限，可以是名人名言、故事等).

完成日期	

任务 1.4 矩阵的概念及运算

【学习目标】

1. 能区分矩阵和行列式, 知晓它们的区别和联系; 熟知矩阵的加法、数乘矩阵、矩阵的乘法、矩阵转置的运算, 特别是矩阵的乘法的特殊性. 知道方程组的矩阵表示.

2. 具备将生活中的问题矩阵化的数学意识素养.

【任务提出】

问题 1 战国时期的田忌赛马: 齐王和田忌有上、中、下三等马, 但是同等级的马田忌都比齐王差一些. 赛马时齐王表示按上、中、下的顺序出马, 而田忌的谋士让他按下、上、中的顺序出马, 结果田忌赢得一千金, 而齐王输掉一千金. 试写出齐王和田忌赛马中齐王的收益矩阵.

问题 2 试确定引例 1 中三位同学三门课程期中、期末的平均成绩.

问题 3 某工厂生产三种产品, 它们的成本分为三类. 以下给出生产单个产品时, 估计需要每一类成本的量, 同时给出每个季度每种产品生产数量的估计. 具体由表 1-3 和表 1-4 给出.

表 1-3

成本	产品		
	甲	乙	丙
原材料	0.10	0.30	0.15
工资	0.30	0.40	0.25
管理费	0.10	0.20	0.15

表 1-4

产品	季度			
	夏季	秋季	冬季	春季
甲	4 000	4 500	4 500	4 000
乙	2 000	2 600	2 400	2 200
丙	5 800	6 200	6 000	6 000

该公司希望在股东会议上用表格展示出每一季度三类产品成本: 原材料、工资和管理费用的数量.

【知识准备】

1.4.1 基本概念认知

1. 矩阵的概念

课堂活动 表格在生活中很常见，请你举例说明.

引例1 以下是三位同学期中和期末三门课程的成绩表(表1-5，表1-6).

表1-5 期中成绩表

姓名	数学	语文	英语
张三	27	15	30
李四	95	85	70
小明	55	65	90

表1-6 期末成绩表

姓名	数学	语文	英语
张三	50	57	23
李四	98	86	72
小明	65	55	90

这两个成绩表也可以简单地表示为以下数表形式：

$$\begin{pmatrix} 27 & 15 & 30 \\ 95 & 85 & 70 \\ 55 & 65 & 90 \end{pmatrix} 和 \begin{pmatrix} 50 & 57 & 23 \\ 98 & 86 & 72 \\ 65 & 55 & 90 \end{pmatrix}.$$

引例2 某地区一种物资有 m 个产地，n 个销地，下面表示一个调运方案(表1-7).

表1-7

销地 调运量 产地	A_1	A_2	$\cdots$	A_n
1	a_{11}	a_{12}	$\cdots$	a_{1n}
2	a_{21}	a_{22}	$\cdots$	a_{2n}
$\cdots$	$\cdots$	$\cdots$		$\cdots$
m	a_{m1}	a_{m2}	$\cdots$	a_{mn}

其中 a_{ij} 表示由产地 i 调往销地 A_j 的物资数量，这个调运方案可简单表示成如下数表：

$$\begin{pmatrix} a_{11} & a_{12} & \cdots & a_{1n} \\ a_{21} & a_{22} & \cdots & a_{2n} \\ \vdots & \vdots & & \vdots \\ a_{m1} & a_{m2} & \cdots & a_{mn} \end{pmatrix},$$

此数表是 m 行 n 列的矩阵,即 $m \times n$ 矩阵.

引例 3 一房屋开发商在开发一小区时设计了 4 种不同的房屋,每种类型的车库又有三种设计:无车库;1 间车库;2 间车库. 各种户型的数量如表 1-8.

表 1-8

车库设计	A	B	C	D
无车库	0	0	10	4
1 间车库	0	7	6	9
2 间车库	11	5	8	0

一房屋开发商在开发一小区时的户型成数表:$\begin{pmatrix} 0 & 0 & 10 & 4 \\ 0 & 7 & 6 & 9 \\ 11 & 5 & 8 & 0 \end{pmatrix}$.

引例 4 思考解线性方程组的解取决于什么?

由方程组 $m \times n$ 个系数和右端的常数项所构成的 m 行 $n+1$ 列矩形数表决定. 比如线性

方程组 $\begin{cases} 2x_1 + 5x_2 - x_3 = 7, \\ x_1 + 3x_2 + 2x_3 = 4, \\ -4x_1 + x_2 + 7x_3 = -3 \end{cases}$ 的解由数表 $\begin{pmatrix} 2 & 5 & -1 & 7 \\ 1 & 3 & 2 & 4 \\ -4 & 1 & 7 & -3 \end{pmatrix}$ 决定,因此方程组解的研究就

转化为对数表的研究.

对于以上引例中的数表,引进矩阵的概念.

定义 1 由 $m \times n$ 个数 $a_{ij}(i=1, 2, \cdots, m; j=1, 2, \cdots, n)$ 排成的 m 行 n 列的矩形数表

$$A = \begin{pmatrix} a_{11} & a_{12} & \cdots & a_{1n} \\ a_{21} & a_{22} & \cdots & a_{2n} \\ \vdots & \vdots & & \vdots \\ a_{m1} & a_{m2} & \cdots & a_{mn} \end{pmatrix}$$

称为 m 行 n 列矩阵,简称 $m \times n$ 矩阵. 简记为 $A = A_{m \times n} = (a_{ij}) = (a_{ij})_{m \times n}$. 这 $m \times n$ 个数称为矩阵 A 的元素,简称为元,a_{ij} 称为矩阵 A 的第 i 行第 j 列的元素.

例如:$A = \begin{pmatrix} 6 & 2 & 3 & 4 \\ 3 & 7 & -1 & 10 \\ 5 & 6 & -8 & 2 \end{pmatrix}_{3 \times 4}$,$B = \begin{pmatrix} -1 & 0 \\ 2 & 1 \end{pmatrix}_{2 \times 2}$,$C = \begin{pmatrix} 1 & 22 \\ 2 & 4 \\ 222 & -5 \end{pmatrix}_{3 \times 2}$,

$O = \begin{pmatrix} 0 & 0 & 0 \\ 0 & 0 & 0 \end{pmatrix}_{2 \times 3}$,等等.

【注】行列式和矩阵的区别如表 1-9.

表 1-9

行列式	矩阵
$\begin{vmatrix} a_{11} & a_{12} & \cdots & a_{1n} \\ a_{21} & a_{22} & \cdots & a_{2n} \\ \vdots & \vdots & & \vdots \\ a_{n1} & a_{n2} & \cdots & a_{nn} \end{vmatrix} = \sum_{p_1 p_2 \cdots p_n} (-1)^{\tau(p_1 p_2 \cdots p_n)} a_{1p_1} a_{2p_2} \cdots a_{np_n}$	$\begin{pmatrix} a_{11} & a_{12} & \cdots & a_{1n} \\ a_{21} & a_{22} & \cdots & a_{2n} \\ \vdots & \vdots & & \vdots \\ a_{m1} & a_{m2} & \cdots & a_{mn} \end{pmatrix}$
■ 行数等于列数 ■ 共有 n^2 个元素	■ 行数不一定等于列数 ■ 共有 $m \times n$ 个元素 ■ 本质上就是一个数表
$\det(a_{ij})$	$(a_{ij})_{m \times n}$

2. 特殊的矩阵

课堂活动 表格在生活中很常见,请你举例说明.

(1)向量

$A = \begin{pmatrix} a_{11} & a_{12} & \cdots & a_{1n} \end{pmatrix}$,称为行矩阵,也称行向量.

$A = \begin{pmatrix} a_{11} \\ a_{21} \\ \vdots \\ a_{m1} \end{pmatrix}$,称为列矩阵,也称列向量.

例如,$A = (1 \quad 2 \quad 3 \quad 4)$ 为行向量;$B = \begin{pmatrix} 2 \\ 4 \\ 6 \\ 9 \end{pmatrix}$ 为列向量.

(2)n 阶方阵(n 阶矩阵)

行数与列数都等于 n 的矩阵,称为 n 阶方阵.可记作 A_n.

当 $m = n$ 时,

$A = \begin{pmatrix} a_{11} & a_{12} & \cdots & a_{1n} \\ a_{21} & a_{22} & \cdots & a_{2n} \\ \vdots & \vdots & & \vdots \\ a_{n1} & a_{n2} & \cdots & a_{nn} \end{pmatrix}$

称为 n 阶矩阵或 n 阶方阵,数 n 叫作方阵的阶,n 阶方阵中左上角与右下角的连线称为主对角线.

例如,矩阵 $\begin{pmatrix} 1 & 2 & 3 \\ 4 & 5 & 6 \\ 7 & 8 & 9 \end{pmatrix}$,$\begin{pmatrix} 1 & 2 & 3 & 4 \\ 2 & 1 & 3 & 4 \\ 3 & 3 & 1 & 4 \\ 4 & 4 & 4 & 1 \end{pmatrix}$ 分别为 3 阶和 4 阶方阵.

(3)n 阶单位矩阵

类比:什么是单位长度?什么是单位圆?什么是单位矩阵?

主对角线上元素全为 1 而其余元素全为零的 n 阶方阵称为 n 阶单位矩阵，记为 I_n 或 E_n，在不致引起混淆的情况下，可简单记为 I 或 E.

即 $E = \begin{pmatrix} 1 & 0 & \cdots & 0 \\ 0 & 1 & \cdots & 0 \\ \vdots & \vdots & & \vdots \\ 0 & 0 & \cdots & 1 \end{pmatrix}$，例如，$\begin{pmatrix} 1 & 0 \\ 0 & 1 \end{pmatrix}$ 和 $\begin{pmatrix} 1 & 0 & 0 \\ 0 & 1 & 0 \\ 0 & 0 & 1 \end{pmatrix}$ 分别为 2 阶和 3 阶单位矩阵.

（4）零矩阵

元素全为零的矩阵称为零矩阵，记为 O，$\begin{pmatrix} 0 & 0 & 0 & 0 \\ 0 & 0 & 0 & 0 \\ 0 & 0 & 0 & 0 \end{pmatrix}$，$\begin{pmatrix} 0 & 0 \\ 0 & 0 \end{pmatrix}$ 是不同的零矩阵. 又 $C = (0)$，$D = 0$，C 为零矩阵而 D 为数值 0.

（5）同型矩阵

定义 2　设 A，B 是矩阵，如果 A 的行数与 B 的行数相等，且 A 的列数与 B 的列数相等，则称 A 与 B 为同型矩阵.

例：$A = \begin{pmatrix} 1 & 2 & 3 \\ -1 & 2 & 0 \end{pmatrix}$，$B = \begin{pmatrix} 0 & 0 & 1 \\ 1 & 0 & 2 \end{pmatrix}$，则 A 与 B 为同型矩阵.

（6）相等矩阵

定义 3　如果矩阵 $A = (a_{ij})$ 与 $B = (b_{ij})$ 是同型矩阵，并且它们的对应元素分别相等，即 $a_{ij} = b_{ij}(i = 1, 2, \cdots, m; j = 1, 2, \cdots, n)$，那么就称矩阵 A 与矩阵 B 相等，记作 $A = B$.

例 1　已知 $A = \begin{pmatrix} 1 & 2-x & 3 \\ 2 & 6 & 5z \end{pmatrix}$，$B = \begin{pmatrix} 1 & x & 3 \\ y & 6 & z-8 \end{pmatrix}$，$A = B$，求 x，y，z.

解：由 $A = B$ 得 $2 - x = x$，$2 = y$，$5z = z - 8$，

故 $x = 1$，$y = 2$，$z = -2$.

（7）负矩阵（反矩阵）

设 $A = (a_{ij})_{m \times n}$，以 $-a_{ij}$ 为元素的矩阵

$$\begin{pmatrix} -a_{11} & -a_{12} & \cdots & -a_{1n} \\ -a_{21} & -a_{22} & \cdots & -a_{2n} \\ \vdots & \vdots & & \vdots \\ -a_{m1} & -a_{m2} & \cdots & -a_{mn} \end{pmatrix}$$

称为 A 的负矩阵，记为 $-A$.

【任务解决】

问题 1　解：在齐王和田忌赛马的过程中，双方都有六个策略，设 S_1 为齐王的策略集，S_2 为田忌的策略集，则 $S_1 = \{a_1, a_2, a_3, a_4, a_5, a_6\}$，$S_2 = \{b_1, b_2, b_3, b_4, b_5, b_6\}$.

设 $a_1 = （上、中、下）$，$a_2 = （上、下、中）$，$a_3 = （中、上、下）$，$a_4 = （中、下、上）$，$a_5 = （下、中、上）$，$a_6 = （下、上、中）$，S_2 中的各策略与 S_1 中的各策略相同. 齐王赢得的金额见表 1-10（单位：千金）.

表 1-10

齐王 \ 田忌	b_1	b_2	b_3	b_4	b_5	b_6
a_1	3	1	1	1	1	−1
a_2	1	3	1	1	−1	1
a_3	1	−1	3	1	1	1
a_4	−1	1	1	3	1	1
a_5	1	1	−1	1	3	1
a_6	1	1	1	−1	1	3

即田忌赛马中齐王的收益矩阵为

$$
\begin{array}{c}
\text{田忌策略} \\
\rightarrow
\end{array}
$$

$$
\begin{array}{c}
\text{齐} \\
\text{王}\downarrow \\
\text{策} \\
\text{略}
\end{array}
\begin{pmatrix}
3 & 1 & 1 & 1 & 1 & -1 \\
1 & 3 & 1 & 1 & -1 & 1 \\
1 & -1 & 3 & 1 & 1 & 1 \\
-1 & 1 & 1 & 3 & 1 & 1 \\
1 & 1 & -1 & 1 & 3 & 1 \\
1 & 1 & 1 & -1 & 1 & 3
\end{pmatrix}
$$

随堂练习 独立思考并完成下列单选题.

1. 关于矩阵的说法，正确的是(   ).

A. 矩阵是行列的 m 行 n 列元素算出来的一个数字

B. 矩阵是 m 行 n 列的元素排成的一个数表

C. 只要矩阵的元素不变，将矩阵的行和列改变后，矩阵不变

D. 不同的零矩阵是同一个意思

2. 已知 $A = \begin{pmatrix} 2 & a-1 & b+2 \\ 3 & 0 & 6 \end{pmatrix}$, $B = \begin{pmatrix} 2 & 5 & 7 \\ 3 & 0 & 2c \end{pmatrix}$, 且 $A = B$, 则(   ).

A. $a = 6$, $b = 5$, $c = 3$ B. $a = 5$, $b = 6$, $c = 3$

C. $a = 3$, $b = 6$, $c = 5$ D. $a = 6$, $b = 3$, $c = 6$

3. 下列叙述正确的是(   ).

A. 矩阵的行数不一定等于其列数

B. 不同型的零矩阵可以相等

C. 行列式的行数不一定等于其列数

D. 矩阵可以比较大小

扫码查看参考答案

1.4.2 矩阵的运算

课堂活动 矩阵有哪些运算？制作以"矩阵的运算"为主题的思维导图.

矩阵的广泛应用在于它规定的有实际意义的运算.

1. 矩阵的加减法

定义4 设有两个矩阵 $A = (a_{ij})_{m \times n}$，$B = (b_{ij})_{m \times n}$，那么矩阵 A 与 B 的和记作 A + B，即设

$$A = \begin{pmatrix} a_{11} & a_{12} & \cdots & a_{1n} \\ a_{21} & a_{22} & \cdots & a_{2n} \\ \vdots & \vdots & & \vdots \\ a_{m1} & a_{m2} & \cdots & a_{mn} \end{pmatrix}, \quad B = \begin{pmatrix} b_{11} & b_{12} & \cdots & b_{1n} \\ b_{21} & b_{22} & \cdots & b_{2n} \\ \vdots & \vdots & & \vdots \\ b_{m1} & b_{m2} & \cdots & b_{mn} \end{pmatrix}, \quad 则$$

$$A + B = (a_{ij})_{m \times n} + (b_{ij})_{m \times n}$$

$$= \begin{pmatrix} a_{11} + b_{11} & a_{12} + b_{12} & \cdots & a_{1n} + b_{1n} \\ a_{21} + b_{21} & a_{22} + b_{22} & \cdots & a_{2n} + b_{2n} \\ \vdots & \vdots & & \vdots \\ a_{m1} + b_{m1} & a_{m2} + b_{m2} & \cdots & a_{mn} + b_{mn} \end{pmatrix} = (a_{ij} + b_{ij})_{m \times n}.$$

设矩阵 $A = (a_{ij})$，记 $-A = (-a_{ij})$，$-A$ 称为矩阵 A 的负矩阵，显然有 $A + (-A) = O$. 由此规定矩阵的减法为 $A - B = A + (-B)$.

【注】只有当两个矩阵是同型矩阵时，这两个矩阵才能进行加减法运算.

例如，已知矩阵 $A = \begin{pmatrix} 1 & 3 \\ 2 & 0 \\ -1 & 0 \end{pmatrix}$，$B = \begin{pmatrix} -5 & 4 \\ 3 & -1 \\ 1 & 6 \end{pmatrix}$，则

$$A + B = \begin{pmatrix} 1 & 3 \\ 2 & 0 \\ -1 & 0 \end{pmatrix} + \begin{pmatrix} -5 & 4 \\ 3 & -1 \\ 1 & 6 \end{pmatrix} = \begin{pmatrix} -4 & 7 \\ 5 & -1 \\ 0 & 6 \end{pmatrix}.$$

$$A - B = \begin{pmatrix} 1 & 3 \\ 2 & 0 \\ -1 & 0 \end{pmatrix} - \begin{pmatrix} -5 & 4 \\ 3 & -1 \\ 1 & 6 \end{pmatrix} = \begin{pmatrix} 6 & -1 \\ -1 & 1 \\ -2 & -6 \end{pmatrix}.$$

2. 数与矩阵相乘

定义5 数 k 与矩阵 A 的乘积记作 kA 或 Ak，规定为

$$kA = Ak = \begin{pmatrix} ka_{11} & ka_{12} & \cdots & \lambda a_{1n} \\ ka_{21} & ka_{22} & \cdots & ka_{2n} \\ \vdots & \vdots & & \vdots \\ ka_{m1} & ka_{m2} & \cdots & ka_{mn} \end{pmatrix},$$

称为数 k 与 A 的数量乘积，或数乘矩阵.

特别地，当 $k = -1$ 时，就得到 A 的负矩阵 $-A$.

【注】数 k 与 n 阶矩阵的乘积和数 k 与 n 阶行列式的乘积不同，前者是矩阵运算，后者是数的运算.

例如，设 $A = \begin{pmatrix} 13 & 11 & 4 \\ 7 & -4 & 4 \\ 6 & 8 & 9 \end{pmatrix}$，则

$$3A = \begin{pmatrix} 39 & 33 & 12 \\ 21 & -12 & 12 \\ 18 & 24 & 27 \end{pmatrix}, \quad -2A = \begin{pmatrix} -26 & -22 & -8 \\ -14 & 8 & -8 \\ -12 & -16 & -18 \end{pmatrix}.$$

矩阵的加法与数乘统称为矩阵等的线性预算,由定义可直接验证它们满足下列运算规律(设 A、B、C 都是 m×n 矩阵;k,μ 为数):

$A + B = B + A$;

$(A + B) + C = A + (B + C)$;

$A + O = O + A = A$;

$A + (-A) = O$;

$k(A + B) = kA + kB$;

$(k + \mu)A = kA + \mu A$;

$k(\mu A) = (k\mu)A$;

$1 \cdot A = A$.

例 2 已知矩阵 $A = \begin{pmatrix} 2 & 2 & -6 & 4 \\ 4 & 0 & 0 & -2 \end{pmatrix}$, $B = \begin{pmatrix} 7 & 0 & 5 & -1 \\ 6 & 4 & 1 & 0 \end{pmatrix}$. 若满足关系式 $2X - A = 4B$,求 X.

解:从关系式 $2X - A = 4B$ 得到矩阵

$$X = \frac{1}{2}A + 2B = \frac{1}{2}\begin{pmatrix} 2 & 2 & -6 & 4 \\ 4 & 0 & 0 & -2 \end{pmatrix} + 2\begin{pmatrix} 7 & 0 & 5 & -1 \\ 6 & 4 & 1 & 0 \end{pmatrix}$$

$$= \begin{pmatrix} 1 & 1 & -3 & 2 \\ 2 & 0 & 0 & -1 \end{pmatrix} + \begin{pmatrix} 14 & 0 & 10 & -2 \\ 12 & 8 & 2 & 0 \end{pmatrix}$$

$$= \begin{pmatrix} 15 & 1 & 7 & 0 \\ 14 & 8 & 2 & -1 \end{pmatrix}.$$

【任务解决】

问题 2 解:$X = \dfrac{1}{2}(A + B) = \dfrac{1}{2}\left[\begin{pmatrix} 27 & 15 & 30 \\ 95 & 85 & 70 \\ 55 & 65 & 90 \end{pmatrix} + \begin{pmatrix} 50 & 57 & 23 \\ 98 & 86 & 72 \\ 65 & 55 & 90 \end{pmatrix} \right]$

$$= \begin{pmatrix} \dfrac{27+50}{2} & \dfrac{15+57}{2} & \dfrac{30+23}{2} \\ \dfrac{95+98}{2} & \dfrac{85+86}{2} & \dfrac{70+72}{2} \\ \dfrac{55+65}{2} & \dfrac{65+55}{2} & \dfrac{90+90}{2} \end{pmatrix} = \begin{pmatrix} 38.5 & 36 & 26.5 \\ 96.5 & 85.5 & 71 \\ 60 & 60 & 90 \end{pmatrix}.$$

3. 矩阵的乘法

定义 6 已知 m 行 l 列矩阵 $A = (a_{ij})_{m \times l}$ 与 l 行 n 列矩阵 $B = (b_{ij})_{l \times n}$,将矩阵 A 的第 i 行元素与矩阵 B 的第 j 列对应元素乘积之和作为一个新矩阵 C 第 i 行第 j 列的元素(i = 1,2,…,m;j = 1,2,…n),所得的这个 m×n 矩阵称为矩阵 A 与 B 的积,记为 $AB = (c_{ij})_{m \times n}$. 即

$$A = (a_{ij})_{m \times 1} = \begin{pmatrix} a_{11} & a_{12} & \cdots & a_{11} \\ a_{21} & a_{22} & \cdots & a_{21} \\ \vdots & \vdots & & \vdots \\ a_{m1} & a_{m2} & \cdots & a_{ml} \end{pmatrix}, \quad B = (b_{ij})_{1 \times n} = \begin{pmatrix} b_{11} & b_{12} & \cdots & b_{1n} \\ b_{21} & b_{22} & \cdots & b_{2n} \\ \vdots & \vdots & & \vdots \\ b_{l1} & b_{l2} & \cdots & b_{ln} \end{pmatrix}.$$

$$AB = \begin{pmatrix} a_{11} & a_{12} & \cdots & a_{11} \\ a_{21} & a_{22} & \cdots & a_{21} \\ \vdots & \vdots & & \vdots \\ a_{m1} & a_{m2} & \cdots & a_{ml} \end{pmatrix} \begin{pmatrix} b_{11} & b_{12} & \cdots & b_{1n} \\ b_{21} & b_{22} & \cdots & b_{2n} \\ \vdots & \vdots & & \vdots \\ b_{l1} & b_{l2} & \cdots & b_{ln} \end{pmatrix}$$

$$= \begin{pmatrix} c_{11} & c_{12} & \cdots & c_{1n} \\ c_{21} & c_{22} & \cdots & c_{2n} \\ \vdots & \vdots & & \vdots \\ c_{m1} & c_{m2} & \cdots & c_{mn} \end{pmatrix} = C = (c_{ij})_{m \times n}.$$

其中，$c_{ij} = a_{i1}b_{1j} + a_{i2}b_{2j} + \cdots + a_{il}b_{lj}(i = 1, 2, \cdots, m; j = 1, 2, \cdots, n)$.

AB 中左边的矩阵 A 叫左矩阵，右边的矩阵 B 叫右矩阵.

【注】(1)只有左矩阵的列数等于右矩阵的行数，两矩阵才能相乘，积 AB 有意义.

(2)乘积矩阵 C = AB 的行数等于 A 的行数，列数等于 B 的列数. 可以总结为"前提取中间，结果取两边".

例3 已知矩阵 $A = \begin{pmatrix} 1 & 2 & 0 \\ -1 & 3 & -2 \end{pmatrix}$，$B = \begin{pmatrix} 1 & 2 & -3 & 0 \\ -1 & 3 & 0 & 7 \\ 0 & 4 & 5 & 6 \end{pmatrix}$. 求：

(1)积 AB 有无意义？

(2)若有意义，积 C = AB 为几行几列矩阵？

(3)若有意义，积 C = AB 第 1 行第 2 列元素 C_{12} 等于多少？

解：(1)因为矩阵 A 为 2 行 3 列矩阵，矩阵 B 为 3 行 4 列矩阵. 由于矩阵 A 的列数等于矩阵 B 的行数，所以积 AB 有意义.

(2)根据 AB 的行数等于 A 的行数、列数等于 B 的列数，于是矩阵 C = AB 为 2 行 4 列矩阵.

(3)C = AB 第 1 行第 2 列元素 C_{12} 等于矩阵 A 的第 1 行元素与 B 的第 2 列对应元素的乘积之和，即

$$C_{12} = 1 \times 2 + 2 \times 3 + 0 \times 4 = 8.$$

例4 已知矩阵 $A = (1 \quad 2 \quad 3)$，$B = \begin{pmatrix} 1 \\ 2 \\ 3 \end{pmatrix}$，求积 AB 与 BA.

解： $AB = (1 \quad 2 \quad 3) \begin{pmatrix} 1 \\ 2 \\ 3 \end{pmatrix} = 14.$

$$BA = \begin{pmatrix} 1 \\ 2 \\ 3 \end{pmatrix}(1 \quad 2 \quad 3) = \begin{pmatrix} 1 & 2 & 3 \\ 2 & 4 & 6 \\ 3 & 6 & 9 \end{pmatrix}.$$

例5 设 $A = \begin{pmatrix} 1 & 2 \\ 3 & 4 \end{pmatrix}$, $B = \begin{pmatrix} -4 & 2 & 0 \\ 3 & -1 & 1 \end{pmatrix}$, $C = \begin{pmatrix} 1 & 4 \\ -2 & 5 \\ 3 & -6 \end{pmatrix}$,

则 $AB = \begin{pmatrix} 1 & 2 \\ 3 & 4 \end{pmatrix} \begin{pmatrix} -4 & 2 & 0 \\ 3 & -1 & 1 \end{pmatrix}$

$$= \begin{pmatrix} 1\times(-4)+2\times3 & 1\times2+2\times(-1) & 1\times0+2\times1 \\ 3\times(-4)+4\times3 & 3\times2+4\times(-1) & 3\times0+4\times1 \end{pmatrix} = \begin{pmatrix} 2 & 0 & 2 \\ 0 & 2 & 4 \end{pmatrix}.$$

$BC = \begin{pmatrix} -4 & 2 & 0 \\ 3 & -1 & 1 \end{pmatrix} \begin{pmatrix} 1 & 4 \\ -2 & 5 \\ 3 & -6 \end{pmatrix}$

$$= \begin{pmatrix} (-4)\times1+2\times(-2)+0\times3 & (-4)\times4+2\times5+0\times(-6) \\ 3\times1+(-1)\times(-2)+1\times3 & 3\times4+(-1)\times5+1\times(-6) \end{pmatrix} = \begin{pmatrix} -8 & -6 \\ 8 & 1 \end{pmatrix}.$$

$(AB)C = \begin{pmatrix} 2 & 0 & 2 \\ 0 & 2 & 4 \end{pmatrix} \begin{pmatrix} 1 & 4 \\ -2 & 5 \\ 3 & -6 \end{pmatrix} = \begin{pmatrix} 8 & -4 \\ 8 & -14 \end{pmatrix}.$

$A(BC) = \begin{pmatrix} 1 & 2 \\ 3 & 4 \end{pmatrix} \begin{pmatrix} -8 & -6 \\ 8 & 1 \end{pmatrix} = \begin{pmatrix} 8 & -4 \\ 8 & -14 \end{pmatrix}.$

例6 设 $A = \begin{pmatrix} 6 & 2 \\ -24 & -8 \end{pmatrix}$, $B = \begin{pmatrix} 2 & 1 \\ -12 & -5 \end{pmatrix}$, $C = \begin{pmatrix} 4 & 1 \\ -16 & -4 \end{pmatrix}$,

则 $AB = \begin{pmatrix} 6 & 2 \\ -24 & -8 \end{pmatrix} \begin{pmatrix} 2 & 1 \\ -12 & -5 \end{pmatrix} = \begin{pmatrix} -12 & -4 \\ 48 & 16 \end{pmatrix}.$

$BA = \begin{pmatrix} 2 & 1 \\ -12 & -5 \end{pmatrix} \begin{pmatrix} 6 & 2 \\ -24 & -8 \end{pmatrix} = \begin{pmatrix} -12 & -4 \\ 48 & 16 \end{pmatrix}.$

$AC = \begin{pmatrix} 6 & 2 \\ -24 & -8 \end{pmatrix} \begin{pmatrix} 4 & 1 \\ -16 & -4 \end{pmatrix} = \begin{pmatrix} -8 & -2 \\ 32 & 8 \end{pmatrix}.$

$BC = \begin{pmatrix} 2 & 1 \\ -12 & -5 \end{pmatrix} \begin{pmatrix} 4 & 1 \\ -16 & -4 \end{pmatrix} = \begin{pmatrix} -8 & -2 \\ 32 & 8 \end{pmatrix}.$

$CA = \begin{pmatrix} 4 & 1 \\ -16 & -4 \end{pmatrix} \begin{pmatrix} 6 & 2 \\ -24 & -8 \end{pmatrix} = \begin{pmatrix} 0 & 0 \\ 0 & 0 \end{pmatrix}.$

$B(CA) = \begin{pmatrix} 2 & 1 \\ -12 & -5 \end{pmatrix} \begin{pmatrix} 0 & 0 \\ 0 & 0 \end{pmatrix} = \begin{pmatrix} 0 & 0 \\ 0 & 0 \end{pmatrix}.$

【注】(1)AB 有意义时，BA 不一定有意义，即使 AB 与 BA 都有意义，一般 AB ≠ BA，即矩阵乘法不满足交换律. 因此对矩阵乘法特别要注意左乘与右乘的顺序. 如果 AB = BA，就称 A 与 B 是可交换的.

(2)两个非零矩阵的乘积可以是零矩阵. 不能由 AB = O 就判定 A = O 或 B = O.

(3)矩阵乘法不服从消去律. 即，由 AB = AC，不能得出 B = C.

(4)零矩阵左乘或右乘一个矩阵(如果可乘)，结果为零矩阵. 由此及前面性质可见，零矩阵在矩阵运算中起着数零的作用.

课堂思考 探究 n 元线性方程组的矩阵形式.

对于 n 元线性方程组

$$\begin{cases} a_{11}x_1 + a_{12}x_2 + \cdots + a_{1n}x_n = b_1, \\ a_{21}x_1 + a_{22}x_2 + \cdots + a_{2n}x_n = b_2, \\ \qquad\qquad \cdots\cdots \\ a_{m1}x_1 + a_{m2}x_2 + \cdots + a_{mn}x_n = b_m, \end{cases}$$
若记 $A = \begin{pmatrix} a_{11} & a_{12} & \cdots & a_{1n} \\ a_{21} & a_{22} & \cdots & a_{2n} \\ \vdots & \vdots & & \vdots \\ a_{m1} & a_{m2} & \cdots & a_{mn} \end{pmatrix}$, $X = \begin{pmatrix} x_1 \\ x_2 \\ \vdots \\ x_n \end{pmatrix}$, $B = \begin{pmatrix} b_1 \\ b_2 \\ \vdots \\ b_m \end{pmatrix}$, 则

n 元线性方程组可用简单地表示为 $AX = B$，其中 A 称为方程组的系数矩阵，X 为未知量列矩阵，B 为常数项矩阵.

矩阵乘法具有下列性质（假设运算是可行的）：

性质 1　结合律 $(AB)C = A(BC)$

性质 2　左分配律 $A(B + C) = AB + AC$

右分配律 $(B + C)A = BA + CA$

性质 3　$A_{m \times n}I_n = A_{m \times n}$, $I_m A_{m \times n} = A_{m \times n}$（I 为 n 阶单位矩阵）

所以单位矩阵在矩阵运算中起着数 1 的作用.

4. 矩阵的幂

设 A 是 n 阶方阵，k 为自然数，称 $A^k = \underbrace{AA\cdots A}_{k个}$ 为方阵 A 的 k 次幂. 规定：$A^0 = I$. 显然只有方阵的幂才有意义.

矩阵幂的特点：

（1）$A^k A^l = A^{k+l}$;

（2）$(A^k)^l = A^{kl}$;

（3）$I^k = I$.

其中 A 为方阵，k，l 为自然数.

例 7　若 $B = \begin{pmatrix} a & 0 & 0 \\ 0 & b & 0 \\ 0 & 0 & c \end{pmatrix}$, 求 B^n.

解：$B^n = \begin{pmatrix} a^n & 0 & 0 \\ 0 & b^n & 0 \\ 0 & 0 & c^n \end{pmatrix}$.

5. 矩阵的转置

定义 7　把 $m \times n$ 矩阵 A 的行与列互换所得到的新矩阵，称为 A 的转置矩阵，记作 A^T,

即若 $A = \begin{pmatrix} a_{11} & a_{12} & \cdots & a_{1n} \\ a_{21} & a_{22} & \cdots & a_{2n} \\ \vdots & \vdots & & \vdots \\ a_{n1} & a_{n2} & \cdots & a_{nn} \end{pmatrix}$, 则 $A^T = \begin{pmatrix} a_{11} & a_{21} & \cdots & a_{n1} \\ a_{12} & a_{22} & \cdots & a_{n2} \\ \vdots & \vdots & & \vdots \\ a_{1n} & a_{2n} & \cdots & a_{nn} \end{pmatrix}$.

例如，$A = (1 \quad 2 \quad 3)$, $B = (4 \quad 5 \quad 6)$,

$A^T B = \begin{pmatrix} 1 \\ 2 \\ 3 \end{pmatrix}(4 \quad 5 \quad 6) = \begin{pmatrix} 4 & 5 & 6 \\ 8 & 10 & 12 \\ 12 & 15 & 18 \end{pmatrix}$,

$$AB^T = (1 \quad 2 \quad 3)\begin{pmatrix} 4 \\ 5 \\ 6 \end{pmatrix} = (1 \times 4 + 2 \times 5 + 3 \times 6) = 32.$$

【注】当运算结果是一阶矩阵时, 则把它看作一个数.

转置矩阵有下列性质:

$(A^T)^T = A$

$(A + B)^T = A^T + B^T$

$(kA)^T = kA^T$

$(AB)^T = B^T A^T$

1.4.3 n 阶矩阵的行列式

定义 8   由 n 阶方阵 A 的元素按原来位置构成的 n 阶行列式称为方阵 A 的行列式, 记作 $|A|$.

定理 1   设 A 与 B 都是 n 阶方阵, 则 $|AB| = |A| \cdot |B|$.

推论   若 A_1, A_2, $\cdots$, A_m 都是 n 阶矩阵, 则 $|A_1 A_2 \cdots A_m| = |A_1| |A_2| \cdots |A_m|$.

容易得到 $|A^T| = |A|$, $|kA| = k^n |A|$. 其中, A 为 n 阶方阵, k 为常数.

【任务解决】

问题 3   解: 题中给出的表可以简单表示为如下矩阵,

$$A = \begin{pmatrix} 0.10 & 0.30 & 0.15 \\ 0.30 & 0.40 & 0.25 \\ 0.10 & 0.20 & 0.15 \end{pmatrix}, \quad B = \begin{pmatrix} 4\,000 & 4\,500 & 4\,500 & 4\,000 \\ 2\,000 & 2\,600 & 2\,400 & 2\,200 \\ 5\,800 & 6\,200 & 6\,000 & 6\,000 \end{pmatrix},$$

容易看出, 各季节的各种成本, 可以如下计算:

夏季的成本为

原材料: $0.10 \times 4\,000 + 0.30 \times 2\,000 + 0.15 \times 5\,800 = 1\,870$,

工资: $0.30 \times 4\,000 + 0.40 \times 2\,000 + 0.25 \times 5\,800 = 3\,450$,

管理费: $0.10 \times 4\,000 + 0.20 \times 2\,000 + 0.15 \times 5\,800 = 1\,670$.

秋季的成本为

原材料: $0.10 \times 4\,500 + 0.30 \times 2\,600 + 0.15 \times 6\,200 = 2\,160$,

工资: $0.30 \times 4\,500 + 0.40 \times 2\,600 + 0.25 \times 6\,200 = 3\,940$,

管理费: $0.10 \times 4\,500 + 0.20 \times 2\,600 + 0.15 \times 6\,200 = 1\,900$.

同样的方法可以求出春季和冬季的三类成本(表 1-11), 如果把四个季节的三类成本分别作为一个矩阵的 4 列元素, 可以得到如下矩阵

表 1-11

成本	季度			
	夏季	秋季	冬季	春季
原材料	1 870	2 160	2 070	1 960
工资	3 450	3 940	3 180	3 580
管理费	1 670	1 900	1 830	1 740

即 $AB = \begin{pmatrix} 0.10 & 0.30 & 0.15 \\ 0.30 & 0.40 & 0.25 \\ 0.10 & 0.20 & 0.15 \end{pmatrix} \begin{pmatrix} 4\ 000 & 4\ 500 & 4\ 500 & 4\ 000 \\ 2\ 000 & 2\ 600 & 2\ 400 & 2\ 200 \\ 5\ 800 & 6\ 200 & 6\ 000 & 6\ 000 \end{pmatrix}$

$= \begin{pmatrix} 1\ 870 & 2\ 160 & 2\ 070 & 1\ 960 \\ 3\ 450 & 3\ 940 & 3\ 180 & 3\ 580 \\ 1\ 670 & 1\ 900 & 1\ 830 & 1\ 740 \end{pmatrix}.$

随堂练习 独立思考并完成下列单选题.

1. $A = \begin{pmatrix} 1 & 0 & -1 \\ 3 & 1 & 5 \end{pmatrix}$, $B = \begin{pmatrix} 2 & -1 & 1 \\ 0 & 3 & 0 \end{pmatrix}$, $2A + B = ($ $)$.

A. $\begin{pmatrix} 5 & -2 & 1 \\ 3 & 7 & 5 \end{pmatrix}$ *B.* $\begin{pmatrix} -3 & 2 & -3 \\ 3 & -5 & 5 \end{pmatrix}$

C. $\begin{pmatrix} 2 & 6 & -4 \\ -2 & 7 & 9 \end{pmatrix}$ *D.* $\begin{pmatrix} 4 & -1 & -1 \\ 6 & 5 & 10 \end{pmatrix}$

2. 对所有同阶方阵 A 和 B, 都有(   ).

A. $A + B = B + A$ *B.* $AB = BA$

C. $(A + B)^2 = A^2 + B^2$ *D.* $(A + B)^2 = A^2 + 2AB + B^2$

3. 设 A 为 3×2 矩阵, B 为 2×3 矩阵, 则下列运算中(   )可以进行.

A. AB *B.* AB^T *C.* $A + B$ *D.* BA^T

4. $(ABC)^T = ($ $)$.

A. CBA *B.* $C^T B^T A^T$ *C.* $A^T B^T C^T$ *D.* ABC

5. 已知 A, B 为矩阵, 若 AB 与 BA 都可进行运算, 则(   ).

A. $AB = BA$ *B.* $AB = -BA$ *C.* 不确定是否相等   *D.* 都不对

6. 设 $A = \begin{pmatrix} 3 & 6 & 0 & 2 \\ 5 & 4 & 1 & 8 \\ 0 & 6 & -2 & 1 \\ 1 & 3 & 0 & 2 \end{pmatrix}$, $B = \begin{pmatrix} 2 & -6 & 4 \\ 9 & 1 & 9 \\ 3 & 0 & 2 \\ 6 & -1 & -7 \end{pmatrix}$, 则 $C = AB$ 中元素

扫码查看参考答案

$C_{23} = ($ $)$.

A. -2 *B.* 2 *C.* 0 *D.* 70

任务单 1.4

模块名称		模块一　行列式与矩阵		
任务名称		任务 1.4　矩阵的概念及运算		
班级		姓名		得分
任务单 1.4　A 组(达标层)				

1. 已知 $A = \begin{pmatrix} 1 & 0 \\ 0 & -1 \\ 1 & 2 \end{pmatrix}$, $B = \begin{pmatrix} 1 & 3 \\ 3 & 2 \\ 2 & 1 \end{pmatrix}$, $C = \begin{pmatrix} -2 & -1 \\ 3 & 2 \\ 0 & 0 \end{pmatrix}$. 计算：$(1)A+B$；$(2)A-B+C$；$(3)A+3C$.

2. $A = \begin{pmatrix} x_1+1 & 2 \\ 1 & x_2+2 \end{pmatrix}$, $B = \begin{pmatrix} 2 & x_3-1 \\ x_4-3 & 4 \end{pmatrix}$, 且 $A=B$, 求 x_1, x_2, x_3, x_4.

3. 计算 $\begin{pmatrix} 1 & 0 \\ k & 1 \end{pmatrix}\begin{pmatrix} a & b \\ c & d \end{pmatrix}$.

4. 计算 $\begin{pmatrix} 1 & -2 \\ 3 & -4 \end{pmatrix}^3$.

模块名称	模块一 行列式与矩阵

任务单1.4　B组(提高层)

1. $A = \begin{pmatrix} 1 & 2 & 3 & 4 \\ 5 & -6 & 7 & 8 \\ -4 & 3 & 1 & 2 \end{pmatrix}$, $B = \begin{pmatrix} 1 & 0 & 2 & -2 \\ 0 & 3 & -5 & 7 \\ 5 & -3 & 4 & 9 \end{pmatrix}$.

设 $(3A+X)+2(B-X)=0$，求 X.

2. 给出矩阵 A, B, C, 计算 $(AB)C$ 及 $A(BC)$.

$A = \begin{pmatrix} 1 & 4 \\ 2 & 5 \\ 3 & 6 \end{pmatrix}$, $B = \begin{pmatrix} 9 & 8 & 7 \\ 6 & 5 & 4 \end{pmatrix}$, $C = \begin{pmatrix} 1 & 0 & -1 \\ -1 & 2 & 0 \\ 0 & -2 & 1 \end{pmatrix}$.

3. 计算 $(x_1 \quad x_2 \quad x_3) \begin{pmatrix} a_{11} & a_{12} & a_{13} \\ a_{12} & a_{22} & a_{23} \\ a_{13} & a_{23} & a_{33} \end{pmatrix} \begin{pmatrix} x_1 \\ x_2 \\ x_3 \end{pmatrix}$.

4. 设 $A = \begin{pmatrix} 1 & 2 \\ 3 & 4 \end{pmatrix}$, $B = \begin{pmatrix} 5 & 6 \\ -7 & -8 \end{pmatrix}$.

(1) 求 $(A^T+B^T)(A^T-B^T)$；(2) 验证 $(AB)^T = B^T A^T$；(3) 验证 $|AB| = |A||B|$.

任务单1.4　C组(培优层)

实践调查：选取生活中的矩阵及其运算实例并分析(另附A4纸小组合作完成).

思政天地

小组合作挖掘与矩阵概念及运算相关的课程思政元素(要求：内容不限，可以是名人名言、故事等).

完成日期	

任务 1.5 矩阵的初等变换与秩

【学习目标】

1. 知道阶梯性矩阵、行简化阶梯形矩阵、标准形. 熟知矩阵的秩的概念，并会用初等变换法求出矩阵的秩.

2. 具备独立思考、团队合作、精益求精的匠人品质.

【任务提出】

如何求出求下列矩阵的秩？

$$A = \begin{pmatrix} -1 & 2 & -3 & -2 & 1 \\ 5 & -7 & 9 & 9 & -2 \\ 3 & -4 & 5 & 6 & -1 \\ 1 & 2 & -5 & 2 & 3 \end{pmatrix}$$

【知识准备】

1.5.1 矩阵的初等变换

1. 矩阵的初等变换的概念

课堂活动 何谓"矩阵的初等变换"？

定义 1 对矩阵施以下列三种变换，称为矩阵的初等变换：

(1)变换矩阵两行(列)的位置. 记作 $r_i \leftrightarrow r_j (c_i \leftrightarrow c_j)$.

(2)用非零的数乘矩阵的某一行(列). 记作 $kr_i(kc_i)$.

(3)矩阵的某一行(列)加上另一行(列)的倍数. 记作 $r_i + kr_j(c_i + kc_j)$.

【注】(1)仅对行的初等变换称为初等行变换，仅对列的初等变换称为初等列变换.

(2)一般地，由于矩阵经过初等变换后所得矩阵与原矩阵不相等，所以我们用→来表示变换的结果.

例如，$A = \begin{pmatrix} 1 & 2 & 3 \\ -1 & 2 & 0 \end{pmatrix} \xrightarrow{r_1 \leftrightarrow r_2} \begin{pmatrix} -1 & 2 & 0 \\ 1 & 2 & 3 \end{pmatrix} \xrightarrow{(-1)r_1} \begin{pmatrix} 1 & -2 & 0 \\ 1 & 2 & 3 \end{pmatrix}$

$\xrightarrow{r_2 + (-1)r_1} \begin{pmatrix} 1 & -2 & 0 \\ 0 & 6 & 3 \end{pmatrix}$.

定义 2 对单位矩阵 I 施以一次初等变换所得到的矩阵称为初等矩阵.

对 I 的每一种初等变换都对应着一个相应的初等矩阵. 互换 I 的第 i, j 两行(列)，得

$$I(i, j) = \begin{pmatrix} 1 & & & & & & & \\ & \ddots & & & & & & \\ & & 0 & \cdots & 1 & & & \\ & & \vdots & \ddots & \vdots & & & \\ & & 1 & \cdots & 0 & & & \\ & & & & & \ddots & & \\ & & & & & & 1 \end{pmatrix} \begin{matrix} \\ \\ \text{第 } i \text{ 行} \\ \\ \text{第 } j \text{ 行} \\ \\ \end{matrix}$$

$$\qquad\qquad \text{第 } i \text{ 列} \qquad \text{第 } j \text{ 列}$$

用非零数 K 乘 I 的第 i 行(列),得

$$I[i(K)] = \begin{pmatrix} 1 & & & & \\ & \ddots & & & \\ & & K & & \\ & & & \ddots & \\ & & & & 1 \end{pmatrix} \begin{matrix} \\ \\ \text{第 } i \text{ 行} \\ \\ \end{matrix}$$

$$\qquad\qquad\quad \text{第 } i \text{ 列}$$

I 的第 i 行加上第 j 行的 K 倍,得

$$I[i, j(K)] = \begin{pmatrix} 1 & & & & & & \\ & \ddots & & & & & \\ & & 1 & \cdots & K & & \\ & & & \ddots & \vdots & & \\ & & & & 1 & & \\ & & & & & \ddots & \\ & & & & & & 1 \end{pmatrix} \begin{matrix} \\ \\ \text{第 } i \text{ 行} \\ \\ \text{第 } j \text{ 行} \\ \\ \end{matrix}$$

$$\qquad\qquad \text{第 } i \text{ 列} \qquad \text{第 } j \text{ 列}$$

初等矩阵只有上述三种类型. 容易直接验证:

$$|I(i, j)| = -1, \quad |I[i(K)]| = K, \quad |I[i, j(K)]| = 1,$$

$$I(i, j)^{-1} = I(i, j), \quad I[i(K)]^{-1} = I\left[i\left(\frac{1}{K}\right)\right], \quad I[i, j(K)]^{-1} = I[i, j(-K)].$$

所以初等矩阵都是可逆矩阵,且其逆矩阵仍为初等矩阵.

初等变换与初等矩阵之间的联系如下.

定理 1　设 $A = (a_{ij})_{m \times n}$,对 A 施以一次初等行变换就相当于对 A 左乘一个相应的 m 阶初等矩阵;对 A 施以一次初等列变换相当于对 A 右乘一个相应的 n 阶初等矩阵.

比如,(1) $\begin{pmatrix} 1 & 2 & 3 \\ 4 & 5 & 6 \end{pmatrix} \rightarrow \begin{pmatrix} 4 & 5 & 6 \\ 1 & 2 & 3 \end{pmatrix}$,

相当于左乘,$\begin{pmatrix} 0 & 1 \\ 1 & 0 \end{pmatrix} \cdot \begin{pmatrix} 1 & 2 & 3 \\ 4 & 5 & 6 \end{pmatrix} = \begin{pmatrix} 4 & 5 & 6 \\ 1 & 2 & 3 \end{pmatrix}$

(2) $\begin{pmatrix} 1 & 2 & 3 \\ 4 & 5 & 6 \end{pmatrix} \rightarrow \begin{pmatrix} 2 & 1 & 3 \\ 5 & 4 & 6 \end{pmatrix}$,

相当于右乘，$\begin{pmatrix} 1 & 2 & 3 \\ 4 & 5 & 6 \end{pmatrix} \cdot \begin{pmatrix} 0 & 1 & 0 \\ 1 & 0 & 0 \\ 0 & 0 & 1 \end{pmatrix} = \begin{pmatrix} 2 & 1 & 3 \\ 5 & 4 & 6 \end{pmatrix}$.

1.5.2 行阶梯形矩阵与行简化阶梯形矩阵

课堂活动 观察下列矩阵有什么特点？

(a) $\begin{pmatrix} 1 & 2 & 3 \\ 0 & 4 & 5 \\ 0 & 0 & 6 \end{pmatrix}$; (b) $\begin{pmatrix} 1 & 0 & 0 & 0 & 1 \\ 0 & 1 & 0 & 1 & 0 \\ 0 & 0 & 1 & 1 & 0 \\ 0 & 0 & 0 & 3 & 0 \end{pmatrix}$; (c) $\begin{pmatrix} 1 & 0 & 1 & 0 & 9 \\ 0 & 1 & 2 & 0 & 1 \\ 0 & 0 & 0 & 1 & 6 \\ 0 & 0 & 0 & 0 & 0 \end{pmatrix}$.

(1) 零行(元素全为零的行)在矩阵最下方.

(2) 各非零行的首非零元(第一个不为零的元素)的列标随行标的增加而严格增加(或者说其列标一定不小于行标).

满足上述条件的矩阵为行阶梯形矩阵，上述(a)(b)(c)都是行阶梯形矩阵. 特别地，满足下列条件的矩阵为行简化阶梯形矩阵：

(1) 各非零行的首非零元为1.

(2) 首非零元所在列的其余元素全为零.

上面的(c)就是行简化阶梯形矩阵.

定理2 任意一个 $m \times n$ 矩阵总可经一系列初等变换化为行阶梯形矩阵，进而化为行简化阶梯形矩阵.

例1 用初等行变换化下列矩阵为行阶梯形矩阵及行简化阶梯形矩阵.

$$A = \begin{pmatrix} 0 & 2 & 4 & 1 & 4 \\ 3 & 2 & 7 & 5 & 4 \\ -5 & 1 & -3 & -4 & 15 \\ 2 & 4 & 10 & 5 & 10 \end{pmatrix}$$

解：$A = \begin{pmatrix} 0 & 2 & 4 & 1 & 4 \\ 3 & 2 & 7 & 5 & 4 \\ -5 & 1 & -3 & -4 & 15 \\ 2 & 4 & 10 & 5 & 10 \end{pmatrix} \xrightarrow{r_1 \leftrightarrow r_2} \begin{pmatrix} 3 & 2 & 7 & 5 & 4 \\ 0 & 2 & 4 & 1 & 4 \\ -5 & 1 & -3 & -4 & 15 \\ 2 & 4 & 10 & 5 & 10 \end{pmatrix} \xrightarrow{r_1 + (-1)r_4}$

$\begin{pmatrix} 1 & -2 & -3 & 0 & -6 \\ 0 & 2 & 4 & 1 & 4 \\ -5 & 1 & -3 & -4 & 15 \\ 2 & 4 & 10 & 5 & 10 \end{pmatrix} \xrightarrow{r_3 + 5r_1} \begin{pmatrix} 1 & -2 & -3 & 0 & -6 \\ 0 & 2 & 4 & 1 & 4 \\ 0 & -9 & -18 & -4 & -15 \\ 0 & 8 & 16 & 5 & 22 \end{pmatrix} \xrightarrow[r_4 + (-4)r_2]{r_3 + 5r_2}$

$\begin{pmatrix} 1 & -2 & -3 & 0 & -6 \\ 0 & 2 & 4 & 1 & 4 \\ 0 & 1 & 2 & 1 & 5 \\ 0 & 0 & 0 & 1 & 6 \end{pmatrix} \xrightarrow{r_2 \leftrightarrow r_3} \begin{pmatrix} 1 & -2 & -3 & 0 & -6 \\ 0 & 1 & 2 & 1 & 5 \\ 0 & 2 & 4 & 1 & 4 \\ 0 & 0 & 0 & 1 & 6 \end{pmatrix} \xrightarrow{r_3 + (-2)r_2}$

$$\begin{pmatrix} 1 & -2 & -3 & 0 & -6 \\ 0 & 1 & 2 & 1 & 5 \\ 0 & 0 & 0 & -1 & -6 \\ 0 & 0 & 0 & 1 & 6 \end{pmatrix} \xrightarrow{r_4 + r_3} \begin{pmatrix} 1 & -2 & -3 & 0 & -6 \\ 0 & 1 & 2 & 1 & 5 \\ 0 & 0 & 0 & -1 & -6 \\ 0 & 0 & 0 & 0 & 0 \end{pmatrix}.$$

这就是 A 的行阶梯形矩阵. 继续做初等行变换, 第 3 行乘 -1 得

$$\begin{pmatrix} 1 & -2 & -3 & 0 & -6 \\ 0 & 1 & 2 & 1 & 5 \\ 0 & 0 & 0 & 1 & 6 \\ 0 & 0 & 0 & 0 & 0 \end{pmatrix} \xrightarrow{r_2 + (-1)r_3} \begin{pmatrix} 1 & -2 & -3 & 0 & -6 \\ 0 & 1 & 2 & 0 & -1 \\ 0 & 0 & 0 & 1 & 6 \\ 0 & 0 & 0 & 0 & 0 \end{pmatrix} \xrightarrow{r_1 + 2r_2} \begin{pmatrix} 1 & 0 & 1 & 0 & -8 \\ 0 & 1 & 2 & 0 & -1 \\ 0 & 0 & 0 & 1 & 6 \\ 0 & 0 & 0 & 0 & 0 \end{pmatrix}.$$

这就是矩阵 A 的行简化阶梯形矩阵.

对行简化阶梯形矩阵施以初等列变换, 将各首非零元所在列的适当倍数加到其他各列, 可以将矩阵 A 化为

$$D = \begin{pmatrix} 1 & & & & & & \\ & \ddots & & & & & \\ & & 1 & & & & \\ & & & 0 & & & \\ & & & & \ddots & & \\ & & & & & 0 \end{pmatrix}.$$

这里的 D 称为 A 的标准形.

由上, 我们有如下定理.

定理 3 任意一个矩阵 A 总可经过若干次初等变换化为标准形.

例 2 用初等变换将下列矩阵化为标准形.

$$A = \begin{pmatrix} 0 & 1 & 2 & 3 \\ 4 & 5 & 6 & 7 \\ 6 & 7 & 8 & 9 \end{pmatrix}$$

解: $A = \begin{pmatrix} 0 & 1 & 2 & 3 \\ 4 & 5 & 6 & 7 \\ 6 & 7 & 8 & 9 \end{pmatrix} \xrightarrow{c_1 \leftrightarrow c_2} \begin{pmatrix} 1 & 0 & 2 & 3 \\ 5 & 4 & 6 & 7 \\ 7 & 6 & 8 & 9 \end{pmatrix} \xrightarrow[r_3 + (-7)r_1]{r_2 + (-5)r_1} \begin{pmatrix} 1 & 0 & 2 & 3 \\ 0 & 4 & -4 & -8 \\ 0 & 6 & -6 & -12 \end{pmatrix} \xrightarrow[\frac{1}{6}r_3]{\frac{1}{4}r_2}$

$\begin{pmatrix} 1 & 0 & 2 & 3 \\ 0 & 1 & -1 & -2 \\ 0 & 1 & -1 & -2 \end{pmatrix} \xrightarrow{r_3 + (-1)r_2} \begin{pmatrix} 1 & 0 & 2 & 3 \\ 0 & 1 & -1 & -2 \\ 0 & 0 & 0 & 0 \end{pmatrix} \xrightarrow[c_4 + 2c_2]{c_3 + c_2}$

$\begin{pmatrix} 1 & 0 & 2 & 3 \\ 0 & 1 & 0 & 0 \\ 0 & 0 & 0 & 0 \end{pmatrix} \xrightarrow[c_4 + (-3)c_1]{c_3 + (-2)c_1} \begin{pmatrix} 1 & 0 & 0 & 0 \\ 0 & 1 & 0 & 0 \\ 0 & 0 & 0 & 0 \end{pmatrix}.$

即最后一个矩阵便是矩阵 A 的标准形.

【注】行阶梯形矩阵、行简化阶梯形矩阵与标准形矩阵三者之间是包含关系 (如图 1-3 所示).

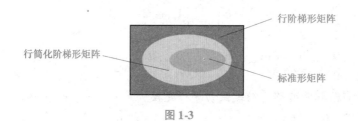

图 1-3

随堂练习 独立思考并完成下列单选题.

1. 下列对矩阵的初等行变换说法错误的是(　　).

A. 矩阵的某一行乘以一个非零数 k

B. 交换矩阵某两行的位置

C. 将矩阵的行换为相应的列

D. 将矩阵某行的 k 倍加到另一行的相应位置上

2. 下列矩阵中是阶梯形矩阵的是(　　).

A. $\begin{pmatrix} 1 & -3 & 0 \\ 0 & 0 & 0 \\ 0 & 2 & 1 \\ 0 & 0 & 1 \end{pmatrix}$
B. $\begin{pmatrix} 1 & 1 & 1 \\ 0 & 0 & 4 \\ 0 & 2 & 2 \\ 0 & 3 & 3 \end{pmatrix}$

C. $\begin{pmatrix} 1 & -3 & 0 \\ 0 & 0 & 1 \\ 0 & -1 & 0 \\ 0 & 0 & 0 \end{pmatrix}$
D. $\begin{pmatrix} 1 & 0 & 0 \\ 0 & 1 & 2 \\ 0 & 0 & -4 \end{pmatrix}$

扫码查看参考答案

1.5.3 矩阵的秩

课堂活动 何谓矩阵的秩?

定义 3 矩阵 A 的阶梯形矩阵的非零行行数称为矩阵 A 的秩. 记为 $r(A)$ 或秩(A).

规定:零矩阵的秩为 0. 记为 $r(O)=0$.

定理 4 初等变换不改变矩阵的秩.

【注】根据这个定理,求 $r(A)$ 的方法为:若 A 为阶梯形矩阵,其秩等于它的非零行的行数;若 A 不是阶梯形矩阵,则可对 A 施以初等行变换,先将 A 化为阶梯形矩阵,再计算其非零行的行数,即为 $r(A)$.

例 3 已知矩阵 $A = \begin{pmatrix} 1 & 3 & 0 & 7 & 9 \\ 0 & 2 & 4 & 5 & 6 \\ 0 & 0 & 0 & 8 & 1 \\ 0 & 0 & 0 & 0 & 0 \end{pmatrix}$, 则 $r(A) = $ _____.

解:容易看出, A 是一个阶梯形矩阵,非零行的行数为 3,所以 $r(A)=3$.

例 4 已知矩阵 $A = \begin{pmatrix} 0 & 0 & 1 & 0 & 1 \\ 1 & 0 & 0 & 0 & 0 \\ 0 & 1 & 0 & 0 & 0 \\ 0 & 0 & 0 & 1 & 0 \end{pmatrix}$，则 $r(A) = $ _____.

解： 将 A 进行初等行变换

$$A = \begin{pmatrix} 0 & 0 & 1 & 0 & 1 \\ 1 & 0 & 0 & 0 & 0 \\ 0 & 1 & 0 & 0 & 0 \\ 0 & 0 & 0 & 1 & 0 \end{pmatrix} \rightarrow \begin{pmatrix} 1 & 0 & 0 & 0 & 0 \\ 0 & 1 & 0 & 0 & 0 \\ 0 & 0 & 1 & 0 & 1 \\ 0 & 0 & 0 & 1 & 0 \end{pmatrix}.$$

容易看出，初等行变换后的矩阵是一个阶梯形矩阵，非零行的行数为 4，所以 $r(A) = 4$.

【任务解决】

解： 对 A 施以初等行变换，化为阶梯形.

$$A = \begin{pmatrix} -1 & 2 & -3 & -2 & 1 \\ 5 & -7 & 9 & 9 & -2 \\ 3 & -4 & 5 & 6 & -1 \\ 1 & 2 & -5 & 2 & 3 \end{pmatrix} \xrightarrow{\text{初等行变换}} \begin{pmatrix} -1 & 2 & -3 & -2 & 1 \\ 0 & 1 & -2 & 0 & 1 \\ 0 & 0 & 0 & 1 & 0 \\ 0 & 0 & 0 & 0 & 0 \end{pmatrix} = B,$$

所以 $r(A) = r(B) = 3$.

容易理解，$0 \leqslant r(A_{m \times n}) \leqslant \min(m, n)$，当 $r(A) = \min(m, n)$ 时，称 A 为满秩矩阵.

随堂练习 独立思考并完成下列单选题.

1. 阶梯形矩阵 $A = \begin{pmatrix} 1 & 3 & 0 & 7 \\ 0 & 2 & 4 & 5 \\ 0 & 0 & 0 & 0 \end{pmatrix}$ 的秩为（　　）.

A. 0 　　　　　　B. 1 　　　　　　C. 2 　　　　　　D. 3

2. 已知 $A = \begin{pmatrix} 1 & 0 & 0 \\ 0 & 1 & 0 \\ 0 & 4 & 0 \end{pmatrix}$，则矩阵的秩为（　　）.

A. 1 　　　　　　B. 2 　　　　　　C. 3 　　　　　　D. 0

3. 若 $r(A) = k$，矩阵 A 经过若干次初等行变换后化为阶梯形矩阵，则阶梯形矩阵非零行的行数一定等于（　　）.

A. 1 　　　　　　　　　　　B. $k + 1$

C. k 　　　　　　　　　　D. 0

4. 矩阵转置后，它的秩（　　）.

A. 不变 　　　　　　　　　B. 变大

C. 变小 　　　　　　　　　D. 不一定

扫码查看参考答案

任务单 1.5

模块名称		模块一 行列式与矩阵	
任务名称		任务 1.5 矩阵的初等变换与秩	
班级	姓名		得分

任务单 1.5 A 组（达标层）

1. 用初等变换求下列矩阵的秩.

$$(1)\begin{pmatrix} 1 & 2 & 3 \\ 2 & 4 & 0 \end{pmatrix}; \quad (2)\begin{pmatrix} 1 & 2 & 3 \\ 0 & 4 & 5 \\ 0 & 0 & 6 \end{pmatrix}; \quad (3)\begin{pmatrix} 1 & 2 & 3 & 4 & 5 \\ 2 & 3 & 4 & 5 & 6 \\ 3 & 4 & 5 & 6 & 7 \\ 1 & 1 & 1 & 1 & 1 \end{pmatrix}.$$

2. 对于不同的 λ 值，矩阵 $A = \begin{pmatrix} 1 & 1 & 10 & -6 \\ 1 & 2 & \lambda & -1 \\ 2 & 5 & -1 & \lambda \end{pmatrix}$ 的秩为多少？

任务单 1.5 B 组（提高层）

1. 用初等变换求下列矩阵的秩.

$$(1)\begin{pmatrix} 1 & 2 & 3 & 4 \\ 0 & 1 & 2 & 3 \\ 0 & 2 & 4 & 5 \end{pmatrix}; \quad (2)\begin{pmatrix} 1 & 2 & 3 \\ 0 & 1 & 2 \\ 0 & 2 & 4 \end{pmatrix}; \quad (3)\begin{pmatrix} 1 & 2 & 3 & -1 & 2 & 2 \\ 2 & 4 & 5 & -3 & 3 & 6 \\ 4 & 8 & 13 & -3 & 9 & 6 \\ 1 & 1 & 2 & -2 & 1 & 4 \end{pmatrix}.$$

任务单 1.5 C 组（培优层）

实践调查：寻找矩阵初等变换的案例并进行分析（另附 A4 纸小组合作完成）.

思政天地

小组合作挖掘与矩阵的初等变换相关的课程思政元素（要求：内容不限，可以是名人名言、故事等）.

完成日期	

任务 1.6 逆矩阵及其应用

【学习目标】

1. 掌握逆矩阵的概念、性质. 熟知矩阵可逆的充要条件, 能用初等变换法求已知矩阵的逆矩阵.

2. 利用矩阵乘法、逆矩阵理论解决密码模型, 以调动学生的学习兴趣, 拓宽学生的视野, 培养学生的创造性思维, 体会数学之美.

【任务提出】

密码问题 在军事通信中, 常将字符(信号)与数字对应, 如:

$a \quad b \quad c \quad d \quad e \quad f \quad g \quad \cdots \quad x \quad y \quad z$

$1 \quad 2 \quad 3 \quad 4 \quad 5 \quad 6 \quad 7 \quad \cdots \quad 24 \quad 25 \quad 26$

例如, are 对应一矩阵 $B = (1 \quad 18 \quad 5)$, 但如果按这种方式传输, 则很容易被敌方破译. 于是, 必须采取加密, 即用一个约定的加密矩阵 A 乘以原信号 B, 传输信号为 $C = AB^{\mathrm{T}}$, 收到信号的一方再将信号还原(破译)为

$B^{\mathrm{T}} = A^{-1}C (A^{-1}$ 为 A 的逆矩阵$)$.

如果敌方不知道加密矩阵, 则很难破译. 设收到的信号为 $C = (21 \quad 27 \quad 31)^{\mathrm{T}}$, 并已知加密矩阵为 $A = \begin{pmatrix} -1 & 0 & 1 \\ 0 & 1 & 1 \\ 1 & 1 & 1 \end{pmatrix}$, 问原信号 B 是什么?

【知识准备】

1. 逆矩阵的概念

课堂活动 如何定义"矩阵 A 的逆矩阵"?

对于实数 $a \neq 0$ 时, 数 a 的倒数 $\dfrac{1}{a} = a^{-1}$ 存在并且满足 $aa^{-1} = a^{-1}a = 1$. 若令 $a^{-1} = b$, 则有 $ab = ba = 1$. 也即对于一个非零数 a, 存在唯一的非零数 b, 使 $ab = ba = 1$. 称 b 为 a 的倒数. 当然 a 也是 b 的倒数. 将这个思想应用到矩阵上, 引入逆矩阵的概念.

定义 1 对于 n 阶矩阵 A, 若存在 n 阶矩阵 B 使 $AB = BA = E$, 则称 A 为可逆矩阵, 或称 A 可逆. 称 B 为 A 的逆矩阵.

课堂思考 逆矩阵唯一吗?

可逆矩阵 A 的逆矩阵是唯一的. 这是因为, 若 B_1、B_2 都是 A 的逆矩阵, 则有

$$AB_1 = B_1A = E, \quad AB_2 = B_2A = E,$$

从而 $\quad B_1 = B_1E = B_1(AB_2) = (B_1A)B_2 = EB_2 = B_2.$

【注】若 n 阶矩阵 A 可逆, 则 A 的逆矩阵 A^{-1} 唯一. 即若 n 阶矩阵 A 可逆, 则存在矩阵 A^{-1} 使得 $AA^{-1} = A^{-1}A = E$.

2. 逆矩阵的计算

课堂思考 除定义外, 如何判断 n 阶矩阵 A 可逆呢? 若 A 可逆, 如何求 A^{-1}?

方法一　利用伴随矩阵求逆矩阵

定义2　设 $A = (a_{ij})$ 是 n 阶矩阵，A_{ij} 是 A 的行列式 $|A|$ 中元素 a_{ij} 的代数余子式，则矩阵

$$A* = \begin{pmatrix} A_{11} & A_{12} & \cdots & A_{1n} \\ A_{21} & A_{22} & \cdots & A_{2n} \\ \vdots & \vdots & & \vdots \\ A_{n1} & A_{n2} & \cdots & A_{nn} \end{pmatrix}^{\mathrm{T}} = \begin{pmatrix} A_{11} & A_{21} & \cdots & A_{n1} \\ A_{12} & A_{22} & \cdots & A_{n2} \\ \vdots & \vdots & & \vdots \\ A_{1n} & A_{2n} & \cdots & A_{nn} \end{pmatrix}$$

称为 A 的伴随矩阵. 即 A 的伴随矩阵是用元素 a_{ij} 的代数余子式 A_{ij} 代替 A 中元素 a_{ij} 所得矩阵的转置矩阵.

例1　求下列矩阵的伴随矩阵.

$$A = \begin{pmatrix} 1 & 0 & 1 \\ 2 & 1 & 0 \\ -3 & 2 & -5 \end{pmatrix}$$

解：因为

$$A_{11} = \begin{vmatrix} 1 & 0 \\ 2 & -5 \end{vmatrix} = -5, \quad A_{12} = -\begin{vmatrix} 2 & 0 \\ -3 & -5 \end{vmatrix} = 10, \quad A_{13} = \begin{vmatrix} 2 & 1 \\ -3 & 2 \end{vmatrix} = 7,$$

$$A_{21} = -\begin{vmatrix} 0 & 1 \\ 2 & -5 \end{vmatrix} = 2, \quad A_{22} = \begin{vmatrix} 1 & 1 \\ -3 & -5 \end{vmatrix} = -2, \quad A_{23} = -\begin{vmatrix} 1 & 0 \\ -3 & 2 \end{vmatrix} = -2,$$

$$A_{31} = \begin{vmatrix} 0 & 1 \\ 1 & 0 \end{vmatrix} = -1, \quad A_{32} = -\begin{vmatrix} 1 & 1 \\ 2 & 0 \end{vmatrix} = 2, \quad A_{33} = \begin{vmatrix} 1 & 0 \\ 2 & 1 \end{vmatrix} = 1.$$

所以，$A* = \begin{pmatrix} -5 & 10 & 7 \\ 2 & -2 & -2 \\ -1 & 2 & 1 \end{pmatrix}^{\mathrm{T}} = \begin{pmatrix} -5 & 2 & -1 \\ 10 & -2 & 2 \\ 7 & -2 & 1 \end{pmatrix}$.

定理1　n 阶矩阵 A 可逆的充分必要条件是：$|A| \neq 0$. 此时

$$A^{-1} = \frac{1}{|A|} A*.$$

证明：（1）必要性. 设 A 可逆，即存在 A^{-1}，使 $AA^{-1} = E$，两边取行列式，得 $|AA^{-1}| = |A||A^{-1}| = |E| = 1$，所以 $|A| \neq 0$.

（2）充分性. 由行列式按行（列）展开公式及矩阵乘法，直接计算得

$$AA* = \begin{pmatrix} a_{11} & a_{12} & \cdots & a_{1n} \\ a_{21} & a_{22} & \cdots & a_{2n} \\ \vdots & \vdots & & \vdots \\ a_{n1} & a_{n2} & \cdots & a_{nn} \end{pmatrix} \begin{pmatrix} A_{11} & A_{21} & \cdots & A_{n1} \\ A_{12} & A_{22} & \cdots & A_{n2} \\ \vdots & \vdots & & \vdots \\ A_{1n} & A_{2n} & \cdots & A_{nn} \end{pmatrix} = \begin{pmatrix} |A| & 0 & \cdots & 0 \\ 0 & |A| & \cdots & 0 \\ \vdots & \vdots & & \vdots \\ 0 & 0 & \cdots & |A| \end{pmatrix} = |A|E, \text{ 同}$$

理 $A*A = |A|E$.

因为 $|A| \neq 0$，且 $A\left(\frac{1}{|A|}A*\right) = \left(\frac{1}{|A|}A*\right)A = E$，所以，$A$ 可逆且 $A^{-1} = \frac{1}{|A|}A*$.

例2　求例1中矩阵 A 的逆矩阵.

解：因为 $|A| = \begin{vmatrix} 1 & 0 & 1 \\ 2 & 1 & 0 \\ -3 & 2 & -5 \end{vmatrix} = 2 \neq 0$.

又 $A* = \begin{pmatrix} -5 & 10 & 7 \\ 2 & -2 & -2 \\ -1 & 2 & 1 \end{pmatrix}^T = \begin{pmatrix} -5 & 2 & -1 \\ 10 & -2 & 2 \\ 7 & -2 & 1 \end{pmatrix}$

于是，$A^{-1} = \dfrac{1}{|A|} A* = \dfrac{1}{2} \begin{pmatrix} -5 & 2 & -1 \\ 10 & -2 & 2 \\ 7 & -2 & 1 \end{pmatrix} = \begin{pmatrix} -\dfrac{5}{2} & 1 & -\dfrac{1}{2} \\ 5 & -1 & 1 \\ \dfrac{7}{2} & -1 & \dfrac{1}{2} \end{pmatrix}$.

方法二 利用初等变换求逆矩阵

课堂思考 求逆矩阵还有别的方法吗？

由任意一个矩阵 A 总可经过初等变换化为标准形，不难得到下面定理.

定理 2 任何一个可逆矩阵 A 都可经初等变换化为单位矩阵.

证明： 先对 A 左乘右乘一系列初等矩阵将其化为标准形 D，即存在一系列初等矩阵 P_1，P_2，$\cdots$，P_l 和 Q_1，$\cdots$，Q_t，使 $P_1 P_2 \cdots P_l A Q_1 \cdots Q_t = D$，在上式两边取行列式得 $|P_1 P_2 \cdots P_l A Q_1 \cdots Q_t| = |D|$.

由于 A 可逆及初等矩阵可逆，因此，上式左边不等于零，即有右边 $|D| \neq 0$，所以必有 $D = E$. 即 A 可经过初等变换化为 E.

定理 3 n 阶矩阵 A 可逆的充要条件是 A 可表示为一系列初等矩阵的乘积.

证明：（1）必要性. 设 A 可逆，则存在初等矩阵 P_1，P_2，$\cdots$，P_l 和 Q_1，$\cdots$，Q_t，使 $P_1 P_2 \cdots P_l A Q_1 \cdots Q_t = E$，

上式两边左乘 P_l^{-1}，P_{l-1}^{-1}，$\cdots$，P_1^{-1}，右乘 Q_t^{-1}，$\cdots$，Q_1^{-1}，得

$$A = P_l^{-1} P_{l-1}^{-1} \cdots P_1^{-1} E Q_t^{-1} \cdots Q_1^{-1} = P_l^{-1} P_{l-1}^{-1} \cdots P_1^{-1} Q_t^{-1} \cdots Q_1^{-1}.$$

所以 A 可表示为一系列初等矩阵的乘积.

（2）充分性. 因为初等矩阵可逆，可逆矩阵的乘积可逆，所以充分性很显.

下面导出用初等变换求逆矩阵的方法.

设 A 可逆，则 A^{-1} 可逆，故存在初等矩阵 P_1，$P_2 \cdots$，P_l，使得 $P_1 P_2 \cdots P_l = A^{-1}$，

即 $\qquad\qquad\qquad P_1 P_2 \cdots P_l E = A^{-1}$，$\qquad\qquad\qquad\qquad\qquad$ （1）

两边右乘 A 得 $\quad P_1 P_2 \cdots P_l A = E$. $\qquad\qquad\qquad\qquad\qquad$ （2）

式（2）说明可逆矩阵 A 经过初等行变换变换为 E. 对比（2）与（1）这两个式子，（2）表示对 A 施以若干次初等行变换将 A 化为 E，（1）表示对 E 施以同样的初等行变换将 E 化为 A^{-1}.

可见，求逆矩阵的初等变换法，其作法如下：

在可逆矩阵 A 的右边摆一个同阶单位矩阵 E，构成 $n \times 2n$ 矩阵 (AE)，对 (AE) 施以初等行变换，将左边的 A 化为单位矩阵 E，与此同时，右边的 E 就被化为 A^{-1}. 其简明的式子为

$$(AE) \xrightarrow{\text{初等行变换}} (EA^{-1})$$

$$\text{或} \left(\frac{A}{E} \right) \xrightarrow{\text{初等列变换}} \left(\frac{E}{A^{-1}} \right)$$

例 3 用初等变换法求下列矩阵的逆矩阵：

$$A = \begin{pmatrix} 2 & 2 & 3 \\ 1 & -1 & 0 \\ -1 & 2 & 1 \end{pmatrix}$$

解：组成 3×6 矩阵 (AE)，作初等行变换

$$(AE) = \begin{pmatrix} 2 & 2 & 3 & 1 & 0 & 0 \\ 1 & -1 & 0 & 0 & 1 & 0 \\ -1 & 2 & 1 & 0 & 0 & 1 \end{pmatrix} \xrightarrow[\text{后} r_2 \leftrightarrow r_3]{\text{先} r_1 \leftrightarrow r_2} \begin{pmatrix} 1 & -1 & 0 & 0 & 1 & 0 \\ -1 & 2 & 1 & 0 & 0 & 1 \\ 2 & 2 & 3 & 1 & 0 & 0 \end{pmatrix} \xrightarrow[r_3 + (-2)r_1]{r_2 + r_1}$$

$$\begin{pmatrix} 1 & -1 & 0 & 0 & 1 & 0 \\ 0 & 1 & 1 & 0 & 1 & 1 \\ 0 & 4 & 3 & 1 & -2 & 0 \end{pmatrix} \xrightarrow[r_3 + (-4)r_2]{r_1 + r_2} \begin{pmatrix} 1 & 0 & 1 & 0 & 2 & 1 \\ 0 & 1 & 1 & 0 & 1 & 1 \\ 0 & 0 & -1 & 1 & -6 & -4 \end{pmatrix} \xrightarrow[r_2 + r_3]{r_1 + r_3}$$

$$\begin{pmatrix} 1 & 0 & 0 & 1 & -4 & -3 \\ 0 & 1 & 0 & 1 & -5 & -3 \\ 0 & 0 & -1 & 1 & -6 & -4 \end{pmatrix} \xrightarrow{(-1)r_3} \begin{pmatrix} 1 & 0 & 0 & 1 & -4 & -3 \\ 0 & 1 & 0 & 1 & -5 & -3 \\ 0 & 0 & 1 & -1 & 6 & 4 \end{pmatrix} = (EA^{-1}).$$

所以 $A^{-1} = \begin{pmatrix} 1 & -4 & -3 \\ 1 & -5 & -3 \\ -1 & 6 & 4 \end{pmatrix}$.

课堂思考逆矩阵有哪些应用呢?

应用一 求系数矩阵逆矩阵的方法来解线性方程组 $AX = B$. 其中，A 为 n 阶可逆矩阵.

因为在 $AX = B$ 的两边左乘 A^{-1}，得到 $X = A^{-1}B$，所以，求 X 的具体做法是：先求出 A^{-1}，再计算 $A^{-1}B$ 即得.

例4 用求系数矩阵逆矩阵的方法解线性方程组

$$\begin{cases} x_1 + 2x_2 + 3x_3 = 1, \\ 2x_1 + 5x_2 + 8x_3 = 4, \\ 3x_1 + 8x_2 + 14x_3 = 9. \end{cases}$$

解：先计算系数矩阵 $A = \begin{pmatrix} 1 & 2 & 3 \\ 2 & 5 & 8 \\ 3 & 8 & 14 \end{pmatrix}$ 的逆矩阵

$$(AE) = \begin{pmatrix} 1 & 2 & 3 & 1 & 0 & 0 \\ 2 & 5 & 8 & 0 & 1 & 0 \\ 3 & 8 & 14 & 0 & 0 & 1 \end{pmatrix} \xrightarrow{\text{初等行变换}} \begin{pmatrix} 1 & 0 & 0 & 6 & -4 & 1 \\ 0 & 1 & 0 & -4 & 5 & -2 \\ 0 & 0 & 1 & 1 & -2 & 1 \end{pmatrix}. \; 得$$

$$A^{-1} = \begin{pmatrix} 6 & -4 & 1 \\ -4 & 5 & -2 \\ 1 & -2 & 1 \end{pmatrix}, \; 所以 X = A^{-1}B = \begin{pmatrix} 6 & -4 & 1 \\ -4 & 5 & -2 \\ 1 & -2 & 1 \end{pmatrix} \begin{pmatrix} 1 \\ 4 \\ 9 \end{pmatrix} = \begin{pmatrix} -1 \\ -2 \\ 2 \end{pmatrix}.$$

即 $x_1 = -1$，$x_2 = -2$，$x_3 = 2$.

问题5 以上方程组还有别的解法吗?

当 A 可逆时，存在初等矩阵 P_1，P_2，$\cdots$，P_l，使 $P_1 P_2 \cdots P_l A = E$，用 P_1，P_2，$\cdots$，P_l 左乘 $AX = B$ 的两端，得 $X = P_1 P_2 \cdots P_l B$. 这说明初等行变换将可逆矩阵 A 化为单位矩阵 E 时，同样的初等行变换就将 B 化为 X. 因此，当 A 可逆时，方程组 $AX = B$ 的初等变换解法

如下:

$$(AB) \xrightarrow{\text{初等行变换}} (EX)$$

这里(AB)称为方程组$AX = B$的增广矩阵,这个方法说明,将增广矩阵(AB)施以初等行变换,将左边的系数矩阵A化为E时,右边的一列即为解的列矩阵X.

例5　用增广矩阵的初等行变换法解例4的线性方程组.

解:$(AB) = \begin{pmatrix} 1 & 2 & 3 & 1 \\ 2 & 5 & 8 & 4 \\ 3 & 8 & 14 & 9 \end{pmatrix} \xrightarrow[r_3 + (-3)r_1]{r_2 + (-2)r_1} \begin{pmatrix} 1 & 2 & 3 & 1 \\ 0 & 1 & 2 & 2 \\ 0 & 2 & 5 & 6 \end{pmatrix} \xrightarrow[r_1 + (-2)r_2]{r_3 + (-2)r_2}$

$\begin{pmatrix} 1 & 0 & -1 & -3 \\ 0 & 1 & 2 & 2 \\ 0 & 0 & 1 & 2 \end{pmatrix} \xrightarrow[r_2 + (-2)r_3]{r_1 + r_3} \begin{pmatrix} 1 & 0 & 0 & -1 \\ 0 & 1 & 0 & -2 \\ 0 & 0 & 1 & 2 \end{pmatrix} = (EX).$

故$X = \begin{pmatrix} -1 \\ -2 \\ 2 \end{pmatrix}$.

应用二　用求系数矩阵逆矩阵的方法来解矩阵方程$AX = B$.

例4,例5的解法,对X和B不是列矩阵时仍然适用,当A可逆时,对矩阵方程$A_{n \times n} X_{n \times l} = B_{n \times l}$,两边左乘$A^{-1}$,就得解$X = A^{-1}B$.

例6　解矩阵方程:$AX = B$,其中

$$A = \begin{pmatrix} -4 & 1 & 1 \\ 1 & -2 & 1 \\ 1 & 1 & -1 \end{pmatrix}, B = \begin{pmatrix} 2 & -1 \\ -3 & 4 \\ 6 & -5 \end{pmatrix}.$$

解法一　用求系数矩阵逆矩阵的方法. 先求A^{-1},由于

$(AI) = \begin{pmatrix} -4 & 1 & 1 & 1 & 0 & 0 \\ 1 & -2 & 1 & 0 & 1 & 0 \\ 1 & 1 & -1 & 0 & 0 & 1 \end{pmatrix} \xrightarrow{\text{初等行变换}} \begin{pmatrix} 1 & 0 & 0 & 1 & 2 & 3 \\ 0 & 1 & 0 & 2 & 3 & 5 \\ 0 & 0 & 1 & 3 & 5 & 7 \end{pmatrix},$

所以,$A^{-1} = \begin{pmatrix} 1 & 2 & 3 \\ 2 & 3 & 5 \\ 3 & 5 & 7 \end{pmatrix}$,

于是,$X = A^{-1}B = \begin{pmatrix} 1 & 2 & 3 \\ 2 & 3 & 5 \\ 3 & 5 & 7 \end{pmatrix} \begin{pmatrix} 2 & -1 \\ -3 & 4 \\ 6 & -5 \end{pmatrix} = \begin{pmatrix} 14 & -8 \\ 25 & -15 \\ 33 & -18 \end{pmatrix}.$

解法二　用初等行变换法(过程略). 由于

$(AB) = \begin{pmatrix} -4 & 1 & 1 & 2 & -1 \\ 1 & -2 & 1 & -3 & 4 \\ 1 & 1 & -1 & 6 & -5 \end{pmatrix} \xrightarrow{\text{初等行变换}} \begin{pmatrix} 1 & 0 & 0 & 14 & -8 \\ 0 & 1 & 0 & 25 & -15 \\ 0 & 0 & 1 & 33 & -18 \end{pmatrix}.$

故$X = \begin{pmatrix} 14 & -8 \\ 25 & -15 \\ 33 & -18 \end{pmatrix}$.

3. 逆矩阵的性质

课堂思考 逆矩阵有什么性质？

性质 1 若 A 可逆，则 A^{-1} 可逆，且 $(A^{-1})^{-1} = A$.

性质 2 若 n 阶矩阵 A，B 均可逆，则 AB 可逆，且 $(AB)^{-1} = B^{-1}A^{-1}$.

证明：因为 $(AB)(B^{-1}A^{-1}) = A(BB^{-1})A^{-1} = AEA^{-1} = AA^{-1} = E$，

$(B^{-1}A^{-1})(AB) = B^{-1}(A^{-1}A)B = B^{-1}EB = B^{-1}B = E$.

所以 AB 可逆，且 $(AB)^{-1} = B^{-1}A^{-1}$.

性质 3 若 A 可逆，则 A^{T} 可逆，且 $(A^{\mathrm{T}})^{-1} = (A^{-1})^{\mathrm{T}}$.

证明：因为 $A^{\mathrm{T}}(A^{-1})^{\mathrm{T}} = (A^{-1}A)^{\mathrm{T}} = E^{\mathrm{T}} = E$，

$(A^{-1})^{\mathrm{T}}A^{\mathrm{T}} = (AA^{-1})^{\mathrm{T}} = E^{\mathrm{T}} = E$.

【任务解决】

解：先求得 A 的逆矩阵为 $A^{-1} = \begin{pmatrix} 0 & -1 & 1 \\ -1 & 2 & -1 \\ 1 & -1 & 1 \end{pmatrix}$，

再计算 $B^{\mathrm{T}} = A^{-1}C = \begin{pmatrix} 0 & -1 & 1 \\ -1 & 2 & -1 \\ 1 & -1 & 1 \end{pmatrix} (21 \quad 27 \quad 31)^{\mathrm{T}}$

$= \begin{pmatrix} 0 & -1 & 1 \\ -1 & 2 & -1 \\ 1 & -1 & 1 \end{pmatrix} \begin{pmatrix} 21 \\ 27 \\ 31 \end{pmatrix} = \begin{pmatrix} 4 \\ 2 \\ 25 \end{pmatrix}$.

因此，对应的信号为：dby.

例 7 （保密通信）

逆矩阵在保密通信中有着广泛运用. 明文可以通过加密转化成密文，密文也可以通过解密转化成明文.

比如，甲乙双方共同约定：A 代表 1，B 代表 2，C 代表 3，……，Y 代表 25，Z 代表 26，另外，空格代表 0，句号代表 27.

| 图 1-3 | 图 1-4 |

双方约定加密矩阵(秘钥)是 $A = \begin{pmatrix} 1 & -1 & -1 & 1 \\ 3 & 0 & -3 & 4 \\ 3 & -2 & 2 & -1 \\ -1 & 1 & 2 & -2 \end{pmatrix}$，

可求其逆矩阵为 $A^{-1} = \dfrac{1}{2}\begin{pmatrix} 9 & 1 & -1 & 7 \\ 5 & 1 & -1 & 5 \\ -19 & -1 & 2 & 13 \\ -21 & -1 & 3 & -15 \end{pmatrix}$,

甲方信息：ACCOMPLISH　THE　TASK. 向量按照列优先的原则排成 4×5 矩阵 X,

$$X = \begin{pmatrix} 1 & 13 & 19 & 8 & 1 \\ 3 & 16 & 8 & 5 & 19 \\ 3 & 12 & 0 & 0 & 11 \\ 15 & 9 & 20 & 20 & 27 \end{pmatrix},$$

然后加密 $C = AX = \begin{pmatrix} 1 & -1 & -1 & 1 \\ 3 & 0 & -3 & 4 \\ 3 & -2 & 2 & -1 \\ -1 & 1 & 2 & -2 \end{pmatrix}\begin{pmatrix} 1 & 13 & 19 & 8 & 1 \\ 3 & 16 & 8 & 5 & 19 \\ 3 & 12 & 0 & 0 & 11 \\ 15 & 9 & 20 & 20 & 27 \end{pmatrix}$

$$= \begin{pmatrix} 10 & -6 & 31 & 23 & -2 \\ 54 & 39 & 137 & 104 & 78 \\ -12 & 22 & 21 & -6 & -40 \\ -22 & 9 & -51 & -43 & -14 \end{pmatrix}$$

$\{10,\ 54,\ -12,\ -22,\ -6,\ 39,\ 22,\ 9,\ 31,\ 137,\ 21,\ -51,\ 23,\ 104,\ -6,\ -43,\ -2,\ 78,\ -40,\ -14\}$ 发送.

随堂练习　独立思考并完成下列单选题.

1. 设 A, B 均为 n 阶方阵，若 $AB = BA = E$，则 $A^{-1} = ($ 　　).

A. B 　　　　　B. B^{-1} 　　　　　C. A 　　　　　D. 不确定

2. 设 A 为 n 阶可逆矩阵，则下列不正确的是(　　).

A. A^{-1} 可逆 　　　B. $E + A$ 可逆 　　　C. $-2A$ 可逆 　　　D. A^{T} 可逆

3. 设 A, B 均为同阶可逆矩阵，则下列等式成立的是(　　).

A. $(AB)^{\mathrm{T}} = A^{\mathrm{T}}B^{\mathrm{T}}$ 　　　　　　　　　　B. $(AB)^{\mathrm{T}} = B^{\mathrm{T}}A^{\mathrm{T}}$

C. $(AB^{\mathrm{T}})^{-1} = A^{-1}(B^{\mathrm{T}})^{-1}$ 　　　　　　D. $(AB^{\mathrm{T}})^{-1} = A^{-1}(B^{-1})^{\mathrm{T}}$

4. 当(　　)时，矩阵 $\begin{pmatrix} 1 & 3 \\ -1 & a \end{pmatrix}$ 可逆.

A. $a = 3$ 　　　　　　　　　　　　B. $a \neq 3$

C. $a = -3$ 　　　　　　　　　　　D. $a \neq -3$

扫码查看参考答案

5. 已知矩阵 $A = \begin{pmatrix} 1 & 0 & 0 \\ 0 & 2 & 0 \\ 0 & 0 & -3 \end{pmatrix}$，则 $A^{-1} = ($ 　　).

A. $\begin{pmatrix} 1 & 0 & 0 \\ 0 & 1 & 0 \\ 0 & 0 & 1 \end{pmatrix}$ 　　　B. $\begin{pmatrix} 1 & 0 & 0 \\ 0 & \dfrac{1}{2} & 0 \\ 0 & 0 & \dfrac{1}{3} \end{pmatrix}$ 　　　C. $\begin{pmatrix} 1 & 0 & 0 \\ 0 & \dfrac{1}{2} & 0 \\ 0 & 0 & -\dfrac{1}{3} \end{pmatrix}$ 　　　D. $\begin{pmatrix} 1 & 0 & 0 \\ 0 & 2 & 0 \\ 0 & 0 & 3 \end{pmatrix}$

扫码查看参考答案

任务单 1.6

模块名称	模块一 行列式与矩阵		
任务名称	任务 1.6 逆矩阵及其应用		
班级		姓名	得分

任务单 1.6 A 组（达标层）

1. 判断下列矩阵是否可逆？若可逆，求其逆矩阵.

$$(1)M = \begin{pmatrix} 1 & -1 & 2 \\ 0 & 1 & -1 \\ 2 & 1 & 0 \end{pmatrix}; (2)N = \begin{pmatrix} 1 & 2 & 3 \\ 4 & 5 & 6 \\ 7 & 8 & 9 \end{pmatrix}; (3)A = \begin{pmatrix} 1 & 1 & 3 \\ 2 & 3 & 7 \\ 3 & 4 & 9 \end{pmatrix}.$$

2. 用求系数矩阵逆矩阵的方法解线性方程组：$\begin{cases} 3x_1 - 3x_2 + x_3 = 3, \\ x_1 - 3x_2 + 2x_3 = 2, \\ x_1 - 2x_2 + x_3 = 1. \end{cases}$

3. 用求系数矩阵逆矩阵的方法解矩阵方程：$\begin{pmatrix} 7 & -2 & -2 \\ -2 & 1 & 0 \\ -1 & 0 & 1 \end{pmatrix} X = \begin{pmatrix} 1 & 4 \\ 2 & 5 \\ 3 & 6 \end{pmatrix}.$

任务单 1.6 B 组（提高层）

1. 判断下列矩阵是否可逆？若可逆，求其伴随矩阵和逆矩阵.

$$\begin{pmatrix} 1 & 1 & 1 & 1 \\ -1 & -1 & 1 & 1 \\ -1 & 1 & -1 & 1 \\ 1 & -1 & -1 & 1 \end{pmatrix}$$

2. 用求系数矩阵逆矩阵的方法解下列矩阵方程：

$$\begin{pmatrix} 2 & -3 & 1 \\ 4 & -5 & 2 \\ 5 & -7 & 3 \end{pmatrix} X \begin{pmatrix} 9 & 7 & 6 \\ 1 & 1 & 2 \\ 1 & 1 & 1 \end{pmatrix} = \begin{pmatrix} 2 & 0 & -2 \\ 18 & 12 & 9 \\ 23 & 15 & 11 \end{pmatrix}.$$

任务单 1.6 C 组（培优层）

实践调查：寻找逆矩阵的案例并进行分析（另附 A4 纸小组合作完成）.

思政天地

小组合作挖掘与逆矩阵相关的课程思政元素（要求：内容不限，可以是名人名言、故事等）.

完成日期	

任务 1.7　向量组的线性相关性

【学习目标】

1. 熟知向量线性相关性的概念，能用定义判断向量的线性相关性.

2. 在学习向量线性相关性的概念中，帮助学生如何在繁杂的事情里有条理地处理问题，抓住事情的主要矛盾，帮助学生在工作中成为用人单位的栋梁.

【任务提出】

如何判断向量组 $\boldsymbol{\alpha}_1 = \begin{pmatrix} 1 \\ 2 \\ 3 \\ 4 \end{pmatrix}$，$\boldsymbol{\alpha}_2 = \begin{pmatrix} 2 \\ 4 \\ 6 \\ 8 \end{pmatrix}$，$\boldsymbol{\alpha}_3 = \begin{pmatrix} 3 \\ 5 \\ 7 \\ 9 \end{pmatrix}$ 的线性相关性？

【知识准备】

1. 向量组

课堂活动　什么是"向量组"？

定义1　$1 \times n$（或 $n \times 1$）矩阵称为 n 元行向量（列向量），统称 n 元向量或 n 维向量，用 $\boldsymbol{\alpha}$，$\boldsymbol{\beta}$，$\boldsymbol{\gamma}$，…等表示.

比如，n 维行向量 $\boldsymbol{\alpha} = (a_1, a_2, \cdots, a_n)$ 中，称 $(a_1, a_2, \cdots, a_n)$ 为向量 $\boldsymbol{\alpha}$ 的坐标，a_i（$i = 1, 2, \cdots, n$）为 $\boldsymbol{\alpha}$ 的第 i 个分量.

【注】向量是特殊的矩阵，所以 n 元向量与矩阵具有相同的线性运算和性质.

若干个 n 元向量 $\boldsymbol{\alpha}_1$，$\boldsymbol{\alpha}_2$，…，$\boldsymbol{\alpha}_s$ 可以构成一个 n 元向量组，简称向量组，以下如不特别声明，所给向量组均指 n 元向量组.

定义2　给定向量组 $\boldsymbol{\alpha}_1$，$\boldsymbol{\alpha}_2$，…，$\boldsymbol{\alpha}_s$，对于任何一组实数 k_1，k_2，…，k_s，表达式

$$k_1 \boldsymbol{\alpha}_1 + k_2 \boldsymbol{\alpha}_2 + \cdots + k_s \boldsymbol{\alpha}_s$$

称为向量组的一个线性组合，k_1，k_2，…，k_s 称为这个线性组合的系数.

定义3　给定向量组 $\boldsymbol{\alpha}_1$，$\boldsymbol{\alpha}_2$，…，$\boldsymbol{\alpha}_s$ 和向量 $\boldsymbol{\beta}$，若存在一组数 k_1，k_2，…，k_s，使

$$\boldsymbol{\beta} = k_1 \boldsymbol{\alpha}_1 + k_2 \boldsymbol{\alpha}_2 + \cdots + k_s \boldsymbol{\alpha}_s,$$

则称向量 $\boldsymbol{\beta}$ 是向量组 $\boldsymbol{\alpha}_1$，$\boldsymbol{\alpha}_2$，…，$\boldsymbol{\alpha}_s$ 的线性组合，又称向量 $\boldsymbol{\beta}$ 能由向量组 $\boldsymbol{\alpha}_1$，$\boldsymbol{\alpha}_2$，…，$\boldsymbol{\alpha}_s$ 线性表示.

例1　设向量 $\boldsymbol{\beta} = \begin{pmatrix} -1 \\ -2 \\ -2 \\ 1 \\ -4 \end{pmatrix}$，$\boldsymbol{\alpha}_1 = \begin{pmatrix} 1 \\ 2 \\ -1 \\ 2 \\ 1 \end{pmatrix}$，$\boldsymbol{\alpha}_2 = \begin{pmatrix} 2 \\ 4 \\ 1 \\ 1 \\ 5 \end{pmatrix}$，将 $\boldsymbol{\beta}$ 用 $\boldsymbol{\alpha}_1$ 和 $\boldsymbol{\alpha}_2$ 表示出来.

解：先假定 $\boldsymbol{\beta} = k_1 \boldsymbol{\alpha}_1 + k_2 \boldsymbol{\alpha}_2$，其中 k_1，k_2 待定，则

$$\begin{pmatrix} -1 \\ -2 \\ -2 \\ 1 \\ -4 \end{pmatrix} = k_1 \begin{pmatrix} 1 \\ 2 \\ -1 \\ 2 \\ 1 \end{pmatrix} + k_2 \begin{pmatrix} 2 \\ 4 \\ 1 \\ 1 \\ 5 \end{pmatrix},$$

由于两个向量相等的充要条件是它们的分量分别对应相等，因此可得方程组：

$$\begin{cases} -1 = k_1 + 2k_2, \\ -2 = -k_1 + k_2 \end{cases} \Rightarrow \begin{cases} k_1 = 1, \\ k_2 = -1. \end{cases}$$

于是 $\boldsymbol{\beta}$ 可以表示为 $\boldsymbol{\alpha}_1$ 和 $\boldsymbol{\alpha}_2$ 的线性组合，它的表示式为 $\boldsymbol{\beta} = \boldsymbol{\alpha}_1 - \boldsymbol{\alpha}_2$.

定义 4 给定向量组 $\boldsymbol{\alpha}_1$，$\boldsymbol{\alpha}_2$，$\cdots$，$\boldsymbol{\alpha}_s$，如果存在不全为零的数 k_1，k_2，$\cdots$，k_s，使

$$k_1 \boldsymbol{\alpha}_1 + k_2 \boldsymbol{\alpha}_2 + \cdots + k_s \boldsymbol{\alpha}_s = \boldsymbol{0},$$

则称此向量组线性相关，否则称为线性无关.

【注】(1)当且仅当 $k_1 = k_2 = \cdots = k_s = 0$ 时，定义 4 成立，向量组 $\boldsymbol{\alpha}_1$，$\boldsymbol{\alpha}_2$，$\cdots \boldsymbol{\alpha}_s$ 线性无关.

(2)包含零向量的任何向量组是线性相关的.

(3)向量组只含有一个向量时，则 $\boldsymbol{\alpha} \neq 0$ 的充要条件是 $\boldsymbol{\alpha}$ 线性无关.

特别地，$\boldsymbol{\alpha} = 0$ 的充要条件是 $\boldsymbol{\alpha}$ 线性相关.

(4)仅含两个向量的向量组线性相关的充要条件是这两个向量的对应分量成比例；反之，仅含两个向量的向量组线性无关的充要条件是这两个向量的对应分量不成比例.

如：$\boldsymbol{\alpha}_1 = \begin{pmatrix} 1 \\ 2 \end{pmatrix}$，$\boldsymbol{\alpha}_2 = \begin{pmatrix} 2 \\ 4 \end{pmatrix}$，观察可知，$-2\boldsymbol{\alpha}_1 + \boldsymbol{\alpha}_2 = 0$，所以 $\boldsymbol{\alpha}_1$，$\boldsymbol{\alpha}_2$ 线性相关.

(5)n 维基本单位向量组 $\boldsymbol{\varepsilon}_1$，$\boldsymbol{\varepsilon}_2$，$\cdots$，$\boldsymbol{\varepsilon}_n$ 线性无关.

n 维基本单位向量组 $\boldsymbol{\varepsilon}_1 = \begin{pmatrix} 1 \\ 0 \\ \vdots \\ 0 \end{pmatrix}$，$\boldsymbol{\varepsilon}_2 = \begin{pmatrix} 0 \\ 1 \\ \vdots \\ 0 \end{pmatrix}$，$\cdots$，$\boldsymbol{\varepsilon}_n = \begin{pmatrix} 0 \\ 0 \\ \vdots \\ 1 \end{pmatrix}$.

由于齐次线性方程组 $k_1 \boldsymbol{\varepsilon}_1 + k_2 \boldsymbol{\varepsilon}_2 + \cdots + k_s \boldsymbol{\varepsilon}_s = \boldsymbol{0}$，

即 $k_1 \begin{pmatrix} 1 \\ 0 \\ \vdots \\ 0 \end{pmatrix} + k_2 \begin{pmatrix} 0 \\ 1 \\ \vdots \\ 0 \end{pmatrix} + \cdots + k_n \begin{pmatrix} 0 \\ 0 \\ \vdots \\ 1 \end{pmatrix} = \begin{pmatrix} 0 \\ 0 \\ \vdots \\ 0 \end{pmatrix}$.

仅有零解 $k_1 = k_2 = \cdots = k_s = 0$.

例 2 证明：若向量组 $\boldsymbol{\alpha}$，$\boldsymbol{\beta}$，$\boldsymbol{\gamma}$ 线性无关，则向量组 $\boldsymbol{\alpha} + \boldsymbol{\beta}$，$\boldsymbol{\beta} + \boldsymbol{\gamma}$，$\boldsymbol{\gamma} + \boldsymbol{\alpha}$ 亦线性无关.

证明： 令 $\boldsymbol{\alpha} + \boldsymbol{\beta}$，$\boldsymbol{\beta} + \boldsymbol{\gamma}$，$\boldsymbol{\gamma} + \boldsymbol{\alpha}$ 的线性组合为零，证明仅当 $k_1 = k_2 = k_3 = 0$ 时才成立即可. 设

$$k_1(\boldsymbol{\alpha} + \boldsymbol{\beta}) + k_2(\boldsymbol{\beta} + \boldsymbol{\gamma}) + k_3(\boldsymbol{\gamma} + \boldsymbol{\alpha}) = 0,$$

整理得

$$(k_1 + k_3)\boldsymbol{\alpha} + (k_1 + k_2)\boldsymbol{\beta} + (k_2 + k_3)\boldsymbol{\gamma} = 0,$$

由 $\boldsymbol{\alpha}$，$\boldsymbol{\beta}$，$\boldsymbol{\gamma}$ 线性无关，故

$$\begin{cases} k_1 + k_3 = 0, \\ k_1 + k_2 = 0, \\ k_2 + k_3 = 0, \end{cases}$$

因为 $\begin{vmatrix} 1 & 0 & 1 \\ 1 & 1 & 0 \\ 0 & 1 & 1 \end{vmatrix} = 2 \neq 0$，方程组仅有零解．即只有 $k_1 = k_2 = k_3 = 0$ 时，

$$k_1(\boldsymbol{\alpha} + \boldsymbol{\beta}) + k_2(\boldsymbol{\beta} + \boldsymbol{\gamma}) + k_3(\boldsymbol{\gamma} + \boldsymbol{\alpha}) = \boldsymbol{0}.$$

因而，向量组 $\boldsymbol{\alpha} + \boldsymbol{\beta}$，$\boldsymbol{\beta} + \boldsymbol{\gamma}$，$\boldsymbol{\gamma} + \boldsymbol{\alpha}$ 线性无关．

2. 向量组线性相关性的判断

方法一　从定义出发，令线性组合为零，如果可以说明系数必须为零，则此向量组线性无关；否则线性相关．

方法二　向量组 $\boldsymbol{\alpha}_1$，$\boldsymbol{\alpha}_2$，$\cdots$，$\boldsymbol{\alpha}_s (s \geq 2)$ 线性相关的充分必要条件是向量组中至少有一个向量可由其余 $s-1$ 个向量线性表示．

证明：充分性：不妨设 $\boldsymbol{\alpha}_s = k_1\boldsymbol{\alpha}_1 + k_2\boldsymbol{\alpha}_2 + \cdots + k_{s-1}\boldsymbol{\alpha}_{s-1}$，于是

$$k_1\boldsymbol{\alpha}_1 + k_2\boldsymbol{\alpha}_2 + \cdots + k_{s-1}\boldsymbol{\alpha}_{s-1} - \boldsymbol{\alpha}_s = 0,$$

由于 -1 不为零，所以 $\boldsymbol{\alpha}_1$，$\boldsymbol{\alpha}_2$，$\cdots$，$\boldsymbol{\alpha}_s$ 线性相关．

必要性：假设 $\boldsymbol{\alpha}_1$，$\boldsymbol{\alpha}_2$，$\cdots$，$\boldsymbol{\alpha}_s$ 线性相关，于是存在不全为零的 k_1，k_2，$\cdots$，k_s，使

$$k_1\boldsymbol{\alpha}_1 + k_2\boldsymbol{\alpha}_2 + \cdots + k_s\boldsymbol{\alpha}_s = \boldsymbol{0},$$

不妨设 $k_s \neq 0$，则有 $k_1\boldsymbol{\alpha}_1 + k_2\boldsymbol{\alpha}_2 + \cdots + k_{s-1}\boldsymbol{\alpha}_{s-1} = -k_s\boldsymbol{\alpha}_s$，

两边同除以 $-k_s$，得

$$\boldsymbol{\alpha}_s = -\frac{k_1}{k_s}\boldsymbol{\alpha}_1 - \frac{k_2}{k_s}\boldsymbol{\alpha}_2 - \cdots - \frac{k_{s-1}}{k_s}\boldsymbol{\alpha}_{s-1}.$$

所以，$\boldsymbol{\alpha}_s$ 可以由其他向量线性表示．

定理 1　若向量组中有一部分向量（部分组）线性相关，则整个向量组线性相关；如果原向量组线性无关，则它的任何一个部分组也线性无关．

[任务解决]

解：观察到该向量组 $\boldsymbol{\alpha}_1 = \begin{pmatrix} 1 \\ 2 \\ 3 \\ 4 \end{pmatrix}$，$\boldsymbol{\alpha}_2 = \begin{pmatrix} 2 \\ 4 \\ 6 \\ 8 \end{pmatrix}$，$\boldsymbol{\alpha}_3 = \begin{pmatrix} 3 \\ 5 \\ 7 \\ 9 \end{pmatrix}$ 中 $\boldsymbol{\alpha}_1$，$\boldsymbol{\alpha}_2$ 对应分量成比例，从而部

分组 $\boldsymbol{\alpha}_1$，$\boldsymbol{\alpha}_2$ 线性相关，根据定理 1，因此原向量组 $\boldsymbol{\alpha}_1$，$\boldsymbol{\alpha}_2$，$\boldsymbol{\alpha}_3$ 线性相关．

任务单 1.7

模块名称	模块一　行列式与矩阵		
任务名称	任务 1.7　向量组的线性相关性		
班级	姓名	得分	

任务单 1.7　A 组(达标层)

判断下列向量是否线性相关.

$(1)\boldsymbol{\alpha}_1 =(1, 2, 3)$, $\boldsymbol{\alpha}_2 =(4, 5, 6)$, $\boldsymbol{\alpha}_3 =(0, 0, 0)$;

$(2)\boldsymbol{\alpha}_1 =(1, 2, 3)$, $\boldsymbol{\alpha}_2 =(2, 4, 6)$, $\boldsymbol{\alpha}_3 =(7, 8, 9)$;

$(3)\boldsymbol{\alpha}_1 =(1, 0, 1)$, $\boldsymbol{\alpha}_2 =(0, 1, 1)$, $\boldsymbol{\alpha}_3 =(1, 1, 1)$;

$(4)\boldsymbol{\alpha}_1 =(2, 4, 8, 3)$, $\boldsymbol{\alpha}_2 =(2, 3, 5, 3)$, $\boldsymbol{\alpha}_3 =(-1, -1, -3, -2)$;

$(5)\boldsymbol{\beta}_1 =(1, 1, 1)$, $\boldsymbol{\beta}_2 =(1, 2, 3)$, $\boldsymbol{\beta}_3 =(4, 5, 6)$.

任务单 1.7　B 组(提高层)

已知向量组 a_1, a_2, a_3 线性无关, 且 $b_1 =a_1 +a_2$, $b_1 =a_2 +a_3$, $b_1 =a_3 +a_1$, 试证明向量组 b_1, b_2, b_3 线性无关.

任务单 1.7　C 组(培优层)

实践调查: 寻找向量线性相关性的案例并进行分析(另附 A4 纸小组合作完成).

思政天地

小组合作挖掘与向量组有关的课程思政元素(要求: 内容不限, 可以是名人名言、故事等).

完成日期	

单元测试一 （满分 100 分）

专业：_____，姓名：_____，学号：_____，得分：_____.

一、单选题：下列各题的选项中，只有一项是最符合题意的．请把所选答案的字母填在相应的括号内．(每小题 2 分，共 20 分)

1. 若三阶行列式 $\begin{vmatrix} a_{11} & a_{12} & a_{13} \\ a_{21} & a_{22} & a_{23} \\ a_{31} & a_{32} & a_{33} \end{vmatrix} = 1$，则三阶行列式 $\begin{vmatrix} 4a_{11} & 5a_{11}+3a_{12} & a_{13} \\ 4a_{21} & 5a_{21}+3a_{22} & a_{23} \\ 4a_{31} & 5a_{31}+3a_{32} & a_{33} \end{vmatrix} = ($ ___ $)$.

   A. 12   B. 15   C. 20   D. 60

2. 若二阶行列式 $D = \begin{vmatrix} a_{11} & a_{12} \\ a_{21} & a_{22} \end{vmatrix}$，则元素 a_{12} 的代数余子式 $A_{12} = ($ ___ $)$.

   A. $-a_{21}$ B. a_{21} C. $-a_{22}$ D. a_{22}

3. 下列非齐次线性方程组可用克莱姆法则求解的是(___).

   A. $\begin{cases} 2x_1 + 3x_2 = 4 \\ 4x_1 + 6x_2 = 7 \end{cases}$ B. $\begin{cases} x_1 + x_2 + x_3 + x_4 = 5 \\ x_1 - x_2 + x_3 - x_4 = 6 \\ 2x_1 + 3x_2 + x_3 + 4x_4 = 6 \end{cases}$

   C. $\begin{cases} 3x_1 + 4x_2 - 5x_3 = 1 \\ 8x_1 + 7x_2 - 2x_3 = 2 \\ 2x_1 - x_2 + 8x_3 = 3 \end{cases}$ D. $\begin{cases} x_1 + x_2 + x_3 = 2 \\ x_1 + 2x_2 + 3x_3 = 4 \\ x_1 + 3x_2 + 6x_3 = 6 \end{cases}$

4. 若四阶行列式 $D = \begin{vmatrix} 0 & 0 & 0 & 1 \\ x & 0 & 0 & -1 \\ 0 & 2 & 0 & -1 \\ 0 & 0 & 1 & -1 \end{vmatrix} = 1$，则元素 $x = ($ ___ $)$.

   A. -2 B. 2   C. $-\dfrac{1}{2}$ D. $\dfrac{1}{2}$

5. 四阶行列式 $D = \begin{vmatrix} a & b & 0 & 0 \\ b & 0 & 0 & -1 \\ 0 & 0 & c & 0 \\ 0 & 0 & d & c \end{vmatrix} = ($ ___ $)$.

   A. $-abcd$ B. $abcd$ C. $-b^2c^2$ D. b^2c^2

6. 设 A，B，C 均为 n 阶方阵，且 A 可逆，则下列(___)成立.

   A. 若 $AB = AC$，则 $B = C$ B. 若 $AB = CB$，则 $A = C$；

   C. 若 $BC = O$，则 $C = O$ D. 若 $BC = O$，则 $B = O$.

7. 若 $\boldsymbol{\alpha}_1 + 2\boldsymbol{\alpha}_2 = 0$，则向量 $\boldsymbol{\alpha}_1$，$\boldsymbol{\alpha}_2$(___).

   A. 互逆   B. 线性相关

C. 线性无关   D. 无法判断

8. 已知矩阵 $A = \begin{pmatrix} 1 & 1 & 1 \\ 2 & 1 & 1 \\ 3 & 2 & x+1 \end{pmatrix}$，若矩阵 A 的秩 $r(A) = 2$，则数 $x = ($ $)$.

   A. 0   B. 1   C. 2   D. 3

9. 设 AB 均为非零矩阵，若 AB 有意义，则($\quad$).

   A. AB 一定不为零矩阵   B. AB 一定为零矩阵

   C. AB 可以等于零矩阵   D. 以上均不对

10. 设矩阵 A 可逆，则($\quad$).

   A. A^{-1} 可逆   B. A^{-1} 不可逆

   C. A^{-1} 也许可逆也许不可逆   D. 不确定

二、填空题：请将下列各题的答案填写在题中横线上．（每小题 1 分，共 10 分）

1. 已知 n 阶行列式 $D = -2$，则转置行列式 $D^{\mathrm{T}} = $ _____.

2. 四阶行列式 $\begin{vmatrix} 0 & 0 & 1 & 0 \\ 0 & 1 & 0 & 0 \\ 1 & 0 & 0 & 0 \\ 0 & 0 & 0 & 1 \end{vmatrix} = $ _____.

3. 已知三阶行列式 D 中第一行的元素从左到右依次是 -1，1，2，它们的代数余子式分别是 3，4，-5，则三阶行列式 $D = $ _____.

4. 已知齐次线性方程组 $\begin{cases} 2x_1 + 3x_2 = 0, \\ 3x_1 + kx_2 = 0, \\ 4x_1 - 5x_2 + x_3 = 0 \end{cases}$ 有非零解，则系数 $k = $ _____.

5. $\begin{vmatrix} -1 & 2 & 0 & 0 \\ 0 & 2 & 3 & 1 \\ 0 & 0 & 3 & 2 \\ 0 & 0 & 0 & 4 \end{vmatrix} = $ _____.

6. $|A| \neq 0$ 是方阵 A 可逆的 _____ 条件.

7. 若矩阵 $A = \begin{pmatrix} 1 & -4 & 2 \\ -1 & 4 & -2 \end{pmatrix}$，$B = \begin{pmatrix} 1 & 2 \\ -1 & 3 \\ 5 & -2 \end{pmatrix}$，则积 $C = AB$ 第 2 行第 1 列的元素 $c_{21} = $ _____.

8. 向量组 $\boldsymbol{\alpha}_1 = \begin{pmatrix} 2 \\ 4 \\ 1 \end{pmatrix}$，$\boldsymbol{\alpha}_2 = \begin{pmatrix} 4 \\ 8 \\ 2 \end{pmatrix}$ 的线性相关性是 _____.

9. 已知矩阵 $A = \begin{pmatrix} 1 & 3 & 0 & 7 & 9 \\ 0 & 2 & 4 & 5 & 6 \\ 0 & 0 & 0 & 8 & 1 \\ 0 & 0 & 0 & 0 & 0 \end{pmatrix}$，求 $r(A) = $ _____.

10. 设 $A = \begin{pmatrix} 1 & 2 \\ 4 & 3-x \end{pmatrix}$，$B = \begin{pmatrix} 1 & 2 \\ 4 & 2x \end{pmatrix}$，如果 $A = B$，则 $x =$ _____．

三、判断题：（每小题 2 分，共 20 分，认为结论正确的打"√"，认为错误的打"×"）

1. 交换行列式的两列，行列式的值变号．　　　　　　　　　　　　　　　　　（　　）

2. 行列式 $D = \begin{vmatrix} a_1+b_1 & c_1+d_1 \\ a_2+b_2 & c_2+d_2 \end{vmatrix} = \begin{vmatrix} a_1 & c_1 \\ a_2 & c_2 \end{vmatrix} + \begin{vmatrix} b_1 & d_1 \\ b_2 & d_2 \end{vmatrix}$ 成立．　（　　）

3. 行列式 $D = \begin{vmatrix} 2 & 4 & 6 \\ 4 & 8 & 6 \\ 8 & 10 & 4 \end{vmatrix} = 2 \times \begin{vmatrix} 1 & 2 & 3 \\ 2 & 4 & 3 \\ 4 & 5 & 2 \end{vmatrix}$ 成立．　　（　　）

4. 任何阶数的行列式都可以用对角线法则计算．　　　　　　　　　　　　　（　　）

5. 交换行列式的两行，行列式的值不变．　　　　　　　　　　　　　　　　（　　）

6. 对任意同阶方阵 A 和 B，不一定有 $AB = BA$，但必有 $|AB| = |BA|$．　（　　）

7. 若矩阵的秩等于零，则该矩阵一定是零矩阵．　　　　　　　　　　　　　（　　）

8. 若 A，B 是可逆矩阵，则 $(AB)^{-1} = B^{-1}A^{-1}$．　　　　　　　　　　　（　　）

9. 设矩阵 AB 和 BA 都有意义，则 $AB = BA$．　　　　　　　　　　　　　（　　）

10. 由矩阵 $AB = AC$，不能得出 $B = C$．　　　　　　　　　　　　　　　　（　　）

四、解答题：（每小题 6 分，共 30 分）

1. 计算下列行列式：

$$(1)\, D = \begin{vmatrix} 3 & 1 & -1 & 2 \\ -5 & 1 & 3 & -4 \\ 2 & 0 & 1 & -1 \\ 1 & -5 & 3 & -3 \end{vmatrix}；\quad (2)\, \begin{vmatrix} -4 & 2 & -5 & 3 \\ 3 & 5 & 4 & -3 \\ 5 & -7 & 7 & -5 \\ -6 & 5 & -8 & 8 \end{vmatrix}．$$

2. 用克莱姆法则解方程组 $\begin{cases} x_1 = x_2 + x_3 + x_4 - 2, \\ x_2 = x_1 + x_3 + x_4 - 4, \\ x_3 = x_1 + x_2 + x_4 - 6, \\ x_4 = x_1 + x_2 + x_3 - 8. \end{cases}$

3. 用初等变换求下列矩阵的秩．

$$(1)\, \begin{pmatrix} 4 & 3 & 3 & -5 & 2 \\ 8 & 2 & 6 & -7 & 4 \\ 4 & 7 & 3 & -8 & 2 \\ 4 & -5 & 3 & 1 & 2 \end{pmatrix}；\quad (2)\, \begin{pmatrix} 0 & 1 & 1 & 1 \\ 1 & 0 & 1 & 1 \\ 1 & 1 & 0 & 1 \\ 1 & 1 & 1 & 0 \end{pmatrix}．$$

4. 用初等变换求 $A = \begin{pmatrix} 1 & -2 & -1 \\ 0 & -1 & 0 \\ 0 & 2 & 1 \end{pmatrix}$ 的逆矩阵．

5. 设 $3A + 2X = 5B$，求 X，其中 $A = \begin{pmatrix} 3 & -1 & 5 \\ 6 & 7 & 4 \\ 1 & 8 & 9 \end{pmatrix}$，$B = \begin{pmatrix} 3 & 5 & 7 \\ 4 & 3 & 6 \\ -5 & 8 & 1 \end{pmatrix}$．

五、讨论题：（共 10 分）

已知齐次线性方程组 $\begin{cases} kx + y + z = 0, \\ x + ky - z = 0, \\ 2x - y + z = 0 \end{cases}$ 有非零解，求 k 的值．

六、简答题：（共 10 分）

介绍数学人物笛卡尔或凯莱．

模块二　解线性方程组

线性方程组是线性代数的一个重要组成部分，也在现实生产生活中有着广泛的运用，在电子工程、软件开发、人员管理、交通运输等领域都起着重要的作用．对于不同类型的线性方程组采用不同的解法，并简述线性方程组的一些实际应用．

任务 2.1　线性方程组解的研究

【学习目标】

1. 能运用定理判定线性方程组的解的情况；会用矩阵的初等变换法求线性方程组的解；能判断齐次线性方程组是否有非零解．

2. 具备应用解线性方程组解决实际问题的应用数学素养．

【任务提出】

问题 1　设线性方程组
$$\begin{cases} x_1 + x_2 - 4x_3 = 5, \\ x_2 + 2x_3 = 6, \\ \lambda(\lambda - 1)x_3 = \lambda^2, \end{cases}$$
讨论当常数 λ 为何值时，它有唯一解、无穷多解或无解？

问题 2　设齐次线性方程组
$$\begin{cases} x_1 + ax_2 + a^2 x_3 = 0, \\ ax_1 + a^2 x_2 + x_3 = 0, \\ a^2 x_1 + x_2 + ax_3 = 0, \end{cases}$$
当 a 取何值时，有非零解？只有零解？

【知识准备】

2.1.1　线性方程组解的判定

课堂活动　回顾线性方程组的矩阵形式．

设线性方程组
$$\begin{cases} a_{11}x_1 + a_{12}x_2 + \cdots + a_{1n}x_n = b_1, \\ a_{21}x_1 + a_{22}x_2 + \cdots + a_{2n}x_n = b_2, \\ \cdots\cdots \\ a_{m1}x_1 + a_{m2}x_2 + \cdots + a_{mn}x_n = b_m, \end{cases}$$

则上式的矩阵形式为 $AX = B$，其中

$$A = \begin{pmatrix} a_{11} & a_{12} & \cdots & a_{1n} \\ a_{21} & a_{22} & \cdots & a_{2n} \\ \vdots & \vdots & & \vdots \\ a_{m1} & a_{m2} & \cdots & a_{mn} \end{pmatrix}, B = \begin{pmatrix} b_1 \\ b_2 \\ \vdots \\ b_m \end{pmatrix}, \quad X = \begin{pmatrix} x_1 \\ x_2 \\ \vdots \\ x_n \end{pmatrix}.$$ 其中 A 为此方程组的系数矩阵，其

增广矩阵为

$$(AB) = \begin{pmatrix} a_{11} & a_{12} & \cdots & a_{1n} & b_1 \\ a_{21} & a_{22} & \cdots & a_{2n} & b_2 \\ \vdots & \vdots & & \vdots & \vdots \\ a_{m1} & a_{m2} & \cdots & a_{mn} & b_m \end{pmatrix}.$$

【注】矩阵形式 $AX = B$ 即为 $\begin{pmatrix} a_{11} & a_{12} & \cdots & a_{1n} \\ a_{21} & a_{22} & \cdots & a_{2n} \\ \vdots & \vdots & & \vdots \\ a_{m1} & a_{m2} & \cdots & a_{mn} \end{pmatrix} \begin{pmatrix} x_1 \\ x_2 \\ \vdots \\ x_n \end{pmatrix} = \begin{pmatrix} b_1 \\ b_2 \\ \vdots \\ b_m \end{pmatrix}.$

由于线性方程组的解由它的系数和常数项确定，因此，可以用增广矩阵清楚地表示一个线性方程组. 而消元法也是解线性方程组最直接、最有效的方法. 消元法的主要思想是：对方程组中方程作同解算术运算，把一部分方程的未知量个数减少，直至能求出解来或者能判断是否有解.

课堂活动 解线性方程组 $\begin{cases} x_1 - 2x_2 + 3x_3 = -2, \\ -3x_1 + 4x_2 - 5x_3 = 6, \\ 2x_1 - 3x_2 + 3x_3 = -5, \end{cases}$ 对照此方程组的消元过程和增广矩阵的

初等行变换过程，总结用增广矩阵的初等行变换法解线性方程组的方法. 对照表如表 2-1 所示.

表 2-1

此方程组的消元过程	此方程组增广矩阵的初等行变换过程
$\begin{cases} x_1 - 2x_2 + 3x_3 = -2 \\ -3x_1 + 4x_2 - 5x_3 = 6 \\ 2x_1 - 3x_2 + 3x_3 = -5 \end{cases}$ 把第一个方程的 3 倍和 -2 倍分别加到第二、第三两个方程上，将第二、三两个方程的未知量 x_1 消去得 $\begin{cases} x_1 - 2x_2 + 3x_3 = -2 \\ -2x_2 + 4x_3 = 0 \\ x_2 - 3x_3 = -1 \end{cases}$ 交换第二、第三两个方程的位置，得 $\begin{cases} x_1 - 2x_2 + 3x_3 = -2 \\ x_2 - 3x_3 = -1 \\ -2x_2 + 4x_3 = 0 \end{cases}$	$(AB) = \begin{pmatrix} 1 & -2 & 3 & -2 \\ -3 & 4 & -5 & 6 \\ 2 & -3 & 3 & -5 \end{pmatrix}$ $\xrightarrow[\;r_3 + (-2)r_1\;]{r_2 + 3r_1}$ $\begin{pmatrix} 1 & -2 & 3 & -2 \\ 0 & -2 & 4 & 0 \\ 0 & 1 & -3 & -1 \end{pmatrix}$ $\xrightarrow{r_2 \leftrightarrow r_3}$ $\begin{pmatrix} 1 & -2 & 3 & -2 \\ 0 & 1 & -3 & -1 \\ 0 & -2 & 4 & 0 \end{pmatrix}$ $\xrightarrow{r_3 + 2r_2}$

此方程组的消元过程	此方程组增广矩阵的初等行变换过程
将上式第二个方程的 2 倍加到第三个方程上去,得 $$\begin{cases} x_1 - 2x_2 + 3x_3 = -2 \\ x_2 - 3x_3 = -1 \\ -2x_3 = -2 \end{cases}$$ 由第三个方程得出 x_3,再逐步回代,作法如下: $$\begin{cases} x_1 - 2x_2 + 3x_3 = -2 \\ x_2 - 3x_3 = -1 \\ x_3 = 1 \end{cases}$$ $$\Rightarrow \begin{cases} x_1 - 2x_2 + 3x_3 = -2 \\ x_2 = 2 \\ x_3 = 1 \end{cases}$$ $$\Rightarrow \begin{cases} x_1 = -1 \\ x_2 = 2 \\ x_3 = 1 \end{cases}$$	$$\begin{pmatrix} 1 & -2 & 3 & -2 \\ 0 & 1 & -3 & -1 \\ 0 & 0 & -2 & -2 \end{pmatrix}$$ $$\xrightarrow{\left(-\frac{1}{2}\right)r_3}$$ $$\begin{pmatrix} 1 & -2 & 3 & -2 \\ 0 & 1 & -3 & -1 \\ 0 & 0 & 1 & 1 \end{pmatrix}$$ $$\xrightarrow{r_2 + 3r_3}$$ $$\begin{pmatrix} 1 & -2 & 3 & -2 \\ 0 & 1 & 0 & 2 \\ 0 & 0 & 1 & 1 \end{pmatrix}$$ $$\xrightarrow[r_1 + (-3)r_3]{r_1 + 2r_2}$$ $$\begin{pmatrix} 1 & 0 & 0 & -1 \\ 0 & 1 & 0 & 2 \\ 0 & 0 & 1 & 1 \end{pmatrix}$$

【注】(1)表 2-1 左边中每一步消元和回代得到的方程组都与前一步的方程组同解,称为同解方程组.

一般情况下,用消元法解线性方程组,就是对方程组反复施以三种变换,将其化为阶梯形方程组,再解易于求解的阶梯形方程组,这三种变换是:互换两个方程的位置;用一个非零的数乘某一个方程;把一个方程的倍数加到另一个方程上.这三种变换称为方程组的初等变换,即方程组的初等变换把方程组变为与它同解的方程组.

(2)表 2-1 反映出用方程组的初等变换进行加减消元的过程,实际上是对方程组的增广矩阵实施初等行变换,将增广矩阵化为行简化阶梯形矩阵的过程.

(3)容易看出,增广矩阵 AB 与系数矩阵 A 的秩都等于 3,即 $r(AB) = r(A) = 3$,且等于未知量的个数,此方程组有唯一解.

可见,用消元法解一般线性方程组时,只需写出增广矩阵,对其实施初等行变换,将增广矩阵化为行简化阶梯形矩阵,最后还原为最简线性方程组,从而写出方程组的解.这种"用增广矩阵的初等行变换解线性方程组"的方法称为高斯消元法,简称为消元法.

例 1　解下列线性方程组 $$\begin{cases} x_1 + 2x_2 - x_3 + 3x_4 = 2, \\ 3x_2 + x_3 = -1, \\ -x_1 + x_2 + x_3 = -2. \end{cases}$$

解:对增广矩阵施行初等行变换

$$(AB) = \begin{pmatrix} 1 & 2 & -1 & 3 & 2 \\ 0 & 3 & 1 & 0 & -1 \\ -1 & 1 & 1 & 0 & -2 \end{pmatrix} \xrightarrow{r_3 + r_1} \begin{pmatrix} 1 & 2 & -1 & 3 & 2 \\ 0 & 3 & 1 & 0 & -1 \\ 0 & 3 & 0 & 3 & 0 \end{pmatrix}$$

$$\xrightarrow{r_3+(-1)r_2}\begin{pmatrix}1&2&-1&3&2\\0&3&1&0&-1\\0&0&-1&3&1\end{pmatrix}\xrightarrow{(-1)r_3}\begin{pmatrix}1&2&-1&3&2\\0&3&1&0&-1\\0&0&1&-3&-1\end{pmatrix}$$

$$\xrightarrow[r_2+(-1)r_3]{r_1+r_3}\begin{pmatrix}1&2&0&0&1\\0&3&0&3&0\\0&0&1&-3&-1\end{pmatrix}\xrightarrow{\frac{1}{3}r_2}\begin{pmatrix}1&2&0&0&1\\0&1&0&1&0\\0&0&1&-3&-1\end{pmatrix}$$

$$\xrightarrow{r_1+(-2)r_2}\begin{pmatrix}1&0&0&-2&1\\0&1&0&1&0\\0&0&1&-3&-1\end{pmatrix}(简化阶梯形矩阵)，$$

得到同解线性方程组 $\begin{cases}x_1-2x_4=1,\\x_2+x_4=0,\\x_3-3x_4=-1,\end{cases}$

选择 x_4 为自由未知量移到方程组的右边，其表达式为 $\begin{cases}x_1=1+2x_4,\\x_2=-x_4,\\x_3=-1+3x_4,\end{cases}$ 其中称 x_1，x_2，x_3 为非自由未知量，即非自由未知量 x_1，x_2，x_3 用自由未知量 x_4 表示，任意给未知量 x_4 一个值，可得到未知量 x_1，x_2，x_3 的唯一解，它们构成此线性方程组的一组解，说明此线性方程组有无穷多解，且有 $4-3=1$ 个自由未知量.

当自由未知量 x_4 取任意常数 c 时，此线性方程组的一般解为

$$\begin{cases}x_1=1+2c\\x_2=-c\\x_3=-1+3c\\x_4=c\end{cases}(c\text{ 为任意常数})，$$

用向量的形式表示为 $\begin{pmatrix}x_1\\x_2\\x_3\\x_4\end{pmatrix}=\begin{pmatrix}1\\0\\-1\\0\end{pmatrix}+c\begin{pmatrix}2\\-1\\3\\1\end{pmatrix}(c\text{ 为任意常数}).$

【注】容易看出，增广矩阵 AB 与系数矩阵 A 的秩都等于 3，即秩 $r(AB)=r(A)=3$，但未知量的个数 n 为 4，有 $r(AB)=r(A)<n$，此方程组有无穷多个解.

例2 解线性方程组 $\begin{cases}x_1+3x_2-4x_3+7x_4=5,\\2x_1+4x_2-5x_3+3x_4=2,\\4x_1+6x_2-7x_3-5x_4=-3.\end{cases}$

解：对增广矩阵施行初等行变换

$$(AB)=\begin{pmatrix}1&3&-4&7&5\\2&4&-5&3&2\\4&6&-7&-5&-3\end{pmatrix}\rightarrow\begin{pmatrix}1&3&-4&7&5\\0&-2&3&-11&-8\\0&0&0&0&1\end{pmatrix}，其对应的同解方程组$$

为 $\begin{cases} x_1 + 3x_2 - 4x_3 + 7x_4 = 5, \\ -2x_2 + 3x_3 - 11x_4 = -8, \\ 0 = 1. \end{cases}$

在此方程组中出现了"$0 = 1$"这样的矛盾，说明未知量的任何一组取值都不能同时满足所有方程式，所以该线性方程组无解.

【注】可以看出，$r(AB) = 3 \neq r(A) = 2$（未知量的个数为 4），此方程组无解.

综上，可得出线性方程组解的判定定理.

定理 1（线性方程组解的判定） 　线性方程组 $AX = B$ 有解的充要条件是 $r(AB) = r(A)$，

（1）若 $r(AB) = r(A) = n$ 时，$AX = B$ 有唯一解；

（2）若 $r(AB) = r(A) < n$，$AX = B$ 有无穷多解.

此外，若 $r(AB) \neq r(A)$，$AX = B$ 无解.

例 3 　判断下列方程组解的情况.

（1）$\begin{cases} 2x_1 + x_2 - x_3 = 1, \\ x_1 - 3x_2 + 4x_3 = 2, \\ 11x_1 - 12x_2 + 17x_3 = 3; \end{cases}$ 　　（2）$\begin{cases} x_1 - x_2 + x_3 - x_4 = 0, \\ x_1 + x_2 + x_3 - x_4 = 2, \\ 2x_1 - 2x_2 + 2x_3 - x_4 = 1; \end{cases}$

（3）$\begin{cases} 3x_1 - x_2 + 5x_3 = 3, \\ x_1 - x_2 + 2x_3 = 1, \\ x_1 - 2x_2 - x_3 = 2. \end{cases}$

解：（1）方程组的增广矩阵

$$(AB) = \begin{pmatrix} 2 & 1 & -1 & 1 \\ 1 & -3 & 4 & 2 \\ 11 & -12 & 17 & 3 \end{pmatrix} \xrightarrow{r_1 \leftrightarrow r_2} \begin{pmatrix} 1 & -3 & 4 & 2 \\ 2 & 1 & -1 & 1 \\ 11 & -12 & 17 & 3 \end{pmatrix}$$

$$\xrightarrow[r_3 + (-11)r_1]{r_2 + (-2)r_1} \begin{pmatrix} 1 & -3 & 4 & 2 \\ 0 & 7 & -9 & -3 \\ 0 & 21 & -27 & -19 \end{pmatrix} \xrightarrow{r_3 + (-3)r_2} \begin{pmatrix} 1 & -3 & 4 & 2 \\ 0 & 7 & -9 & -3 \\ 0 & 0 & 0 & -10 \end{pmatrix}.$$

因 $r(A) = 2 \neq r(AB) = 3$，故此方程组无解.

（2）对增广矩阵施行初等行变换

$$(AB) = \begin{pmatrix} 1 & -1 & 1 & -1 & 0 \\ 1 & 1 & 1 & -1 & 2 \\ 2 & -2 & 2 & -1 & 1 \end{pmatrix} \longrightarrow \begin{pmatrix} 1 & -1 & 1 & -1 & 0 \\ 0 & 2 & 0 & 0 & 2 \\ 0 & 0 & 0 & 1 & 1 \end{pmatrix}$$

$$\xrightarrow{r_1 + r_3} \begin{pmatrix} 1 & -1 & 1 & 0 & 1 \\ 0 & 1 & 0 & 0 & 1 \\ 0 & 0 & 0 & 1 & 1 \end{pmatrix} \xrightarrow{r_1 + r_2} \begin{pmatrix} 1 & 0 & 1 & 0 & 2 \\ 0 & 1 & 0 & 0 & 1 \\ 0 & 0 & 0 & 1 & 1 \end{pmatrix}.$$

因 $r(AB) = r(A) = 3 < 4$（未知量的个数），故此方程组有无穷多个解. 其对应的同解方

程组为 $\begin{cases} x_1 + x_3 = 2, \\ x_2 = 1, \\ x_4 = 1, \end{cases}$

任意选自由未知量 x_3，移到等号的右边，x_1，x_2，x_4 为非自由未知量，即非自由未知量 x_1，x_2，x_4 用自由未知量 x_3 表示为 $\begin{cases} x_1 = 2 - x_3, \\ x_2 = 1, \\ x_4 = 1, \end{cases}$

当自由未知量 x_3 取任意常数 c 时，得此线性方程组无穷多解的一般表达式为

$\begin{cases} x_1 = 2 - c, \\ x_2 = 1, \\ x_3 = c, \\ x_4 = 1 \end{cases}$ （c 为任意常数），用向量的形式表示为 $\begin{pmatrix} x_1 \\ x_2 \\ x_3 \\ x_4 \end{pmatrix} = \begin{pmatrix} 2 \\ 1 \\ 0 \\ 1 \end{pmatrix} + c \begin{pmatrix} -1 \\ 0 \\ 1 \\ 0 \end{pmatrix}$ （c 为任意常数）.

（3）把增广矩阵经初等变换化为阶梯形矩阵

$\begin{pmatrix} 3 & -1 & 5 & 3 \\ 1 & -1 & 2 & 1 \\ 1 & -2 & -1 & 2 \end{pmatrix} \rightarrow \begin{pmatrix} 1 & -2 & -1 & 2 \\ 0 & 1 & 3 & -1 \\ 0 & 0 & -7 & 2 \end{pmatrix}$.

因 $r(AB) = r(A) = 3$，故此方程组只有唯一解.

【任务解决】

问题1 解：方程组的增广矩阵 $AB = \begin{pmatrix} 1 & 1 & -4 & 5 \\ 0 & 1 & 2 & 6 \\ 0 & 0 & \lambda(\lambda-1) & \lambda^2 \end{pmatrix}$，

容易看出，不管 λ 取任何数，此方程组的增广矩阵和系数矩阵都是阶梯形矩阵.

当常数 $\lambda \neq 0$ 且 $\lambda \neq 1$ 时，有 $r(AB) = r(A) = n = 3$，所以此线性方程组有唯一解；

当常数 $\lambda = 0$ 时，有 $r(AB) = r(A) = 2 < n$（未知量的个数），所以此线性方程组有无穷多解；

当常数 $\lambda = 1$ 时，有 $r(AB) = 3 \neq r(A) = 2$，所以此线性方程组无解.

随堂练习 独立思考并完成下列单选题.

1. 用消元法解线性方程组时，经常对它进行的同解变换是（ ）.

A. 互换两个方程的位置

B. 方程的两端同乘一个非零的常数

C. 方程的两端同乘一个非零的常数后与另一个方程相加

D. 以上都是

2. n 元线性方程组 $AX = B$，若（ ），则方程组有唯一解；若（ ），则方程组有无穷多解；若（ ），则方程组无解.

A. $r(AB) \neq r(A)$ B. $r(A) = r(AB) = n$

C. $r(A) = r(AB) < n$ D. $r(A) < n$

3. 已知线性方程组的增广矩阵是 $\begin{pmatrix} 2 & -1 & -2 & 3 \\ -1 & 1 & 1 & 5 \\ 1 & -1 & 2 & 0 \end{pmatrix}$，则与其对应的线性方程组是（ ）.

A. $\begin{cases} 2x_1 - x_2 + 2x_3 = 3 \\ -x_1 + x_2 + x_3 = 5 \\ x_1 - x_2 + 2x_3 = 0 \end{cases}$ B. $\begin{cases} 2x_1 - x_2 - 2x_3 = 3 \\ -x_1 + x_2 + x_3 = 5 \\ x_1 - x_2 + 2x_3 = 0 \end{cases}$

C. $\begin{cases} 2x_1 - x_2 - 2x_3 = 3 \\ x_1 + x_2 + x_3 = 5 \\ x_1 - x_2 + 2x_3 = 0 \end{cases}$ D. $\begin{cases} 2x_1 - x_2 + 2x_3 = 3 \\ -x_1 + x_2 + x_3 = 5 \\ x_1 - x_2 + 2x_3 = 0 \end{cases}$

4. 线性方程组 $\begin{cases} x_1 + x_2 + x_3 = 4, \\ x_2 - x_3 = 2, \\ -2x_2 + 2x_3 = 6 \end{cases}$ ( ).

扫码查看参考答案

A. 只有零解 B. 无解

C. 有无穷多个解 D. 有唯一非零解

2.1.2 齐次线性方程组解的判定

课堂活动 依据线性方程组解的判定定理分析齐次线性方程组解的情况.

齐次线性方程组 $\begin{cases} a_{11}x_1 + a_{12}x_2 + \cdots + a_{1n}x_n = 0, \\ a_{21}x_1 + a_{22}x_2 + \cdots + a_{2n}x_n = 0, \\ \qquad\cdots\cdots \\ a_{m1}x_1 + a_{m2}x_2 + \cdots + a_{mn}x_n = 0, \end{cases}$ （＊）

其矩阵形式为 $AX = \mathbf{0}$，其中 $A = \begin{pmatrix} a_{11} & a_{12} & \cdots & a_{1n} \\ a_{21} & a_{22} & \cdots & a_{2n} \\ \vdots & \vdots & & \vdots \\ a_{m1} & a_{m2} & \cdots & a_{mn} \end{pmatrix}$，$X = \begin{pmatrix} x_1 \\ x_2 \\ \vdots \\ x_n \end{pmatrix}$.

因常数项全部为零，故 $x_1 = 0$，$x_2 = 0$，$\cdots$，$x_n = 0$ 是齐次线性方程组的一个解，即零解. 因此，齐次线性方程组（＊）至少有一个零解.

又因 $B = \mathbf{0}$，故 $r(AB) = r(A)$，不难得到下面定理.

定理 2 齐次线性方程组只有零解的充要条件是 $r(A) = n$.

换言之，n 元齐次线性方程组（＊）有非零解的充分必要条件是 $r(A) < n$，即有无穷多个解.

推论 1 齐次线性方程组中方程的个数 m 小于未知量的个数 n 时，必有非零解.

推论 2 n 个未知量，n 个方程的齐次线性方程组有非零解的充要条件是系数行列式等于零.

例 4 判断下列齐次线性方程组是否有非零解.

(1) $\begin{cases} x_1 + x_2 + 2x_3 - x_4 = 0, \\ 2x_1 + x_2 + x_3 - x_4 = 0, \\ 2x_1 + 2x_2 + x_3 + 4x_4 = 0; \end{cases}$ (2) $\begin{cases} x_1 + x_2 + 3x_3 - 4x_4 = 0, \\ x_1 + 2x_2 + x_3 - 2x_4 = 0, \\ 3x_1 + 8x_2 - x_3 - 2x_4 = 0, \\ 2x_1 + 7x_2 - 4x_3 + 2x_4 = 0. \end{cases}$

解：(1) $A = \begin{pmatrix} 1 & 1 & 2 & -1 \\ 2 & 1 & 1 & -1 \\ 2 & 2 & 1 & 4 \end{pmatrix}$, $(AB) = \begin{pmatrix} 1 & 1 & 2 & -1 & 0 \\ 2 & 1 & 1 & -1 & 0 \\ 2 & 2 & 1 & 4 & 0 \end{pmatrix}$,

增广矩阵 (AB) 仅比系数矩阵 A 多一列 0，所以必有 $r(AB) = r(A)$，

故 $A = \begin{pmatrix} 1 & 1 & 2 & -1 \\ 2 & 1 & 1 & -1 \\ 2 & 2 & 1 & 4 \end{pmatrix} \xrightarrow[r_3 + (-2)r_1]{r_2 + (-2)r_1} \begin{pmatrix} 1 & 1 & 2 & -1 \\ 0 & -1 & -3 & 1 \\ 0 & 0 & -3 & 6 \end{pmatrix}$

$\xrightarrow{\left(-\frac{1}{3}\right)r_3} \begin{pmatrix} 1 & 1 & 2 & -1 \\ 0 & -1 & -3 & 1 \\ 0 & 0 & 1 & -2 \end{pmatrix}$,

因 $r(A) = r(AB) = 3$，$n = 4$，即 $r(A) = 3 < 4$，故方程组有非零解.

(2) $A = \begin{pmatrix} 1 & 1 & 3 & -4 \\ 1 & 2 & 1 & -2 \\ 3 & 8 & -1 & -2 \\ 2 & 7 & -4 & 2 \end{pmatrix} \xrightarrow[\substack{r_3 + (-3)r_1 \\ r_4 + (-2)r_1}]{r_2 + (-1)r_1} \begin{pmatrix} 1 & 1 & 3 & -4 \\ 0 & 1 & -2 & 2 \\ 0 & 5 & -10 & 10 \\ 0 & 5 & -10 & 10 \end{pmatrix}$

$\xrightarrow[r_4 + (-5)r_2]{r_3 + (-5)r_2} \begin{pmatrix} 1 & 1 & 3 & -4 \\ 0 & 1 & -2 & 2 \\ 0 & 0 & 0 & 0 \\ 0 & 0 & 0 & 0 \end{pmatrix} \xrightarrow{r_1 + (-1)r_2} \begin{pmatrix} 1 & 0 & 5 & -6 \\ 0 & 1 & -2 & 2 \\ 0 & 0 & 0 & 0 \\ 0 & 0 & 0 & 0 \end{pmatrix}$,

由上面的化简得，$r(A) = 2 < 4 = n$，故方程组有非零解.

【任务解决】

问题2 解：$A = \begin{pmatrix} 1 & a & a^2 \\ a & a^2 & 1 \\ a^2 & 1 & a \end{pmatrix} \xrightarrow[r_3 + (-a^2)r_1]{r_2 + (-a)r_1} \begin{pmatrix} 1 & a & a^2 \\ 0 & 0 & 1-a^3 \\ 0 & 1-a^3 & a(1-a^3) \end{pmatrix}$

$\xrightarrow{r_2 \leftrightarrow r_3} \begin{pmatrix} 1 & a & a^2 \\ 0 & 1-a^3 & a(1-a^3) \\ 0 & 0 & 1-a^3 \end{pmatrix}$

可见，当 $1 - a^3 \neq 0 \Rightarrow a \neq 1$ 时，$r(A) = n = 3$，此时方程组只有零解(唯一解)，也就是说，当 $a \neq 1$ 时，方程组只有零解.

当 $1 - a^3 = 0 \Rightarrow a = 1$ 时，$r(A) = 1 < 3$，方程组有非零解，即当 $a = 1$ 时方程组有非零解.

综上所述，齐次线性方程组 $AX = \mathbf{0}$ 必有零解，当 $r(A) < n$ 时(n 为齐次线性方程组 $AX = \mathbf{0}$ 未知量的个数)，方程组 $AX = \mathbf{0}$ 有非零解，即有无穷多组解.

随堂练习 独立思考并完成下列单选题.

1. 齐次线性方程组 $AX = \mathbf{0}$，若(　　)，则方程组有非零解.

A. $r(AB) \neq r(A)$ B. $r(A) = r(AB) = n$

C. $r(A) = r(AB) < n$ D. $r(A) < n$

2. 若线性方程组 $\begin{cases} 3x_1 - 2x_2 = 0, \\ \lambda x_1 + 2x_2 = 0 \end{cases}$ 有非零解，则 $\lambda = ($ $)$.

A. -3 B. 3

C. 0 D. 不确定

扫码查看参考答案

任务单 2.1

模块名称	模块二　解线性方程组			
任务名称	任务 2.1　线性方程组解的研究			
班级		姓名		得分	

任务单 2.1　A 组(达标层)

1. 判断下列线性方程组是否有解，若有解求出其解.

$$(1) \begin{cases} 3x_1 + 2x_2 + 7x_3 = 3, \\ 4x_1 + 3x_2 + 9x_3 = 5, \\ 3x_1 + x_2 + 5x_3 = 6; \end{cases} \qquad (2) \begin{cases} 3x_1 + 2x_2 + x_3 + x_4 = -3, \\ x_2 + 2x_3 + 2x_4 = 6, \\ x_1 + x_2 + x_3 + x_4 = 1; \end{cases}$$

$$(3) \begin{cases} x_1 + x_2 = 3, \\ 2x_1 + x_2 = 2, \\ 3x_1 + x_2 = 1; \end{cases} \qquad (4) \begin{cases} 3x_1 + 5x_2 + 2x_3 = 0, \\ 4x_1 + 7x_2 + 5x_3 = 0, \\ x_1 + x_2 - 4x_3 = 0, \\ 2x_1 + 9x_2 + 6x_3 = 0. \end{cases}$$

2. 判断齐次线性方程组 $\begin{cases} x_1 + x_2 - 2x_3 + 3x_4 = 0, \\ 2x_1 + x_2 - 6x_3 + 4x_4 = 0, \\ 3x_1 + 2x_2 + 4x_3 + x_4 = 0, \\ 2x_1 + x_2 + x_4 = 0 \end{cases}$ 是否有非零解.

3. λ 取何值时，下列齐次线性方程组有非零解?

$$\begin{cases} (\lambda - 2)x_1 - 3x_2 - 2x_3 = 0, \\ -x_1 + (\lambda - 8)x_2 - 2x_3 = 0, \\ 2x_1 + 14x_2 + (\lambda + 3)x_3 = 0. \end{cases}$$

模块名称	模块二 解线性方程组

任务单 2.1 B 组(提高层)

1. 讨论下列线性方程组是否有解，若有解求出其解.

$$(1)\begin{cases}2x_1+2x_2-x_3+3x_4=-3,\\x_1-3x_2+4x_3+5x_4=7,\\3x_1+5x_2+7x_3-9x_4=1,\\2x_1-x_2+3x_3=-1,\\2x_1+3x_2+2x_3-8x_4=-7;\end{cases}\quad(2)\begin{cases}x_1+x_2+x_3=1,\\3x_1+5x_2+2x_3=4,\\9x_1+25x_2+4x_3=16,\\27x_1+125x_2+8x_3=64.\end{cases}$$

2. 下列方程组在 a 为何值时无解？有唯一解？有无穷多组解？

$$\begin{cases}x_1+x_2+ax_3=1,\\x_1+2x_2+x_3=a,\\3x_1+x_2+(a^2-2)x_3=-a.\end{cases}$$

任务单 2.1 C 组(培优层)

实践调查：寻找线性方程组解的判定案例并进行分析(另附 A4 纸小组合作完成).

思政天地

小组合作挖掘与线性方程组解的判定相关的课程思政元素(要求：内容不限，可以是名人名言、故事等).

完成日期	

任务 2.2 线性方程组解的结构

【学习目标】

1. 会求齐次线性方程组的一个基础解系，并用此基础解系表示其全部解；会求非齐次线性方程组的一个特解，并能用其导出组的基础解系表示全部解.

2. 培养学生独立思考、团队合作、精益求精的匠人品质.

【任务提出】

问题1　计算 λ 的值，使齐次线性方程组 $\begin{cases} (\lambda+3)x_1 + x_2 + 2x_3 = 0, \\ \lambda x_1 + (\lambda-1)x_2 + x_3 = 0, \\ 3(\lambda+1)x_1 + \lambda x_2 + (\lambda+3)x_3 = 0 \end{cases}$ 有非零解，

并求它的一个基础解系及通解.

问题2　如何求出非齐次线性方程组 $\begin{cases} x_1 - x_2 - 3x_3 + 3x_4 = 2, \\ -2x_1 + 3x_2 + 7x_3 - 8x_4 = -3, \\ -x_1 - x_2 + x_3 + x_4 = -4, \\ 2x_1 - 3x_2 - 7x_3 + 8x_4 = 3 \end{cases}$ 的通解？

【知识准备】

2.2.1 齐次线性方程组解的结构

课堂活动　齐次线性方程组的解有哪些性质？

设齐次线性方程组的矩阵形式为 $AX=0$，不难推出解有下面的性质.

定理1　齐次线性方程组 $AX=0$ 的任何两个解的和仍是它的解.

证明：设 η_1，η_2 为方程组 $AX=0$ 的两个解，于是

$A\eta_1 = 0$，$A\eta_2 = 0$，

从而 $A(\eta_1 + \eta_2) = A\eta_1 + A\eta_2 = 0$，

所以 $\eta_1 + \eta_2$ 是方程组 $AX=0$ 的解.

定理2　齐次线性方程组 $AX=0$ 的一个解的倍数仍是它的解.

证明：设 η 为方程组 $AX=0$ 的一个解，c 为任意常数，则 $A\eta = 0$，于是

$A(c\eta) = cA\eta = 0$，

所以 $c\eta$ 是方程组 $AX=0$ 的解.

定理3　齐次线性方程组 $AX=0$ 的若干个解的线性组合仍是它的解.

即若 η_1，η_2，$\cdots$，η_s 为齐次线性方程组 $AX=0$ 的 s 个解，c_1，c_2，$\cdots$，c_s 为 s 个任意常数，则 $c_1\eta_1 + c_2\eta_2 + \cdots + c_s\eta_s$ 也是它的解.

由于 c_1，c_2，$\cdots$，c_s 是 s 个任意常数，所以线性组合 $c_1\eta_1 + c_2\eta_2 + \cdots + c_s\eta_s$ 就表示了齐次线性方程组 $AX=0$ 的无穷多个解.

例1　判断下列齐次线性方程组有无非零解．若有，求出它的一般解.

$$\begin{cases} x_1 + x_2 + 3x_3 - 4x_4 = 0, \\ x_1 + 2x_2 + x_3 - 2x_4 = 0, \\ 3x_1 + 8x_2 - x_3 - 2x_4 = 0, \\ 2x_1 + 7x_2 - 4x_3 + 2x_4 = 0. \end{cases}$$

解：将其系数矩阵经初等行变换化为阶梯形矩阵

$$\begin{pmatrix} 1 & 1 & 3 & -4 \\ 1 & 2 & 1 & -2 \\ 3 & 8 & -1 & -2 \\ 2 & 7 & -4 & 2 \end{pmatrix} \rightarrow \begin{pmatrix} 1 & 0 & 5 & -6 \\ 0 & 1 & -2 & 2 \\ 0 & 0 & 0 & 0 \\ 0 & 0 & 0 & 0 \end{pmatrix}.$$

由此知 $r = 2$，而 $n = 4$，$r < n$，所以方程组有非零解. 由上面阶梯形矩阵所确定的线性

方程组为 $\begin{cases} x_1 + 5x_3 - 6x_4 = 0, \\ x_2 - 2x_3 + 2x_4 = 0, \end{cases}$

取 x_3，x_4 为自由未知量，得一般解 $\begin{cases} x_1 = -5x_3 + 6x_4, \\ x_2 = 2x_3 - 2x_4, \end{cases}$

在一般解中，令 $x_3 = c_1$，$x_4 = c_2$（c_1，c_2 为任意常数），则得

$$\begin{cases} x_1 = -5c_1 + 6c_2, \\ x_2 = 2c_1 - 2c_2, \\ x_3 = c_1, \\ x_4 = c_2, \end{cases}$$

称这种形式的解为通解（或全部解）.

可以看出，当 c_1，c_2 取定一组数时，就可以得到方程组的一组解，而 c_1，c_2 为任意常数，这样就得到了方程组的无穷多组解或全部解.

如令 $c_1 = 1$，$c_2 = 2$ 可得方程组的一组解为

$$\begin{cases} x_1 = 7, \\ x_2 = -2, \\ x_3 = 1, \\ x_4 = 2, \end{cases} \text{或 } \eta = (7, \ -2, \ 1, \ 2)，\text{或 } \eta = \begin{pmatrix} 7 \\ -2 \\ 1 \\ 2 \end{pmatrix}.$$

定义 1　设 η_1，η_2，$\cdots$，η_s 是齐次线性方程组 $AX = 0$ 的 s 个解向量，如果满足下面两条：

（1）η_1，η_2，$\cdots$，η_s 线性无关.

（2）方程组 $AX = 0$ 的任意一个解向量都可由 η_1，η_2，$\cdots$，η_s 线性表示出.

则称 η_1，η_2，$\cdots$，η_s 为齐次线性方程组 $AX = 0$ 的一个基础解系.

课堂思考　是不是所有的齐次线性方程组都有基础解系呢？

定理 4　设 $AX = 0$ 为含有 n 个未知量的齐次线性方程组.

若 $r(A) = r < n$，则方程组 $AX = 0$ 的基础解系存在，且每个基础解系所含解向量的个数都等于 $n - r$（证明略）.

课堂活动　总结求齐次线性方程组的一个基础解系的步骤.

求齐次线性方程组的一个基础解系的步骤：

（1）用初等行变换把系数矩阵 A 化为阶梯形矩阵 B，得 $r(A)=r$；

（2）如果 $r(A)<n$，则齐次线性方程组有非零解，写出同解的方程组；

（3）选出 $n-r$ 个未知量作为自由未知量移到等号的右边，得到方程组的一般解（*）；

（4）令第一个自由未知量为 1，其余的自由未知量为 0，代入一般解（*）解得方程组的第一个解，记为 η_1；再令第二个自由未知量为 1，其余的自由未知量为 0，代入一般解（*）解得方程组的第二个解，记为 η_2；依此类推，最后令第 $n-r$ 个自由未知量为 1，其余的自由未知量为 0，代入一般解（*）解得方程组的第 $n-r$ 个解，记为 η_{n-r}. 那么，η_1，η_2，$\cdots$，η_{n-r} 就是方程组的一个基础解系.

【注】在上述方法的（4）中，每次都令第 $i(i=1,2,\cdots,n-r)$ 个自由未知量为 1，实际上，可以令它等于任意实数，而且每一个 $\eta_i(i=1,2,\cdots,n-r)$ 的值也可以不同. 即一个齐次线性方程组如果存在基础解系，那么它就有无穷多个基础解系.

例 2 单项选择题.

已知四元齐次线性方程组 $AX=\boldsymbol{0}$，若系数矩阵 A 的秩 $r(A)=1$，则其基础解系含（　　）个线性无关解向量.

A. 1　　　　　　　B. 2　　　　　　　C. 3　　　　　　　D. 4

解：由于系数矩阵 A 的秩 $r(A)=1$，而未知量的个数 $n=4$，于是基础解系含 $n-r(A)=4-1=3$ 个线性无关解向量.

例 3 求下列方程组的一个基础解系.
$$\begin{cases} x_1+x_2+x_3+x_4+x_5=0, \\ 3x_1+2x_2+x_3-3x_5=0, \\ x_2+2x_3+3x_4+6x_5=0, \\ 5x_1+4x_2+3x_3+2x_4+6x_5=0. \end{cases}$$

解：首先将系数矩阵化为阶梯形矩阵
$$\begin{pmatrix} 1 & 1 & 1 & 1 & 1 \\ 3 & 2 & 1 & 0 & -3 \\ 0 & 1 & 2 & 3 & 6 \\ 5 & 4 & 3 & 2 & 6 \end{pmatrix} \rightarrow \begin{pmatrix} 1 & 1 & 1 & 1 & 1 \\ 0 & -1 & -2 & -3 & -6 \\ 0 & 1 & 2 & 3 & 6 \\ 0 & -1 & -2 & -3 & 1 \end{pmatrix} \rightarrow \begin{pmatrix} 1 & 1 & 1 & 1 & 1 \\ 0 & 1 & 2 & 3 & 6 \\ 0 & 0 & 0 & 0 & 1 \\ 0 & 0 & 0 & 0 & 0 \end{pmatrix},$$

得同解方程组
$$\begin{cases} x_1+x_2+x_3+x_4+x_5=0, \\ x_2+2x_3+3x_4+6x_5=0, \\ x_5=0, \end{cases}$$

取 x_3，x_4 为自由未知量，将方程组改写成
$$\begin{cases} x_1+x_2+x_5=-x_3-x_4, \\ x_2+6x_5=-2x_3-3x_4, \\ x_5=0 \end{cases}$$

令 $x_3=1$，$x_4=0$ 得
$$\begin{cases} x_1+x_2+x_5=-1, \\ x_2+6x_5=-2, \\ x_5=0, \end{cases} \qquad 解得 \ \eta_1=(1,\ -2,\ 1,\ 0,\ 0),$$

令 $x_3 = 0$，$x_4 = 1$ 得

$$\begin{cases} x_1 + x_2 + x_5 = -1, \\ x_2 + 6x_5 = -3, \\ x_5 = 0, \end{cases} \qquad 解得 \ \eta_2 = (2, \ -3, \ 0, \ 1, \ 0),$$

于是得到两个解 $\eta_1 = (1, \ -2, \ 1, \ 0, \ 0)$，$\eta_2 = (2, \ -3, \ 0, \ 1, \ 0)$.

从而得到线性方程组的一个基础解系：η_1，η_2.

【注】基础解系的线性组合就是齐次线性方程组的全部解.

若 η_1，η_2，$\cdots$，η_{n-r} 是方程组 $AX = \mathbf{0}$ 的一个基础解系，则它的通解就是 $\eta = c_1 \eta_1 + c_2 \eta_2 + \cdots + c_{n-r} \eta_{n-r} (c_1, \ c_2, \ \cdots, \ c_{n-r}$ 为任意常数$)$.

例 4　求下列齐次线性方程组的基础解系及全部解.

$$\begin{cases} x_1 + 2x_2 + 2x_3 - x_4 = 0, \\ 2x_1 + 6x_2 + 5x_3 - 3x_4 = 0, \\ -2x_1 - 8x_2 - 6x_3 + 4x_4 = 0, \\ -2x_1 + 2x_2 - x_3 - x_4 = 0. \end{cases}$$

解：把系数矩阵经初等行变换化为阶梯形矩阵

$$A = \begin{pmatrix} 1 & 2 & 2 & -1 \\ 2 & 6 & 5 & -3 \\ -2 & -8 & -6 & 4 \\ -2 & 2 & -1 & -1 \end{pmatrix} \rightarrow \begin{pmatrix} 1 & 0 & 1 & 0 \\ 0 & 2 & 1 & -1 \\ 0 & 0 & 0 & 0 \\ 0 & 0 & 0 & 0 \end{pmatrix},$$

$r(A) = 2 < n = 4$，方程组有非零解，基础解系含 $n - r = 2$ 个解向量. 同解方程组为

$$\begin{cases} x_1 + x_3 = 0, \\ 2x_2 + x_3 - x_4 = 0, \end{cases}$$

取 x_3，x_4 为自由未知量，得一般解为

$$\begin{cases} x_1 = -x_3, \\ 2x_2 = -x_3 + x_4, \end{cases}$$

于是，令 $x_3 = 1$，$x_4 = 0$，得 $\eta_1 = \left(-1, \ -\dfrac{1}{2}, \ 1, \ 0 \right)$，令 $x_3 = 0$，$x_4 = 1$，得 $\eta_2 = \left(0, \ \dfrac{1}{2}, \ 0, \ 1 \right)$，$\eta_1$，$\eta_2$ 即为方程组的一个基础解系，全部解为

$$\eta = c_1 \eta_1 + c_2 \eta_2 (其中 \ c_1, \ c_2 \ 为任意常数).$$

[任务解决]

问题 1　**解**：将系数矩阵进行初等行变换

$$A = \begin{pmatrix} \lambda + 3 & 1 & 2 \\ \lambda & \lambda - 1 & 1 \\ 3(\lambda + 1) & \lambda & \lambda + 3 \end{pmatrix} \xrightarrow{r_1 \leftrightarrow r_2} \begin{pmatrix} \lambda & \lambda - 1 & 1 \\ \lambda + 3 & 1 & 2 \\ 3(\lambda + 1) & \lambda & \lambda + 3 \end{pmatrix}$$

$$\xrightarrow[r_3 + (-3)r_1]{r_2 + (-1)r_1} \begin{pmatrix} \lambda & \lambda - 1 & 1 \\ 3 & 2 - \lambda & 1 \\ 3 & 3 - 2\lambda & \lambda \end{pmatrix} \xrightarrow{r_3 + (-1)r_2} \begin{pmatrix} \lambda & \lambda - 1 & 1 \\ 3 & 2 - \lambda & 1 \\ 0 & 1 - \lambda & \lambda - 1 \end{pmatrix}.$$

显然, 当 $\lambda = 0$ 或 1 时, 有 $r(A) = 2 < 3$, 此时方程组有非零解.

当 $\lambda = 0$ 时,

$$A \to \begin{pmatrix} 0 & -1 & 1 \\ 3 & 2 & 1 \\ 0 & 1 & -1 \end{pmatrix} \to \begin{pmatrix} 3 & 2 & 1 \\ 0 & 1 & -1 \\ 0 & 0 & 0 \end{pmatrix}.$$

同解方程组为

$$\begin{cases} 3x_1 + 2x_2 + x_3 = 0, \\ x_2 - x_3 = 0, \end{cases}$$

取 x_3 为自由未知量, 得一般解为

$$\begin{cases} x_1 = -x_3, \\ x_2 = x_3, \end{cases}$$

于是, 令 $x_3 = 1$, 得 $x_1 = -1$, $x_2 = 1$. 从而 $\eta = (-1, 1, 1)$ 为方程组的一个基础解系, 其全部解为 $c\eta$(c 为任意常数).

当 $\lambda = 1$ 时,

$$A \to \begin{pmatrix} 1 & 0 & 1 \\ 3 & 1 & 1 \\ 0 & 0 & 0 \end{pmatrix}.$$

同解方程组为

$$\begin{cases} x_1 + x_3 = 0, \\ 3x_1 + x_2 + x_3 = 0, \end{cases}$$

取 x_3 为自由未知量, 得一般解为

$$\begin{cases} x_1 = -x_3, \\ x_2 = 2x_3, \end{cases}$$

于是, 令 $x_3 = 1$, 得 $x_1 = -1$, $x_2 = 2$. 从而 $\eta = (-1, 2, 1)$ 为方程组的一个基础解系, 其全部解为 $c\eta$(c 为任意常数).

随堂练习 独立思考并完成下列单选题.

线性方程组 $\begin{cases} x_1 + x_2 + 5x_3 = 0, \\ x_1 + 3x_2 - 2x_3 = 0, \\ 3x_1 + 7x_2 + 8x_3 = 0 \end{cases}$ 的解的情况是( ).

A. 只有零解   B. 无解

C. 有非零解   D. 不能确定

扫码查看参考答案

2.2.2 非齐次线性方程组解的结构

课堂活动 非齐次线性方程组的解有哪些性质?

定义 2 非齐次线性方程组 $AX = B$ 的右端常数项全部换为零所得到的对应的齐次线性方程组 $AX = 0$ 称为方程组 $AX = B$ 的导出组. 即

$$\begin{cases} a_{11}x_1 + a_{12}x_2 + \cdots + a_{1n}x_n = b_1, \\ a_{21}x_1 + a_{22}x_2 + \cdots + a_{2n}x_n = b_2, \\ \qquad\qquad \cdots\cdots \\ a_{m1}x_1 + a_{m2}x_2 + \cdots + a_{mn}x_n = b_m. \end{cases} \xrightarrow{\text{导出组}} \begin{cases} a_{11}x_1 + a_{12}x_2 + \cdots + a_{1n}x_n = 0, \\ a_{21}x_1 + a_{22}x_2 + \cdots + a_{2n}x_n = 0, \\ \qquad\qquad \cdots\cdots \\ a_{m1}x_1 + a_{m2}x_2 + \cdots + a_{mn}x_n = 0. \end{cases}$$

一般方程组的解与它的导出组的解之间有密切的关系.

定理 5 非齐次线性方程组 $AX = B$ 的两个解的差是其导出组 $AX = \mathbf{0}$ 的解.

证明： 设 η_1，η_2 为方程组 $AX = B$ 的两个解，则

$A\eta_1 = B$，$A\eta_2 = B$，

所以 $A(\eta_1 - \eta_2) = A\eta_1 - A\eta_2 = B - B = 0$，

即 $\eta_1 - \eta_2$ 是方程组 $AX = \mathbf{0}$ 的解.

定理 6 非齐次线性方程组 $AX = B$ 的一个解与它的导出组 $AX = \mathbf{0}$ 的一个解的和还是方程组 $AX = B$ 的一个解.

证明： 设 α，β 分别是非齐次线性方程组 $AX = B$ 和齐次线性方程组 $AX = \mathbf{0}$ 的一个解，则

$A\alpha = B$，$A\beta = 0$，

所以 $A(\alpha + \beta) = A\alpha + A\beta = B + 0 = B$，

即 $\alpha + \beta$ 是非齐次线性方程组 $AX = B$ 的一个解.

根据定理 5 与定理 6 很容易得出下面的结论：

若 γ 是方程组 $AX = B$ 的任意一个解，η_0 是方程组 $AX = B$ 的某一个解（通常称为特解，方程组 $AX = B$ 的任何一个解都可取作特解），则 $\eta = \gamma - \eta_0$ 是导出组 $AX = \mathbf{0}$ 的解. 于是，$\gamma = \eta_0 + \eta$. 也就是说，方程组 $AX = B$ 的任何一个解都可以表示成它的一个特解与其导出组的某一个解的和. 因而，当 η 为 $AX = \mathbf{0}$ 的全部解时，$\eta_0 + \eta$ 就是方程组 $AX = B$ 的全部解. 于是得非齐次线性方程组解的结构定理.

定理 7 非齐次线性方程组 $AX = B$ 的全部解等于它的一个特解与其导出组 $AX = \mathbf{0}$ 的全部解之和.

所以，如果当 η_0 是方程组 $AX = B$ 的一个特解，η_1，η_2，$\cdots$，η_{n-r} 为其导出组 $AX = \mathbf{0}$ 的一个基础解系，则方程组 $AX = B$ 的全部解就为

$$\gamma = \eta_0 + c_1\eta_1 + c_2\eta_2 + \cdots + c_{n-r}\eta_{n-r}.$$

其中 c_1，c_2，$\cdots$，c_{n-r} 为任意常数.

例 5 已知三元非齐次线性方程组 $AX = B(B \neq 0)$，其增广矩阵的秩 $r(AB)$ 与系数矩阵的秩 $r(A)$ 都等于 1，若向量 η_1，η_2，η_3 都是它的解向量，且向量 $\eta_1 - \eta_3$ 与 $\eta_2 - \eta_3$ 对应分量不成比例，则导出组 $AX = \mathbf{0}$ 的一个基础解系为_____.

解： 由于增广矩阵的秩 $r(AB)$ 与系数矩阵的秩 $r(A)$ 都等于 1，而未知量的个数 n 等于 3，有秩 $r(AB) = r(A) = 1 < n = 3$，因而此线性方程组 $AX = B(B \neq 0)$ 有无穷多解，其导出组 $AX = \mathbf{0}$ 也有无穷多解，存在基础解系，且基础解系含 $n - r(A) = 3 - 1 = 2$ 个线性无关解向量.

因为 η_1，η_2，η_3 都是非齐次线性方程组 $AX = B(B \neq 0)$ 的解向量，因而 $\eta_1 - \eta_3$，$\eta_2 - \eta_3$ 都是其导出组 $AX = \mathbf{0}$ 的解向量，又由于向量 $\eta_1 - \eta_3$ 与 $\eta_2 - \eta_3$ 对应分量不成比例，从而向量组 $\eta_1 - \eta_3$，$\eta_2 - \eta_3$ 线性无关. 这说明 $\eta_1 - \eta_3$，$\eta_2 - \eta_3$ 是 $AX = \mathbf{0}$ 的一个基础解系.

例 6 求非齐次线性方程组 $\begin{cases} x_1 + x_2 - 2x_3 = 1, \\ x_1 - 2x_2 + x_3 = 0, \\ -2x_1 + x_2 + x_3 = -1 \end{cases}$ 的全部解.

解：用初等行变换把增广矩阵化为阶梯形矩阵：

$$(AB) = \begin{pmatrix} 1 & 1 & -2 & 1 \\ 1 & -2 & 1 & 0 \\ -2 & 1 & 1 & -1 \end{pmatrix} \rightarrow \begin{pmatrix} 1 & 1 & -2 & 1 \\ 0 & -3 & 3 & -1 \\ 0 & 3 & -3 & 1 \end{pmatrix} \rightarrow \begin{pmatrix} 1 & 1 & -2 & 1 \\ 0 & 3 & -3 & 1 \\ 0 & 0 & 0 & 0 \end{pmatrix}.$$

$r(AB) = r(A) = 2 < 3$，原方程组有无穷多组解且与下列方程组同解.

$$\begin{cases} x_1 + x_2 - 2x_3 = 1, \\ 3x_2 - 3x_3 = 1, \end{cases}$$

令 x_3 为自由未知量，并得方程组的一般解为

$$\begin{cases} x_1 = \dfrac{2}{3} + x_3, \\ x_2 = \dfrac{1}{3} + x_3, \end{cases}$$

令 $x_3 = 0$，得原方程组的一个特解为 $\eta_0 = \left(\dfrac{2}{3}, \dfrac{1}{3}, 0\right)$，再求导出组

$$\begin{cases} x_1 + x_2 - 2x_3 = 0, \\ 3x_2 - 3x_3 = 0 \end{cases}$$

的一个基础解系，仍令 x_3 为自由未知量，得一般解为

$$\begin{cases} x_1 = x_3, \\ x_2 = x_3, \end{cases}$$

令 $x_3 = 1$，得导出组的一个基础解系为 $\eta_1 = (1, 1, 1)$. 所以，原方程组的全部解为

$$\gamma = \eta_0 + c_1 \eta_1 = \left(\dfrac{2}{3}, \dfrac{1}{3}, 0\right) + c_1(1, 1, 1) = \left(\dfrac{2}{3} + c_1, \dfrac{1}{3} + c_1, c_1\right) \quad (c_1 \text{ 为任意常数}).$$

【任务解决】

问题 2 **解**：将增广矩阵经初等行变换化为阶梯形矩阵：

$$(AB) = \begin{pmatrix} 1 & -1 & -3 & 3 & 2 \\ -2 & 3 & 7 & -8 & -3 \\ -1 & -1 & 1 & 1 & -4 \\ 2 & -3 & -7 & 8 & 3 \end{pmatrix} \rightarrow \begin{pmatrix} 1 & 0 & -2 & 1 & 3 \\ 0 & 1 & 1 & -2 & 1 \\ 0 & 0 & 0 & 0 & 0 \\ 0 & 0 & 0 & 0 & 0 \end{pmatrix}.$$

$r(AB) = r(A) = 2 < 4$，原方程组有无穷多组解且与下列方程组同解.

$$\begin{cases} x_1 - 2x_3 + x_4 = 3, \\ x_2 + x_3 - 2x_4 = 1, \end{cases}$$

选 x_3，x_4 为自由未知量，移到等号的右边得

$$\begin{cases} x_1 = 2x_3 - x_4 + 3, \\ x_2 = -x_3 + 2x_4 + 1, \end{cases}$$

先求方程组的一个特解，令 $x_3 = 0$，$x_4 = 0$，得原方程组的一个特解为 $\eta_0 = (3, 1, 0, 0)$，再求导出组

$$\begin{cases} x_1 - 2x_3 + x_4 = 0, \\ x_2 + x_3 - 2x_4 = 0 \end{cases}$$

的一个基础解系，选 x_3，x_4 为自由未知量，移到等号的右边得

$$\begin{cases} x_1 = 2x_3 - x_4, \\ x_2 = -x_3 + 2x_4, \end{cases}$$

令 $x_3 = 1$，$x_4 = 0$，得到导出组的第一个解 $\eta_1 = (2,\ -1,\ 1,\ 0)$，再令 $x_3 = 0$，$x_4 = 1$，得到导出组的第二个解 $\eta_2 = (-1,\ 2,\ 0,\ 1)$，因此 η_1，η_2 为导出组的一个基础解系．所以原方程组的全部解为

$$\gamma = \eta_0 + c_1\eta_1 + c_2\eta_2 = (3,\ 1,\ 0,\ 0) + c_1(2,\ -1,\ 1,\ 0) + c_2(-1,\ 2,\ 0,\ 1)$$

$$= (3 + 2c_1 - c_2,\ 1 - c_1 + 2c_2,\ c_1,\ c_2)\ (c_1,\ c_2\ 为任意常数).$$

随堂练习　独立思考并完成下列单选题．

1. 线性方程组 $AX = B$ 有唯一解，则对应的齐次线性方程组 $AX = \mathbf{0}$ 有(　　)．

A. 只有零解　　　　B. 有非零解　　　　C. 无解　　　　D. 无穷多解

2. 设 $AX = \mathbf{0}$ 为 $AX = B$ 的导出组．则(　　)成立．

A. 若 $AX = \mathbf{0}$ 只有零解，则 $AX = B$ 有唯一解

B. $AX = \mathbf{0}$ 只有零解时，$AX = B$ 有无穷多解

C. $AX = B$ 有无穷多解时，$AX = \mathbf{0}$ 有非零解

D. $AX = B$ 有唯一的解时，$AX = \mathbf{0}$ 只有零解

扫码查看参考答案

扫码查看参考答案

任务单 2.2

模块名称				模块二　解线性方程组	
任务名称				任务 2.2　线性方程组解的结构	
班级		姓名		得分	

<table>
<tr><td colspan="6" align="center">任务单 2.2　A 组(达标层)</td></tr>
</table>

1. 求齐次线性方程组 $\begin{cases} x_1 - x_2 + 2x_3 + x_4 = 0, \\ -x_1 + x_2 - x_3 - 2x_4 = 0, \\ 3x_1 - 3x_2 + 5x_3 + 4x_4 = 0 \end{cases}$ 的基础解系和通解.

2. 求非齐次线性方程组 $\begin{cases} x_1 + 5x_2 - x_3 - x_4 = -1, \\ x_1 - 2x_2 + x_3 + 3x_4 = 3, \\ 3x_1 + 8x_2 - x_3 + x_4 = 1, \\ x_1 - 9x_2 + 3x_3 + 7x_4 = 7 \end{cases}$ 的通解.

3. 某人用 13 700 元购买两种理财产品,其中一种理财产品的年收益为 6%,另一种理财产品的年收益为 7.5%,如果此人的年收益为 915 元,问这两种理财产品各买了多少?

<table>
<tr><td align="center">任务单 2.2　B 组(提高层)</td></tr>
</table>

讨论非齐次线性方程组 $\begin{cases} x_1 + 2x_2 + 3x_3 = 6, \\ 2x_1 + 2x_2 + x_3 = -1, \\ x_1 + x_2 + ax_3 = -7, \\ 3x_1 + 5x_2 + 4x_3 = b \end{cases}$ 解的情况,并求其解.

<table>
<tr><td align="center">任务单 2.2　C 组(培优层)</td></tr>
</table>

实践调查:寻找线性方程组解的结构案例并进行分析(另附 A4 纸小组合作完成).

<table>
<tr><td align="center">思政天地</td></tr>
</table>

小组合作挖掘与线性方程组解的结构相关的课程思政元素(要求:内容不限,可以是名人名言、故事等).

完成日期	

单元测试二 （满分 100 分）

专业：_____，姓名：_____，学号：_____，得分：_____.

一、单选题：下列各题的选项中，只有一项是最符合题意的．请把所选答案的字母填在相应的括号内．（每小题 2 分，共 20 分）

1. 齐次线性方程组(方程个数与未知量个数相等)的系数行列式 $D \neq 0$ 时，方程组( ).

   A. 只有非零解 B. 只有零解   C. 有无穷多解   D. 无解

2. 齐次线性方程组( ).

   A. 一定有解   B. 不一定有解   C. 一定有非零解   D. 一定没有非零解

3. 设 n 元线性方程组 $AX = B$ 的增广矩阵为 (AB)，设 $r(A) = r_1$，$r(AB) = r_2$，下列( )情况下方程组必定有解.

   A. $r_1 = n$ B. $r_2 = n$ C. $r_1 = r_2$ D. $r_1 < n$，$r_2 < n$

4. 对于 n 个未知数 m 个方程的非齐次线性方程组，若 $r(AB) = r(A) = n$，则方程组( ).

   A. 有无穷多解   B. 无解   C. 无法确定   D. 有唯一解

5. 对于 n 个未知数 m 个方程的齐次线性方程组，只有零解的充分必要条件( ).

   A. $r(A) = n$ B. $r(A) > n$ C. $r(A) < n$ D. 无法确定

6. 齐次线性方程组 $\begin{cases} x_1 - x_2 - x_3 = 0, \\ 2x_1 + 3x_2 - 3x_3 = 0 \end{cases}$ 的基础解系所含向量的个数为( ).

   A. 0   B. 1   C. 2   D. 3

7. 若线性方程组 $AX = B$ 的增广矩阵 $\overline{A}$ 经初等行变换化为 $\overline{A} \to \begin{pmatrix} 2 & 0 & 2 & 3 \\ 0 & \alpha & \alpha & 1 \\ 0 & 0 & 0 & \alpha \end{pmatrix}$，其中 α 为常数，则此线性方程组( ).

   A. 可能有无穷多解   B. 一定有无穷多解

   C. 可能无解   D. 一定无解

8. 设 α 是非齐次线性方程组 $AX = B$ 的解，β 是其导出组 $AX = 0$ 的解，则下列结论中正确的是( ).

   A. $\alpha + \beta$ 是 $AX = 0$ 的解   B. $\alpha + \beta$ 是 $AX = B$ 的解

   C. $\beta - \alpha$ 是 $AX = B$ 的解   D. $\alpha - \beta$ 是 $AX = 0$ 的解

9. 设 α_1，α_2 是 5 元齐次线性方程组 $AX = 0$ 的基础解系，则 $r(A) = ($).

   A. 4   B. 3   B. 2   B. 1

10. 设 η_1，η_2 是非齐次线性方程组 $AX = B$ 的两个不同的解，则( ).

    A. $\eta_1 + \eta_2$ 是 $AX = B$ 的解   B. $\eta_1 - \eta_2$ 是 $AX = B$ 的解

    C. $3\eta_1 - 2\eta_2$ 是 $AX = B$ 的解   D. $2\eta_1 - 3\eta_2$ 是 $AX = B$ 的解

二、填空题：请将下列各题的答案填写在题中横线上．（每小题 2 分，共 20 分）

1. 已知 A 是 4×3 矩阵，线性方程组 $AX = B$ 有唯一解，则增广矩阵 $\overline{A}$ 的秩为_____.

2. 已知 A 是 $m \times n$ 矩阵，若 $r(A) = r$，则齐次线性方程组 $AX = 0$ 的基础解系含有 _____ 个解向量.

3. 若线性方程组 $AX = B$ 的增广矩阵 $\overline{A}$ 经初等行变换化为 $\overline{A} \rightarrow \begin{pmatrix} 1 & 3 & 0 \\ 0 & 2 & 1 \\ 0 & 0 & a-2 \end{pmatrix}$，则当 $a = $ _____，此方程组有唯一解.

4. 齐次线性方程组 $\begin{cases} x_1 - x_3 = 0, \\ x_2 = 0 \end{cases}$ 的解为_____.

5. 若线性方程组的增广矩阵 $\overline{A}$ 经初等行变换化为 $\overline{A} \rightarrow \begin{pmatrix} 1 & 0 & 0 & 3 \\ 0 & 2 & 0 & 2 \\ 0 & 0 & 3 & 0 \end{pmatrix}$，则此方程组的唯一解为_____.

6. 若齐次线性方程组 $AX = 0$ 的基础解系由向量 α_1，α_2 构成，则差 $\alpha_1 - \alpha_2$ 为线性方程组 _____ 的解.

7. 若线性方程组 $AX = B$ 的增广矩阵 $\overline{A}$ 经初等行变换化为 $\overline{A} \rightarrow \begin{bmatrix} 1 & 2 & 3 & 4 \\ 0 & 0 & 1 & 2 \\ 0 & 0 & a & 12 \end{bmatrix}$，则当 $a = $ _____，此方程组有无穷多解.

8. 设 A，B 均为 n 阶方阵，且 $AB = 0$，$A \neq 0$，则 $|B| = $ _____.

9. 设向量组 $\alpha = (a \quad 2 \quad 1)$，$\beta = (2 \quad a \quad 0)$，$\gamma = (1 \quad -1 \quad 1)$ 线性相关，则 $a = $ _____.

10. 若齐次线性方程组 $\begin{cases} ax_1 + x_2 + x_3 = 0, \\ x_1 + ax_2 + x_3 = 0, \\ x_1 + x_2 + x_3 = 0 \end{cases}$ 有非零解，则 $a = $ _____.

三、判断题：（每小题 2 分，共 10 分，认为结论正确的打"√"，认为错误的打"×"）

1. 齐次线性方程组一定有零解.   (　　)

2. 齐次线性方程组一定有非零解.   (　　)

3. 对 m 个方程 n 个未知量的线性方程组，若 $r(AB) = r(A) = n$，方程组有唯一解. (　　)

4. 向量 $(1 \quad 2)$ 与 $(2 \quad 4)$ 线性无关.   (　　)

5. 齐次线性方程组的全部解是其基础解系的线性组合.   (　　)

四、解答题：（每小题 8 分，共 32 分）

1. 用消元法解方程组 $\begin{cases} x_1 - 2x_2 + 3x_3 - x_4 - x_5 = 2, \\ x_1 + x_2 - x_3 + x_4 - 2x_5 = 1, \\ 2x_1 - x_2 + x_3 - 2x_5 = 2, \\ 2x_1 + 2x_2 - 5x_3 + 2x_4 - x_5 = 5. \end{cases}$

2. 解方程组 $\begin{cases} x_1 - 2x_2 + x_3 - 4x_4 = 4, \\ x_2 - x_3 + x_4 = -3, \\ x_1 + 3x_2 + x_4 = 1, \\ -7x_2 + 3x_3 + x_4 = -3. \end{cases}$

3. 求下列齐次线性方程组的一个基础解系并用它表示出全部解：

$$\begin{cases} x_1 + x_2 + x_3 + x_4 + x_5 = 0, \\ 3x_1 + 2x_2 + x_3 + x_4 - 3x_5 = 0, \\ x_2 + 2x_3 + 2x_4 + 6x_5 = 0, \\ 5x_1 + 4x_2 + 3x_3 + 3x_4 - x_5 = 0. \end{cases}$$

4. 讨论 λ 为何值时，方程组 $\begin{cases} \lambda x_1 + x_2 + x_3 = 1, \\ x_1 + \lambda x_2 + x_3 = \lambda, \\ x_1 + x_2 + \lambda x_3 = \lambda^2 \end{cases}$ 有唯一解、无解和无穷多解？

五、应用题：（10 分）

当 a，b 取什么值时，线性方程组 $\begin{cases} x_1 + x_2 + x_3 + x_4 + x_5 = 1, \\ 3x_1 + 2x_2 + x_3 + x_4 - 3x_5 = a, \\ x_2 + 2x_3 + 2x_4 + 6x_5 = 3, \\ 5x_1 + 4x_2 + 3x_3 + 3x_4 - x_5 = b \end{cases}$ 有解，在有解的情形下，

求出一般解.

六、简答题：（8 分）

介绍线性代数的产生、发展及其应用.

模块三　线性规划及其应用

线性规划是辅助人们进行科学管理的一种数学方法，是运筹学的一个重要分支，在工农业生产、经济管理、交通运输等方面都有着极为广泛的应用．线性规划主要研究以下两个方面的问题：一是技术方面的各种改进，例如，工业生产上改善工艺、使用新的设备和新型原材料等；二是生产组织和计划的改进，即合理安排人力、物力、资源，合理组织生产过程，在条件不变的情况下，统筹安排，使总的效益最好．

任务 3.1　线性规划的数学模型

【学习目标】

1. 掌握线性规划的数学模型及其标准型．
2. 培养学生应用线性规划知识解决实际问题的能力．

【任务提出】

问题 1　线性规划问题常用于解决对已确定的任务，如何统筹安排，使完成该任务所需的人力、物力、资源最少？

问题 2　如何安排一定数量的人力、物力、资源，使完成任务最多？

【知识准备】

3.1.1　线性规划问题的数学模型

引例 1　设有两个煤场 B_1，B_2，每月进煤分别为 60 吨和 100 吨，它们负责供应 A_1，A_2，A_3 三个居民区用煤，这三个居民区每月需要用煤量分别为 45 吨、75 吨和 40 吨．煤场 B_1 离三个居民区分别为 10 公里、5 公里、6 公里；煤场 B_2 离三个居民区分别为 4 公里、8 公里、15 公里．问这两个煤场如何分配供煤任务，才能使运输的吨公里数最少？

解：列表如下(见表 3-1，表 3-2)．

表 3-1

煤场＼居民区	A_1	A_2	A_3
B_1	10	5	6
B_2	4	8	15

表 3-2

煤场＼居民区	A_1	A_2	A_3	供应量
B_1	x_{11}	x_{12}	x_{13}	60
B_2	x_{21}	x_{22}	x_{23}	100
需要量	45	75	40	160

x_{ij} 表示从 B_i 煤场发往 A_j 居民区的煤量，由题意可得数学模型为：

$$\min s = 10x_{11} + 5x_{12} + 6x_{13} + 4x_{21} + 8x_{22} + 15x_{23},$$

$$\begin{cases} x_{11} + x_{12} + x_{13} = 60, \\ x_{21} + x_{22} + x_{23} = 100, \\ x_{11} + x_{21} = 45, \\ x_{12} + x_{22} = 75, \\ x_{13} + x_{23} = 40, \\ x_{i,j} \geq 0 (i = 1, 2; j = 1, 2, 3). \end{cases}$$

引例 2　某农场有耕地 100 亩，工人 40 个，计划种植小麦、玉米和棉花三种农作物，其中种植一亩小麦需要四分之一个工人，种植一亩玉米需要三分之一个工人，种植一亩棉花需要二分之一个工人，且一亩小麦可创造 1 000 元的价值，一亩玉米可创造 2 000 元的价值，一亩棉花可创造 4 000 元的价值，问如何安排生产才能没有闲置的土地，每个工人都有活干且可以创造最大的经济效益？

分析：实质上就是 100 亩地，种植三种农作物各多少亩，才能在工人都有活干的情况下，创造最大的经济效益.

设种小麦 x_1 亩，玉米 x_2 亩，棉花 x_3 亩，s 为创造的效益，由题意可得数学模型为：

$$\max s = 1\ 000x_1 + 2\ 000x_2 + 4\ 000x_3,$$

$$\begin{cases} x_1 + x_2 + x_3 = 100, \\ \dfrac{1}{4}x_1 + \dfrac{1}{3}x_2 + \dfrac{1}{2}x_3 = 40, \\ x_1 \geq 0, \ x_2 \geq 0, \ x_3 \geq 0. \end{cases}$$

引例 3　某家具厂需要长 90 cm 和 70 cm 的角钢，它们都从长 300 cm 的角钢截得，要求共截出长 90 cm 的角钢 9 000 根，长 70 cm 的角钢 18 000 根，问怎样截才能使用料最省？

解：首先把 300 cm 长的条材截成长度分别为 90 cm 和 70 cm 的两种角钢，有四种比较经济的方法可供选用，S 为剩下的角钢. 如表 3-3 所示.

表 3-3

长 \ 截法	A_1	A_2	A_3	A_4	角钢需要量/根
90 cm	3	2	1	0	9 000
70 cm	0	1	3	4	18 000
剩余长度	30	50	0	20	

解：选择第 j 种截法 $(j=1, 2, 3, 4)$，由题意可得数学模型为：

$$\min S = 30x_1 + 50x_2 + 0x_3 + 20x_4,$$

$$\begin{cases} 3x_1 + 2x_2 + x_3 = 9\ 000, \\ x_2 + 3x_3 + 4x_4 = 18\ 000, \\ x_j \geqslant 0 (j=1, 2, 3, 4). \end{cases}$$

引例 4 某车间用 3 台机床 A_1，A_2，A_3 加工两种零件，零件 B_1 为 50 个，B_2 为 70 个；各机床必须加工出的零件数 A_1 为 40 个，A_2 为 35 个，A_3 为 45 个，各种机床加工各种零件的加工费如表 3-4 所示，问如何分配使加工费最少？

表 3-4   （单位：元/个）

零件 \ 机床	A_1	A_2	A_3	零件数
B_1	0.4	0.3	0.2	50
B_2	0.3	0.5	0.2	70
零件数	40	35	45	

解：设机床 A_i 加工零件 B_j 的数量为 $x_{ij}(i=1, 2, 3; j=1, 2)$，$S$ 为总加工费，由题意可得数学模型为：

$$\min S = 0.4x_{11} + 0.3x_{21} + 0.2x_{31} + 0.3x_{12} + 0.5x_{22} + 0.2x_{32},$$

$$\begin{cases} x_{11} + x_{12} = 40, \\ x_{21} + x_{22} = 35, \\ x_{31} + x_{32} = 45, \\ x_{11} + x_{21} + x_{31} = 50, \\ x_{12} + x_{22} + x_{32} = 70, \\ x_{ij} \geqslant 0 (i=1, 2, 3; j=1, 2). \end{cases}$$

引例 5 某铸造厂生产铸件至少需要 2 个单位的铅、2.4 个单位的铜、3 个单位的铁，现有 4 种合金可供选用，它们每个单位含成分价目表如表 3-5 所示，问每种合金材料选用多少才能使费用最少？

解：设生产一个单位铸件需要Ⅰ、Ⅱ、Ⅲ、Ⅳ型合金各 x_i 单位 $(i=1, 2, 3, 4)$，列表如下(见表 3-5)。

表 3-5

成分 ＼ 单位	合金材料			
	Ⅰ	Ⅱ	Ⅲ	Ⅳ
铅	0.1	0.2	0.15	0.15
铜	0.1	0.15	0.2	0.05
铁	0.2	0.1	0.3	0.4
价格/元	10	15	30	25

由题意可得数学模型为：

$$\max S = 10x_1 + 15x_2 + 30x_3 + 25x_4$$

$$\begin{cases} 0.1x_1 + 0.2x_2 + 0.15x_3 + 0.15x_4 \geqslant 2 \\ 0.1x_1 + 0.15x_2 + 0.2x_3 + 0.05x_4 \geqslant 2.4 \\ 0.2x_1 + 0.1x_2 + 0.3x_3 + 0.4x_4 \geqslant 3 \\ x_i \geqslant 0 (i = 1,2,3,4) \end{cases}$$

课堂活动 上述引例 1~5 均属于优化问题，它们有什么共同特点？

它们都是线性规划问题，有以下特点：

(1)每一个问题都可以用一组变量来表示，这组变量的一组定值就代表一个具体方案，通常要求这些变量的取值是非负的.

(2)存在一定的约束条件，这些约束条件都可以用一组变量的线性等式或不等式表达.

(3)都有一个目标，这个目标总可以表示为一组变量的线性函数，并按照问题的要求，求其最大值或最小值.

一般来讲，线性规划问题可以用数学语言描述成如下形式：

$$\max(\text{或 } \min)S = c_1x_1 + c_2x_2 + \cdots + c_nx_n,$$

$$\begin{cases} a_{11}x_1 + a_{12}x_2 + \cdots + a_{1n}x_n \leqslant (\text{ = 或} \geqslant)b_1, \\ a_{21}x_1 + a_{22}x_2 + \cdots + a_{2n}x_n \leqslant (\text{ = 或} \geqslant)b_2, \\ \qquad\qquad\cdots\cdots \\ a_{n1}x_1 + a_{n2}x_2 + \cdots + a_{mn}x_n \leqslant (\text{ = 或} \geqslant)b_m, \\ x_1, x_2, \cdots, x_n \geqslant 0. \end{cases} \quad (1)$$

或简记为

$$\max(\text{或 } \min)S = \sum_{j=1}^{n} c_j x_j$$

$$\begin{cases} \sum_{j=1}^{n} a_{ij}x_j \leqslant (\text{ = 或} \geqslant)b_i (i = 1,2,\cdots,m; j = 1,2,\cdots,n) \\ x_j \geqslant 0 (j = 1,2,\cdots,n) \\ b_i \geqslant 0 (i = 1,2,\cdots,m) \end{cases}$$

3.1.2 线性规划问题的标准形式

由于实际问题的不同，线性规划问题建立起来的数学模型也不一样，我们需要规定一种线性规划问题的标准形式.

我们要求有以下特点：

（1）目标函数求最大值.

（2）所有约束条件式子都用等式表示.

（3）所用变量都要求非负.

（4）约束方程式右端的常数（称为约束常数）都要求非负.

若一个线性规划模型不是标准形式，则可以转化为标准形式，以下给出几种非标准形式转化为标准形式的做法.

（1）如果（1）式中第 k 个式子为 $a_{k1}x_1 + a_{k2}x_2 + \cdots + a_{kn}x_n \leqslant b_k$，则加入变量 $x_{n+k} \geqslant 0$，改为 $a_{k1}x_1 + a_{k2}x_2 + \cdots + a_{kn}x_n + x_{n+k} = b_k$.

（2）如果（1）式中第 e 个式子为 $a_{e1}x_1 + a_{e2}x_2 + \cdots + a_{en}x_n \geqslant b_e$，则减去变量 $x_{n+e} \geqslant 0$，改为 $a_{e1}x_1 + a_{e2}x_2 + \cdots + a_{en}x_n - x_{n+e} = b_e$.

x_{n+k} 和 x_{n+e} 称为松弛变量，松弛变量在目标函数中的系数为零.

（3）如果问题是求目标函数 $s = c_1x_1 + c_2x_2 + \cdots + c_nx_n$ 的最小值，则化为求目标函数 $s' = -s = -c_1x_1 - c_2x_2 - \cdots - c_nx_n$ 的最大值.

（4）如果某变量 x_j 没有非负限制，则引进非负新变量 $x'_j \geqslant 0$，$x''_j \geqslant 0$，令 $x_j = x'_j - x''_j$ 带入约束条件中，化为对全部变量都有非负限制.

例1 将下面线性规划问题化为标准形式.

$$\min s = -3x_1 + x_2 + 5x_3 - 2x_4,$$
$$\begin{cases} x_1 - 4x_2 + 3x_3 + 2x_4 \geqslant 6, \\ -2x_1 - x_2 + x_4 = -4, \\ 2x_1 + x_2 - 3x_3 \leqslant 3, \\ x_1, \ x_2, \ x_3, \ x_4 \geqslant 0. \end{cases}$$

解： 首先检查变量的非负约束情况，原问题中的变量都有非负约束，即 $x_j \geqslant 0 (j = 1, 2, 3, 4)$，转入下一步，我们将目标化为 max.

令 $s' = -s$，得目标函数：$\max s' = 3x_1 - x_2 - 5x_3 + 2x_4$.

再对含有不等号的约束条件，引入松弛变量 $x_5 \geqslant 0$，$x_6 \geqslant 0$，使约束条件变为

$$\begin{cases} x_1 - 4x_2 + 3x_3 + 2x_4 - x_5 = 6, \\ -2x_1 - x_2 + x_4 = -4, \\ 2x_1 + x_2 - 3x_3 + x_6 = 3, \\ x_1, \ x_2, \ x_3, \ x_4, \ x_5, \ x_6 \geqslant 0. \end{cases}$$

最后在含小于零的约束常数 -4 所在的方程两边同乘以 -1，使之变为

$$2x_1 + x_2 - x_4 = 4,$$

这样我们得到了原问题的标准形式

$$\max s' = 3x_1 - x_2 - 5x_3 + 2x_4,$$
$$\begin{cases} x_1 - 4x_2 + 3x_3 + 2x_4 - x_5 = 6, \\ 2x_1 + x_2 - x_4 = 4 \\ 2x_1 + x_2 - 3x_3 + x_6 = 3, \\ x_1, \ x_2, \ x_3, \ x_4, \ x_5, \ x_6 \geqslant 0. \end{cases}$$

例2　将下面线性规划问题化为标准形式.

$$\min s = x_1 + 2x_2,$$

$$\begin{cases} -x_1 + 2x_2 \geqslant 0, \\ x_1 \leqslant 3, \\ x_1, \ x_2 \geqslant 0. \end{cases}$$

解：首先检查变量的非负约束情况，原问题中的变量都有非负约束，即 $x_j \geqslant 0 (j = 1,$ 2)，转入下一步，我们将目标化为 max.

令 $s' = -s$，得目标函数：$\max s' = -x_1 - 2x_2 + 0x_3 + 0x_4$，

再对含有不等号的约束条件，引入松弛变量 $x_3 \geqslant 0$，$x_4 \geqslant 0$，使约束条件变为

$$\begin{cases} -x_1 + 2x_2 - x_3 = 0, \\ x_1 + x_4 = 3, \\ x_1, \ x_2, \ x_3, \ x_4 \geqslant 0. \end{cases}$$

这样我们得到了原问题的标准形式：

$$\max s' = -x_1 - 2x_2 + 0x_3 + 0x_4,$$

$$\begin{cases} -x_1 + 2x_2 - x_3 = 0, \\ x_1 + x_4 = 3, \\ x_1, \ x_2, \ x_3, \ x_4 \geqslant 0. \end{cases}$$

任务单 3.1

模块名称	模块三　线性规划及其应用		
任务名称	任务 3.1　线性规划的数学模型		
班级		姓名		得分	

任务单 3.1　A 组(达标层)

1. 建立线性规划的数学模型.

(1) 某精密仪器厂生产甲、乙、丙三种仪器，生产 1 台甲种仪器需要 7 小时加工与 6 小时装配，销售后获得利润 300 元；生产 1 台乙种仪器需要 8 小时加工与 4 小时装配，销售后获得利润 250 元；生产 1 台丙种仪器需要 5 小时加工与 3 小时装配，销售后获得利润 180 元. 工厂每月可供利用的加工工时为 2 000 小时，可供利用的装配工时为 1 200 小时，又预测每月对丙种仪器的需求不超过 300 台. 问工厂在每月内应如何安排生产，才能使得三种仪器销售后获得的总利润最大？写出这个问题的数学模型.

(2) 某食堂自制饮料，每桶饮料由一桶开水搭配甲、乙两种原料溶化混合而成. 1 kg 甲种原料含 10 g 糖与 30 g 蛋白质，购买价格为 5 元；1 kg 乙种原料含 30 g 糖与 10 g 蛋白质，购买价格为 3 元. 现在规定每桶饮料含糖的最低量为 90 g，含蛋白质的最低量为 110 g. 问食堂应如何在一桶开水中搭配甲、乙两种原料，才能使得每桶饮料的搭配成本最低？写出这个问题的数学模型.

2. 将线性规划问题化为标准形式.

(1) $\max S = 3x_1 + 3x_2$,　　(2) $\min S = 2x_1 + x_2 + x_3$,

$$\begin{cases} x_1 + 2x_2 \leqslant 10, \\ 2x_1 + x_2 \leqslant 14, \\ x_i \geqslant 0 (i = 1,\ 2). \end{cases} \qquad \begin{cases} 2x_1 - x_2 + x_3 = 2, \\ x_1 + x_3 = 2, \\ x_i \geqslant 0 (i = 1,\ 2,\ 3). \end{cases}$$

模块名称	模块三　线性规划及其应用

任务单3.1　B组(提高层)

1. 建立线性规划的数学模型.

(1)某中药厂用当归作原料制成当归丸与当归膏，生产1盒当归丸需要5个劳动工时，使用2 kg当归原料，销售后获得利润160元；生产1瓶当归膏需要2个劳动工时，使用5 kg当归原料，销售后获得利润80元. 工厂现有可供利用的劳动工时为4 000工时，可供使用的当归原料为5 800 kg，为了避免当归原料存放时间过长而变质，要求把这5 800 kg当归原料都用掉. 问工厂应如何安排生产，才能使得两种产品销售后获得的总利润最大？怎样考虑这个问题？

(2)某家具厂需要长80 cm的角钢与长60 cm的角钢，它们皆从长210 cm的角钢截得. 现在对长80 cm角钢的需要量为150根，对长60 cm角钢的需要量为330根. 问工厂应如何下料，才能使得用料最省？写出这个问题的数学模型.

2. 将线性规划问题化为标准形式.

$$\min S = 0.8x_1 + 0.12x_2,$$

$$\begin{cases} x_1 + x_2 = 50, \\ x_1 \geq 25, \\ x_2 \leq 30, \\ x_i \geq 0\,(i = 1,\ 2). \end{cases}$$

任务单3.1　C组(培优层)

实践调查：寻找线性规划案例并进行分析(另附A4纸小组合作完成).

思政天地

小组合作挖掘与线性规划相关的课程思政元素(要求：内容不限，可以是名人名言、故事等).

完成日期	

任务 3.2 图解法解含有两个变量的线性规划问题

【学习目标】

能用图解法求解含有两个变量的线性规划问题.

【任务提出】

给出线性规划问题的标准形式后,如何解出线性规划问题?

【知识准备】

课堂活动 如何用图解法解下列线性规划问题?通过例题讨论用图解法解两个变量线性规划问题的步骤.

既要满足约束条件,又能使目标函数的值达到最大或最小,在这个条件下求出变量的值. 我们把满足约束条件的 n 个变量的值叫作线性规划问题的可行解,所有可行解的集合叫作可行解集. 能使目标函数达到最大(或最小)值的可行解叫作最优解. 求最优解的过程叫作解线性规划问题.

例1 用图解法解下列线性规划问题.

$$\max s = 3x_1 + x_2,$$

$$\begin{cases} x_1 + 2x_2 \leqslant 8, \\ x_1 \leqslant 6, \\ x_1,\ x_2 \geqslant 0. \end{cases}$$

解:首先在平面直角坐标系中画出直线 $x_1 + 2x_2 = 8$.

这条直线将整个平面分成两个半平面,哪个平面上的点使得 $x_1 + 2x_2 \leqslant 8$?可以在直线 $x_1 + 2x_2 = 8$ 外任取一点,不妨取原点,容易看出原点的坐标 $(0,0)$ 满足不等式,因而直线 $x_1 + 2x_2 = 8$ 上的点与原点所在一侧的半平面上的点满足约束条件 $x_1 + 2x_2 \leqslant 8$.

再画直线 $x_1 = 6$.

容易看出原点的坐标 $(0,0)$ 满足不等式 $x_1 < 6$,因而直线 $x_1 = 6$ 上的点与原点所在一侧平面上的点满足约束条件 $x_1 \leqslant 6$.

上述两个平面点集在第一象限内的交集(含部分坐标轴)即为可行域 E,它是四边形闭区间 $OACB$,如图 3-1 所示.

然后作目标直线 $s = 0$,即 $3x_1 + x_2 = 0$.

在目标直线外任取一点,不妨取点 $(1, 0)$,在该点处使得 $s = 3 > 0$,这说明点 $(1,0)$ 所在一侧的半平面使得 $s > 0$,而另一侧的半平面当然使得 $s < 0$,这样就确定了目标函数值增加的方向,用箭头表示(如图 3-1 所示). 由于可行解集 E 全部位于 $s \geqslant 0$ 的一侧,于是可行解集 E 中距离目标直线 $s = 0$ 最远的点 C

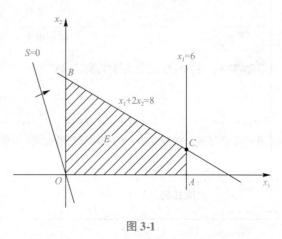

图3-1

使目标函数值最大，即点 C 的坐标为此线性规划问题唯一最优解.

点 C 是直线 $x_1 + 2x_2 = 8$ 与 $x_1 = 6$ 的交点，因此只要解二元线性方程组

$$\begin{cases} x_1 + 2x_2 = 8, \\ x_1 = 6 \end{cases}$$

得到唯一的最优解

$$\begin{cases} x_1 = 6, \\ x_2 = 1. \end{cases}$$

将唯一最优解带入目标函数表达式中得到最优值 $\max s = 3 \times 6 + 1 = 19$.

作平面直角坐标系 $x_1 O x_2$，在这个坐标系中，一个点 (x_1, x_2) 代表变量 x_1，x_2 的一组值. 这时，构成约束条件的二元线性方程式表示一条直线，二元线性不等式表示一个半平面，由于变量 x_1，x_2 有非负约束，因而若它们在第一象限内的交集为非空集，则这个交集就是可行集，记作 E. 可行解集 E 一定在第一象限内，但可以含坐标轴的正半轴或原点，在一般情况下，可行解集 E 是第一象限内的平面区域或直线段；若它们的交集全部位于第一象限之外，则无可行解，当然，也就无最优解.

令目标函数 $S = 0$，它表示一条直线，这条直线称为目标直线，显然，目标直线上的所有的点都使得目标函数 S 取值等于零，目标直线把整个平面分为两个半平面，其中一个半平面上的所有点都使得 $S > 0$，而另一半平面上的所有点都使得 $S < 0$，从 $S < 0$ 到 $S > 0$ 的方向就是使得目标函数值增加的方向，显然，在 $S < 0$ 半平面上，距离目标直线 $S = 0$ 越远的点使得目标函数 S 取值越小，而距离目标直线 $S = 0$ 越近的点则使得目标函数 S 取值越大；在 $S > 0$ 半平面上，距离目标直线 $S = 0$ 越近的点使得目标函数 S 取值越小，而距离目标直线 $S = 0$ 越远的点则使得目标函数 S 取值越大. 所以，观察可行解集 E 和目标直线 $S = 0$ 的位置关系，可以将目标函数 S 取值最大或最小，转化为寻求可行解集 E 在某个方向上的点距离目标直线 $S = 0$ 最远或最近. 若有符合要求的点，则该点坐标即为所求最优解；若无符合要求的点，则说明无最优解.

求两个变量线性规划问题最优的图解法，具体实施步骤如下：

步骤 1：根据约束条件，在平面直角坐标系下画出可行域 E；

步骤 2：根据目标函数 S 的表达式画出目标直线 $S = 0$，并标明目标函数增加的方向；

步骤 3：在可行域 E 中，寻求符合要求的距离目标直线 $S = 0$ 最远或最近的点，并求出该点的坐标.

例 2　用图解法求解下面线性规划问题.

$$\min s = 3x_1 + 3x_2,$$
$$\begin{cases} x_1 - x_2 \geqslant -2, \\ 2x_1 + x_2 \geqslant 2, \\ x_1, \ x_2 \geqslant 0. \end{cases}$$

解：首先在平面直角坐标系中画出直线 $x_1 - x_2 = -2$.

这条直线将整个平面分成两个半平面，哪个平面上的点使得 $x_1 - x_2 \geqslant -2$？可以在直线 $x_1 - x_2 = -2$ 外任取一点，不妨取原点，容易看出原点的坐标 $(0, 0)$ 满足不等式，因而直线 $x_1 - x_2 = -2$ 上的点与原点所在一侧的半平面上的点满足约束条件 $x_1 - x_2 \geqslant -2$.

再画直线 $2x_1 + x_2 = 2$.

容易看出原点的坐标 $(0, 0)$ 不满足不等式 $2x_1 + x_2 \geq 2$，因而直线 $2x_1 + x_2 = 2$ 上的点与原点所在另一侧平面上的点满足约束条件 $2x_1 + x_2 \geq 2$.

上述两个平面点集在第一象限内的交集（含部分坐标轴）即为可行域 E，它是 $ABCD$ 及右边的开放区间，如图 3-2 所示.

然后作目标直线 $s = 0$，即 $3x_1 + 3x_2 = 0$.

在目标直线外任取一点，不妨取点 $(1, 0)$，在该点处使得 $s = 3 > 0$，这说明点 $(1, 0)$ 所在一侧的半平面使得 $s > 0$，而另一侧的半平面当然使得 $s < 0$，这样就确定了目标函数值增加的方向，用箭头表示（如图 3-2 所示）.由于可行解集 E 全部位于 $s \geq 0$ 的一侧.于是可行解集 E 中距离目标直线 $s = 0$ 最近的点 B 使目标函数值最小.

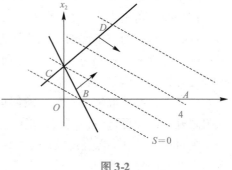

图 3-2

点 B 是直线 $2x_1 + x_2 = 2$ 与 $x_2 = 0$ 的交点，因此只要解二元线性方程组

$$\begin{cases} 2x_1 + x_2 = 2 \\ x_2 = 0 \end{cases}$$

得到唯一的最优解

$$\begin{cases} x_1 = 1, \\ x_2 = 0. \end{cases}$$

将唯一最优解带入目标函数表达式中得到最优值 $\min s = 3 \times 1 + 3 \times 0 = 3$.

例3 用图解法求解下面线性规划问题.

$$\max s = 2x_1 + 4x_2,$$

$$\begin{cases} x_1 + 2x_2 \leq 8, \\ x_1 \leq 4, \\ x_2 \leq 3, \\ x_1, \ x_2 \geq 0. \end{cases}$$

解： 首先在平面直角坐标系中画出直线 $x_1 + 2x_2 = 8$.

这条直线将整个平面分成两个半平面，哪个平面上的点使得 $x_1 + 2x_2 \leq 8$？可以在直线 $x_1 + 2x_2 = 8$ 外任取一点，不妨取原点，容易看出原点的坐标 $(0, 0)$ 满足不等式，因而直线 $x_1 + 2x_2 = 8$ 上的点与原点所在一侧的半平面上的点满足约束条件 $x_1 + 2x_2 \leq 8$.

再画直线 $x_1 = 4$，$x_2 = 3$.

容易看出原点的坐标 $(0, 0)$ 满足不等式 $x_1 \leq 4$，$x_2 \leq 3$，因而直线 $x_1 = 4$，$x_2 = 3$ 上的点与原点所在一侧平面上的点满足约束条件 $x_1 \leq 4$，$x_2 \leq 3$.

上述平面点集在第一象限内的交集（含部分坐标轴）即为可行域 E，它是多边型 $OABCD$，如图 3-3 所示.

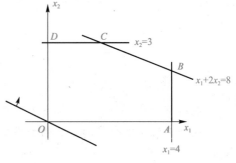

图 3-3

然后作目标直线 $s=0$，即 $2x_1+4x_2=0$.

在目标直线外取一点，不妨取点 $(1,0)$，在该点处使得 $s=2>0$，这说明点 $(1,0)$ 所在一侧的半平面使得 $s>0$，而另一侧的半平面当然使得 $s<0$，这样就确定了目标函数值增加的方向，用箭头表示（如图 3-3 所示）. 但是由于此时的目标直线与顶点 B，C 所在直线平行，也就是说，线段 BC 上的每一点与目标直线的距离都是相同的，而且这些点都是距离目标直线最近的点.

因此，此线性规划问题有无穷个最优解，它们是线段 BC 上的点，B 点的纵坐标为 $x_2=2$，C 点的纵坐标为 $x_2=3$，于是线段 BC 的表达式为 $x_1+2x_2=8(2\le c\le3)$，即有 $x_1=-2x_2+8$ $(2\le c\le3)$，从而得到无穷解的表达式

$$\begin{cases} x_1=-2c+8, \\ x_2=c \end{cases} (2\le c\le3)$$

此时最优值是 $s=16$.

例 4　用图解法求解下面线性规划问题.

$$\max s=x_1+x_2,$$

$$\begin{cases} -2x_1+x_2\le4, \\ x_1-x_2\le2, \\ x_1,\ x_2\ge0. \end{cases}$$

解：首先在平面直角坐标系中画出直线 $-2x_1+x_2=4$.

这条直线将整个平面分成两个半平面，哪个平面上的点使得 $-2x_1+x_2\le4$？可以在直线 $-2x_1+x_2=4$ 外任取一点，不妨取原点，容易看出原点的坐标 $(0,0)$ 满足不等式，因而直线 $-2x_1+x_2=4$ 上的点与原点所在一侧的半平面上的点满足约束条件 $-2x_1+x_2\le4$.

再画直线 $x_1-x_2=2$.

容易看出原点的坐标 $(0,0)$ 满足不等式 $x_1-x_2\le2$，因而直线 $x_1-x_2=2$ 上的点与原点所在一侧平面上的点满足约束条件 $x_1-x_2\le2$.

上述两个平面点集在第一象限内的交集（含部分坐标轴）即为可行域 E，它是一个无界的开放区间，如图 3-4 所示.

然后作目标直线 $s=0$，即 $x_1+x_2=0$.

在目标直线外任取一点，不妨取点 $(1,0)$，在该点处使得 $s=1>0$，这说明点 $(1,0)$ 所在一侧的半平面使得 $s>0$，而另一侧的半平面当然使得 $s<0$，这样就确定了目标函数值增加的方向，用箭头表示（如图 3-4 所示）. 由图可以看出，可行解集没有使目标函数值最大

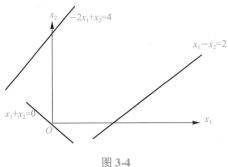

图 3-4

的点，目标函数趋于无穷，此线性规划问题无最优解.

例5 用图解法求解下面线性规划问题.

$$\max s = x_1 - 3x_2,$$
$$\begin{cases} x_1 - x_2 \geq 5, \\ x_1 \leq 2, \\ x_1, \ x_2 \geq 0. \end{cases}$$

解：首先在平面直角坐标系中画出直线 $x_1 - x_2 = 5$.

这条直线将整个平面分成两个半平面，哪个平面上的点使得 $x_1 - x_2 \geq 5$？可以在直线 $x_1 - x_2 = 5$ 外任取一点，不妨取原点，容易看出原点的坐标 $(0, 0)$ 不满足不等式，因而直线 $x_1 - x_2 = 5$ 上的点与原点所在另一侧的半平面上的点满足约束条件 $x_1 - x_2 \geq 5$.

再画直线 $x_1 = 2$.

如图 3-5 所示，这两条直线和坐标轴不能围成一个封闭区域，因此这个线性规划问题无可行域，当然也无最优解.

从以上的例子中可以看出：

（1）线性规划问题放入可行域一般是凸多边形区域（特殊情况下也可以无界，也可能不存在可行域）.

（2）线性规划问题如果存在最优解，一定在可行域的某个顶点上取得（特殊情况也可能在一条直线上取得，这时最优解有无穷多个；如果可行域无解或不存在，也可能无最优解）.

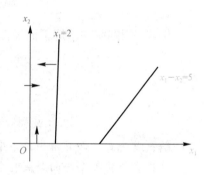

图 3-5

因此，线性规划问题的最优解可以到可行域的定点中去找，这样就缩小了寻找最优解的范围.

由于可行域顶点的个数有限，所以从这有限个解中去找最优解就方便了许多，而最直接的办法就是把这些顶点求出来，分别带入目标函数，能使目标函数取得最大（小）值的解就是最优解，这种方法叫作列举法.

例6 某公司计划在甲、乙两个电视台做总时间不超过 300 分钟的广告，广告总费用不超过 9 万元，甲、乙电视台的广告收费标准分别为 500 元/分钟和 200 元/分钟，假定甲、乙两个电视台为该公司所做的每分钟广告能给公司带来的收益分别为 0.3 万元和 0.2 万元，问该公司如何分配在甲、乙两个电视台的广告时间才能使公司的收益最大，最大收益是多少万元？

解：设公司在甲电视台和乙电视台做广告的时间分别为 x 分钟和 y 分钟，总收益为 s 元，由题意得：

线性条件 $\begin{cases} x + y \leq 300, \\ 500x + 200y \leq 90\,000, \\ x, \ y \geq 0. \end{cases}$

目标函数：$\max s = 3\,000x + 2\,000y$.

根据目标函数 $s = 3\,000x + 2\,000y$ 可得最优解为直线 $500x + 200y = 90\,000$ 与 $x + y = 300$ 的交点，即 $(100, 200)$ 这个点为最优解（如图 3-6 所示），

$\max s = 3\,000 \times 100 + 2\,000 \times 200 = 700\,000.$

例7　用列举法解线性规划问题.

$$\begin{cases} x_1 - x_2 \geqslant -2, \\ x_1 + 2x_2 \leqslant 6, \\ x_1,\ x_2 \geqslant 0, \end{cases} \quad \min s = -x_1 + 2x_2.\quad 求$$

$x_1,\ x_2$.

解：可行域的四条边界直线是：

$$\begin{cases} x_1 - x_2 = -2,\ ① \\ x_1 + 2x_2 = 6,\ ② \\ x_1 = 0,\ ③ \\ x_2 = 0.\ ④ \end{cases}$$

每两条直线可以形成一个交点，共 6 个交点，这些交点的情况如表 3-6 所示.

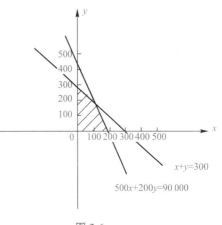

图 3-6

表 3-6

方程	x_1	x_2	目标函数值	不满足的约束条件
①②	$\dfrac{2}{3}$	$\dfrac{8}{3}$	$\dfrac{14}{3}$	
①③	0	2	4	
①④	−2	0	不是可行解	不满足 $x \geqslant 0$
②③	0	3	不是可行解	不满足 $x_1 - x_2 \geqslant -2$
②④	6	0	−6	
③④	0	0	0	

从以上例子可以看出，用列举法解线性规划问题方法虽然简单，但计算烦琐，特别是当约束条件中变量较多时计算更复杂.

线性规划问题的图解法虽然比较直观简便，但应用范围较小，一般只能用于解两个变量的线性规划问题，而在实际问题中，只有两个变量的线性规划问题很少.

任务单 3.2

模块名称	模块三　线性规划及其应用		
任务名称	任务 3.2　图解法解含有两个变量的线性规划问题		
班级		姓名	得分

任务单 3.2　A 组(达标层)

用图解法解线性规划问题.

$(1)\min S = x_1 - 2x_2,$

$$\begin{cases} x_1 + x_2 \leq 1, \\ x_i \geq 0 (i = 1, 2). \end{cases}$$

$(2)\max S = -x_1 + x_2,$

$$\begin{cases} x_1 - 2x_2 \geq 4, \\ x_i \geq 0 (i = 1, 2). \end{cases}$$

任务单 3.2　B 组(提高层)

用图解法解线性规划问题.

$$\min S = 3x_1 + x_2,$$

$$\begin{cases} -x_1 + x_2 \geq 1, \\ 2x_1 + 2x_2 \leq 1, \\ x_i \geq 0 (i = 1, 2). \end{cases}$$

任务单 3.2　C 组(培优层)

实践调查：寻找线性规划案例并进行分析(另附 A4 纸小组合作完成).

思政天地

小组合作挖掘与线性规划相关的课程思政元素(要求：内容不限，可以是名人名言、故事等).

完成日期	

任务 3.3　单纯形法解线性规划问题

[学习目标]

能用单纯形法求解线性规划问题的基本思路和判断最优解的条件.

[任务提出]

当涉及的变量多于三个时，就无法用图解法求解线性规划问题. 本节将介绍求解一般线性规划问题的普遍有效的方法——单纯形方法.

[知识准备]

课堂活动　探究单纯形方法解线性规划问题的基本思路.

单纯形方法是从一个可行解迭代到另一个可行解，每一次迭代往往都能使目标函数值得到改善，而且有限次迭代之后就能求出目标函数的最优值，从而得到最优解或判别原问题无最优解. 本节我们给出单纯形方法的基本思路，然后讨论一类简单的基本线性规划问题的单纯形求最优解的方法.

从几何意义上来说，实际上就是从可行域的一个顶点开始，通过代数运算转换到另一个顶点，这种转换叫作迭代，通过逐次迭代使目标函数逐渐改进而接近最优解，最后找到最优解.

3.3.1　基本可行解与基变量

课堂活动　什么是可行解、基变量？

例 1

$$\max s = 3x_1 + x_2,$$

$$\begin{cases} x_1 + 2x_2 \leqslant 8, \\ x_1 \leqslant 6, \\ x_1, \ x_2 \geqslant 0. \end{cases}$$

我们将它化为标准形.

$$\max s = 3x_1 + x_2,$$

$$\begin{cases} x_1 + 2x_2 + x_3 = 8, \\ x_1 + x_4 = 6, \\ x_1, \ x_2, \ x_3, \ x_4 \geqslant 0. \end{cases}$$

上面的例子中，原有两个变量、两个不等式(不计非负条件)，加入松弛变量后，变为四个变量、两个等式. 在这个可行域的每一个顶点上，都有两个变量等于零. 点 A 为直线 $x_1 = 6$ 与直线 $x_2 = 0$ 的交点，这时 $x_1 = 6$，$x_2 = 0$，由数学模型的标准形式可知，必有 $x_2 = 0$，$x_4 = 0$. 点 B 为直线 $x_1 = 0$ 与直线 $x_1 + 2x_2 = 8$ 的交点，这时 $x_1 = 0$，$x_2 = 4$，由数学模型的标准形式可知，必有 $x_1 = 0$，$x_3 = 0$. 其余类推.

上面的例子中，标准形式中有 4 个变量、2 个方程. 在可行域的每一个顶点上有 $4 - 2 = 2$ 个变量等于 0.

一般地，如果包括松弛变量在内的变量个数为 n，方程个数为 m，那么，在可行域的每

一个顶点上一定有 $n-m$ 个变量等于0.

在线性规划问题的标准形式中，有 $n-m$ 个变量等于0的可行解叫作基本可行解.

这个例子中，约束条件的系数矩阵为：

$$A = \begin{matrix} x_1 & x_2 & x_3 & x_4 \\ \begin{pmatrix} 1 & 2 & 1 & 0 \\ 1 & 0 & 0 & 1 \end{pmatrix} \end{matrix}$$

在这个矩阵中，最后两列构成一个单位矩阵，我们将它所在列的变量 x_3，x_4 称为基变量，其余变量 x_1，x_2 称为非基变量.

如果在 n 个变量 m 个方程的系数矩阵中，含有 m 阶单位矩阵或经过初等变换后有 m 阶单位矩阵，那么就把 m 阶单位矩阵所在列对应的变量叫作基变量（m 个），其余变量称为非基变量（$n-m$ 个）.

3.3.2　单纯形法的步骤

我们可以使用迭代的方法从基本可行解中去寻找最优解. 首先，找出一个基本可行解；其次，通过逐次迭代；最后，找出最优解. 为使迭代计算表格化，我们将上例中的矩阵 A 改写成如表3-7所示的表格形式.

$\max s = 3x_1 + x_2$,

$\begin{cases} x_1 + 2x_2 + x_3 = 8, \\ x_1 + x_4 = 6, \\ x_1，x_2，x_3，x_4 \geqslant 0. \end{cases}$　　这里将目标函数化为 $s - 3x_1 - x_2 = 0$.

表 3-7

基变量	x_1	x_2	x_3	x_4	b
x_3	1	2	1	0	8
x_4	1	0	0	1	6
s	−3	−1	0	0	0

表3-7的中间部分为约束条件的系数，右边一列为常数列，左边一列为初选的基变量或调整后的基变量，下面的一行为目标函数的系数的相反数，叫作检验数. 形式为表3-7的表叫作单纯形表.

单纯形表具有以下特征：

(1)约束条件的系数矩阵中出现一个 m 阶单位矩阵.

(2)b 列非负，s 行对应于单位矩阵的元素为零，这时其余的元素即为检验数.

利用单纯形表求解线性规划问题的步骤如下：

第一步，选择基本可行解——作为初始解.

一般情况下，我们以 m 阶单位矩阵的列所对应的松弛变量为基变量，其余 $n-m$ 个变量为非基变量，再令非基变量为0，求出基变量的值，这样就得到了一个基本可行解. 如果在约束条件的系数矩阵中没有一个现成的 m 阶单位矩阵，那么就要经过行的初等变换，变换出一个 m 阶单位矩阵，并保持 b 列非负.

在上例中，令 $x_1 = 0$，$x_2 = 0$，带入约束条件解得 $x_3 = 8$，$x_4 = 6$.

$$\begin{cases} x_1 = 0, \\ x_2 = 0, \\ x_3 = 8, \\ x_4 = 6 \end{cases}$$

就是一个基本可行解，也叫初始解.

第二步，判断初始可行解是否最优——能否再改善.

如果所有检验数均非负，此时有最优解，否则仍可改善.

上例中，检验数 -3，-1 均为负值，故解仍可改善. 此时目标函数 $s = 0$，不是函数的最大值.

第三步，调整基本可行解——调换基变量.

如果检验数不是皆非负，选择负检验数中绝对值最大者对应的非基变量，此检验数在单纯形矩阵中所在的列称为主列.

将主列中所有正元素去除同行的常数项，选出比值最小者，此正元素称为主元，主元所在行称为主行，这个原则称为最小比原则. 这样做的目的是在用矩阵初等变换将主列中主元以外的元素化为零时，保证常数项均为正.

主行乘上主元的倒数，将主元换成 1，然后利用主元将主列中其余元素化为 0，主元对应的变量此时变成基变量，而在原来的基变量中有一个出基，变成非基变量，令此时非基变量取零，得到基变量的一组值，也就是线性方程组的常数项，它们构成第二组基本可行解，相应的目标函数值 s 等于检验行的常数项.

判断第二组基本可行解是否为最优解：观察所有检验数是否皆非负，如果它们皆非负，则此第二组基本可行解即为最优解；如果其中有负数，则此第二组基本可行解不是最优解，这时应按照上述方法寻找第三组基变量.

如此下去：到某一步所有检验数均非负，此时有最优解. 若所有检验数均为正，则有唯一最优解；若非基变量对应的检验数中有为零的，且其余的检验数皆大于零，则有无穷多个最优解.

也可能，到某一步后，出现某个负检验数所在的列元素皆非正. 此时，写出由非基变量表达的基变量的表达式中，该列所对应的非基变量的系数皆非负，此非基变量在目标函数的表达式中，系数为正. 若令该非基变量取值无限增大，其余非基变量取值皆为零，这时基变量取值皆非负（均为可行解），而目标函数值会无限增大，即目标函数无最大值，即有可行解无最优解.

上例中，松弛变量 x_3，x_4 是现成的基变量，构成现成的初始可行基，变量 x_1，x_2 为非基变量. 令非基变量 $x_1 = 0$，$x_2 = 0$，得到基变量 $x_3 = 8$，$x_4 = 6$，它们构成初始基本可行解，相应的目标函数值 $s_1 = 0$，但由于检验数 $-3 < 0$，$-1 < 0$，所以基本可行解不是最优解.

考察负检验数，其中绝对值最大者为位于第一列的检验数，因此，第一列选为主列，主列中有两个正元素 $a_{11} = 1$，$a_{21} = 1$，用它们去除同行的常数项，比值最小者为 $\min\left\{\dfrac{8}{1}, \dfrac{6}{1}\right\} = 6.$

因此选取 $a_{21} = 1$ 为主元，所在的第二行为主行.

对单纯形矩阵（表 3-8）做初等变换，使得主元 $a_{21} = 1$ 所在的第一列（主列）其他元素全化为零，方法如下.

表 3-8

基变量	x_1	x_2	x_3	x_4	b
x_3	1	2	1	0	8
x_4	1	0	0	1	6
s	-3	-1	0	0	0

将第二行的元素乘 3 加到第三行，并将第二行乘 -1 加到第一行(表3-9).

表 3-9

基变量	x_1	x_2	x_3	x_4	b
x_3	0	2	1	-1	2
x_1	1	0	0	1	6
s	0	-1	0	3	18

这样做的结果就是选择非基变量 x_1 入基，同时选择基变量 x_4 出基，于是得到由变量 x_3，x_1 构成的第二组基变量，变量 x_2，x_4 为非基变量. 令非基变量 $x_2 = 0$，$x_4 = 0$，得到基变量 $x_3 = 2$，$x_1 = 6$，它们构成第二组基本可行解，相应的目标函数 $s_2 = 18$，但由于检验数 $-1 < 0$，所以第二组基本可行解不是最优解.

选取唯一一负检验数 -1 所在的第二列为主列，主列中只有一个正元素 $a_{12} = 2$，因此选取 $a_{12} = 2$ 为主元，选取主元所在的第一行为主行.

对单纯形矩阵(表3-10)继续做初等变换，使得主元 $a_{12} = 2$ 化为 1，主元所在的第二列(主列)其他元素全化为零，方法如下.

表 3-10

基变量	x_1	x_2	x_3	x_4	b
x_3	0	2	1	-1	2
x_1	1	0	0	1	6
s	0	-1	0	3	18

矩阵第一行乘 $\frac{1}{2}$(表3-11).

表 3-11

基变量	x_1	x_2	x_3	x_4	b
x_2 $\cdot$	0	1	$\frac{1}{2}$	$-\frac{1}{2}$	1
x_1	1	0	0	1	6
s	0	-1	0	3	18

然后，第一行加到第三行(表3-12).

表 3-12

基变量	x_1	x_2	x_3	x_4	b
x_2	0	1	$\frac{1}{2}$	$-\frac{1}{2}$	1
x_1	1	0	0	1	6
s	0	0	$\frac{1}{2}$	$\frac{5}{2}$	19

这样做的结果就是选择非基变量 x_2 入基，同时选择基变量 x_3 出基，于是得到由变量 x_1，x_2 构成的第三组基变量，变量 x_3，x_4 为非基变量，令非基变量 $x_3=0$，$x_4=0$，得到基变量 $x_1=6$，$x_2=1$，它们构成第三组基本可行解，相应的目标函 $s_3=19$，由于所有的检验数皆为正，所以第三组基本可行解为唯一最优解，在第三组基本可行解中，再去掉松弛变量，于是得到本问题的唯一解

$$\begin{cases} x_1 = 6, \\ x_2 = 1. \end{cases}$$

最优值 $\max s = 19.$

例 2　解线性规划问题.

$$\min s = -x_1 + 2x_2 + x_3,$$

$$\begin{cases} 2x_1 - x_2 + x_3 \leqslant 14, \\ x_1 + 2x_2 \leqslant 6, \\ x_1,\ x_2,\ x_3 \geqslant 0. \end{cases}$$

解：先化为标准形式，

令 $s' = -s$，并引进松弛变量 $x_4 \geqslant 0$，$x_5 \geqslant 0$，于是化为

$$\min s' = x_1 - 2x_2 - x_3,$$

$$\begin{cases} 2x_1 - x_2 + x_3 + x_4 = 14, \\ x_1 + 2x_2 + x_5 = 6, \\ x_1,\ x_2,\ x_3,\ x_4,\ x_5 \geqslant 0. \end{cases}$$

所求最小值 $\min s = -\max s'$，

这里基本线性规划问题做单纯形矩阵(表 3-13).

表 3-13

基变量	x_1	x_2	x_3	x_4	x_5	b
x_4	2	-1	1	1	0	14
x_5	1	2	0	0	1	6
s'	-1	2	1	0	0	0

x_4，x_5 为初始可行基，同上方法选择主元为第二行第一个，把第二行乘 -2 加到第一行，并将第二行加到第三行(表 3-14).

表 3-14

基变量	x_1	x_2	x_3	x_4	x_5	b
x_4	0	-5	1	1	-2	2
x_1	1	2	0	0	1	6
s'	0	4	1	0	1	6

检验数为正，于是

得唯一最优解 $\begin{cases} x_4 = 2, \\ x_1 = 6. \end{cases}$

去掉松弛变量得唯一最优解

$$\begin{cases} x_1 = 6, \\ x_2 = 0, \\ x_3 = 0. \end{cases}$$

最优解等于检验数常数项的相反数，即

$$\min s = -\max s' = -6.$$

例3 求线性规划问题.

$$\max s = 2x_1 + 4x_2,$$

$$\begin{cases} x_1 + 2x_2 \leqslant 8, \\ x_1 \leqslant 4, \\ x_2 \leqslant 3, \\ x_1, \ x_2 \geqslant 0. \end{cases}$$

解： 引进松弛变量 $x_3 \geqslant 0$，$x_4 \geqslant 0$，$x_5 \geqslant 0$，化为标准形式，

$$\max s = 2x_1 + 4x_2,$$

$$\begin{cases} x_1 + 2x_2 + x_3 = 8, \\ x_1 + x_4 = 4, \\ x_2 + x_5 = 3, \\ x_1, \ x_2, \ x_3, \ x_4, \ x_5 \geqslant 0. \end{cases}$$

做单纯形矩阵(表3-15)，

表3-15

基变量	x_1	x_2	x_3	x_4	x_5	b
x_3	1	2	1	0	0	8
x_4	1	0	0	1	0	4
x_5	0	1	0	0	1	3
s	-2	-4	0	0	0	0

首先选择主元为第三行第二个元素. 第三行乘 -2 加到第一行，并将第三行乘4加到第四行(表3-16).

表3-16

基变量	x_1	x_2	x_3	x_4	x_5	b
x_3	1	0	1	0	-2	2
x_4	1	0	0	1	0	4
x_2	0	1	0	0	1	3
s	-2	0	0	0	4	12

由于第5行第2列的检验数 $-2 < 0$，所以这不是最优解.

选取检验数 -2 所在列为主例，主元为第一行第一个元素. 第一行乘 -1 加到第二行，并将第一行乘2加到第四行(表3-17).

表3-17

基变量	x_1	x_2	x_3	x_4	x_5	b
x_1	1	0	1	0	-2	2
x_4	0	0	-1	1	2	2
x_2	0	1	0	0	1	3
s	0	0	2	0	0	16

由于检验数均非负且有零值，因此此线性规划问题有无穷最优解.

由非基变量 x_5 对应的检验数为零，令 $x_5 = c$（c 为某范围内的非负常数），$x_3 = 0$，得到基变量 $x_1 = 2 + 2c$，$x_2 = 3 - c$，$x_4 = 2 - 2c$，它们构成无穷多最优解的一般表达式，由所有变量的非负约束的要求，因此

$$\begin{cases} 3 - c > 0, \\ 2 + 2c > 0, \\ 2 - 2c > 0. \end{cases}$$

解得 $-1 \leqslant c \leqslant 1$，再去掉松弛变量，得本问题的最优解表达式.

最优值是检验行的常数项 $\max s = 2(2 + 2c) + 4(3 - c) = 16$.

例 4 解线性规划问题.

$$\max s = 2x_1 - x_2,$$
$$\begin{cases} x_1 - 3x_2 + x_3 = 10, \\ x_1 - x_2 + x_4 = 5, \\ x_1, \ x_2 \geqslant 0. \end{cases}$$

解：此问题已经是标准的线性规划问题，做单纯形矩阵（表 3-18）.

表 3-18

基变量	x_1	x_2	x_3	x_4	b
x_3	1	-3	1	0	10
x_4	1	-1	0	1	5
s	-2	1	0	0	0

选择主元为第二行第一个元素，第二行乘 2 加到第三行，并将第二行乘 -1 加到第一行（表 3-19）.

表 1-19

基变量	x_1	x_2	x_3	x_4	b
x_3	0	-2	1	-1	5
x_4	1	-1	0	1	5
s	0	-1	0	2	10

注意到检验数 -1 所在的第二列无正元素，将基变量 x_1，x_2 及目标函数 s 用非基变量 x_3，x_4 表示为

$$\begin{cases} x_3 = 2x_2 + x_4 + 5, \\ x_1 = x_2 - x_4 + 5, \\ s = x_2 - 2x_4 + 10, \end{cases}$$

令 $x_4 = 0$，当 x_2 取非负值且越来越大时 x_1，x_3 的取值均非负，x_4 均为满足约束条件的非负解，即为可行解，但相应的目标函数值将会越来越大，因此，此线性规划有可行解但无最优解.

任务单 3.3

模块名称	模块三 线性规划及其应用		
任务名称	任务 3.3 单纯形法解线性规划问题		
班级	姓名	得分	

任务单 3.3 A 组(达标层)

1. 解线性规划问题.

$$\max S = x_1 + 2x_2,$$

$$\begin{cases} x_1 + x_2 + x_3 = 10, \\ 2x_1 + x_2 - x_4 = 30, \\ x_i \geq 0 \, (i = 1, \ 2, \ 3, \ 4). \end{cases}$$

2. 解线性规划问题.

$$\max S = x_1 + 2x_2 + 3x_3,$$

$$\begin{cases} 2x_1 - x_2 = 1, \\ x_1 + x_3 = 1, \\ x_i \geq 0 \, (i = 1, \ 2, \ 3). \end{cases}$$

任务单 3.3 B 组(提高层)

解线性规划问题.

$$\min S = 3x_1 - x_2 + 2x_3,$$

$$\begin{cases} x_1 + 2x_2 - x_3 \geq 2, \\ -x_1 + x_2 + x_3 = 4, \\ -x_1 + 2x_2 - x_3 \leq 6, \\ x_i \geq 0 \, (i = 1, \ 2, \ 3). \end{cases}$$

模块名称	模块三　线性规划及其应用

任务单3.3　C组(培优层)

实践调查：寻找线性规划案例并进行分析(另附 A4 纸小组合作完成).

思政天地

小组合作挖掘与线性规划相关的课程思政元素(要赤：内容不限，可以是名人名言、故事等).

完成日期	

单元测试三　(满分100分)

专业：_____，姓名：_____，学号：_____，得分：_____．

一、单选题：下列各题的选项中，只有一项是最符合题意的．请把所选答案的字母填在相应的括号内．(每小题2分，共20分)

1. 对于线性规划问题，下列说法不正确的是(　　)．

   A. 线性规划问题如有最优解，则最优解可以在可行域顶点上达到

   B. 线性规划问题可能没有可行解

   C. 在图解法中，线性规划问题的可行域都是"凸"区域

   D. 线性规划问题一般都有最优解

2. 线性规划问题若有最优解，则一定可以在可行域的(　　)上达到．

   A. 内点　　　　　　B. 外点　　　　　　C. 顶点　　　　　　D. 几何点

3. 若线性规划问题的最优解同时在可行域的两个顶点处达到，那么该线性规划问题最优解为(　　)．

   A. 有限个　　　　B. 两个　　　　　　C. 零个　　　　　　D. 无穷多个

4. 用图解法求解一个关于最小成本的线性规划问题时，若其成本线与可行解区域的某一边重合，则该线性规划问题(　　)．

   A. 有无穷多个最优解　　　　　　　　B. 无解

   C. 有有限个最优解　　　　　　　　　D. 有唯一最优解

5. 在求极小值的线性规划问题中，引入人工变量的目标是(　　)．

   A. 将不等式约束化为等式　　　　　　B. 建立单纯形初表

   C. 求初始可行解　　　　　　　　　　D. 方便地生成一个可行基

6. 下列关于线性规划的描述，正确的是(　　)．

   A. 如果基变量都不为0，则基本可行解是非退化的

   C. 基本解一定是可解

   B. 满足所有约束条件的向量称为可行解

   D. 满足非负条件的基本解为基本可行解

7. 线性规划具有唯一最优解是指(　　)．

   A. 可行解集合有界

   B. 最优表中非基变量的检验数全部非零

   C. 最优表中存在非基变量的检验数为零

   D. 最优表中存在常数项为零

8. 如果第 k 个约束条件是一个"≤"的不等式，若化为标准形式，需要(　　)．

   A. 不等式左边加上一个非负变量　　　B. 不等式左边减去一个非负变量

   C. 不等式两边乘以 -1　　　　　　　D. 都不对

9. 图解法通常用于求解含有(　　)个变量的线性规划问题．

A. 1　　　　　　　B. 2　　　　　　　C. 3　　　　　　　D. 任意个

10. 在线性规划的约束方程中引入人工变量的目的是(　　　　).

  A. 将线性规划变为标准形式　　　　B. 使得目标函数趋于最优

  C. 将约束条件中的不等式变为等式　　D. 使得系数矩阵形成一个单位矩阵

二、填空题：请将下列各题的答案填写在题中横线上.(每小题 2 分，共 10 分)

1. 二元一次不等式 $Ax + By + C > 0$ 在平面直角坐标系中表示 $Ax + By + C = 0$ 某一侧所有点组成_____.

2. 在直线的某一侧取一特殊点 (x_0, y_0)，从 $Ax_0 + By_0 + C$ 的正负即可判断 $Ax_0 + By_0 + C > 0$ 表示直线哪一侧的平面区域(特殊地，当 $C \neq 0$ 时，常把_____作为此特殊点).

3. 求线性目标函数在线性约束条件下的最大值或最小值的问题，统称为_____问题.

4. 满足线性约束条件的解 (x, y) 叫作_____，由所有可行解组成的集合叫作_____.(类似函数的定义域)

5. 使目标函数取得最大值或最小值的可行解叫作_____.

三、判断题：(每小题 2 分，共 10 分，认为结论正确的打"√"，认为错误的打"×")

1. 单纯形法计算中，如不按最小比例原则选取换出变量，则在下一个解中至少有一个基变量的值为负.　　　　　　　　　　　　　　　　　　　　　　(　　　)

2. 图解法和单纯形法虽然求解的形式不同，但从几何上理解，两者是一致的.　(　　　)

3. 如果在单纯形表中，所有的检验数都为正，则对应的基本可行解就是最优解.(　　　)

4. 满足线性规划问题所有约束条件的解称为基本可行解.　　　　　　　　　(　　　)

5. 若线性规划问题的可行解为最优解，则该可行解一定是基可行解.　　　　(　　　)

四、解答题：(每小题 10 分，共 30 分)

1. 试将下列线性规划问题化成标准形

 (1) $\max z = -3x_1 + 4x_2 - 2x_3 + 5x_4$

$$\begin{cases} 4x_1 - x_2 + 2x_3 - x_4 = -2, \\ x_1 + x_2 - x_3 + 2x_4 \leqslant 14, \\ -2x_1 + 3x_2 + x_3 - x_4 \geqslant 2, \\ x_1,\ x_2,\ x_3 \geqslant 0,\ x_4\ 无约束. \end{cases}$$

 (2) $\min z = 2x_1 - 2x_2 + 3x_3$,

$$\begin{cases} -x_1 + x_2 + x_3 = 4, \\ -2x_1 + x_2 - x_3 \leqslant 6, \\ x_1 \leqslant 0,\ x_2 \geqslant 0,\ x_3\ 无约束. \end{cases}$$

2. 建立下列数学模型：

(1) 某旅馆每日至少需要下列数量的服务员. 每班服务员从开始上班到下班连续工作八小时，为满足每班所需要的最少服务员人数，这个旅馆至少需要多少服务员?

班次	时间(日夜服务)	最少服务员人数
1	上午 6 点—上午 10 点	80
2	上午 10 点—下午 2 点	90
3	下午 2 点—下午 6 点	80
4	下午 6 点—夜间 10 点	70
5	夜间 10 点—夜间 2 点	40
6	夜间 2 点—上午 6 点	30

(2)某农场有 100 公顷土地及 15 000 元资金可用于发展生产．农场劳动力情况为秋冬季 3 500 人日；春夏季 4 000 人日．如劳动力本身用不了时可外出打工，春秋季收入为 25 元/人日，秋冬季收入为 20 元/人日．该农场种植三种作物：大豆、玉米、小麦，并饲养奶牛和鸡．种作物时不需要专门投资，而饲养每头奶牛需投资 800 元，每只鸡投资 3 元．养奶牛时每头需拨出 1.5 公顷土地种饲料，并占用人工秋冬季为 100 人日，春夏季为 50 人日，年净收入为 900 元/每头奶牛．养鸡时不占用土地，需人工为每只鸡秋冬季 0.6 人日，春夏季为 0.3 人日，年净收入为 2 元/每只鸡．农场现有鸡舍允许最多养 1 500 只鸡，牛栏允许最多养 200 头．三种作物每年需要的人工及收入情况如表所示．

	大豆	玉米	麦子
秋冬季需人日数	20	35	10
春夏季需人日数	50	75	40
年净收入/(元/公顷)	3 000	4 100	4 600

试决定该农场的经营方案，使年净收入为最大．

3. 用图解法和单纯形法求解下述线性规划问题，并对照指出单纯形表中的各基可行解对应图解法中可行域的哪一顶点．

(1) $\max z = 10x_1 + 5x_2$,

$$st.\begin{cases}3x_1 + 4x_2 \leqslant 9, \\ 5x_1 + 2x_2 \leqslant 8, \\ x_1,\ x_2 \geqslant 0;\end{cases}$$

(2) $\max z = 2x_1 + x_2$,

$$st.\begin{cases}3x_1 + 5x_2 \leqslant 15, \\ 6x_1 + 2x_2 \leqslant 24, \\ x_1,\ x_2 \geqslant 0.\end{cases}$$

五、应用题：(每小题 15 分，共 30 分)

1. 为迎接 2008 年奥运会召开，某工艺品加工厂准备生产具有收藏价值的奥运会标志"中国印·舞动的北京"和奥运会吉祥物——"福娃"．该厂所用的主要原料为 A、B 两种贵重金属，已知生产一套奥运会标志需用原料 A 和原料 B 的量分别为 4 盒和 3 盒，生产一套奥运会吉祥物需用原料 A 和原料 B 的量分别为 5 盒和 10 盒．若奥运会标志每套可获利 700 元，奥运会吉祥物每套可获利 1 200 元，该厂月初一次性购进原料 A、B 的量分别为 200 盒和 300 盒．问该厂生产奥运会标志和奥运会吉祥物各多少套才能使该厂月利润最大，最大利润为多少？

2. 某车间生产甲、乙两种产品，已知制造一件甲产品需要 A 种元件 5 个，B 种元件 2 个，制造一件乙种产品需要 A 种元件 3 个，B 种元件 3 个，现在只有 A 种元件 180 个，B 种元件 135 个，每件甲产品可获利润 20 元，每件乙产品可获利润 15 元，试问在这种条件下，应如何安排生产计划才能得到最大利润？

第三篇

应用拓展

　　华罗庚对青年学生的成长非常关心，提出的治学之道是"宽、专、漫"．即基础要宽，专业要专，要使自己的专业知识漫到其他领域．1984 年来中国矿业大学视察时给师生题词："学而优则用，学而优则创．"

——华罗庚

模块一　MATLAB 软件简介

MATLAB 是矩阵实验室(Matrix Laboratory)的简称，是美国 MathWorks 公司出品的商业数学软件，用于算法开发、数据可视化、数据分析以及数值计算的高级技术计算语言和交互式环境，主要包括 MATLAB 和 Simulink 两大部分.

20 世纪 70 年代，美国新墨西哥大学计算机科学系主任 CleveMoler 为了减轻学生编程的负担，用 FORTRAN 编写了最早的 MATLAB. 1984 年由 Little、Moler、Steve Bangert 合作成立的 MathWorks 公司正式把 MATLAB 推向市场. 到 20 世纪 90 年代，MATLAB 已成为国际控制界的标准计算软件. 它的计算功能非常强大，能够完成许多复杂的计算，例如，求多项式、有理式和超越方程的精确根或近似根，求函数的极限、导数、积分，解微分方程等，Matlab 系统还具有十分强大的图形绘制和处理功能，可方便地画出各种函数图象.

时至今日，经过 MathWorks 公司的不断完善，MATLAB 已经发展成为适合多学科、多种工作平台的功能强劲的大型软件. 在国外，MATLAB 已经经受了多年考验. 在各大高等院校，MATLAB 已经成为线性代数、自动控制理论、数理统计、数字信号处理、时间序列分析、动态系统仿真等高级课程的基本教学工具；成为攻读学位的大学生、硕士生、博士生必须掌握的基本技能. 在设计研究单位和工业部门，MATLAB 被广泛用于科学研究和解决各种具体问题.

任务 1.1　MATLAB 软件使用入门

1.1.1　Matlab 的安装与启动(Windows 操作平台)

1. 安装

(1)为电脑接电源，按主机开关，启动 Windows.

(2)将 Matlab 源光盘插入光驱.

(3)在光盘的根目录下找到 Matlab 的安装文件 Setup. exe.

(4)双击该安装文件后，按提示逐步安装 Matlab.

安装完成后，在程序栏里便有了 Matlab 选项，桌面上出现 Matlab 的快捷方式(一个 Matlab 图标).

2. 启动

按上述第(1)步打开电脑后，左双击桌面上的 Matlab 图标或点程序里的 Matlab 选项，即可启动 Matlab 系统.

1.1.2　命令窗口

启动 Matlab 以后，就显示 Matlab 的用户界面，其右半边是"Command Windows"窗口，这就是命令窗口，是 Matlab 的主窗口，命令窗口的空白区域即命令编辑区，用来输入和显示计算结果，可键入各种 Matlab 命令，进入各种操作.

在 Matlab 命令窗口直接输入命令，再按回车键，则运行并显示相应的结果. 在命令窗口里适合运行比较简单的程序或者单个的命令，因为在这里是输入一个语句就解释执行一个语句. 另外还要注意以下几点：

(1)命令行的"头首"的"≫"是 Matlab 命令输入提示符.

(2)在程序中，"%"后面为注释内容.

(3)ans 是系统自动给出的运行结果变量，是英文 answer 的缩写. 如果我们直接指定变量，则系统就不再提供 ans 作为运行结果变量.

(4)当不需要显示结果时，可以在语句的后面直接加分号";".

(5)如果你的命令有错误，该窗口将用红字显示出错信息.

启动 Matlab，打开如图 1-1 所示的操作界面.

图 1-1　操作界面

Matlab 命令窗口默认位于 Matlab 桌面的中间，如果用户希望得到脱离操作桌面的几何独立的命令窗口，只要点击命令窗口右上角的 ⤢ 键，就可以获得如图 1-2 所示的命令窗口.

```
Command History
File  Edit  Debug  Desktop  Window  Help
    y3=dsolve('D2y = 3/2*y^2', 'Dy(3)=1', 'y(3)=1')
    y3=dsolve('D2y = 3/2*y^2')
    y3=dsolve('D2y=3*y^2/2','Dy(3)=1,y(3)=1')
    help dsolve
    syms w t
    F=laplace[cos(w*t)]
    syms w t
    F=laplace(cos(w*t))
    syms w t
    F=int(cos(w*t),t,s,+inf)
    syms w t s
    F=int(cos(w*t),t,s,+inf)
    simple(f4)
    syms x
    y1=dsolve('Dy-y=0','y(0)=1')
    clear
    syms x
    y1=dsolve('Dy=x+y','y(0)=0')
  %-- 07-6-6 下午3:09 --%
    t=0:.1:2*pi;
    x=2*cos(t);y=3*sin(t);z=t;
    plot3(x,y,z)
  %-- 07-6-20 下午9:28 --%
    clc
    clear
    clc
```

图 1-2　独立的命令历史纪录窗口

1.1.3 Matlab 的程序编辑器

Matlab 提供了一个内置的具有编辑和调试功能的程序编辑器，点击 Matlab 用户界面第二行左边第一个按钮，或者依次点击"File""New""M-fsle"命令，即可显示 Untitled 窗口，意味着你已获得程序编辑器，程序编辑器上面第一行是菜单栏，第二行是工具栏，编辑和调试程序非常方便．如果程序命令比较多，在命令窗口上修改非常麻烦，此时可在程序编辑器上编辑该程序，并点击工具栏的第三个按钮．就会弹出 Work 目录框，在 Work 目录框下面的文件名(N)框内键入你给程序取的文件名(字母开头，最后带".m")，并点击"保存"，重新返回程序编辑器，依次点击菜单的"Debag""Run"按钮，就可以运行你的程序，完成你所要求的运算．经过这次保存后，以后每次单击工具栏的第二个按钮，就会显示 Work 目录，在文件名(N)框内键入你的文件名，并单击"打开"，就会在程序编辑器上显示你的程序，可以进行修改或运算，计算结果或出错信息显示在 Matlab 命令窗口，绘图结果显示在图形窗口．

1.1.4 MATLAB 常用符号

MATLAB 命令窗口中的"≫"为命令提示符，表示 MATLAB 正处于准备状态，在命令提示符后输入 MATLAB 认可的任何命令，按回车键都可执行其操作．如"3 + 5""9 − 6""7""5 ∗ 7""3/7""sqrt(8)"等按回车键后可显示其结果，犹如在一张纸上排列公式和求解问题一样有高效率，因此 MATLAB 也被称为"科学演算纸"式的科学工程计算语言．

1. MATLAB 常用的预定义变量(表 1-1)

表 1-1

预定义变量	含义	预定义变量	含义
ans	用于结果的缺省变量名	NaN	不定值
pi	圆周率 π	i 或 j	−1 的平方根 = $\sqrt{-1}$
eps	计算机的最小数 = $2.220\ 4 \times 10^{-16}$	realmin	最小可用实数 = $2.225\ 1 \times 10^{-308}$
inf	无穷大∞	realmax	最大可用实数 = 1.797×10^{308}

2. MATLAB 常用的关系运算符(表 1-2)

表 1-2

数学关系	MATLAB 运算符	数学关系	MATLAB 运算符
小于	<	大于	>
小于或等于	< =	大于或等于	> =
等于	= =	不等于	~ =

3. MATLAB 常用的算术运算符(表 1-3)

表 1-3

算术运算	MATLAB 表达式	MATLAB 运算符	MATLAB 表达式
加	a + b	+	a + b
减	a − b	−	a − b

续表

算术运算	MATLAB 表达式	MATLAB 运算符	MATLAB 表达式
乘	$a \times b$	*	$a * b$
除	$a \div b$	/或 \	a/b 或 $b \backslash a$
幂	a^b	$\wedge$	$a \wedge b$

4. MATLAB 常用的函数(表 1-4)

表 1-4

函数名	解释	MATLAB 命令	函数名	解释	MATLAB 命令
三角函数	$\sin x$	$\sin(x)$	反三角函数	$\arcsin x$	$\operatorname{asin}(x)$
	$\cos x$	$\cos(x)$		$\arccos x$	$\operatorname{acos}(x)$
	$\tan x$	$\tan(x)$		$\arctan x$	$\operatorname{atan}(x)$
	$\cot x$	$\cot(x)$		$\operatorname{arccot} x$	$\operatorname{acot}(x)$
	$\sec x$	$\sec(x)$		$\operatorname{arcsec} x$	$\operatorname{asec}(x)$
	$\csc x$	$\csc(x)$		$\operatorname{arccsc} x$	$\operatorname{acsc}(x)$
幂函数	x^a	$x \wedge a$	对数函数	$\ln x$	$\log(x)$
	$\sqrt{x}$	$\operatorname{sqrt}(x)$		$\log_2 x$	$\log_2(x)$
指数函数	a^x	$a \wedge x$		$\log_{10} x$	$\log_{10}(x)$
	e^x	$\exp(x)$	绝对值函数	$|x|$	$\operatorname{abs}(x)$

下面我们通过一些具体的例子来体验 MATLAB 语言简洁和高效的特点.

5. 函数计算和作图

函数值的计算和函数图像的绘制对理解函数的性质有很大的帮助,而计算和绘图正是 Matlab 最擅长的项目. 计算函数值时,只要直接输入就行,而绘制符号函数的图像时,我们常用命令函数 fplot() 和 ezplot() 来完成. 具体的格式如下:

fplot(f, lims) 在 lims 声明的绘图区间上作符号函数 f 的图像

ezplot(f) 在默认的绘图区间上作符号函数 f 的图像

Matlab 的其它绘图命令的用法与上述命令使用类似,请参阅 Matlab 使用手册.

例 1 MATLAB 实操训练题(见表 1-5).

(1)计算 198×439;(2)求 $x^4 + 5x^3 + 11x^2 - 20 = 0$ 的根.

表 1-5

MATLAB 输入命令	MATLAB 输出结果
(1)x = 198 * 439 (只需按 Enter 键即可)	x = 86 922
(2)p = [1, 5, 11, 0, -20]; (建立多项式系数向量) x = roots(p) (求根)	X = -2.034 7 + 2.282 9i -2.034 7 - 2.282 9i -2.000 0 1.069 3

例2 作出下列函数的图象(见表1-6).

$(1)y = 2x^2 - 3$, $[0, 23]$; $(2)y = \sin x$, $[0, 2\pi]$.

表 1-6

MATLAB 输入命令	MATLAB 输出结果
(1) 》fplot('2 * x^2 - 3', [0, 23]) 　　按"回车"键	 图 1-3
(2) x = 0: pi/1 800: 2 * ※pi; 　　(pi 是 MATLAB 预先定义的变量, 代表圆周率 π, 　　pi/1 800 为步长) 如何设置"发送 y = sin(x); 　　plot(x, y)[plot(　　)是 MATLAB 中绘制二维 　　图形函数]	 图 1-4

例3 已知函数 $y = \arccos(\ln x)$, 求该函数在自变量 x 等于 $\dfrac{1}{e}$、1、e 处的函数值.

MATLAB 输入命令	MATLAB 输出结果
》clear 》syms x y 》x = [1/exp(1), 1, exp(1)] 》y = acos(log(x))	x = 0.367 9　1.000 0　2.718 3 y = 0.141 6　1.570 8　0

任务单 1.1

模块名称	模块一　MATLAB 软件简介		
任务名称	任务 1.1　MATLAB 软件使用入门		
班级		姓名		得分	

1. 上机熟悉 MATLAB 的各种常用命令.

2. 用 MATLAB 计算：$x = 1x = 1 - \dfrac{1}{2} + \dfrac{1}{3} - \dfrac{1}{4} + \dfrac{1}{5} - \dfrac{1}{6}$.

3. 用 MATLAB 绘出函数 $y = x^3 + x^2 - 3x + 1$ 的图形.

思政天地

完成日期	

任务 1.2　用 MATLAB 求解一元微积分问题

1.2.1　用 MATLAB 求极限

求极限用命令"limit"，基本用法见表 1-7.

表 1-7

输入命令表格式	含义	备注
limit(f, x, a)	$\lim\limits_{x \to a} f(x)$	若 $a = 0$，且是对 x 求极限，可简写为 limit(f)
limit(f, x, a, 'left')	$\lim\limits_{x \to a^-} f(x)$	函数 f 趋于 a 的左极限
limit(f, x, a, 'right')	$\lim\limits_{x \to a^+} f(x)$	函数 f 趋于 a 的右极限

例 1　用 MATLAB 求下列极限(见表 1-8).

$(1) \lim\limits_{x \to 0} \dfrac{\arctan x}{x}$；$(2) \lim\limits_{x \to \infty} \left(\dfrac{x+1}{x-1}\right)^x$；$(3) \lim\limits_{x \to 0} \dfrac{e^x - 1}{x}$.

表 1-8

MATLAB 输入命令	MATLAB 输出结果
(1)≫symsx 　≫limit(atan(x)/x, x, 0)	ans = 　　1
(2)≫symsx 　≫limit(((x+1)/(x-1))^x, x, inf)	ans = 　　exp(2)
(3)≫symsx 　≫limit((exp(x)-1)/x, x, 0)	ans = 　　1

1.2.2　用 MATLAB 求导数

求函数导数的命令用"diff"，基本用法如表 1-9 所示.

表 1-9

输入命令格式	含义
diff(f(x))	$f'(x)$
diff(f(x), 2)	$f''(x)$
diff(f(x), n)	$f^{(n)}(x)$（n 为具体整数）

例 2　用 MATLAB 求下列函数的导数(见表 1-10).

$(1) y = x^6 + 2x^4 - 5x^3 - 3$；　$(2) y = 2x^3 \cos x^2$；

$(3) y = e^{x^x}$；　　$(4) y = \ln(x + \sqrt{x^2 + a^2})$.

表 1-10

MATLAB 输入命令	MATLAB 输出结果
(1) syms x diff(x^6 + 2 * x^4 - 5 * x^3 - 3)	ans = 6 * x^5 + 8 * x^3 - 15 * x^2
(2) syms x diff(2 * x^3 * cos(x^2))	ans = 6 * x^2 * cos(x^2) - 4 * x^4 * sin(x^2)
(3) syms x diff(exp(x^x))	ans = x^x * (log(x) + 1) * exp(x^x)
(4) syms x a f = log(x + sqrt(x^2 + a^2)) diff(f, x)	ans = (1 + 1/(x^2 + a^2)^(1/2) * x)/(x + (x^2 + a^2)^(1/2))

例 3 设 $f(x) = \dfrac{1 - 3x^2}{\sin x}$，用 MATLAB 求 y' 和 y''（见表 1-11）.

表 1-11

MATLAB 输入命令	MATLAB 输出结果
(1) syms x y = (-3 * x^2 + 1)/sin(x) diff(y)	ans = -6 * x /sin(x) - (-3 * x^2 + 1)/sin(x)^2 * cos(x)
(2) diff(y, 2)	ans = -6/sin(x) + 12 * x/sin(x)^2 * cos(x) + 2 * (-3 * x^2 + 1)/sin(x)^3 * cos(x)^2 + (-3 * x^2 + 1)/sin(x) = -(.5 + 3 * x^2)/sin(x) + 12 * x /sin(x)^2 * cos(x) - (6 * x^2 - 2)/sin(x)^3 * cos(x)^2

1.2.3 用 MATLAB 求函数的极值

求函数极值的命令是"f min bnd"，基本用法如表 1 - 12 所示.

表 1-12

输入命令格式	含义
f min bnd(f, a, b)	求函数 f 在区间 (a, b) 内的极小值点
[x, y] = f min bnd(f, a, b)	求函数 f 在区间 (a, b) 内的极小值，并返回两个值，第一个是 x 的值，第二个是 y 的值
[x, y] = f min bnd(-f, a, b)	求函数 f 在区间 (a, b) 内的极大值

例 4　求函数 $f(x) = (x-3)^2 - 1$ 在区间 $(0, 5)$ 内的极小值点和极小值.

表 1-13

MATLAB 输入命令	MATLAB 输出结果
≫f = '(x-3)^2 -1'; ≫f min bnd (f, 0, 5)	ans = 　　3

即极小值点为 $x = 3$(表 1-13).

表 1-14

MATLAB 输入命令	MATLAB 输出结果
≫[x, y]=f min bdf(f, 0, 5)	x = 　　3 y = 　　-1

即函数在 $x = 3$ 处的极小值为 -1(表 1-14).

例 5　用一块边长为 24 cm 的正方形铁皮,在其四角各截去一块面积相等的小正方形,做成无盖的铁盒.截去的小正方形边长为多少时,做出的铁盒容积最大?

解:设截去的小正方形边长为 x cm,铁盒容积为 V cm^3.根据题意,得

$$V = x(24 - 2x)^2 (0 < x < 12).$$

于是,问题归结为:求 x 为何值时,函数 V 在区间 $(0, 12)$ 内取得最大值,即求 $-V$ 在区间 $(0, 12)$ 内的最小值(表 1-15).

表 1-15

MATLAB 输入命令	MATLAB 输出结果
≫f = '-x*(24 -2*x)^2'; ≫f min bnd (f, 0, 12)	ans = 　　4.000

所以,当 $x = 4$ 时,函数 V 取得最大值,即当所截去的正方形边长为 4 cm 时,铁盒的容积最大.

任务单 1.2

扫码查看参考答案

模块名称	模块一　MATLAB 软件简介		
任务名称	任务 1.2　用 MATLAB 求解一元微积分问题		
班级		姓名		得分	

1. 用 MATLAB 求下列函数的导数.

  （1）$y = 1 - x - 3x^3 + 5x^2$； （2）$y = x^3 \sin 2x$；

  （3）$y = e^{3\sqrt{\ln x}}$；   （4）$y = \dfrac{\sqrt{1 + x^2}}{\arctan x}$.

2. 用 MATLAB 求下列函数的高阶导数.

  （1）已知 $f(x) = \ln(1 + x)$，求 $f''(x)$ 和 $f^{(20)}(x)$；

  （2）已知 $f(x) = e^{2x} \sin 2x^2 + \dfrac{\arctan x}{x}$，求 $f''(x)$.

3. 函数 $f(x) = (x^2 - 1)^3 + 1$ 在区间 $(-2, 2)$ 内的极小值点和极小值.

4. 某旅行社在暑假期间为教师安排旅游，并规定：达到 80 人的团体，每人收费 2 500 元. 如果团体的人数超过 80 人，则每超过 1 人，平均每人收费将降低 10 元（团体人数小于 180 人）. 试问：如何组团，可使旅行社的收费最多？

思政天地

完成日期	

任务 1.3 一元积分学的 MATLAB 求解

1.3.1 用 MATLAB 求不定积分

用 MATLAB 求不定积分的命令是"int"，基本用法如表 1-16.

表 1-16

输入命令	含义
int(f, x)	$\int f(x)\,\mathrm{d}x$

【注】计算不定积分 $\int f(x)\,\mathrm{d}x$. 注意积分结果没有给出积分常数 C，写答案时一定要加上.

例1 用 MATLAB 求下列不定积分(见表 1-17).

(1) $\int\left(x^5+x^3-\dfrac{\sqrt{x}}{4}\right)\mathrm{d}x$; (2) $\int\dfrac{1}{1+\sin x+\cos x}\mathrm{d}x$; (3) $\int\ln(3x-2)\,\mathrm{d}x$;

(4) $\int\arctan 2x\,\mathrm{d}x$; (5) $\int\dfrac{x^2+1}{(x+1)^2(x-1)}\mathrm{d}x$; (6) $\int\sqrt{4-x^2}\,\mathrm{d}x$.

表 1-17

MATLAB 输入命令	MATLAB 输出结果
(1)≫symsx ≫int(x^5 + x^3 - sqrt(x)/4, x)	ans = 　1/6 * x^6 + 1/4 * x^4 - 1/6 * x^(3/2)
(2)≫symsx ≫int(1/(1 + sin(x) + cos(x)), x)	Ans = 　log(tan(x/2) + 1)
(3)≫symsx ≫int(log(3 * x - 2), x)	ans = 　((log(3 * x - 2) - 1) * (3 * x - 2))/3
(4)≫symsx ≫int(atan(2 * x), x)	ans = 　x * atan(2 * x) - 1/4 * log(4 * x^2 + 1)
(5)≫symsx ≫int((x^2 + 1)/((x + 1)^2 * (x - 1)), x)	ans = 　log(x^2 - 1)/2 + 1/(x + 1)
(6)≫symsx y ≫y = sqrt(4 - x^2); ≫int(y)	ans = 　2 * asin(x/2) + 1/2 * x * (4 - x^2)^(1/2)

1.3.2 用 MATLAB 求定积分

在 MATLAB 语言中, 可以用 int ( ) 函数来求解定积分或无穷区间上的反常积分. 该函数的调用格式 int(f, x, a, b), 其中, x 为自变量, (a, b) 为定积分的积分区间, 求解无穷区间上的反常积分时, 可将 a, b 设置成 $-inf$ 或 inf.

例 2 用 MATLAB 求下列积分(见表 1-18).

(1) $\int_1^2 (2x+1)\mathrm{d}x$; (2) $\int_0^1 e^x \sin 2x \mathrm{d}x$; (3) $\int_1^{+\infty} \frac{1}{x^2}\mathrm{d}x$.

表 1-18

MATLAB 输入命令	MATLAB 输出结果
(1) symsx (注: syms 创建多个符号变量) 　int(2 * x +1, x, 1, 2)	ans = 　　4
(2) int(exp(x) * sin(2 * x), x, 0, 1)	ans = 　　-2/5 * exp(1) * cos(2) +1/5 * exp(1) * sin(2) +2/5
(3) int(1/x^2, x, 1, inf)	ans = 　　1

任务单 1.3

模块名称	模块一 MATLAB 软件简介		
任务名称	任务 1.3 一元积分学的 MATLAB 求解		
班级		姓名	得分

1. 用 MATLAB 求下列不定积分.

（1）$\int (x^2 + 3x - \sqrt{x})\,dx$；　　（2）$\int \dfrac{1 + \sin x}{1 + \cos x}\,dx$；　　（3）$\int \ln(5x - 1)\,dx$；

（4）$\int (\arcsin x)^2\,dx$；　　（5）$\int \dfrac{dx}{x(x^2 + 1)}$；　　（6）$\int \dfrac{dx}{\sqrt{(x^2 + 1)^3}}$.

2. 用 MATLAB 求下列积分.

（1）$\int_0^1 x^2\sqrt{1 - x^2}\,dx$；　　　　（2）$\int_0^\pi \sqrt{1 + \cos 2x}\,dx$.

思政天地

完成日期	

任务 1.4　用 MATLAB 求解线性代数相关问题

1.4.1　矩阵及行列式的运算

1. 矩阵的生成(表 1-19)

为了得到矩阵 $\begin{pmatrix} 1 & 2 & 3 \\ 4 & 5 & 6 \\ 7 & 8 & 9 \end{pmatrix}$:

表 1-19

MATLAB 输入命令	MATLAB 输出结果
≫A = [123; 456; 789]	A = 　1　2　3 　4　5　6 　7　8　9

2. 矩阵的运算

设 k 为任意实数，A，B 为满足矩阵运算条件的矩阵，在 MATLAB 中，规定了矩阵的如下运算(表 1-20).

表 1-20

输入命令	含义	输入命令	含义
$A + B$	矩阵的加(A，B 为同型矩阵)	A'	矩阵的转置
$A - B$	矩阵的减(A，B 为同型矩阵)	A'	矩阵的共轭转置
$k * A$	数乘矩阵	inv(A)或 $A^{\wedge}(-1)$	矩阵 A 的逆
$A * B$	矩阵的乘法(A 的列数等于 B 的行数)	$A \wedge K$	矩阵 A 的 k 次幂
$A. * B$	两矩阵对应元素相乘(A，B 为同型矩阵)	$A \wedge. K$	矩阵 A 中每个元素的 k 次幂
$A. \backslash B$	两矩阵对应元素相除(A，B 为同型矩阵)	rank(A)	计算矩阵 A 的秩

3. 行列式的计算

用 det(A)计算矩阵 A 对应行列式的值. 举例如下(表 1-21).

表 1-21

MATLAB 输入命令	MATLAB 输出结果
≫A = [523; 654; 789]; ≫det(A)	ans = 　52

1.4.2　解线性方程组

用 $X = A \backslash B$(左除)得到非齐次线性方程组 $AX = B(B \neq 0)$ 的一个特解，用函数 null(A, 'r')得到线性方程组 $AX = \mathbf{0}$ 的有理基础解系.

例　解线性方程组 $\begin{cases} 2x_1 - 4x_2 + 5x_3 + 3x_4 = 7, \\ 3x_1 - 6x_2 + 4x_3 + 2x_4 = 7, \\ 4x_1 - 8x_2 + 17x_3 + 11x_4 = 21. \end{cases}$

解：输入

```
≫format rat
≫A = [2 -4 5 3; 3 -6 4 2; 4 -8 17 11];
≫B = [7 7 21]';
≫AB = [A B];
≫RA = rank(A)
RA =
    2
≫RAB = rank (A B)
RAB =
    2
```

因为 $R(A) = R(AB) < 4$，即系数矩阵的秩等于增广矩阵的秩，小于未知数的个数，所以方程组有无穷多个解，再输入

```
≫X0 = A\B
X0 =
0
 -1/2
1
0
≫Y = null(A, 'r')
y =
2      2/7
1      0
0      -5/7
0      1
≫syms  k1 k2  % 申明 k1，k2 为符号量
≫X = X0 + k1*Y(:, 1) + k2*Y(:, 2)
X =
[2*k1 + 2/7*k2]
[-1/2 + k1]
[1 - 5/7*k2]
[k2]
```

即为方程组的全部解.

任务单 1.4

模块名称	模块一　MATLAB 软件简介		
任务名称	任务 1.4　用 MATLAB 求解线性代数相关问题		
班级		姓名	得分

用 MATLAB 求下列问题的解.

1. 设矩阵 $A = \begin{pmatrix} 1 & -2 & 1 & 2 \\ 2 & 3 & -4 & 0 \\ -3 & 5 & 0 & -4 \end{pmatrix}$, $B = \begin{pmatrix} -3 & 3 & 0 & -3 \\ 0 & -4 & 9 & 12 \\ 6 & -8 & -9 & 5 \end{pmatrix}$.

求：(1) $3A - B$;

(2) $2A + 3B$;

(3) 若 X 满足 $A + X = B$, 求 X;

(4) 若 Y 满足 $(3A - Y) + 2(B - Y) = O$, 求 Y.

2. 求满足下列方程的矩阵 X.

(1) $\begin{pmatrix} 1 & -2 & 0 \\ 1 & -2 & -1 \\ -3 & 1 & 2 \end{pmatrix} X = \begin{pmatrix} -1 & 4 \\ 2 & 5 \\ 1 & -3 \end{pmatrix}$;

(2) $X - \begin{pmatrix} 0 & 0 & -1 \\ 1 & 0 & -1 \\ -2 & 1 & 0 \end{pmatrix} X = \begin{pmatrix} 2 \\ 0 \\ -3 \end{pmatrix}$;

(3) $\begin{pmatrix} 1 & -2 & 0 \\ 4 & -2 & -1 \\ -3 & 1 & 2 \end{pmatrix} X \begin{pmatrix} 3 & -1 & 2 \\ 1 & 0 & -1 \\ -2 & 1 & 4 \end{pmatrix} = \begin{pmatrix} 5 & 0 & -1 \\ 1 & -3 & 0 \\ -2 & 1 & 3 \end{pmatrix}$.

模块名称	模块一　MATLAB 软件简介

3. 求下列线性方程组的全部解.

$$(1)\begin{cases} x_1 + 3x_2 + 5x_3 - 4x_4 = 1, \\ x_1 + 3x_2 + 2x_3 - 2x_4 + x_5 = -1, \\ x_1 - 4x_2 + x_3 - x_4 - x_5 = 3, \\ x_1 - 4x_2 + x_3 + x_4 - x_5 = 3, \\ x_1 + 2x_2 + x_3 - x_4 + x_5 = -1; \end{cases} \quad (2)\begin{cases} 2x_1 - 2x_2 + 3x_3 - 4x_4 = 1, \\ 3x_1 - 2x_2 + 2x_3 - 2x_4 = 4, \\ 5x_1 + x_2 - x_3 + 2x_4 = -1, \\ 2x_1 - x_2 + x_3 - 3x_4 = 4. \end{cases}$$

思政天地

完成日期	

任务 1.5　用 MATLAB 求解线性规划问题

MATLAB 提供了 linprog（　　）函数求线性规划问题中使目标函数最小的优化方案，其一般格式是：

$$[Xfval] = linprog(f, A, B, Aeq, Beq, LB, UB)$$

这里 f 是由目标函数系数构成的向量．A，B 分别是约束条件中不等式组的系数矩阵和常数矩阵．Aeq，Beq 分别是约束条件中方程组的系数矩阵和常数矩阵．LB，UB 分别是决策变量的下界和上界．返回值 X 是目标函数取得最小值时决策变量的一组取值，fval 是优化结束后得到的目标函数值．

【注】 这个函数是计算满足目标函数取得最小值的一组变量的值，如果要求的是使目标函数取得最大值时的情况，则通常转化为计算 −Z 的最小值的方法来实现．

例　设有甲、乙、丙三个水泥厂供应 A，B，C 三个建筑公司的水泥，各公司年需求量及各水泥厂到三个建筑公司的单位运价见表 1-22．

表 1-22

水泥厂	建筑公司		
	A/（万元/万吨）	B/（万元/万吨）	C/（万元/万吨）
甲	4	1	2
乙	1	2	4
丙	4	2	3
年需求量/万吨	65	30	50

（1）若水泥产量刚好能满足三个建筑公司的需求量，且甲、乙、丙三个水泥厂的年生产量分别为 30 万吨，90 万吨，25 万吨，求运费最少的运输方案．

（2）若水泥厂通过技术更新，提高了年产量，且甲、乙、丙三个水泥厂的年生产量分别为 40 万吨，105 万吨，35 万吨，求运费最少的运输方案．

解：（1）因为总产量为 $30 + 90 + 25 = 145$ 万吨，总销量为 $65 + 30 + 50 = 145$ 万吨，这是一个产销相等的平衡运输问题．

设 $x_{ij}(i = 1, 2, 3; j = 1, 2, 3)$ 分别表示从甲、乙、丙三个水泥厂向 A，B，C 三个建筑公司运送的水泥量，可建立如下线性规划模型．

目标函数

$$\min Z = 4x_{11} + x_{12} + 2x_{13} + x_{21} + 2x_{22} + 4x_{23} + 4x_{31} + 2x_{32} + 3x_{33}.$$

约束条件

$$\text{方程组}\begin{cases} x_{11}+x_{12}+x_{13}=30, \\ x_{21}+x_{22}+x_{23}=90, \\ x_{31}+x_{32}+x_{33}=25, \\ x_{11}+x_{21}+x_{31}=65, \\ x_{12}+x_{22}+x_{32}=30, \\ x_{13}+x_{23}+x_{33}=50. \end{cases}$$

下界　　$LB=[0\,0\,0\,0\,0\,0\,0\,0\,0]$.

即为最优运输方案(表1-23).

表1-23

输入命令	运行结果
Clear f = [4 1 2 1 2 4 4 2 3] Aeq = [1 1 1 0 0 0 0 0 0 0 0 0 1 1 1 0 0 0 0 0 0 0 0 0 1 1 1 1 0 0 1 0 0 1 0 0 0 1 0 0 1 0 0 1 0 0 0 1 0 0 1 0 0 1]; Beq = [30 90 25 65 30 50]'; LB = [0 0 0 0 0 0 0 0 0]; [X fval] = linprog(f, [], [], Aeq, Beq, LB, [])	≫Optimizationterminated successfully. (优化成功终止) X = 0.000 0 2.622 6 27.377 4 65.000 0 25.000 0 0.000 0 0.000 0 2.377 4 22.622 6 fval = 245.000 0

(2)因为总产量为 $40+105+35=180$(万吨),总销量为 $65+30+50=145$(万吨),这是一个产大于销的运输问题.

设 $x_{ij}(i=1,2,3;j=1,2,3)$ 分别表示从甲、乙、丙三个水泥厂向 A,B,C 三个建筑公司运送的水泥量,可建立如下线性规划模型.

目标函数

$\min Z=4x_{11}+x_{12}+2x_{13}+x_{21}+2x_{22}+4x_{23}+4x_{31}+2x_{32}+3x_{33}$.

约束条件

$$\text{不等式组}\begin{cases} x_{11}+x_{12}+x_{13}\leqslant 40, \\ x_{21}+x_{22}+x_{23}\leqslant 105, \\ x_{31}+x_{32}+x_{33}\leqslant 35. \end{cases}$$

$$\text{方程组}\begin{cases} x_{11}+x_{21}+x_{31}=65, \\ x_{12}+x_{22}+x_{32}=30, \\ x_{13}+x_{23}+x_{33}=50. \end{cases}$$

下界　　$LB=[0\,0\,0\,0\,0\,0\,0\,0\,0]$.

即为运费最少的最优运输方案表(1-24).

表 1-24

输入命令	运行结果
clear f =[412124423]; A =[1 1 1 0 0 0 0 0 0 0 0 0 1 1 1 0 0 0 0 0 0 0 0 0 1 1 1] B =[40; 105; 35]; Aeq =[1 0 0 1 0 0 1 0 0 0 1 0 0 1 0 0 1 0 0 0 1 0 0 1 0 0 1]; Beg =[65 30 50]'; LB =[0 0 0 0 0 0 0 0 1]; [Xfval] = linprog(f, A, B, Aeq, Beq, LB, [])	≫Optimizationterminated successfully. X = 0.0000 7.8189 32.1811 65.0000 17.3612 0.0000 0.0000 4.8199 17.8189 fval = 235.0000

任务单 1.5

扫码查看参考答案

模块名称	模块一　MATLAB 软件简介		
任务名称	任务 1.5　用 MATLAB 求解线性规划问题		
班级		姓名		得分	

用 MATLAB 求解下列线性规划问题.

要做 100 套钢架, 每套由长 2.9 m、2.1 m 和 1.5 m 的原钢各一根组成, 已知原钢原料为 7.4 m, 问应该如何下料, 使用原钢材料最省?

思政天地

完成日期	

模块二 数学建模简介

数学建模是利用数学方法解决实际问题的一种实践，即通过抽象、简化、假设、引进变量等处理过程后，将实际问题用数学方式表达，建立起数学模型．然后运用先进的数学方法及计算机技术进行求解，即用数学语言和数学方法，描述现实问题，并在此基础上进行分析与研究．简而言之，建立数学模型的这个过程就称为数学建模．

任务2.1 数学建模介绍

2.1.1 数学建模的方法与步骤

1. 数学建模的一般方法

机理分析法：以经典数学为工具，分析其内部的机理规律．

统计分析法：以随机数学为基础，经过对统计数据进行分析，得到其内在的规律．

系统分析法：对复杂性问题或主观性问题的研究方法．把定性的思维和结论用定量的手段表示出来．如层次分析法．

2. 数学建模的一般步骤

依据下述的几个基本步骤建立数学模型，这个全过程便称为数学建模．

第一步：根据问题，阅读大量的背景资料，研究文献，全面了解问题和分析问题，即模型准备；

第二步：根据问题要求和建模目的作出合理的简化假设，即模型假设；

第三步：根据问题分析与假设、建立数学模型，即模型建立；

第四步：利用数学方法求解数学模型，即模型求解；

第五步：对模型的解给予检验和解释，即模型分析（包括检验、修改、应用和评价及应用）．

模型分析是指对所得数据、结果进行分析，分析变量之间的依赖关系，特别是其中参数对结果的影响，即稳定性态分析；进行数学预测并作出最优决策控制．然后，进行模型检验，把模型分析的结果"翻译"到实际对象中，用实际现象、数据等检验模型的合理性和适应性，若与实际符合不好，找出问题的症结，重新建立模型，一个理想的模型往往需要经过反复多次修改方能得到，当然，一个较成功的模型不仅应当能解释已知现象，更重要的是能预测一些未知的现象，并能通过实践来证明．

一般来说，数学建模是预测的基础，而预测又是决策与控制的前提，其数学建模步骤的流程图如图 2-1 所示．

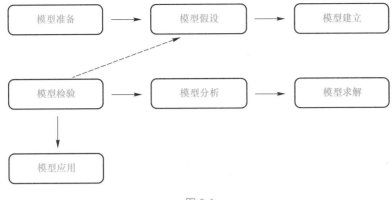

图 2-1

2.1.2 数学建模的作用与意义

社会实践中的问题是复杂多变的，量与量之间的关系并不明显，并不是套用某个数学公式或只用某个学科、某个领域的知识就可以圆满解决的，这就要求我们培养的人才应有较高的数学素质，即能够从众多的事物和现象中找出共同的、本质的东西，善于抓住问题的主要矛盾，从大量数据和定量分析中寻找并发现规律，用数学理论和数学思维方法及相关知识去解决，从而为社会服务．定量分析和数学建模等数学素质是知识经济时代人才素质的一个重要方面，是培养创新能力的一个重要方法和途径．因此，数学建模在人才培养的过程中有着重要的地位和作用．

"数学无处不在"已成为不可争辩的事实．特别在生产实践中，运用数学的过程就是一个创造性的过程，成功应用的核心就是创新．创造新理论、新方法和新成果；开拓新的应用领域、解决新问题．大学是人才培养的基地，而创新人才培养的核心是创新思想、创新意识和创新能力的培养，传统的教学内容和教学方法显然不足以胜任这一重任，数学建模本身就是一个创造性的思维过程，从数学建模的教学内容、教学方法，到数学建模竞赛等都是围绕着应培养创新人才这个主题内容进行的，其内容取材于实际、方法结合于实际、结果用于实际．总之，知识创新、方法创新、结果创新、应用创新无不在数学建模的过程中得到体现，这正是数学建模的创新作用所在．

对于每一位数学教师来说，按惯例在上第一堂课时都会谈谈课程的重要性，一方面要强调课程的基础性作用，另一方面要谈它在实际中的应用价值，激发学生的兴趣．学习数学建模能够帮助学生综合运用所掌握的知识和方法，创造性地分析解决实际问题，而且不受任何学科和领域的限制，所建立的数学模型可以直接应用于实际．另外，数学建模的工作是综合性的，所需要的知识和方法是综合性的，所研究的问题是综合性的，所需要的能力当然也是综合性的．因此，数学建模的教学就是向学生传授综合的数学知识和方法，培养综合运用所掌握的知识和方法来分析问题、解决问题的能力，从而培养学生丰富灵活的想象能力、抽象思维的简化能力、一眼看到事物本质的洞察能力、与时俱进的开拓能力、学以致用的应用能力、会抓重点的判断能力、高度灵活的综合能力、使用计算机的动手能力、信息资料的查阅能力、科技论文的写作能力、团结协作的攻关能力等．

数学建模就是将这些能力有机地结合在一起，形成了超强的综合能力，我们称之为"数学建模的能力"．这就是新时代所需要的高素质人才应该具备的能力，可以断言，谁具备了这种能力，谁必将大有作为．

任务单2.1

扫码查看参考答案

模块名称	模块二　数学建模简介		
任务名称	任务2.1　数学建模介绍		
班级	姓名	得分	

1. 一条公路交通不太拥挤，以致人们养成"冲过"马路的习惯，不愿意走临近的"斑马线"，交管部门不允许任意横穿马路，为方便行人，准备在一些特殊地点增设"斑马线"，以便让行人可以穿越马路，那么"选择设置斑马线的地点"这一问题应该考虑哪些因素？试至少列出3种．

2. 怎样解决下面的实际问题，包括需要哪些数据资料，要做些什么观察、试验以及建立什么样的数学模型等．
   (1) 计一个人体内血液的总量；
   (2) 为保险公司制订人寿保险计划（不同年龄的人应缴纳的金额和公司赔偿的金额）；
   (3) 确定火箭发射至最高点所需的时间；
   (4) 决定十字路口黄灯亮的时间长度；
   (5) 为汽车租赁公司制订车辆维修、更新和出租计划；
   (6) 一高层办公楼有4部电梯，早晨上班时间非常拥挤，试制订合理的运行计划．

思政天地	
完成日期	

任务 2.2　简单的数学建模案例

2.2.1　费用最省模型

1. 问题陈述

如图 2-2 所示，工厂 C 距铁路线 AB 最近的距离为 20 公里，铁路线上 B 城到 A 点的距离 AB 为 100 公里，现要在铁路线 AB 上选定一点 D 向工厂修一条公路，已知铁路每公里货运的运费与公路上每公里货运的运费之比为 $3:5$，为了使货物从工厂 C 到 B 城的运费最小，问 D 点应选在何处？

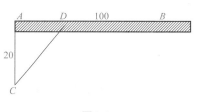

图 2-2

2. 建模假设

(1) 假设铁路线与公路线都是直线.

(2) 不计修筑公路长度不同造成的费用差别.

(3) 不计货物转运过程中发生的费用.

3. 建模建立

设 D 选在离 A x 公里处，则有 $AD = x$（公里），则 $CD = \sqrt{20^2 + x^2} = \sqrt{400 + x^2}$（公里），

由已知条件，铁路上每公里货运的运费为 $3k$，公路上每公里货运的运费为 $5k$（k 是某个正数），设从 B 点到 C 需要的总运费为 y，则

$$y = 5k \cdot CD + 3k \cdot DB$$
$$= 5k\sqrt{400 + x^2} + 3k(100 - x)\ (0 \leqslant x \leqslant 100),$$

于是，该实际问题转化为求函数 y 在闭区间 $[0, 100]$ 上的最小值问题.

4. 建模求解

因为 $y' = k\left(\dfrac{5x}{\sqrt{400 + x^2}} - 3\right)$，令 $y' = 0$，即 $k\left(\dfrac{5x}{\sqrt{400 + x^2}} - 3\right) = 0$，得到唯一驻点 $x = 15$，是唯一的极值点，也是最小值点，即函数在 $x = 15$ 时取得最小值，故 D 点应选在距 A 点为 15 公里处，总运费最省.

5. 建模分析与应用

此模型是最优化问题，在专业学习和生活中应用广泛，除"费用最省"之外，有"面积最大""损耗最小""利润最大"等问题，其关键是分析问题中的函数关系，建立函数模型，将实际问题转化为求函数在指定区间上的最值问题.

2.2.2　高速公路上汽车总数模型

1. 问题陈述

从 A 城市到 B 城市有条长 30 km 的高速公路. 某天公路上距 A 城市 x km 处的汽车密度

（每公里车辆数）为 $\rho(x)=300+300\sin(2x+0.2)$. 请计算该高速公路上的汽车总数.

2. 建模假设

（1）假设从 A 城市到 B 城市的高速公路是封闭的，路上没有其他出口.

（2）设高速公路上的汽车总数为 W.

3. 模型建立

利用微元法，在 $[x,\ x+\mathrm{d}x]$ 路段上，可将汽车密度视为常数，在该路段的车辆数为

$$\mathrm{d}w=\left[300+300\sin(2x+0.2)\right]\mathrm{d}x.$$

所以，高速公路上的汽车总数为

$$w=\int_0^{30}\left[300+300\sin(2x+0.2)\right].$$

4. 模型求解

用凑微分法计算得

$$\begin{aligned}
w&=\int_0^{30}\left[300+300\sin(2x+0.2)\right]\mathrm{d}x\\
&=\int_0^{30}300\mathrm{d}x+\frac{300}{2}\int_0^{30}\sin(2x+0.2)\mathrm{d}(2x+0.2)\\
&=\left[300x-150\cos(2x+0.2)\right]\Big|_0^{30}\approx9\,278(辆).
\end{aligned}$$

所以，高速公路上的汽车总量约为 9 278 辆.

5. 模型的分析与应用

对于实际问题，若研究对象在整体范围内是不均匀而有变化的，则可通过分割后将局部范围内的量近似地认为是不变的. 在确定了变量及其取值范围后，用微元法思想进行分析，用近似方法确定微元并写出定积分式，建立微分方程模型并求解. 其中，写出变量的"微元"这一步骤是关键，常运用"以常代变，以直代曲，以匀代不匀"等方法，微元法是一种实用性很强的数学方法和变量分析方法，在工程实践和科学技术中有着广泛的应用.

2.2.3　投入产出模型

投入产出分析是在 20 世纪 30 年代由美国经济数学家列昂节夫首先提出的，他提出了一个经济系统各部门之间"投入"与"产出"关系的线性模型，一般称之为投入产出模型. 投入产出模型可应用于微观经济系统和宏观经济系统的综合平衡分析. 目前，这种分析方法已在全世界多个国家和地区得到了普遍的推广和应用，自 20 世纪 60 年代起，我国就开始把投入产出分析方法应用于各地区及全国的经济平衡分析.

1. 问题陈述

某地区有三个重要企业，即一个煤矿、一个发电厂和一条地方铁路. 开采 1 元的煤，煤矿要支付 0.25 元的电费及 0.25 元的运输费；生产 1 元的电力，发电厂要支付 0.65 元的煤费、0.05 元的电费及 0.05 元的运输费；创收 1 元的运输费，铁路要支付 0.55 元的煤费及 0.1 元的电费.

在某一周内，煤矿接到外地金额为 50 000 元的订单，发电厂接到外地金额为 25 000 元的订单，外界对地方铁路没有需求，问：

（1）三个企业在这一周内总产值各为多少？

（2）三个企业相互支付多少金额？

2. 模型假设

（1）设 x_1，x_2，x_3 分别为煤矿、发电厂、铁路本周内的总产值.

（2）假设在这一周内三个企业的计划、生产、销售等各个环节运转正常，没有事故，没有自然灾害和社会问题的干扰.

3. 模型建立

根据题设，建立方程组

$$\begin{cases} x_1 - (0 \times x_1 + 0.65x_2 + 0.55x_3) = 50\,000, \\ x_2 - (0.25x_1 + 0.05x_2 + 0.1x_3) = 25\,000, \\ x_3 - (0.25x_1 + 0.05x_2 + 0 \times x_3) = 0, \end{cases}$$

即

$$\begin{pmatrix} x_1 \\ x_2 \\ x_3 \end{pmatrix} - \begin{pmatrix} 0 & 0.65 & 0.55 \\ 0.25 & 0.05 & 0.1 \\ 0.25 & 0.05 & 0 \end{pmatrix} \begin{pmatrix} x_1 \\ x_2 \\ x_3 \end{pmatrix} = \begin{pmatrix} 50\,000 \\ 25\,000 \\ 0 \end{pmatrix}.$$

记 $X = \begin{pmatrix} x_1 \\ x_2 \\ x_3 \end{pmatrix}$，$A = \begin{pmatrix} 0 & 0.65 & 0.55 \\ 0.25 & 0.05 & 0.1 \\ 0.25 & 0.05 & 0 \end{pmatrix}$，$Y = \begin{pmatrix} 50\,000 \\ 25\,000 \\ 0 \end{pmatrix}$，将 X 称为产出矩阵，A 称为直接消耗矩阵，Y 称为需求矩阵，则上述方程组可写成矩阵形式：$X - AX = Y$.

设 $C = A\begin{pmatrix} x_1 & 0 & 0 \\ 0 & x_2 & 0 \\ 0 & 0 & x_3 \end{pmatrix} = \begin{pmatrix} 0 & 0.65x_2 & 0.55x_3 \\ 0.25x_1 & 0.05x_2 & 0.1x_3 \\ 0.25x_1 & 0.05x_2 & 0 \end{pmatrix} = \begin{pmatrix} c_{11} & c_{12} & c_{13} \\ c_{21} & c_{22} & c_{23} \\ c_{31} & c_{32} & c_{33} \end{pmatrix}$，称其为投入产出矩阵，它的元素表示煤矿、发电厂、铁路之间的投入产出关系；设 $D = (1 \quad 1 \quad 1)C = (0.25x_1 + 0.25x_1 \quad 0.65x_2 + 0.05x_2 + 0.05x_2 \quad 0.55x_3 + 0.1x_3)$，称其为总投入向量（矩阵），它的元素是矩阵 C 的对应列元素之和，分别表示煤矿、发电厂、铁路得到的总投入.

由矩阵 C，向量 Y，X 和 D，可得投入产出分析表，如表 2-1 所示.

表 2-1

项目	煤矿	发电厂	铁路	外界需求	总产出
煤矿	c_{11}	c_{12}	c_{13}	y_1	x_1
发电厂	c_{21}	c_{22}	c_{23}	y_2	x_2
铁路	c_{31}	c_{32}	c_{33}	y_3	x_3
总投入	d_1	d_2	d_3		

4. 模型求解

解：由方程组可得产出向量为 $X = \begin{pmatrix} x_1 \\ x_2 \\ x_3 \end{pmatrix} = \begin{pmatrix} 102\,087.48 \\ 56\,163.02 \\ 28\,330.02 \end{pmatrix}$，于是可计算矩阵 C 和向量 D，计算结果如表 2-2 所示.

表 2-2   单位：元

项目	煤矿	发电厂	铁路	外界需求	总产出
煤矿	0	36 505.96	15 581.51	50 000	102 087.48
发电厂	25 521.87	2 808.15	2 833.00	250 000	56 163.02
铁路	25 521.87	2 808.15	0	0	28 830.02
总投入	51 043.74	42 122.27	18 414.52		

问题的结果在表 2-2 中一目了然，并能明显看出各个数据之间的联系.

因此，在这一周内，煤矿的总产值为 102 087.48 元，发电厂的总产值为 56 163.02 元，铁路的总产值为 28 830.02 元，煤矿需要支付给发电厂和铁路各 25 521.87 元，发电厂需要支付给煤矿 36 505.96 元、铁路 2 808.15 元，铁路需要支付给煤矿 15 581.51 元、发电厂 2 833.00 元.

5. 模型的分析与应用

投入产出分析是通过编制投入产出表来实现的. 投入产出表是由投入表与产出表交叉而成的. 前者反映各种产品的价值，包括物质消耗、劳动报酬和剩余产品；后者反映各种产品的分配使用情况. 在投入产出表的基础上，可以建立相应的数学模型，如产品平衡模型、价值构成模型等，用以进行经济分析、政策模拟、计划论证和经济预测；还可以研究一些专门的社会问题，如环境污染、人口、就业、收入分配等问题.

应用投入产出方法所要解决的一个重要问题是：已知经济系统在报告期内的直接消耗系数矩阵 A，各部门在计划期内的最终产品 Y，预测各部门在计划期内的总产出 X.

任务单 2.2

模块名称	模块二　数学建模简介		
任务名称	任务 2.2　简单的数学建模案例		
班级		姓名		得分	

销售问题

一只羊重 90 公斤，每天增重 2.25 公斤，饲养一天花费 3.42 元．羊的市场价格为每公斤 30.88 元，但每天下降 8%，求出售羊的最佳时间．

包装问题

大米、饮料、洗衣粉、洗发水等，很多商品都有多种包装规格．一般来说，大包装从单位货物量来说总要便宜一些，有的则相反．请构造一个简单模型，说明货物包装成本的变化规律．

思政天地

完成日期	

任务2.3　数学建模论文写作

2.3.1　数学建模论文写作

数学建模竞赛论文是提交给专家评阅的唯一材料,也是评定成绩的唯一依据.因此数学建模论文的写作十分重要.数学建模论文要求格式规范、严谨缜密,能完整地表达建模思想.通过数学建模可以锻炼学生的数学建模论文写作能力,为今后科技论文写作打下坚实的基础,同时对学生今后读研或读博也有非常重要的作用.

数学建模论文的结构一般包括题目、摘要与关键词、问题重述、模型假设、符号说明、问题分析、建立模型、模型的求解与结果的分析、模型检验、模型的评价与推广、参考文献、附录等.

1. 题目

对一篇论文的第一印象是从题目开始的.题目应简短精练,便于索引.它是对一篇文章的高度概括,应能提挈全文、标明特点.题目中应包含论文用什么方法或什么模型、研究什么问题等.数学建模竞赛中可以使用所给的题目,也可以自拟题目.一个推荐的自拟题目形式:基于某某理论(算法或模型)的某某问题的研究(求解).题目长度建议10~18个字.

2. 摘要与关键词

摘要是一篇论文的灵魂,它是对整个建模思路不加注释和评论的简短陈述,是整个论文的缩影.看完摘要就要让人非常清楚这篇论文的研究对象、研究思路、创新点、结论和特色等,摘要的写作要求如下:

(1)摘要通常要写在论文的最前面,字数一般在400~800字,最好不要超过一页.在论文的其他部分还没有完成之前,不应该写摘要,可在提交论文的前一天写摘要.

(2)摘要的内容要简洁明了、直奔主题、突出重点,要写清楚建模思路,用了什么模型、方法,解决了什么问题,得到了什么结论.

(3)每一个问题的具体解答也要写清楚,用了什么数学模型,采用了什么方法求解,得到了什么数据或结论.一般每个小问题之间都有某种内在的联系,因此要注意前后问题的衔接.

(4)如果觉得自己采用的方法有一些创新的地方或发现了其他文献中没有提到的结论或规律,一定要在摘要中将创新点阐释清楚,这样论文的特色就非常突出.

(5)摘要写完之后,还需要有关键词.关键词主要是为了在论文检索时使用,因此关键词应是论文中的核心词.关键词一般为3~8个(关键词之间用分号分隔),包括:解决问题用到的关键模型或理论的名称(如"0-1规划""多元线性回归模型"等),方法或算法的名称(如"最小二乘法""蚁群算法"等),论文中反复提到的一些词等.

3. 问题重述

问题重述是指在对整个建模问题理解透彻的基础上,再把要求回答的问题用自己的语言简洁地表述出来，包括自己对题意的理解、背景知识的扩展、重要概念的约定、建模思路的初步分析等，但不要简单地复述试题所给的建模问题．

4. 模型假设

模型假设是指根据试题中的条件或要求对所建模型作出切合题意的假设．在论文评阅中，模型假设是评价一个数学模型是否合理的重要依据．模型假设写作要求如下：

(1)模型假设是对实际问题必要的、合理的简化．因此所给的假设应是建立数学模型所必需的，不要假设试题中明确给出的条件，无关的假设不提．

(2)模型中的假设应使用严谨、确切的数学语言来表达，假设不能出现歧义．

(3)假设一定要具有合理性．假设的合理性可以在分析问题的过程中得到，或者由所给的数据推测，也可以参考常识或其他资料类推得到．假设是否合理，直接影响模型的结果和优劣，以及模型与实际问题的吻合程度．

(4)模型假设部分的假设一般是模型中大部分或都会用到的假设，如果只涉及某一具体问题的假设，也可在此问题的模型建立中给出．

(5)模型假设一般写 4~6 条，不要太多．

5. 符号说明

在论文写作时，由于所建模型较多，符号较多，很容易忽略或混淆某些变量，因此需对变量集中进行符号说明，此部分一般只说明大部分模型会使用的符号，个别问题中应用的符号也可在相应模型的建立中给予说明．根据需要，符号说明中的变量和参数应与正文中的符号保持一致，一般使用列表法给出符号说明，也可将其分布在模型的建立中．

6. 问题分析

此部分用来准确表达对问题的整体理解和认识，不必面面俱到，但必须抓住问题的关键，分析要中肯、确切，根据问题的特点，可进行综合性的分析，也可对题目中的若干问题进行逐个分析，一般来说，题目中所给的几个问题之间会有内在的联系，分析时应注意这种层次性和递进性，必要时也可采用流程图，这样会使思路更加清晰．

7. 建立模型

此部分是数学建模论文的核心内容，需要写出：问题分析、模型假设、公式推导、基本模型、参数说明等．基本模型可以是数学公式、算法、方案等．模型的建立要实用、有特色，以有效解决问题为原则．数学建模鼓励创新，但要切合问题实际，不要偏离题意．需要注意的是，对所给出的每一个公式都必须进行解释，包括变量的含义、基于何种理论、有什么物理意义等，可以视其复杂和重要程度有详有略，但必须进行解释说明．

8. 模型的求解与结果的分析

此部分是数学建模论文的主要内容，数据繁多而杂乱，因此进行此部分内容的书写时应先理清思路，即各个问题的求解步骤、如何求解以及结果如何分析等．为使内容清晰有条理，可适当地使用多级标题，完成对问题的分析和求解．写作要求如下：

(1)要说明计算方法或算法的原理、步骤及使用的软件，若有程序不必放在正文中，可放在附录里．

(2)计算时可将一些必要的步骤和结果列出来，不用将中间的计算过程和结果一一列出，但涉及试题中要求回答的问题、数值结果或结论须详细列出．

（3）如果对某一问题的求解有两种或者两种以上的方法，可分别计算求解，并对结果进行对比分析，从而增加文章亮点.

（4）结果的表达要多样化，要尽量集中、直观，可采用图形、表格等形式. 但需要注意的是不能仅仅简单罗列，而要对数据或图表进行详细的分析和阐述.

9. 模型检验

模型检验即对模型的求解结果进行合理性分析，应当说明模型检验的方法、结果以及与原结果的对比分析. 模型检验与分析主要有误差分析、算法分析、稳定性分析和灵敏性分析等，需视具体情况而定. 另外还应对求解结果进行合理性和适用性检验与分析. 如果结果与实际不符，则要找出问题可能出现在哪个步骤上，是模型的问题、程序的问题还是假设的问题等，找出问题后需要对程序或模型进行改进或重新建模.

10. 模型的评价与推广

模型评价是在建模和求解过程中对所建模型的认识，应包括优点和缺点. 模型评价应从求解速度、合理性、稳定性、建模方法创新及算法特色等方面进行评价. 一般写 $4 \sim 6$ 条，优点在前，优点要略多于缺点. 在写优缺点时要写出合理的理由，不能泛泛而谈.

模型的推广是对所建立的数学模型作更深入的分析探讨，进一步讨论模型的实用性和可行性. 将所建的模型推广，用于解决更多的类似问题，提出一些有价值、有意义的设想，指出进一步研究的建议.

11. 参考文献

论文中引用他人的成果、资料、数据等，需要按照规范的参考文献的表述格式罗列出来，一般以 $5 \sim 10$ 篇为宜. 引文部分，应使用带方括号的阿拉伯数字在正文中的右上角按引用的先后顺序标注. 常用的参考文献表述格式如下：

（1）著作：[序号]著者. 书名[M]. 版次（初版省略）. 出版地：出版者，出版年：页码.

（2）期刊：[序号]作者. 篇名[J]. 刊名（外文期刊按国际标准缩写并省略缩写点），出版年，卷号（期号）：页码.

（3）论文集：[序号]作者. 篇名[A]. 主编者，论文集名[C]. 出版地：出版者，出版年：页码.

（4）科学技术报告：[序号]作者. 题名[R]. 报告题名，编号，出版地：出版者，出版年：页码.

（5）学位论文：[序号]作者. 题名[D]. 保存地点：保存单位，授予年.

（6）专利文献：[序号]专利申请者. 题名专利号[P]. 公告或公开日期.

（7）报纸文章：[序号]作者. 题名[N]. 报纸名，出版日期（版次）.

（8）电子文献：[序号]作者. 题名[文献类型]. 网页或光盘出版单位，发布时间/下载时间.

12. 附录

附录是正文的补充说明，与正文有关而又不便于写入正文的内容都可以放在附录里. 如当数据、图象、表格比较多，放在正文显得臃肿时，就可以放在附录里；还有一些很重要的计算过程、算法程序也可以放在附录里.

13. 其他注意事项

论文的排版很重要，须注意以下事项：

（1）论文应从摘要之后开始编写页码，页码用阿拉伯数字从"1"开始连续编号，可位于页脚中部．论文中不能出现页眉以及任何显示参赛队员身份的信息．

（2）论文的标题及正文都应使用统一的字体、字号等．例如，论文题目可使用三号黑体字居中；一级标题可使用四号黑体字居中；二级、三级标题可使用小四号黑体字，左端对齐；正文中其他汉字使用小四号宋体，1.5 倍行距．

（3）文中出现的公式或符号尽量使用公式编辑器编辑．公式的书写一般单独一行居中且每个公式都要进行编号，编号一般右端对齐．

（4）在论文中按图出现的先后次序顺序编号，图的标题置于图形下方且居中，图的坐标要写清楚变量名和单位，尺寸大小应统一，点和线应清晰．

（5）论文中使图、文、表穿插连贯，尽量不要出现纯图或纯文字的现象．

2.3.2　全国大学生数学建模竞赛论文格式规范（2021 年）

为了保证竞赛的公平性、公正性，便于竞赛活动的标准化管理，根据评阅工作的实际需要，竞赛要求参赛队分别提交纸质版和电子版论文，特制定本规范．

1. 纸质版论文格式规范

第一条　论文用白色 A4 纸打印（单面、双面均可）；上下左右各留出至少 2.5 cm 的页边距；从左侧装订．

第二条　论文第一页为承诺书，第二页为编号专用页，具体内容见本规范第三、第四页．

第三条　论文第三页为摘要专用页．摘要内容（含标题和关键词，无需翻译成英文）不能超过一页；论文从此页开始编写页码，页码位于页脚中部，用阿拉伯数字从"1"开始连续编号．

第四条　论文从第四页开始是正文内容（不要目录，尽量控制在 20 页以内）；正文之后是论文附录（页数不限），附录内容必须打印并与正文装订在一起提交．

第五条　论文附录内容应包括支撑材料的文件列表，建模所用到的全部完整、可运行的源程序代码（含 EXCEL、SPSS 等软件的交互命令）等．如果缺少必要的源程序、程序不能运行或运行结果与论文不符，都有可能会被取消评奖资格．如果确实没有用到程序，应在论文附录中明确说明"本论文没有用到程序"．

第六条　论文摘要专用页、正文和附录中任何地方都不能有显示参赛者身份和所在学校及赛区的信息．

第七条　所有引用他人或公开资料（包括网上资料）的成果必须按照科技论文的规范列出参考文献，并在正文引用处予以标注．

第八条　本规范中未作规定的，如论文的字号、字体、行距、颜色等不做统一要求．在不违反本规范的前提下，各赛区可以对论文做相应的要求．

2. 电子版论文格式规范

第九条　参赛队应按照《全国大学生数学建模竞赛报名和参赛须知》的要求提交参赛论文和支撑材料两个电子文件．

第十条　参赛论文电子版内容必须与纸质版内容及格式（包括附录）完全一致；必须是

一个单独的文件，文件格式为 PDF 或者 Word 格式之一（建议使用 PDF 格式）；文件大小不超过 20 MB. 注意参赛论文电子版文件不要压缩，承诺书和编号专用页不要放在电子版论文中，即电子版论文的第一页必须为摘要专用页.

第十一条 支撑材料内容包括用于支撑模型、结果、结论的所有必要材料，至少应包含建模所用到的所有可运行源程序、自主查阅使用的数据资料（赛题中提供的原始数据除外）、较大篇幅中间结果的图表等. 将所有支撑材料文件使用 WinRAR 软件压缩在一个文件中（后缀为 RAR 或 ZIP，大小不超过 20 MB）. 支撑材料的文件列表应放入论文附录；如果确实没有需要提供的支撑材料，可以不提供支撑材料文件，并在论文附录中注明"本论文没有支撑材料". 如果支撑材料文件与论文内容不相符，该论文可能会被取消评奖资格. 注意竞赛的承诺书和编号专用页不要放在支撑材料中，所有文件中不能有显示参赛者身份和所在学校及赛区的信息.

3. 本规范的实施与解释

第十二条 本规范自发布之日起试行，以前的规范与本规范不相符的，以本规范为准. 不符合本规范的论文将被视为违反竞赛规则，可能被取消评奖资格.

第十三条 本规范的解释权属于全国大学生数学建模竞赛组委会.

说明：

（1）本科组参赛队从 A、B、C 题中任选一题，专科组参赛队从 D、E 题中任选一题.

（2）各赛区可自行决定是否在竞赛结束时收集纸质版论文，但对于送全国评阅的论文，各赛区必须提供符合本规范要求的纸质版论文. 注意纸质版论文应包括论文正文和附录的内容，支撑材料无需打印.

（3）各赛区评阅前将纸质版论文第一页（承诺书）取下保存，同时在第一页和第二页建立"赛区评阅编号". 评阅完成后，各赛区对送全国评阅的论文按全国组委会规定的编号方式编制"送全国评阅统一编号"，并填写在第二页上，然后送全国评阅.

（4）在不违反本规范原则的前提下，各赛区组委会可对论文格式提出更高要求.

扫码查看参考答案

任务单 2.3

模块名称	模块二 数学建模简介		
任务名称	任务 2.3 数学建模论文写作		
班级		姓名	得分

1. 查找近两年全国数学建模竞赛 D 题、E 题.

2. 阅读近两年全国数学建模竞赛 D 题、E 题的优秀论文与点评.

思政天地	
完成日期	

模块三 数学人物传记

任务 3.1 华罗庚

华罗庚是中国解析数论、矩阵几何学、典型群、自守函数论与多元复变函数论等多方面研究的创始人和开拓者，也是中国在国际上最有影响力的数学家之一，被列为芝加哥科学技术博物馆中当今世界 88 位数学伟人之一．国际上以华氏命名的数学科研成果有"华氏定理""华氏不等式""华—王方法"等，发表专著与学术论文近 300 篇．

华罗庚是一位靠自学成才的一流数学家．拿到初中文凭后，他用 5 年时间自学完了高中和大学低年级的全部课程，后因在《科学》杂志上发表的一篇轰动数学界的论文，得到了数学家熊庆来的赏识，从此华罗庚北上清华园，开始了他的数学生涯．

1936 年，经熊庆来教授推荐，华罗庚前往英国，留学剑桥．20 世纪声名显赫的数学家哈代，早就听说华罗庚很有才气，他说："你可以在两年之内获得博士学位．"可是华罗庚却说："我不想获得博士学位，我只要求做一个访问者．""我来剑桥是求学问的，不是为了学位．"两年中，他集中精力研究堆垒素数论，并就华林问题、他利问题、奇数哥德巴赫问题发表 18 篇论文，得出了著名的"华氏定理"，向全世界显示了中国数学家出众的智慧与能力．

1946 年，华罗庚应邀去美国讲学，并被伊利诺伊大学高薪聘为终身教授，他的家属也随同到美国定居，有洋房和汽车，生活十分优裕．当时，不少人认为华罗庚不会回来了．但新中国的诞生，牵动着热爱祖国的华罗庚的心．

1950 年，他毅然放弃在美国的优裕生活，回到了祖国，而且还给留美的中国学生写了一封公开信，动员大家回国参加社会主义建设．他在信中坦露出了一颗爱中华的赤子之心："朋友们！梁园虽好，非久居之乡．归去来兮……为了国家民族，我们应当回去……"虽然数学没有国界，但数学家却有自己的祖国．华罗庚从海外归来，受到党和人民的热烈欢迎，他回到清华园，被委任为数学系主任，不久又被任命为中国科学院数学研究所所长．从此，开始了他数学研究真正的黄金时期．他不但连续做出了令世界瞩目的突出成绩，同时满腔热情地关心、培养了一大批数学人才．为摘取数学王冠上的明珠，为应用数学研究、试验和推广，他倾注了大量心血．

据不完全统计，数十年间，华罗庚共发表了 152 篇重要的数学论文，出版了 9 部数学著作、11 本数学科普著作．他还被选为科学院的国外院士和第三世界科学家的院士．从初中毕业到人民数学家，华罗庚走过了一条曲折而辉煌的人生道路，为祖国争得了极大的荣誉．

名言欣赏

聪明在于学习，天才在于积累．——华罗庚

学而优则用，学而优则创．——华罗庚

新的数学方法和概念，常常比解决问题的本身更重要．——华罗庚数缺形时少直观，形缺数时难入微，又说要打好数学基础有两个必经过程：先学习接受"由薄到厚"；再消化提炼"由厚到薄"．因此，学习数学最好的方法是"做数学"．

任务 3.2　保罗·萨缪尔森

保罗·萨缪尔森（图 3-1）是美国著名的经济学家，是新古典经济学和凯恩斯经济学综合的代表人物，其理论观点体现了西方经济学整整一代的正统的理论观点，并且成了西方国家政府制定经济政策的理论基础．萨缪尔森在经济学领域中可以说是无处不在，被称为经济学界的最后一个通才．他将数学分析方法引入经济学，帮助在经济困境中上台的肯尼迪政府制定了著名的"肯尼迪减税方案"，并且写出了一部被数百万大学生奉为经典的教科书．

图 3-1

3.2.1　保罗·萨缪尔森成就之一：将数学引进了经济学

保罗·萨缪尔森（PaulA. Samuelson），1915 年出生，为人聪明勤奋．萨缪尔森出身于一个经济学世家，他的侄子就是美国总统奥巴马首席经济顾问萨默斯，而兄弟罗伯特、妹妹安妮塔也都是知名经济学家．1931 年，保罗·萨缪尔森考入芝加哥大学，专修经济学，年仅十五岁．萨缪尔森毕业后在哈佛大学继续攻读学业．在他的导师指引下，萨缪尔森在 26 岁那年取得博士学位．其博士学位论文《经济理论操作的重要性》获哈佛大学威尔斯奖，正是以此为基础形成的《经济分析基础》为萨缪尔森赢得了诺贝尔经济学奖．1958 年，他与 R·索洛和 R·多夫曼合著了《线性规划与经济分析》一书，为经济学界新诞生的经济计量学做出了贡献．

3.2.2　保罗·萨缪尔森成就之二：帮助在经济困境中上台的肯尼迪政府制定了著名的"肯尼迪减税方案"

1953 年，当《经济学》第三版发行时，萨缪尔森来到美国预算局，为美国政府出谋划策．肯尼迪采纳了萨缪尔森的建议，实行了著名的"肯尼迪减税"政策，减税增加了消费支出，扩大了总需求，并增加了经济的生产和就业．实际上当肯尼迪提出的减税最终在 1964 年实施时，它促成了一个经济高增长的时期．萨缪尔森也成为白宫中不可缺少的高参．

3.2.3　保罗·萨缪尔森成就之三：影响了数代人的巨著《经济学》

1948 年，萨缪尔森发表了他最有影响的巨著《经济学》．这本书一出版即告脱销．许多国家的出版商不惜重金抢购它的出版权，不久即被翻译成日、德、意、匈、葡、俄等多种文字．人们进入大学一开始学习经济学便遇到了萨缪尔森，读的是萨缪尔森的《经济学》教科书；而当进入高层次经济理论研究之时，人们还是离不开萨缪尔森，这时萨缪尔森的《经济分析的基础》成了经济理论研究的指导；在几乎所有的经济学领域，诸如：微观经济学、宏观经济学、国际经济学、数量经济学，人们总是能从萨缪尔森的有关著作中获得启示和教益．萨缪尔森曾在年轻时代感慨经济学家无法获得诺贝尔经济学奖，因为在那之前，诺贝尔经济学奖还未设立．1968 年，诺贝尔奖设立了经济学奖，萨缪尔森成为第一个获得诺贝尔经济学奖的美国经济学家．1961 年是萨缪尔森学术生涯中的重要一年．他再次出任美国财政部经济顾问．同时，他在《经济学》第五版中，把自己的理论体系称为"新古典综合学派"，并在 1961 年的美国经济学年会上，对其理论的核心部分、理论体系及其研究方法做了较为详细的解释．他的此番解释，受到与会者的高度评价，人们一致推选他做该年度学会的会长．

1962 年，萨缪尔森被授予名誉文学博士、名誉法学博士．1965 年，又被任命为美国联邦储备银行经济咨询委员会顾问，并出任美国国际经济学会会长．20 世纪 60 年代，美国的经济增长较快，在肯尼迪·约翰逊出任美国总统的 8 年中，美国没有爆发经济危机，凯恩斯主义被他的追随者吹捧为"战后繁荣主义"，作为总统首席经济顾问的萨缪尔森便成了美国凯恩斯主义的代名词，美国经济生活中的成就也被视为是"新古典综合学派"的功绩．1966 年，萨缪尔森在接受印第安纳大学授予他名誉法学博士的同时，出版了《萨缪尔森科学论文集》．1967年，密执安州大学授予他名誉法学博士．1970 年，克莱尔门特·雷特·丢特学校授予他名誉法学博士，伊利诺斯州的伊文斯威林大学授予他荣誉奖章．1971 年，他获得了美国国家科学院授予的爱因斯坦奖．1970 年，《经济分析基础》的水准得到三度肯定，他赢得了诺贝尔经济学奖．

3.2.4　经济学家萨缪尔森的幸福方程式：幸福 = 效用/欲望

效用是指人从消费物品与劳务中所获得的满足程度．

图 3-2

从图 3-2 来看获得幸福取决于两个因素：效用与欲望．想要得到幸福，一般人的思路都是提高"分子"，想尽方法获得更多效用（利益），这是通常世人追求幸福的思路．

但这里有一个"陷阱"，就如《渔夫与金鱼》的故事，人的欲望总在不断的升级中，满足一个又产生新的一个，正所谓"人心不足蛇吞象"，那从这个公式看，如果分子的扩大追赶不上分母膨胀的速度，不仅幸福感缩水，急迫和焦虑更会迅速升级，欲望越小越接近幸福．换一个角度看，即使效用（分子）保持不变．欲望（分母）越小，幸福感自然就提升了，传承几千年的古训反复地说，少欲知足，知足方能常乐．

任务 3.3　祖冲之

祖冲之(429—500 年，图 3-3)，字文远，范阳郡遒县(今河北省涞水县)人，南北朝时期杰出的数学家、天文学家.

图 3-3

祖冲之出身范阳祖氏. 一生钻研自然科学，其主要贡献在数学、天文历法和机械制造三方面. 他在刘徽开创的探索圆周率的精确方法的基础上，首次将"圆周率"数值精算到小数点后第七位，即在 3.141 592 6 和 3.141 592 7 之间，他提出的"祖率"对数学的研究有重大贡献. 直到 16 世纪，阿拉伯数学家阿尔·卡西才打破了这一纪录.

由他撰写的《大明历》是当时最科学、最进步的历法，对后世的天文研究提供了正确的方法. 其主要著作有《安边论》《缀术》《述异记》《历议》等.

祖冲之算出圆周率(π)的真值在 3.141 592 6 和 3.141 592 7 之间，相当于精确到小数点后第七位，简化成 3.141 592 6，祖冲之因此入选世界纪录协会世界第一位将圆周率值计算到小数点后第七位的科学家. 祖冲之还给出圆周率(π)的两个分数形式：22/7(约率)和 355/113(密率)，其中密率精确到小数第七位. 祖冲之对圆周率数值的精确推算值，对于中国乃至世界是一个重大贡献，后人将"约率"用他的名字命名为"祖冲之圆周率"，简称"祖率".

圆周率的应用很广泛，尤其是在天文、历法方面，凡牵涉到圆的一切问题，都要使用圆周率来推算. 如何正确地推求圆周率的数值，是世界数学史上的一个重要课题. 中国古代数学家们对这个问题十分重视，研究也很早. 在《周髀算经》和《九章算术》中就提出径一周三的古率，定圆周率为三，即圆周长是直径长的三倍. 此后，经过历代数学家的相继探索，推算出的圆周率数值日益精确.

东汉张衡推算出的圆周率值为 3.162. 三国时王蕃推算出的圆周率数值为 3.155. 魏晋的著名数学家刘徽在为《九章算术》作注时创立了新的推算圆周率的方法——割圆术，将圆周率的值为边长除以 2，其近似值为 3.14；并且说明这个数值比圆周率实际数值要小一些. 刘徽以后，探求圆周率有成就的学者，先后有南朝时代的何承天、皮延宗等人. 何承天求得的圆周率数值为 3.142 8，皮延宗求出的圆周率值为 22/7≈3.14.

祖冲之认为自秦汉以至魏晋的数百年中研究圆周率成绩最大的学者是刘徽，但并未达到精确的程度，于是他进一步精益钻研，去探求更精确的数值.

根据《隋书·律历志》关于圆周率(π)的记载："宋末，南徐州从事史祖冲之更开密法，以圆径一亿为一丈，圆周盈数三丈一尺四寸一分五厘九毫二秒七忽，朒数三丈一尺四寸一分五厘九毫二秒六忽，正数在盈朒二限之间. 密率，圆径一百一十三，圆周三百五十五. 约率，圆径七，周二十二." 祖冲之把一丈化为一亿忽，以此为直径求圆周率. 他计算的结果共得到两个数：一个是盈数(即过剩的近似值)，为 3.141 592 7；一个是朒数(即不足的近似值)，为 3.141 6.

盈朒两数可以列成不等式，如：3. 141 592 6(朒) <π(真实的圆周率) < 3. 141 592 7(盈)，这表明圆周率应在盈朒两数之间. 按照当时计算都用分数的习惯，祖冲之还采用了两个分数值的圆周率. 一个是 355/113(约等于 3. 141 592 7)，这一个数比较精密，所以祖冲之称它为"密率". 另一个是 22/7(约等于 3. 14)，这一个数比较粗疏，所以祖冲之称它为"约率".

祖冲之在圆周率方面的研究，有着积极的现实意义，他的研究适应了当时生产实践的需要. 他亲自研究度量衡，并用最新的圆周率成果修正古代的量器容积的计算. 古代有一种量器叫作"釜"，一般的是一尺深，外形呈圆柱状，祖冲之利用他的圆周率研究，求出了精确的数值. 他还重新计算了汉朝刘歆所造的"律嘉量"，利用"祖率"校正了数值. 以后，人们制造量器时就采用了祖冲之的"祖率"数值.

祖冲之写过《缀术》五卷，被收入著名的《算经十书》中.《隋书》评论"学官莫能究其深奥，故废而不理"，认为《缀术》理论十分深奥，计算相当精密，学问很高的学者也不易理解它的内容，在当时是数学理论书籍中最难的一本.

在《缀术》中，祖冲之提出了"开差幂"和"开差立"的问题."差幂"一词在刘徽为《九章算术》所作的注中就有了，指的是面积之差."开差幂"即是已知长方形的面积和长、宽的差，用开平方的方法求它的长和宽，它的具体解法已经是用二次代数方程求解正根的问题了. 而"开差立"就是已知长方体的体积和长、宽、高的差，用开立方的办法来求它的边长；同时也包括已知圆柱体、球体的体积来求它们的直径的问题. 所用到的计算方法已是用三次方程求解正根的问题了，三次方程的解法以前没有过，祖冲之的解法是一项创举.

祖冲之那个时代，算盘还未出现，人们普遍使用的计算工具叫算筹，它是一根根几寸长的方形或扁形的小棍子，由竹、木、铁、玉等各种材料制成. 通过对算筹的不同摆法，来表示各种数目，叫作筹算法. 如果计算数字的位数越多，所需要摆放的面积就越大. 用算筹来计算不像用笔，笔算可以留在纸上，而筹算每计算完一次就得重新摆动以进行新的计算；只能用笔记下计算结果，而无法得到较为直观的图形与算式. 因此只要一有差错，比如算筹被碰偏了或者计算中出现了错误，就只能从头开始. 祖冲之为求得圆周率的精准数值，就需要对九位有效数字的小数进行加、减、乘、除和开方运算等十多个步骤的计算，而每个步骤都要反复进行十几次，开方运算有 50 次，最后计算出的数字达到小数点后十六、七位.

任务 3.4　希尔伯特

希尔伯特生于东普鲁士哥尼斯堡附近的韦劳，自小勤奋好学，并对科学及数学有极大的兴趣. 他与著名数学家闵可夫斯基(爱因斯坦之师)结为好友，共同进入哥尼斯堡大学，并最终超越了他. 1884 年，希尔伯特获得了博士学位，之后留校取得讲师资格、升任副教授，并于 1893 年被任命为正教授. 1895 年，他转入了哥廷根大学任教授，此后一直在哥廷根生活、工作. 在 1900 年的巴黎第二届国际数学家代表大会上，希尔伯特发表了《数学问题》这一著名讲演. 根据过去数学研究的成果及发展趋势，他提出了 23 个最重要的数学问题，统称为希尔伯特问题，后来成为很多数学家努力攻克的难关. 对于现代数学的研究和发展，产生了深刻影响，起了积极的推动作用. 他曾说过在数学中没有不可知."我们必须知道，我们必将知道"，在希尔伯特去世之后，他的名言便刻于他的墓碑之上．1930年，希尔伯特退休．在此期间，他担任过柏林科学院通讯院士，并且曾获罗巴契夫斯基奖、施泰讷奖和波约伊奖．继1930年获瑞典科学院的米塔格－莱福勒奖之后，他于1942年成为了柏林科学院荣誉院士．希尔伯特的正直亦为人所称颂，一战前夕，他拒绝在德国政府发表的《告文明世界书》上签字．然而在之后，由于纳粹政府之反动政策愈演愈烈，大多数科学家流亡至美国，哥廷根学派亦不幸衰落．1943年，希尔伯特在孤独之中离开人世．希尔伯特简介亦结束于此．

希尔伯特是当之无愧的对20世纪的数学有深刻影响的数学家之一．提到希尔伯特的成就，笔者认为不可忽视的便是其23个数学问题．1900年8月8日，在巴黎国际数学家代表大会上，他提出了数学家应努力解决的23个问题．此举可以说是20世纪数学之制高点，之后针对这些问题的研究，起到了很好地推动发展的作用，在世界上亦有不可替代的意义．希尔伯特所领导的哥廷根学派是当时数学界的一面旗帜．哥廷根大学成了当时世界数学研究的重要中心，一批对于现代数学发展做出了重大贡献的杰出数学家培养于此．如果要更清晰地了解希尔伯特的数学工作，可以进行不同时期的划分，在每个时期，他主要集中精力研究某一类问题．按照时间顺序，他的研究内容分别为不变量理论、代数数域理论，以及之后的几何基础、积分方程、物理学与一般数学基础．其间更是穿插一系列研究课题，囊括了狄利克雷原理和变分法、特征值问题、华林问题与"希尔伯特空间"等．在这些领域之中，他均曾做出重大贡献．希尔伯特这样认为：科学在每个时代均有它自己的问题，这些问题的解决于科学发展具有深远意义．希尔伯特所著的《几何基础》是公理化思想的代表作，其中不但整理了欧几里得几何学，还对相互关系、逻辑结构等方面进行了深刻探讨．经过多年酝酿，20年代初，希尔伯特提出"论证集合论、数论或数学分析一致性"的方案．并于之后的探索中创立了元数学和证明论．希尔伯特最主要著作有《希尔伯特全集》，与他人合著的有：《理论逻辑基础》《数学物理方法》《数学基础》等．

任务3.5 牛 顿

艾萨克·牛顿（Isaac Newton，图3-4）是英国伟大的数学家、物理学家、天文学家和自然哲学家，其研究领域包括了物理学、数学、天文学、神学、自然哲学和炼金术．牛顿的主要贡献有：发明了微积分，发现了万有引力定律和经典力学，设计并实际制造了第一架反射式望远镜，等等，被誉为人类历史上最伟大、最有影响力的科学家．为了纪念牛顿在经典力学方面的杰出成就，"牛顿"后来成为衡量力的大小的物理单位．

牛顿于1643年1月4日生于英格兰林肯郡格兰瑟姆附近的沃尔索普村．1661年入英国剑桥大学三一学院，1665年获文学学士学位．

图3-4

1667年牛顿回剑桥后当选为剑桥大学三一学院院委，次年获硕士学位．1669年任剑桥大学卢卡斯数学教授席位直到1701年．1696年任皇家造币厂监督，并移居伦敦．1703年任英国皇家学会会长. 1706 年受英国女王安娜封爵. 在晚年, 牛顿潜心于自然哲学与神学. 1727 年 3 月 31 日, 牛顿在伦敦病逝, 享年 84 岁.

在牛顿的全部科学贡献中, 数学成就占有突出的地位. 他数学生涯中的第一项创造性成果就是发现了二项式定理. 据牛顿本人回忆, 他是在 1664 年和 1665 年间的冬天, 在研读沃利斯博士的《无穷算术》时, 试图修改他的求圆面积的级数时发现这一定理的.

笛卡尔的解析几何把描述运动的函数关系和几何曲线相对应. 牛顿在老师巴罗的指导下, 在钻研笛卡尔的解析几何的基础上, 找到了新的出路. 可以把任意时刻的速度看成是在微小的时间范围里的速度的平均值, 这就是一个微小的路程和时间间隔的比值, 当这个微小的时间间隔缩小到无穷小的时候, 就是这一点的准确值. 这就是微分的概念.

微积分的创立是牛顿最卓越的数学成就. 牛顿为解决运动问题, 才创立这种和物理概念直接联系的数学理论的, 牛顿称之为"流数术". 它所处理的一些具体问题, 如切线问题、求积问题、瞬时速度问题以及函数的极大值和极小值问题等, 在牛顿以前已经得到人们的研究了. 但牛顿超越了前人, 他站在了更高的角度, 对以往分散的结论加以综合, 将自古希腊以来求解无限小问题的各种技巧统一为两类普通的算法——微分和积分, 并确立了这两类运算的互逆关系, 从而完成了微积分发明中最关键的一步, 为近代科学发展提供了最有效的工具, 开辟了数学上的一个新纪元.

牛顿没有及时发表微积分的研究成果, 他研究微积分可能比莱布尼茨早一些, 但是莱布尼茨所采取的表达形式更加合理, 而且关于微积分的著作出版时间也比牛顿早.

在牛顿和莱布尼茨之间, 为争论谁是这门学科的创立者的时候, 竟然引起了一场轩然大波, 这种争吵在各自的学生、支持者和数学家中持续了相当长的一段时间, 造成了欧洲大陆的数学家和英国数学家的长期对立. 英国数学在一个时期里闭关锁国, 囿于民族偏见, 过于拘泥在牛顿的"流数术"中停步不前, 因而数学发展整整落后了一百年.

1707 年, 牛顿的代数讲义经整理后出版, 定名为《普遍算术》. 他主要讨论了代数基础及其(通过解方程)在解决各类问题中的应用. 书中陈述了代数基本概念与基本运算, 用大量实例说明了如何将各类问题化为代数方程, 同时对方程的根及其性质进行了深入探讨, 引出了方程论方面的丰硕成果, 如: 他得出了方程的根与其判别式之间的关系, 指出可以利用方程系数确定方程根之幂的和数, 即"牛顿幂和公式".

在 1665 年, 刚好 22 岁的牛顿发现了二项式定理, 这对于微积分的充分发展是必不可少的一步. 二项式定理在组合理论、开高次方、高阶等差数列求和, 以及差分法中有广泛的应用.

创建微积分

牛顿在数学上最卓越的成就是创建微积分. 他超越前人的功绩在于, 他将古希腊以来求解无限小问题的各种特殊技巧统一为两类普遍的算法——微分和积分, 并确立了这两类运算的互逆关系, 如: 面积计算可以看作求切线的逆过程.

那时莱布尼茨亦刚好提出微积分研究报告, 更因此引发了一场微积分发明专利权的争论, 直到莱氏去世才停息. 而后世已认定微积分是他们同时发明的.

微积分方法上, 牛顿所做出的极端重要的贡献是, 他不但清楚地看到, 而且大胆地运用了代数所提供的大大优越于几何的方法论. 他以代数方法取代了卡瓦列里、格雷哥里、惠更斯和巴罗的几何方法, 完成了积分的代数化. 从此, 数学逐渐从感觉的学科转向思维的学科.

微积分产生的初期,由于还没有建立起巩固的理论基础,被有些喜爱思考的人研究.更因此而引发了著名的第二次数学危机.这个问题直到19世纪极限理论建立,才得到解决.

牛顿在力学领域也有伟大的发现,这是说明物体运动的科学.

牛顿是经典力学理论的集大成者.他系统地总结了伽利略、开普勒和惠更斯等人的工作,得到了著名的万有引力定律和牛顿运动三大定律.

在牛顿以前,天文学是最显赫的学科.但是为什么行星一定按照一定规律围绕太阳运行?天文学家无法圆满解释这个问题.万有引力的发现说明,天上星体运动和地面上物体运动都受到同样的规律——力学规律的支配.

早在牛顿发现万有引力定律以前,已经有许多科学家严肃认真地考虑过这个问题.比如开普勒就认识到,要维持行星沿椭圆轨道运动必定有一种力在起作用,他认为这种力类似磁力,就像磁石吸铁一样.1659年,惠更斯从研究摆的运动中发现,保持物体沿圆周轨道运动需要一种向心力.胡克等人认为是引力,并且试图推导引力和距离的关系.

牛顿自己回忆,1666年前后,他在老家居住的时候已经考虑过万有引力的问题.最有名的一个说法是:在假期里,牛顿常常在花园里小坐片刻.有一次,像以往屡次发生的那样,一个苹果从树上掉了下来……

一个苹果的偶然落地,却是人类思想史的一个转折点,它使那个坐在花园里的人的头脑开了窍,引起他的沉思:究竟是什么原因使一切物体都受到差不多总是朝向地心的吸引呢?牛顿思索着.终于,他发现了对人类具有划时代意义的万有引力.

牛顿高明的地方就在于他解决了胡克等人没有能够解决的数学论证问题.1679年,胡克曾经写信问牛顿,能不能根据向心力定律和引力同距离的平方成反比的定律,来证明行星沿椭圆轨道运动.牛顿没有回答这个问题.1685年,哈雷登门拜访牛顿时,牛顿已经发现了万有引力定律:两个物体之间有引力,引力和距离的平方成反比,和两个物体质量的乘积成正比.

当时已经有了地球半径、日地距离等精确的数据可以供计算使用.牛顿向哈雷证明地球的引力是使月亮围绕地球运动的向心力,也证明了在太阳引力作用下,行星运动符合开普勒运动三大定律.

在哈雷的敦促下,1686年年底,牛顿写成划时代的伟大著作《自然哲学的数学原理》一书.皇家学会经费不足,出不了这本书,后来靠了哈雷的资助,这部科学史上最伟大的著作之一才能够在1687年出版.

牛顿在这部书中,从力学的基本概念(质量、动量、惯性、力)和基本定律(运动三大定律)出发,运用他所发明的微积分这一锐利的数学工具,不但从数学上论证了万有引力定律,而且把经典力学确立为完整而严密的体系,把天体力学和地面上的物体力学统一起来,实现了物理学史上第一次大的综合.

牛顿的三大衡定

物质不灭定律,说的是物质的质量不灭;能量守恒定律,说的是物质的能量守恒;动量守恒定律.

苹果的传说

许多介绍牛顿的书上都介绍过牛顿与苹果的传奇故事：1665—1666 年，由于剑桥流行黑热病，学校被迫停学，刚从剑桥拿到学士学位的牛顿也返回了家乡．一天，牛顿正坐在一棵苹果树下看书及思考问题时，有一个苹果落了下来，这一下子启发了牛顿，这位当时年仅 23 岁的学生立刻想到，苹果一定是被地球的引力拉下来的，此后，经过多年努力，他终于完成了万有引力定律的阐述、数学证明与公式推导．但后来经专家发现，当时的苹果并没有砸到牛顿．而且牛顿的日记中回忆道，苹果并没有砸到他．

任务 3.6　莱布尼茨

戈特弗里德·威廉·凡·莱布尼茨（Gottfried Wilhelm von Leibniz，1646 年 7 月 1 日—1716 年 11 月 14 日，图 3-5）是德国最重要的自然科学家、数学家、物理学家、历史学家和哲学家，也是一位举世罕见的科学天才，和牛顿（1643 年 1 月 4 日—1727 年 3 月 31 日）同为微积分的创建人．他的研究成果还遍及力学、逻辑学、化学、地理学、解剖学、动物学、植物学、气体学、航海学、地质学、语言学、法学、哲学、历史、外交等，"世界上没有两片完全相同的树叶"就是出自他之口，他还是最早研究中国文化和中国哲学的德国人，对丰富人类的科学知识宝库做出了不可磨灭的贡献．公元 1646 年 7 月 1 日，戈特弗里德·威廉·凡·莱布尼茨

图 3-5

出生于德国东部莱比锡的一个书香之家，父亲弗里德希·莱布尼茨是莱比锡大学的道德哲学教授，母亲凯瑟琳娜·施马克出身于教授家庭，虔信路德新教．莱布尼茨的父母亲自做孩子的启蒙教师，耳濡目染使莱布尼茨从小就十分好学，并有很高的天赋，幼年时就对诗歌和历史有着浓厚的兴趣．不幸的是，父亲在他 6 岁时去世，却给他留下了丰富藏书．知书达理的母亲担负起了儿子的幼年教育．莱布尼茨因此得以广泛接触古希腊罗马文化，阅读了许多著名学者的著作，由此而获得了坚实的文化功底和明确的学术目标．8 岁时，莱布尼茨进入尼古拉学校，学习拉丁文、希腊文、修辞学、算术、逻辑、音乐以及《圣经》、路德教义等．

1661 年，15 岁的莱布尼茨进入莱比锡大学学习法律，一进校便跟上了大学二年级标准的人文学科的课程，他还抓紧时间学习哲学和科学．1663 年 5 月，他以《论个体原则方面的形而上学争论》一文获学士学位．这期间莱布尼茨还广泛阅读了培根、开普勒、伽利略等人的著作，并对他们的著述进行深入的思考和评价．在听了教授讲授的欧几里得的《几何原本》的课程后，莱布尼茨对数学产生了浓厚的兴趣．

始创微积分

17 世纪下半叶，欧洲科学技术迅猛发展，由于生产力的提高和社会各方面的迫切需要，经各国科学家的努力与历史的积累，建立在函数与极限概念基础上的微积分理论应运而生了．

微积分思想，最早可以追溯到希腊由阿基米德等人提出的计算面积和体积的方法．1665 年

牛顿创始了微积分，莱布尼茨在 1673—1676 年间也发表了微积分思想的论著．

以前，微分和积分作为两种数学运算、两类数学问题，是分别加以研究的．卡瓦列里、巴罗、沃利斯等人得到了一系列求面积（积分）、求切线斜率（导数）的重要结果，但这些结果都是孤立的、不连贯的．

只有莱布尼茨和牛顿将积分和微分真正沟通起来，明确地找到了两者内在的直接联系：微分和积分是互逆的两种运算．而这是微积分建立的关键所在．只有确立了这一基本关系，才能在此基础上构建系统的微积分学．并从对各种函数的微分和求积公式中，总结出共同的算法程序，使微积分方法普遍化，发展成用符号表示的微积分运算法则．因此，微积分"是牛顿和莱布尼茨大体上完成的，但不是由他们发明的"．

然而关于微积分创立的优先权，在数学史上曾掀起了一场激烈的争论．实际上，牛顿在微积分方面的研究虽早于莱布尼茨，但莱布尼茨成果的发表则早于牛顿．

莱布尼茨于 1684 年 10 月在《教师学报》上发表的论文《一种求极大极小的奇妙类型的计算》，是最早的微积分文献．这篇仅有六页的论文，内容并不丰富，说理也颇含糊，但却有着划时代的意义．

牛顿在三年后，即 1687 年出版的《自然哲学的数学原理》的第一版和第二版也写道："十年前在我和最杰出的几何学家莱布尼茨的通信中，我表明我已经知道确定极大值和极小值的方法、作切线的方法以及类似的方法，但我在交换的信件中隐瞒了这方法，……这位最卓越的科学家在回信中写道，他也发现了一种同样的方法．他并诉述了他的方法，它与我的方法几乎没有什么不同，除了他的措词和符号而外．"因此，后来人们公认牛顿和莱布尼茨是各自独立地创建微积分的．牛顿从物理学出发，运用集合方法研究微积分，其应用上更多地结合了运动学，造诣高于莱布尼茨．莱布尼茨则从几何问题出发，运用分析学方法引进微积分概念、得出运算法则，其数学的严密性与系统性是牛顿所不及的．

莱布尼茨认识到好的数学符号能节省思维劳动，运用符号的技巧是数学成功的关键之一．因此，他所创设的微积分符号远远优于牛顿的符号，这对微积分的发展有极大影响．1713 年，莱布尼茨发表了《微积分的历史和起源》一文，总结了自己创立微积分学的思路，说明了自己成就的独立性．

在莱布尼茨从事学术研究的生涯中，他发表了大量的学术论文，还有不少文稿生前未发表．在数学方面，格哈特编辑的七卷本《数学全书》是莱布尼茨数学研究较完整的代表性著作．格哈特还编辑过七卷本的《哲学全书》．已出版的各种各样的选集、著作集、书信集多达几十种，从中可以看到莱布尼茨的主要学术成就．今天，还有专门的莱布尼茨研究学术刊物"Leibniz"，可见其在科学史、文化史上的重要地位．

任务单3

模块名称			模块三　数学人物传记			
任务名称			任务3			
班级		姓名		得分		

查找并了解当代中国知名的数学家.

思政天地

	完成日期			

附　录

附录1　基础公式

1. 幂

数学表达式 a^b 称为幂，其中 a 为底，b 为指数．当指数取值为有理数时，相应幂的表达式为 $a^n = \underbrace{aa\cdots a}_{n\uparrow}(n$ 为正整数$)$．

$a^{-n} = \dfrac{1}{a^n}(a \neq 0,\ n$ 为正整数$)$，

$a^0 = 1(a \neq 0)$，

$a^{\frac{m}{n}} = \sqrt[n]{a^m}(a \geqslant 0,\ m,\ n$ 为互质正整数且 $n > 1)$，

$a^{-\frac{m}{n}} = \dfrac{1}{\sqrt[n]{a^m}} = \dfrac{1}{(\sqrt[n]{a})^m}(a > 0,\ m,\ n$ 为互质正整数且 $n > 1)$．

在等号两端皆有意义的情况下，幂的基本运算法则有

$(1)\ a^m a^n = a^{m+n}$，　　　　　　　　$(2)\ (a^m)^n = a^{mn}$，

$(3)\ (ab)^n = a^n b^n$，　　　　　　　　$(4)\ \left(\dfrac{b}{a}\right)^n = \dfrac{b^n}{a^n}$．

2. 对数

若 $a^b = N$，称 b 为以 a 为底 N 的对数，记作 $\log_a N$，即 $b = \log_a N$．

对数有以下性质：

$(1)\ N > 0$，$(2)\ \log_a 1 = 0$，$(3)\ \log_a a = 1$，$(4)\ \log_a a^m = m$．

在等号两端皆有意义的条件下，对数恒等关系式有：$(1)\ \log_a MN = \log_a M + \log_a N$，

$(2)\ \log_a \dfrac{N}{M} = \log_a N - \log_a M$，$(3)\ \log_a M^b = b\log_a M$．

对数换底公式

$$\log_m b = \frac{1}{\log_b m} = \frac{\log_a b}{\log_a m} = \frac{\lg b}{\lg m} = \frac{\ln b}{\ln m}.$$

3. 三角函数及反三角函数

特殊角的三角函数值如下表：

x	0	$\dfrac{\pi}{6}$	$\dfrac{\pi}{4}$	$\dfrac{\pi}{3}$	$\dfrac{\pi}{2}$	π	2π
$\sin x$	0	$\dfrac{1}{2}$	$\dfrac{\sqrt{2}}{2}$	$\dfrac{\sqrt{3}}{2}$	1	0	0
$\cos x$	1	$\dfrac{\sqrt{3}}{2}$	$\dfrac{\sqrt{2}}{2}$	$\dfrac{1}{2}$	0	-1	1
$\tan x$	0	$\dfrac{\sqrt{3}}{3}$	1	$\sqrt{3}$	不存在	0	0

在等号两端皆有意义的情况下，同角的三角函数恒等关系式有：

$$\tan x = \frac{\sin x}{\cos x}, \quad \cot x = \frac{\cos x}{\sin x}, \quad \tan x \cot x = 1, \quad \sec x = \frac{1}{\cos x},$$

$$\csc x = \frac{1}{\sin x}, \quad \sin^2 x + \cos^2 x = 1, \quad 1 + \tan^2 x = 1, \quad 1 + \cot^2 x = 1.$$

异角的三角函数恒等关系式

$$\sin(-x) = -\sin x, \quad \cos(-x) = \cos x, \quad \tan(-x) = -\tan x, \quad \sin\left(\frac{\pi}{2} - x\right) = \cos x.$$

二倍角公式

$$\sin 2\alpha = 2\sin\alpha\cos\alpha, \quad \cos 2\alpha = \cos^2\alpha - \sin^2\alpha = 2\cos^2 x - 1 = 1 - 2\sin^2 x,$$

$$\tan 2\alpha = \frac{2\tan\alpha}{1 - \tan^2\alpha}(\text{要求 }\alpha \text{、} 2\alpha \text{ 都在正切函数的定义域内}).$$

反三角函数基本关系

$$\arcsin x + \arccos x = \frac{\pi}{2}, \quad \arctan x + \text{arccot} x = \frac{\pi}{2}.$$

两角和(差)的正弦公式

$$\sin(\alpha + \beta) = \sin\alpha\cos\beta + \cos\alpha\sin\beta, \quad \sin(\alpha - \beta) = \sin\alpha\cos\beta - \cos\alpha\sin\beta.$$

两角和(差)的余弦公式

$$\cos(\alpha + \beta) = \cos\alpha\cos\beta - \sin\alpha\sin\beta, \quad \cos(\alpha - \beta) = \cos\alpha\cos\beta + \sin\alpha\sin\beta.$$

4. 完全平方

$$(a + b)^2 = a^2 + 2ab + b^2, \quad (a - b)^2 = a^2 - 2ab + b^2.$$

5. 因式分解

$$a^2 - b^2 = (a + b)(a - b), \quad a^3 - b^3 = (a - b)(a^2 + ab + b^2),$$

$$x^2 + (m + n)x + mn = (x + m)(x + n),$$

$$a^n - b^n = (a - b)(a^{n-1} + a^{n-2}b + \cdots + ab^{n-2} + b^{n-1})(n \text{ 为正整数}).$$

6. 有理化因式

无理式 $\sqrt{a} - \sqrt{b}$ 与 $\sqrt{a} + \sqrt{b}$ 互为有理化因式，有 $(\sqrt{a} - \sqrt{b})(\sqrt{a} + \sqrt{b}) = a - b$.

7. 一元二次方程

含有一个未知数，并且未知数的最高次数是 2 的整式方程，其一般形式为

$$ax^2 + bx + c = 0(a \neq 0).$$

解：一元二次方程的基本方法有：公式法、配方法、因式分解法.

一元二次方程解的讨论：判别式为 $\Delta = b^2 - 4ac$，则

当 $\Delta > 0$ 时，一元二次方程有两个不相等的实数根，

$$x_1 = \frac{-b - \sqrt{b^2 - 4ac}}{2a}, \quad x_2 = \frac{-b + \sqrt{b^2 - 4ac}}{2a};$$

当 $\Delta = 0$ 时，一元二次方程有两个相等的实数根，$x_1 = x_2 = \frac{-b}{2a}$;

当 $\Delta < 0$ 时，一元二次方程没有实数根.

8. 等比数列的前 n 项和

首项 $a \neq 0$，公比 $q \neq 1$ 的等比数列 a，aq，aq^2，$\cdots$，aq^{n-1}，$\cdots$ 的前 n 项和

$$S_n = a + aq + aq^2 + \cdots + aq^{n-1} = \frac{a(1-q^n)}{1-q}.$$

附录2 积分表

一、含有 $a+bx$ 的积分

1. $\displaystyle\int\frac{\mathrm{d}x}{a+bx}=\frac{1}{b}\ln(a+bx)+C$

2. $\displaystyle\int(a+bx)^{\mu}\mathrm{d}x=\frac{1}{b}\frac{(a+bx)^{\mu+1}}{\mu+1}+C(\mu\neq-1)$

3. $\displaystyle\int\frac{x\mathrm{d}x}{a+bx}=\frac{1}{b^{2}}\left[a+bx-a\ln(a+bx)\right]+C$

4. $\displaystyle\int\frac{x^{2}\mathrm{d}x}{a+bx}=\frac{1}{b^{3}}\left[\frac{1}{2}(a+bx)^{2}-2a(a+bx)+a^{2}\ln(a+bx)\right]+C$

5. $\displaystyle\int\frac{\mathrm{d}x}{x(a+bx)}=-\frac{1}{a}\ln\frac{a+bx}{x}+C$

6. $\displaystyle\int\frac{\mathrm{d}x}{x^{2}(a+bx)}=-\frac{1}{ax}+\frac{b}{a^{2}}\ln\frac{a+bx}{x}+C$

7. $\displaystyle\int\frac{x\mathrm{d}x}{(a+bx)^{2}}=\frac{1}{b^{2}}\left[\ln(a+bx)+\frac{a}{a+bx}\right]+C$

8. $\displaystyle\int\frac{x^{2}\mathrm{d}x}{(a+bx)^{2}}=\frac{1}{b^{3}}\left[a+bx-2a\ln(a+bx)-\frac{a^{2}}{a+bx}\right]+C$

9. $\displaystyle\int\frac{\mathrm{d}x}{x(a+bx)^{2}}=\frac{1}{a(a+bx)}-\frac{1}{a^{2}}\ln\frac{a+bx}{x}+C$

二、含有 $\sqrt{a+bx}$ 的积分

10. $\displaystyle\int\sqrt{a+bx}\,\mathrm{d}x=\frac{2}{3b}\sqrt{(a+bx)^{3}}+C$

11. $\displaystyle\int x\sqrt{a+bx}\,\mathrm{d}x=-\frac{2(2a-3bx)\sqrt{(a+bx)^{3}}}{15b^{2}}+C$

12. $\displaystyle\int x^{2}\sqrt{a+bx}\,\mathrm{d}x=\frac{2(8a^{2}-12abx+15b^{2}x^{2})\sqrt{(a+bx)^{3}}}{105b^{3}}+C$

13. $\displaystyle\int\frac{x\mathrm{d}x}{\sqrt{a+bx}}=-\frac{2(2a-bx)}{3b^{2}}\sqrt{a+bx}+C$

14. $\displaystyle\int\frac{x^{2}\mathrm{d}x}{\sqrt{a+bx}}=\frac{2(8a^{2}-4abx+3b^{2}x^{2})}{15b^{3}}\sqrt{a+bx}+C$

15. $\displaystyle\int\frac{\mathrm{d}x}{x\sqrt{a+bx}}=\begin{cases}\dfrac{1}{\sqrt{a}}\ln\dfrac{\sqrt{a+bx}-\sqrt{a}}{\sqrt{a+bx}+\sqrt{a}}+C(a>0)\\[3mm]\dfrac{2}{\sqrt{-a}}\arctan\sqrt{\dfrac{a+bx}{-a}}+C(a<0)\end{cases}$

16. $\displaystyle\int \frac{\mathrm{d}x}{x^2 \sqrt{a+bx}} = -\frac{\sqrt{a+bx}}{ax} - \frac{b}{2a}\int \frac{\mathrm{d}x}{x \sqrt{a+bx}}$

17. $\displaystyle\int \frac{\sqrt{a+bx}}{x}\mathrm{d}x = 2 \sqrt{a+bx} + a\int \frac{\mathrm{d}x}{x \sqrt{a+bx}}$

三、含有 $a^2 \pm x^2$ 的积分

18. $\displaystyle\int \frac{\mathrm{d}x}{a^2+x^2} = \frac{1}{a}\arctan \frac{x}{a} + C$

19. $\displaystyle\int \frac{\mathrm{d}x}{(x^2+a^2)^n} = \frac{x}{2(n-1)a^2 (x^2+a^2)^{n-1}} + \frac{2n-3}{2(n-1)a^2}\int \frac{\mathrm{d}x}{(x^2+a^2)^{n-1}}$

20. $\displaystyle\int \frac{\mathrm{d}x}{a^2-x^2} = \frac{1}{2a}\ln \frac{a+x}{a-x} + C(\mid x \mid \ < a)$

21. $\displaystyle\int \frac{\mathrm{d}x}{x^2-a^2} = \frac{1}{2a}\ln \frac{x-a}{x+a} + C(\mid x \mid \ > a)$

四、含有 $a \pm bx^2$ 的积分

22. $\displaystyle\int \frac{\mathrm{d}x}{a+bx^2} = \frac{1}{\sqrt{ab}}\arctan \sqrt{\frac{b}{a}}x + C(a>0, \ b>0)$

23. $\displaystyle\int \frac{\mathrm{d}x}{a-bx^2} = \frac{1}{2 \sqrt{ab}}\ln \frac{\sqrt{a} + \sqrt{b}x}{\sqrt{a} - \sqrt{b}x} + C$

24. $\displaystyle\int \frac{x\mathrm{d}x}{a+bx^2} = \frac{1}{2b}\ln(a+bx^2) + C$

25. $\displaystyle\int \frac{x^2\mathrm{d}x}{a+bx^2} = \frac{x}{b} - \frac{a}{b}\int \frac{\mathrm{d}x}{a+bx^2}$

26. $\displaystyle\int \frac{\mathrm{d}x}{x(a+bx^2)} = \frac{1}{2a}\ln \frac{x^2}{a+bx^2} + C$

27. $\displaystyle\int \frac{\mathrm{d}x}{x^2(a+bx^2)} = -\frac{1}{ax} - \frac{b}{a}\int \frac{\mathrm{d}x}{a+bx^2}$

28. $\displaystyle\int \frac{\mathrm{d}x}{(a+bx^2)^2} = \frac{x}{2a(a+bx^2)} + \frac{1}{2a}\int \frac{\mathrm{d}x}{a+bx^2}$

五、含有 $\sqrt{x^2+a^2}$ 的积分

29. $\displaystyle\int \sqrt{x^2+a^2}\mathrm{d}x = \frac{x}{2}\sqrt{x^2+a^2} + \frac{a^2}{2}\ln(x + \sqrt{x^2+a^2}) + C$

30. $\displaystyle\int \sqrt{(x^2+a^2)^3}\mathrm{d}x = \frac{x}{8}(2x^2+5a^2) \sqrt{x^2+a^2} + \frac{3a^4}{8}\ln(x + \sqrt{x^2+a^2}) + C$

31. $\displaystyle\int x \sqrt{x^2+a^2}\mathrm{d}x = \frac{\sqrt{(x^2+a^2)^3}}{3} + C$

32. $\displaystyle\int x^2 \sqrt{x^2+a^2}\mathrm{d}x = \frac{x}{8}(2x^2+a^2) \sqrt{x^2+a^2} - \frac{a^4}{8}\ln(x + \sqrt{x^2+a^2}) + C$

33. $\displaystyle\int \frac{\mathrm{d}x}{\sqrt{x^2+a^2}} = \ln(x + \sqrt{x^2+a^2}) + C$

34. $\displaystyle\int \frac{\mathrm{d}x}{\sqrt{(x^2+a^2)^3}} = \frac{x}{a^2\sqrt{x^2+a^2}} + C$

35. $\displaystyle\int \frac{x\mathrm{d}x}{\sqrt{x^2+a^2}} = \sqrt{x^2+a^2} + C$

36. $\displaystyle\int \frac{x^2\mathrm{d}x}{\sqrt{x^2+a^2}} = \frac{x}{a}\sqrt{x^2+a^2} - \frac{a^2}{2}\ln(x+\sqrt{x^2+a^2}) + C$

37. $\displaystyle\int \frac{x^2\mathrm{d}x}{\sqrt{(x^2+a^2)^3}} = -\frac{x}{\sqrt{x^2+a^2}} + \ln(x+\sqrt{x^2+a^2}) + C$

38. $\displaystyle\int \frac{\mathrm{d}x}{x\sqrt{x^2+a^2}} = \frac{1}{a}\ln\frac{x}{a+\sqrt{x^2+a^2}} + C$

39. $\displaystyle\int \frac{\mathrm{d}x}{x^2\sqrt{x^2+a^2}} = -\frac{\sqrt{x^2+a^2}}{a^2 x} + C$

40. $\displaystyle\int \frac{\sqrt{x^2+a^2}\,\mathrm{d}x}{x} = \sqrt{x^2+a^2} - a\ln\frac{a+\sqrt{x^2+a^2}}{x} + C$

41. $\displaystyle\int \frac{\sqrt{x^2+a^2}\,\mathrm{d}x}{x^2} = -\frac{\sqrt{x^2+a^2}}{x} + \ln(x+\sqrt{x^2+a^2}) + C$

六、含有 $\sqrt{x^2-a^2}$ 的积分

42. $\displaystyle\int \frac{\mathrm{d}x}{\sqrt{x^2-a^2}} = \ln(x+\sqrt{x^2-a^2}) + C$

43. $\displaystyle\int \frac{\mathrm{d}x}{\sqrt{(x^2-a^2)^3}} = -\frac{x}{a^2\sqrt{x^2-a^2}} + C$

44. $\displaystyle\int \frac{x\mathrm{d}x}{\sqrt{x^2-a^2}} = \sqrt{x^2-a^2} + C$

45. $\displaystyle\int \sqrt{x^2-a^2}\,\mathrm{d}x = \frac{x}{2}\sqrt{x^2-a^2} - \frac{a^2}{2}\ln(x+\sqrt{x^2-a^2}) + C$

46. $\displaystyle\int \sqrt{(x^2-a^2)^3}\,\mathrm{d}x = \frac{x}{8}(2x^2-5a^2)\sqrt{x^2-a^2} + \frac{3a^4}{8}\ln(x+\sqrt{x^2-a^2}) + C$

47. $\displaystyle\int x\sqrt{x^2-a^2}\,\mathrm{d}x = \frac{\sqrt{(x^2-a^2)^3}}{3} + C$

48. $\displaystyle\int x\sqrt{(x^2-a^2)^3}\,\mathrm{d}x = \frac{\sqrt{(x^2-a^2)^5}}{5} + C$

49. $\displaystyle\int x^2\sqrt{x^2-a^2}\,\mathrm{d}x = \frac{x}{8}(2x^2-a^2)\sqrt{x^2-a^2} - \frac{a^4}{8}\ln(x+\sqrt{x^2-a^2}) + C$

50. $\displaystyle\int \frac{x^2\mathrm{d}x}{\sqrt{x^2-a^2}} = \frac{x}{2}\sqrt{x^2-a^2} + \frac{a^2}{2}\ln(x+\sqrt{x^2-a^2}) + C$

51. $\displaystyle\int \frac{x^2\mathrm{d}x}{\sqrt{(x^2-a^2)^3}} = -\frac{x}{\sqrt{x^2-a^2}} + \ln(x+\sqrt{x^2-a^2}) + C$

52. $\displaystyle\int \frac{\mathrm{d}x}{x\sqrt{x^2-a^2}} = \frac{1}{a}\arccos\frac{a}{x} + C$

53. $\displaystyle\int \frac{\mathrm{d}x}{x^2\sqrt{x^2-a^2}} = \frac{\sqrt{x^2-a^2}}{a^2 x} + C$

54. $\displaystyle\int \frac{\sqrt{x^2-a^2}}{x}\mathrm{d}x = \sqrt{x^2-a^2} - a\arccos\frac{a}{x} + C$

55. $\displaystyle\int \frac{\sqrt{x^2-a^2}}{x^2}\mathrm{d}x = -\frac{\sqrt{x^2-a^2}}{x} + \ln(x+\sqrt{x^2-a^2}) + C$

七、含有 $\sqrt{a^2-x^2}$ 的积分

56. $\displaystyle\int \frac{\mathrm{d}x}{\sqrt{a^2-x^2}} = \arcsin\frac{x}{a} + C$

57. $\displaystyle\int \frac{\mathrm{d}x}{\sqrt{(a^2-x^2)^3}} = \frac{x}{a^2\sqrt{a^2-x^2}} + C$

58. $\displaystyle\int \frac{x\mathrm{d}x}{\sqrt{a^2-x^2}} = -\sqrt{a^2-x^2} + C$

59. $\displaystyle\int \frac{x\mathrm{d}x}{\sqrt{(a^2-x^2)^3}} = \frac{1}{\sqrt{a^2-x^2}} + C$

60. $\displaystyle\int \frac{x^2\mathrm{d}x}{\sqrt{a^2-x^2}} = -\frac{x}{2}\sqrt{a^2-x^2} + \frac{a^2}{2}\arcsin\frac{x}{a} + C$

61. $\displaystyle\int \sqrt{a^2-x^2}\,\mathrm{d}x = \frac{x}{2}\sqrt{a^2-x^2} + \frac{a^2}{2}\arcsin\frac{x}{a} + C$

62. $\displaystyle\int \sqrt{(a^2-x^2)^3}\,\mathrm{d}x = \frac{x}{8}(5a^2-2x^2)\sqrt{a^2-x^2} + \frac{3a^4}{8}\arcsin\frac{x}{a} + C$

63. $\displaystyle\int x\sqrt{a^2-x^2}\,\mathrm{d}x = -\frac{\sqrt{(a^2-x^2)^3}}{3} + C$

64. $\displaystyle\int x\sqrt{(a^2-x^2)^3}\,\mathrm{d}x = -\frac{\sqrt{(a^2-x^2)^5}}{5} + C$

65. $\displaystyle\int x^2\sqrt{a^2-x^2}\,\mathrm{d}x = \frac{x}{8}(2x^2-a^2)\sqrt{a^2-x^2} + \frac{a^4}{8}\arcsin\frac{x}{a} + C$

66. $\displaystyle\int \frac{x^2\mathrm{d}x}{\sqrt{(a^2-x^2)^3}} = \frac{x}{\sqrt{a^2-x^2}} - \arcsin\frac{x}{a} + C$

67. $\displaystyle\int \frac{\mathrm{d}x}{x\sqrt{a^2-x^2}} = \frac{1}{a}\ln\frac{x}{a+\sqrt{a^2-x^2}} + C$

68. $\displaystyle\int \frac{\mathrm{d}x}{x^2\sqrt{a^2-x^2}} = -\frac{\sqrt{a^2-x^2}}{a^2 x} + C$

69. $\displaystyle\int \frac{\sqrt{a^2-x^2}}{x}\mathrm{d}x = \sqrt{a^2-x^2} - a\ln\frac{a+\sqrt{a^2-x^2}}{x} + C$

70. $\displaystyle\int \frac{\sqrt{a^2-x^2}}{x^2}\mathrm{d}x = -\frac{\sqrt{a^2-x^2}}{x} - \arcsin\frac{x}{a} + C$

八、含有 $a + bx \pm cx^2 (c > 0)$ 的积分

71. $\displaystyle\int \frac{dx}{a + bx - cx^2} = \frac{1}{\sqrt{b^2 + 4ac}} \ln \frac{\sqrt{b^2 + 4ac} + 2cx - b}{\sqrt{b^2 + 4ac} - 2cx + b} + C$

72. $\displaystyle\int \frac{dx}{a + bx + cx^2} = \begin{cases} \dfrac{2}{\sqrt{4ac - b^2}} \arctan \dfrac{2cx + b}{\sqrt{4ac - b^2}} + C \,(b^2 < 4ac) \\[3mm] \dfrac{1}{\sqrt{b^2 - 4ac}} \ln \dfrac{2cx + b - \sqrt{b^2 - 4ac}}{2cx + b + \sqrt{b^2 + 4ac}} + C \,(b^2 > 4ac) \end{cases}$

九、含有 $\sqrt{a + bx \pm cx^2}\ (c > 0)$ 的积分

73. $\displaystyle\int \frac{dx}{\sqrt{a + bx + cx^2}} = \frac{1}{\sqrt{c}} \ln\left(2cx + b + 2\sqrt{c}\,\sqrt{a + bx + cx^2}\right) + C$

74. $\displaystyle\int \sqrt{a + bx + cx^2}\, dx = \frac{2cx + b}{4c} \ln\left(2cx + b + 2\sqrt{c}\,\sqrt{a + bx + cx^2}\right) + C$

75. $\displaystyle\int \frac{x\,dx}{\sqrt{a + bx + cx^2}} = \frac{\sqrt{a + bx + cx^2}}{c} - \frac{b}{2\sqrt{c^3}} \ln\left(2cx + b + 2\sqrt{c}\,\sqrt{a + bx + cx^2}\right) + C$

76. $\displaystyle\int \frac{dx}{\sqrt{a + bx - cx^2}} = \frac{1}{\sqrt{c}} \arcsin \frac{2cx - b}{\sqrt{b^2 + 4ac}} + C$

77. $\displaystyle\int \sqrt{a + bx - cx^2}\, dx = \frac{2cx - b}{4c} \sqrt{a + bx - cx^2} + \frac{b^2 + 4ac}{8\sqrt{c^3}} \arcsin \frac{2cx - b}{\sqrt{b^2 + 4ac}} + C$

78. $\displaystyle\int \frac{x\,dx}{\sqrt{a + bx - cx^2}} = -\frac{\sqrt{a + bx - cx^2}}{c} + \frac{b}{2\sqrt{c^3}} \arcsin \frac{2cx - b}{\sqrt{b^2 + 4ac}} + C$

十、含有 $\sqrt{\dfrac{a \pm x}{b \pm x}}$ 的积分、含有 $\sqrt{(x - a)(b - x)}$ 的积分

79. $\displaystyle\int \sqrt{\frac{a + x}{b + x}}\, dx = \sqrt{(a + x)(b + x)} + (a - b) \ln\left(\sqrt{a + x} + \sqrt{b + x}\right) + C$

80. $\displaystyle\int \sqrt{\frac{a - x}{b + x}}\, dx = \sqrt{(a - x)(b + x)} + (a + b) \arcsin \sqrt{\frac{x + b}{a + b}} + C$

81. $\displaystyle\int \sqrt{\frac{a + x}{b - x}}\, dx = -\sqrt{(a + x)(b - x)} - (a + b) \arcsin \sqrt{\frac{b - x}{a + b}} + C$

82. $\displaystyle\int \frac{dx}{\sqrt{(x - a)(b - x)}} = 2\arcsin \sqrt{\frac{x - a}{b - a}} + C\,(a < b)$

十一、含有三角函数的积分

83. $\displaystyle\int \sin x\, dx = -\cos x + C$

84. $\displaystyle\int \cos x\, dx = \sin x + C$

85. $\displaystyle\int \tan x\, dx = -\ln\cos x + C$

86. $\displaystyle\int \cot x\, dx = \ln\sin x + C$

87. $\displaystyle\int \sec x \mathrm{d}x = \ln(\sec x + \tan x) + C = \ln\tan\left(\dfrac{\pi}{4} + \dfrac{x}{2}\right) + C$

88. $\displaystyle\int \csc x \mathrm{d}x = \ln(\csc x - \cot x) + C = \ln\tan\dfrac{x}{2} + C$

89. $\displaystyle\int \sec^2 x \mathrm{d}x = \tan x + C$

90. $\displaystyle\int \csc^2 x \mathrm{d}x = -\cot x + C$

91. $\displaystyle\int \sec x \tan x \mathrm{d}x = \sec x + C$

92. $\displaystyle\int \csc x \cot x \mathrm{d}x = -\csc x + C$

93. $\displaystyle\int \sin^2 x \mathrm{d}x = \dfrac{x}{2} - \dfrac{1}{4}\sin 2x + C$

94. $\displaystyle\int \cos^2 x \mathrm{d}x = \dfrac{x}{2} + \dfrac{1}{4}\sin 2x + C$

95. $\displaystyle\int \sin^n x \mathrm{d}x = -\dfrac{\sin^{n-1} x \cos x}{n} + \dfrac{n-1}{n}\int \sin^{n-2} x \mathrm{d}x$

96. $\displaystyle\int \cos^n x \mathrm{d}x = \dfrac{\cos^{n-1} x \sin x}{n} + \dfrac{n-1}{n}\int \cos^{n-2} x \mathrm{d}x$

97. $\displaystyle\int \dfrac{\mathrm{d}x}{\sin^n x} = -\dfrac{1}{n-1}\dfrac{\cos x}{\sin^{n-1} x} + \dfrac{n-2}{n-1}\int \dfrac{\mathrm{d}x}{\sin^{n-2} x}$

98. $\displaystyle\int \dfrac{\mathrm{d}x}{\cos^n x} = \dfrac{1}{n-1}\dfrac{\sin x}{\cos^{n-1} x} + \dfrac{n-2}{n-1}\int \dfrac{\mathrm{d}x}{\cos^{n-2} x}$

99. $\displaystyle\int \cos^m x \sin^n x \mathrm{d}x = \dfrac{\cos^{m-1} x \sin^{n+1} x}{m+n} + \dfrac{m-1}{m+n}\int \cos^{m-2} x \sin^n x \mathrm{d}x$

$\qquad\qquad = -\dfrac{\sin^{n-1} x \cos^{m+1} x}{m+n} + \dfrac{n-1}{m+n}\int \cos^m x \sin^{n-2} x \mathrm{d}x$

100. $\displaystyle\int \sin mx \cos nx \mathrm{d}x = -\dfrac{\cos(m+n)x}{2(m+n)} - \dfrac{\cos(m-n)x}{2(m-n)} + C\,(m \neq n)$

101. $\displaystyle\int \sin mx \sin nx \mathrm{d}x = -\dfrac{\sin(m+n)x}{2(m+n)} + \dfrac{\sin(m-n)x}{2(m-n)} + C\,(m \neq n)$

102. $\displaystyle\int \cos mx \cos nx \mathrm{d}x = \dfrac{\sin(m+n)x}{2(m+n)} + \dfrac{\sin(m-n)x}{2(m-n)} + C\,(m \neq n)$

103. $\displaystyle\int \dfrac{\mathrm{d}x}{a + b\sin x} = \dfrac{2}{a}\sqrt{\dfrac{a^2}{a^2 - b^2}}\arctan\left(\sqrt{\dfrac{a^2}{a^2 - b^2}}\tan\dfrac{x}{2} + \dfrac{b}{a}\right) + C\,(a^2 > b^2)$

104. $\displaystyle\int \dfrac{\mathrm{d}x}{a - b\sin x} = \dfrac{1}{a}\sqrt{\dfrac{a^2}{b^2 - a^2}}\ln\dfrac{\tan\dfrac{x}{2} + \dfrac{b}{a} - \sqrt{\dfrac{b^2 - a^2}{a^2}}}{\tan\dfrac{x}{2} + \dfrac{b}{a} + \sqrt{\dfrac{b^2 - a^2}{a^2}}} + C\,(a^2 < b^2)$

105. $\displaystyle\int \dfrac{\mathrm{d}x}{a + b\cos x} = \dfrac{2}{a - b}\sqrt{\dfrac{a - b}{a + b}}\arctan\left(\sqrt{\dfrac{a - b}{a + b}}\tan\dfrac{x}{2}\right) + C\,(a^2 > b^2)$

106. $\displaystyle\int \frac{\mathrm{d}x}{a-b\cos x}=\frac{1}{b-a}\sqrt{\frac{b-a}{b+a}}\ln \frac{\tan \dfrac{x}{2}+\sqrt{\dfrac{b+a}{b-a}}}{\tan \dfrac{x}{2}-\sqrt{\dfrac{b+a}{b-a}}}+C\,(a^2<b^2)$

107. $\displaystyle\int \frac{\mathrm{d}x}{a^2\cos^2 x+b^2\sin^2 x}=\frac{1}{ab}\arctan\left(\frac{b\tan x}{a}\right)+C$

108. $\displaystyle\int \frac{\mathrm{d}x}{a^2\cos^2 x-b^2\sin^2 x}=\frac{1}{2ab}\ln \frac{b\tan x+a}{b\tan x-a}+C$

109. $\displaystyle\int x\sin ax\,\mathrm{d}x=\frac{1}{a^2}\sin ax-\frac{1}{a}x\cos ax+C$

110. $\displaystyle\int x^2\sin ax\,\mathrm{d}x=-\frac{1}{a}x^2\cos ax+\frac{2}{a^2}x\sin ax+\frac{2}{a^3}\cos ax+C$

111. $\displaystyle\int x\cos ax\,\mathrm{d}x=\frac{1}{a^2}\cos ax+\frac{1}{a}x\sin ax+C$

112. $\displaystyle\int x^2\cos ax\,\mathrm{d}x=\frac{1}{a}x^2\sin ax+\frac{2}{a^2}x\cos ax-\frac{2}{a^3}\sin ax+C$

十二、含有反三角函数的积分

113. $\displaystyle\int \arcsin \frac{x}{a}\,\mathrm{d}x=x\arcsin \frac{x}{a}+\sqrt{a^2-x^2}+C$

114. $\displaystyle\int x\arcsin \frac{x}{a}\,\mathrm{d}x=\left(\frac{x^2}{2}-\frac{a^2}{4}\right)\arcsin \frac{x}{a}+\frac{x}{4}\sqrt{a^2-x^2}+C$

115. $\displaystyle\int x^2\arcsin \frac{x}{a}\,\mathrm{d}x=\frac{x^3}{3}\arcsin \frac{x}{a}+\frac{1}{9}(x^2+2a^2)\sqrt{a^2-x^2}+C$

116. $\displaystyle\int \arccos \frac{x}{a}\,\mathrm{d}x=x\arccos \frac{x}{a}-\sqrt{a^2-x^2}+C$

117. $\displaystyle\int x\arccos \frac{x}{a}\,\mathrm{d}x=\left(\frac{x^2}{2}-\frac{a^2}{4}\right)\arccos \frac{x}{a}-\frac{x}{4}\sqrt{a^2-x^2}+C$

118. $\displaystyle\int x^2\arccos \frac{x}{a}\,\mathrm{d}x=\frac{x^3}{3}\arccos \frac{x}{a}-\frac{1}{9}(x^2+2a^2)\sqrt{a^2-x^2}+C$

119. $\displaystyle\int \arctan \frac{x}{a}\,\mathrm{d}x=x\arctan \frac{x}{a}-\frac{a}{2}\ln(a^2+x^2)+C$

120. $\displaystyle\int x\arctan \frac{x}{a}\,\mathrm{d}x=\frac{1}{2}(x^2+a^2)\arctan \frac{x}{a}-\frac{ax}{2}+C$

121. $\displaystyle\int x^2\arctan \frac{x}{a}\,\mathrm{d}x=\frac{x^3}{3}\arctan \frac{x}{a}-\frac{ax^2}{6}+\frac{a^3}{6}\ln(x^2+a^2)+C$

十三、含有指数函数的积分

122. $\displaystyle\int a^x\,\mathrm{d}x=\frac{a^x}{\ln a}+C$

123. $\displaystyle\int \mathrm{e}^{ax}\,\mathrm{d}x=\frac{\mathrm{e}^{ax}}{a}+C$

124. $\displaystyle\int \mathrm{e}^{ax}\sin bx\,\mathrm{d}x=\frac{\mathrm{e}^{ax}(a\sin bx-b\cos bx)}{a^2+b^2}+C$

125. $\displaystyle\int \mathrm{e}^{ax}\cos bx\mathrm{d}x = \dfrac{\mathrm{e}^{ax}(b\sin bx + a\cos bx)}{a^2 + b^2} + C$

126. $\displaystyle\int x\mathrm{e}^{ax}\mathrm{d}x = \dfrac{\mathrm{e}^{ax}}{a^2}(ax - 1) + C$

127. $\displaystyle\int x^n \mathrm{e}^{ax}\mathrm{d}x = \dfrac{x^n \mathrm{e}^{ax}}{a} - \dfrac{n}{a}\int x^{n-1}\mathrm{e}^{ax}\mathrm{d}x$

128. $\displaystyle\int xa^{mx}\mathrm{d}x = \dfrac{xa^{mx}}{m\ln a} - \dfrac{a^{mx}}{(m\ln a)^2} + C$

129. $\displaystyle\int x^n a^{mx}\mathrm{d}x = \dfrac{a^{mx}x^n}{m\ln a} - \dfrac{n}{m\ln a}\int x^{n-1}a^{mx}\mathrm{d}x$

130. $\displaystyle\int \mathrm{e}^{ax}\sin^n bx\mathrm{d}x = \dfrac{\mathrm{e}^{ax}\sin^{n-1}bx}{a^2 + b^2n^2}(a\sin bx - nb\cos bx) + \dfrac{n(n-1)}{a^2 + b^2n^2}b^2\int \mathrm{e}^{ax}\sin^{n-2}bx\mathrm{d}x$

131. $\displaystyle\int \mathrm{e}^{ax}\cos^n bx\mathrm{d}x = \dfrac{\mathrm{e}^{ax}\cos^{n-1}bx}{a^2 + b^2n^2}(a\cos bx + nb\sin bx) + \dfrac{n(n-1)}{a^2 + b^2n^2}b^2\int \mathrm{e}^{ax}\cos^{n-2}bx\mathrm{d}x$

十四、含有对数函数的积分

132. $\displaystyle\int \ln x\mathrm{d}x = x\ln x - x + C$

133. $\displaystyle\int \dfrac{\mathrm{d}x}{x\ln x} = \ln(\ln x) + C$

134. $\displaystyle\int x^n\ln x\mathrm{d}x = x^{n+1}\left[\dfrac{\ln x}{n+1} - \dfrac{1}{(n+1)^2}\right] + C$

135. $\displaystyle\int \ln^n x\mathrm{d}x = x\ln^n x - n\int \ln^{n-1}x\mathrm{d}x$

136. $\displaystyle\int x^m\ln^n x\mathrm{d}x = \dfrac{x^{m+1}}{m+1}\ln^n x - \dfrac{n}{m+1}\int x^m\ln^{n-1}x\mathrm{d}x$

十五、含有双曲函数的积分

137. $\displaystyle\int \mathrm{sh}x\mathrm{d}x = \mathrm{ch}x + C$

138. $\displaystyle\int \mathrm{ch}x\mathrm{d}x = \mathrm{sh}x + C$

139. $\displaystyle\int \mathrm{th}x\mathrm{d}x = \ln\mathrm{ch}x + C$

140. $\displaystyle\int \mathrm{sh}^2x\mathrm{d}x = -\dfrac{x}{2} + \dfrac{1}{4}\mathrm{sh}2x + C$

141. $\displaystyle\int \mathrm{ch}^2x\mathrm{d}x = \dfrac{x}{2} + \dfrac{1}{4}\mathrm{sh}2x + C$

十六、定积分

142. $\displaystyle\int_{-\pi}^{\pi}\cos nx\mathrm{d}x = \int_{-\pi}^{\pi}\sin nx\mathrm{d}x = 0$

143. $\displaystyle\int_{-\pi}^{\pi}\cos mx\sin nx\mathrm{d}x = 0$

144. $\displaystyle\int_{-\pi}^{\pi}\cos mx\cos nx\mathrm{d}x = \begin{cases} 0, & m \neq n \\ \pi, & m = n \end{cases}$

145. $\int_{-\pi}^{\pi} \sin mx \sin nx \, dx = \begin{cases} 0, & m \neq n \\ \pi, & m = n \end{cases}$

146. $\int_{0}^{\pi} \sin mx \sin nx \, dx = \int_{0}^{\pi} \cos mx \cos nx \, dx = \begin{cases} 0, & m \neq n \\ \dfrac{\pi}{2}, & m = n \end{cases}$

147. $I_n = \int_{0}^{\frac{\pi}{2}} \sin^n x \, dx = \int_{0}^{\frac{\pi}{2}} \cos^n x \, dx = \begin{cases} \dfrac{n-1}{n} \cdot \dfrac{n-3}{n-2} \cdot \cdots \cdot \dfrac{3}{4} \cdot \dfrac{1}{2} \cdot \dfrac{\pi}{2}, & n \text{ 为正偶数} \\ \dfrac{n-1}{n} \cdot \dfrac{n-3}{n-2} \cdot \cdots \cdot \dfrac{4}{5} \cdot \dfrac{2}{3}, & n \text{ 为大于 1 的正奇数} \end{cases}$

附录3　自测评价记录表

项目名称			
班级		姓名	
评价方式	评价内容	分值	成绩
自我评价	单选	20	
	填空	20	
	判断	10	
	计算	30	
	应用	10	
	简答	10	
	合计		
自我诊断			
改进措施			

参 考 文 献

[1]甘培锋. 微积分[M]. 北京：经济科学出版社，2014.

[2]赵燕. 应用高等数学[M]. 北京：北京理工大学出版社，2021.

[3]周誓达. 微积分[M]. 北京：中国人民大学出版社，2014.

[4]侯风波. 高等数学[M]. 北京：高等教育出版社，2019.

[5]周晓中. 线性代数与线性规划[M]. 北京：中国人民大学出版社，2014.

[6]曾庆柏. 应用高等数学[M]. 北京：高等教育出版社，2020.

[7]黄开兴. 高职数学[M]. 西安：西北工业大学出版社，2019.

[8]胡桶春. 应用高等数学[M]. 北京：航空工业出版社，2019.

[9]郭培俊. 高职数学建模[M]. 杭州：浙江大学出版社，2010.

[10]李发学. 应用高等数学[M]. 北京：中国言实出版社，2020.

[11]杨敏华. 经济数学[M]. 大连：东北财经大学出版社，2018.

[12]节存来. 经济应用数学[M]. 北京：高等教育出版社，2019.

[13]肖华勇. 大学生数学建模竞赛指南[M]. 北京：电子工业出版社，2019.

[14]全国大学生数学建模竞赛组委会编. 大学生数学建模竞赛[M]. 北京：高等教育出版社，2021.